高校土木工程专业规划教材

土木工程施工组织与管理

主　编　王利文
副主编　顾建平　郭义海

中国建筑工业出版社

图书在版编目（CIP）数据

土木工程施工组织与管理/王利文主编. —北京：中
国建筑工业出版社，2014.9（2021.6重印）
高校土木工程专业规划教材
ISBN 978-7-112-17157-6

Ⅰ. ①土… Ⅱ. ①王… Ⅲ. ①土木工程-施工组
织-高等学校-教材 Ⅳ. ①TU721

中国版本图书馆 CIP 数据核字（2014）第 186799 号

本书是根据现行土木工程专业规范及课程教学大纲进行编制的，该书的特色是在编写专业内容的同时，参照了大量国家现行土木工程施工管理规范、规程、标准、法规。以土木工程施工组织管理内容为主线，密切结合现行规范，注脚了大量的土木工程施工组织中应用到的规范、规程、标准，使读者在学习施工组织管理的同时，学习或熟悉了现行组织管理规范的相关要求。另外，课后习题中附了部分建造师、造价工程师考试的案例，便于在学习该课程的同时，了解建造师考试的特点。

本书针对应用型本科的特点，强调理论联系实际，反映当前土木工程施工组织管理的先进水平，并增加绿色施工管理等内容，以达到培养学生解决工程实际问题的能力。本书可作为高等院校土木工程专业、工程项目管理专业及其他相关专业的教材，该书非常适合卓越工程师、应用型人才培养，同时可作为土木工程施工管理人员学习用书。

* * *

责任编辑：郦锁林　朱晓瑜
责任设计：张　虹
责任校对：李美娜　刘梦然

配套资源下载说明

本书配套资源请进入 http：//book. cabplink. com/zydown. jsp 页面，搜索图书名称找到对应资源点击下载（注：配套资源需免费注册网站用户并登录后才能完成下载）。

高校土木工程专业规划教材
土木工程施工组织与管理
主　编　王利文
副主编　顾建平　郭义海
*
中国建筑工业出版社出版、发行（北京西郊百万庄）
各地新华书店、建筑书店经销
北京红光制版公司制版
北京建筑工业印刷厂印刷
*
开本：787×1092 毫米　1/16　印张：21¾　字数：526 千字
2014 年 11 月第一版　　2021 年 6 月第七次印刷
定价：**42.00** 元（附网络下载）
ISBN 978-7-112-17157-6
(25953)

前　　言

　　本书是根据普通高等院校土建类的课程教学大纲和基本要求编写的，符合土木工程专业、工程管理专业本科教育培养目标及主干课程的基本要求。在编写专业内容的同时，参照了大量国家现行土木工程施工组织及管理规范、规程、标准、法规。在阐述土木工程施工组织基本知识的同时，力求在组织管理规范、标准、规程的基础上反映当前成熟先进的施工组织管理。

　　本书的编者由常州工学院、南京工业大学、华侨大学、河北建筑工程学院从事多年土木工程施工专业课教学的老师组成，结合了作者多年的教学、实践经验。本书在编写过程中，在内容上力求体系内容与我国现行规范、规程与标准结合，理论与实践应用结合的专业教学理念，努力做到内容新颖、结构完整、深入浅出、通俗易懂、实用性强。

　　该书的特色是根据施工专业内容，增加了绿色施工管理的内容，并适当注脚现行施工组织规范的对应要求，附录了大量的土木工程施工组织中应用到的规范、规程、标准，使读者在学习施工组织的同时，也学习或熟悉了现行组织管理规范的相关要求。在书中的每章后，根据该章的知识内容，附录了与章节内容相关的一些典型的建造师、造价工程师注册考试题，方便读者了解注册考试的特点。

　　本教材参考学时为35～45学时。

　　本书由王利文担任主编，顾建平、郭义海担任副主编。全书共十章，内容包括：施工组织概论、施工准备、流水施工原理、网络计划技术、施工组织总设计、单位工程施工组织设计、施工方案、主要施工管理计划、绿色施工管理及施工组织课程设计。具体分工为：王利文编写第五章、第七章、第九章，顾建平编写第一章、第四章，郭义海编写第八章、第十章，郑显春编写第三章，朱张峰编写第二章，鲁业红编写第六章。

　　由于编者学识有限等原因，书中难免存在不足之处，恳切希望读者、同行专家批评指正。

编者
2014 年 2 月于常州

3

目　　录

第一章　建设项目施工组织概论

第一节　建设项目施工组织程序

　　建设项目基本建设程序是指建设项目从项目酝酿、评估、立项、施工准备、施工、竣工验收到投入使用的整个建设过程中各项工作必须遵循的先后顺序。现行的基本建设程序的内容有：编制建设项目建议书、编制项目可行性研究报告、制定基本建设项目计划（设计）任务书、委托勘察设计工作、筹备项目建设的准备工作、拟订建设项目的建设计划安排、建设项目的建筑与安装施工、竣工验收、交付使用和维修。

　　对于建设项目而言，能否达到建设项目的预期目标，发挥建设项目的投资效益，项目的施工阶段是关键的一环，施工组织设计就是施工单位对项目施工阶段的质量、进度、投资、安全等方面进行全面规划和控制的组织管理技术文件。建设工程施工组织程序如图 1-1

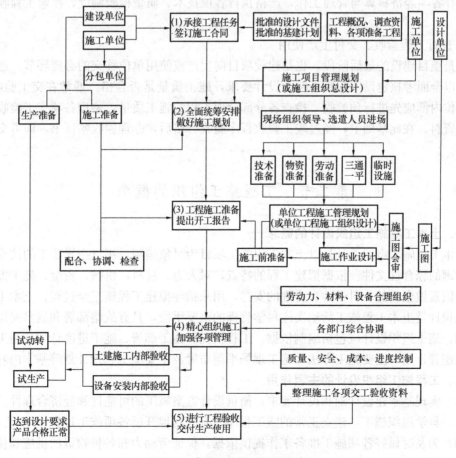

图 1-1　建设工程施工组织程序

所示。

建设工程施工组织程序通常按下述五个步骤进行：

1. 承接施工任务、签订施工合同

施工单位一般通过招投标方式承接施工任务，中标后施工单位与建设单位签订施工合同，建设单位及时办理施工许可证。

2. 全面统筹安排、做好施工组织设计

签订施工合同后，施工单位应全面了解工程性质、规模、特点、工期等，并进行各种技术、经济、社会调查，收集有关资料，编制施工组织设计。

3. 落实施工准备、提出开工报告

根据施工组织设计，落实各项施工准备工作，如图纸会审、落实劳动力、材料、构件、施工机具及现场"三通一平"等。具备开工条件后，提出开工报告，经审查批准后，即可正式开工。

4. 精心组织施工、加强各项管理

一个建设项目，必须按照拟订的施工组织设计精心组织施工。加强各单位、各部门的配合与协作，协调解决各方面问题，使施工活动顺利开展。同时在施工过程中，应加强技术、材料、质量、安全、进度及施工现场等各方面管理工作。落实施工单位项目责任制，全面做好各项经济核算与管理工作，严格执行各项技术、质量检验制度，抓紧工程收尾和竣工。

5. 进行工程验收、交付生产使用

这是项目建设的最后阶段，也是建设项目向生产或使用单位移交的必要环节。通过该阶段可以全面考核建设工程是否符合设计要求，施工质量是否合格。通常在交工验收前，施工单位内部应先进行预验收，检查各分部分项工程的施工质量，整理各项交工验收的技术经济资料。在此基础上，经过竣工验收程序验收合格后，办理验收签证书，即可交付生产使用。

第二节 工程施工组织的概念

一、土木工程施工组织设计的概念

土木工程施工组织设计是以土木工程施工项目为对象编制，用以指导施工的技术、经济和管理的综合性文件。依据拟建工程的特点，对人力、材料、机械、资金、施工方法等方面的因素做全面的、科学的、合理的安排，用来指导拟建工程施工全过程。土木工程施工组织设计是土木工程施工活动实施科学管理的重要手段，具有战略部署和战术安排的双重作用。施工组织设计应包括编制依据、工程概况、施工部署、施工进度计划、施工准备与资源配置计划、主要施工方法、施工现场平面布置及主要施工管理计划等基本内容。

二、工程施工组织设计的主要作用

（1）实现基本建设计划和设计要求，衡量设计方案施工的可能性和经济合理性。

（2）科学组织施工，建立正常的施工程序，有计划地开展各项施工过程。

（3）为及时做好各项施工准备工作提供依据，保证劳动力和各种物资的供应和使用。

（4）协调在施工中各施工单位、各工种之间、各种资源之间以及空间布置与时间之间的合理关系，以保证施工的顺利进行。

（5）为建筑施工中的技术、质量、安全生产、文明施工等各项工作提供切实可行的保证措施。

三、施工组织设计的分类

1. 按编制对象范围的不同分类

施工组织设计按编制对象，可分为施工组织总设计、单位工程施工组织设计和施工方案。

（1）施工组织总设计

施工组织总设计是以若干单位工程组成的群体工程或特大型项目为主要对象编制的施工组织设计，对整个项目的施工过程起统筹规划、重点控制的作用。

群体工程一般需要编制施工组织总设计，单位工程只需编制单位工程施工组织设计，超大型建筑工程的单位工程需要编制施工组织总设计。在我国，大型房屋建筑工程标准一般指：25 层及以上的房屋建筑工程；高度 100m 及以上的构筑物或建筑物工程；单体建筑面积 3 万 m^2 及以上的房屋建筑工程；单跨跨度 30m 及以上的房屋建筑工程；单项建安合同额 1 亿元及以上的房屋建筑工程。

（2）单位工程施工组织设计

单位工程施工组织设计是以一个单位工程（一个建筑物或构筑物）为对象，用以指导其施工全过程的各项施工活动的技术性、经济性文件。单位工程和子单位工程的划分原则，在《建筑工程施工质量验收统一标准》GB 50300—2013 中已经明确。对于已经编制了施工组织总设计的项目，单位工程施工组织设计应是施工组织总设计的进一步具体化，直接指导单位工程的施工管理和技术经济活动。

（3）施工方案

以分部（分项）工程或专项工程为主要对象编制的施工技术与组织方案，用以具体指导其施工过程。专项工程是指某一专项技术（如重要的安全技术、质量技术或高新技术）。

2. 按编制时间不同分类

施工组织设计按编制时间不同可分为投标前编制的施工组织设计（简称技术标）和签订工程承包合同后编制的施工组织设计两种。两类施工组织设计的区别如表 1-1 所示。

标前与标后施工组织设计的区别　　　　　　　　　　　　　　表 1-1

种类	编制时间	编制者	服务范围	编制程度	追求主要目标
标前施工组织设计	投标前	经营管理层	投标与签约	简明	中标和经济效益
标后施工组织设计	签约后开工前	项目管理层	施工准备至验收	详细	施工效率和效益

四、施工组织设计的编制与执行

（一）施工组织设计编制依据

（1）与工程建设有关的法律、法规和文件；

（2）国家现行有关标准和技术经济指标；

（3）工程所在地区行政主管部门的批准文件，建设单位对施工的要求；

（4）工程施工合同或招标投标文件；

（5）工程设计文件；

（6）工程施工范围内的现场条件、工程地质及水文地质、气象等自然条件；

（7）与工程有关的资源供应情况；

（8）施工企业的生产能力、机具设备状况、技术水平等。

（二）施工组织设计的基本原则

施工组织设计是施工企业和施工项目经理部施工管理活动的重要技术经济管理文件。

1. 施工组织设计的基本思想

（1）认真执行工程建设程序

工程建设必须遵循计划、设计和施工三个阶段。施工阶段应该在设计阶段结束和施工准备工作完成之后方可正式开始进行。如果违背基本建设程序，就会给施工带来混乱，造成时间上的浪费、资源上的损失、质量上的低劣等后果。

（2）统筹兼顾，有的放矢

建筑施工企业和施工项目经理部一切生产经营活动的最终目标就是尽快地完成拟建工程项目的建造，使其早日投产或交付使用。对于施工企业的计划决策人员来说，如何合理调配资源，保证各工程的合同目标的实现，就需要通过各种科学管理手段，对各种管理信息进行优化之后，作出决策。通常情况下，在时间上分期和在项目上分批，保证重点和统筹安排，是建筑施工企业和工程项目经理部在组织工程项目施工时必须研究的课题。

（3）采用流水施工方法和网络计划技术，组织有节奏、均衡、连续的施工

流水施工方法具有生产专业化强，劳动效率高，操作熟练，工程质量好，生产节奏性强，资源利用均衡，工人连续作业，工期短成本低等特点。国内外经验证明，采用流水施工方法组织施工，不仅能使拟建工程的施工有节奏、均衡、连续地进行，而且会带来很大的技术经济效益。

网络计划技术是应用网络图形表达计划中各项工作的相互关系，具有逻辑严密，思维层次清晰，主要矛盾突出，有利于计划的优化、控制和调整，有利于计算机在计划管理中的应用等特点。因此它在各种计划管理中都得到广泛的应用。

为此在组织工程项目施工时，应该采用流水作业和网络计划技术。

（4）组织绿色施工

从20世纪90年代开始，我国土木工程业进入了快速发展的通道，土木工程业的快速发展，不仅改善了城市面貌，而且为我国的国民经济发展作出了巨大贡献。然而，在土木工程业快速发展的同时，我们也逐渐感到土木工程业的粗放式发展模式给环境带来了许多负面的影响，近年来，全国多地雾霾肆虐，给国人带来许多思考，我们不得不承认，雾霾与建筑扬尘不无关系。

组织绿色施工是土木工程施工企业可持续发展的具体手段，是实现发展方式转变的重要途径之一，也是市场竞争的重要指标。在涉及土木工程施工过程中环境保护、资源与能源的综合利用方面，土木工程施工企业应发挥主力军作用，在施工中应该将绿色施工理念贯穿于施工全过程，建立绿色施工管理体系，优化绿色施工方案，对各项施工技术措施实时控制，进行绿色施工评价管理，创新研究绿色施工的新技术、新材料、新工艺，不断积累和总结施工技术和经验。通过实施绿色施工，提高企业创新能力，提升企业核心竞争力。

住房城乡建设部相继在全国范围内评选"全国建筑业绿色施工示范工程"，其目的就在于推动土木工程施工企业实施绿色施工，促进建筑业可持续健康发展，为建设资源节约

型、环境友好型社会作出贡献。

其中新兴的装配式混凝土结构满足绿色、低碳要求，对促进我国建筑行业的结构调整及可持续发展具有重要意义。在工程建造过程中，装配式混凝土结构构件绝大部分在工厂加工，现场完成组装。因此，整个工程建造过程基本上在生产线上生产房子，这是我国在建筑工程建造方式上的一次革命性尝试，主要特点是"绿色施工"、"节能环保"。

2. 施工组织设计编制原则

根据我国建筑业几十年来积累的经验和教训，在编制施工组织设计和组织项目施工时，应遵守以下原则：

（1）重视工程施工的目标控制，符合施工合同或招标文件中有关工程进度、质量、安全、环境保护、造价等方面的要求；

（2）积极开发、使用新技术和新工艺，推广应用新材料和新设备，提高施工的工业化程度；

（3）坚持科学的施工程序和合理的施工顺序，采用流水施工和网络计划等方法，科学配置资源，合理布置现场，采取季节性施工措施，实现均衡施工，达到合理的经济技术指标；

（4）采取技术和管理措施，重视管理创新和技术创新，推广建筑节能和绿色施工；

（5）与质量、环境和职业健康安全三个管理体系有效结合；

（6）精心规划施工平面图，节约用地；尽量减少临时设施，合理储存物资，充分利用当地资源，减少物资运输量；

（7）合理部署施工现场，实现文明施工和环境保护工作。

3. 施工组织设计的编制

（1）当拟建工程中标后，施工单位必须编制建设工程施工组织设计。建设工程实行总包和分包的，由总包单位负责编制施工组织设计或者分阶段施工组织设计。分包单位在总包单位的总体部署下，负责编制分包工程的施工组织设计。施工组织设计应根据合同工期及有关的规定进行编制，并且要广泛征求各协作施工单位的意见。

（2）对结构复杂、施工难度大以及采用新工艺和新技术的工程项目，要进行专业性的研究，必要时组织专门会议，邀请有经验的专业工程技术人员参加。

（3）在施工组织设计编制过程中，要充分发挥各职能部门的作用，充分利用施工企业的技术素质和管理素质，统筹安排、扬长避短，发挥施工企业的优势，合理地进行工序交叉配合的程序设计。

（4）当比较完整的施工组织设计方案提出之后，要组织参加编制的人员及单位进行讨论，逐项逐条地研究，修改后确定，最终形成正式文件，送主管部门审批。

4. 施工组织设计的审批❶

---

❶ 《建设工程安全生产管理条例》（国务院第 393 号令）规定：

对下列达到一定规模的危险性较大的分部（分项）工程编制专项施工方案，并附具安全验算结果，经施工单位技术负责人、总监理工程师签字后实施：1）基坑支护与降水工程；2）土方开挖工程；3）模板工程；4）起重吊装工程；5）脚手架工程；6）拆除、爆破工程；7）国务院建设行政主管部门或者其他有关部门规定的其他危险性较大的工程。对前款所列工程中涉及深基坑、地下暗挖工程、高大模板工程的专项施工方案，施工单位还应当组织专家进行论证，审查。除上述《建设工程安全生产管理条例》中规定的分部（分项）工程外，施工单位还应根据项目特点和地方政府部门有关规定，对具有一定规模的重点、难点分部（分项）工程进行相关论证。

（1）施工组织设计应由项目负责人主持编制，可根据需要分阶段编制和审批；

（2）施工组织总设计应由总承包单位技术负责人审批，单位工程施工组织设计应由施工单位技术负责人或技术负责人授权的技术人员审批，施工方案应由项目技术负责人审批，重点、难点分部（分项）工程和专项工程施工方案应由施工单位技术部门组织相关专家评审，施工单位技术负责人批准；

（3）由专业承包单位施工的分部（分项）工程或专项工程的施工方案，应由专业承包单位技术负责人或技术负责人授权的技术人员审批；有总承包单位时，应由总承包单位项目技术负责人核准备案；

（4）规模较大的分部（分项）工程和专项工程的施工方案应按单位工程施工组织设计进行编制和审批。

工程实践中，施工组织设计必须报送建设（或监理）单位审批，施工组织设计一经批准，便构成施工承包合同的主要组成文件，承包单位必须按施工组织设计中承诺的内容组织施工，并作为施工索赔的主要依据。因此，必须根据拟建工程的规模、结构特点和施工合同的要求，在原始资料调查分析的基础上，编制出一份能切实指导工程全部施工活动的施工组织设计，以确保工程好、快、省、安全地完成。施工组织设计（方案）报审表如表1-2所示。

施工组织设计（方案）报审表 表 1-2

工程名称：_____ 编号：_____

致：_____（监理单位）
我方已根据施工合同的有关规定完成了_____工程施工组织设计（方案）的编制，并经我单位上报技术负责人审查批准，予以审查。 附件：施工组织设计（方案）   <div align="right">承包单位（章）：_____</div><div align="right">项目经理：_____ 日期：_____</div>
专业监理工程师审查意见： <div align="right">专业监理工程师：_____ 日期：_____</div>
总监理工程师审核意见：项目监理机构（章）：_____ <div align="right">总监理工程师：_____ 日期：_____</div>

本表由承包单位填报，一式三份，送监理机构审核后，建设、监理及承包单位各一份。

5. 施工组织设计的执行

施工组织设计应实行动态管理，并符合下列规定：

（1）项目施工过程中，发生以下情况之一时，施工组织设计应及时进行修改或补充：

1）工程设计有重大修改，如地基基础或主体结构的形式发生变化、装修材料或做法发生重大变化、机电设备系统发生大的调整等；

2）有关法律、法规、规范和标准实施、修订和废止；

3）主要施工方法有重大调整；

4）主要施工资源配置有重大调整；

5）施工环境有重大改变，如施工延期造成季节性施工方法变化、施工场地变化造成现场布置和施工方式改变等。

（2）经修改或补充的施工组织设计应重新审批后实施。

（3）项目施工前，应进行施工组织设计逐级交底。

（4）项目施工过程中，应对施工组织设计的执行情况进行检查、分析并适时调整。

施工组织设计的编制，只是为实施拟建工程项目的生产过程提供了一个可行的方案。这个方案的经济效果如何，必须通过实践去验证。施工组织设计贯彻的实质，就是把一个静态平衡方案，放到不断变化的施工过程中，考核其效果和检查其优劣的过程，以达到预定的目标。

第三节　建设工程项目管理规划

项目管理规划是对项目全过程中的各种管理职能、各种管理过程以及各种管理要素进行完整、全面地总体计划，是指导项目管理工作的纲领性管理文件。通过编制项目管理规划，确定项目管理的目标、依据、内容、组织、程序、方法、资源和控制措施，从而保证项目管理的正常进行和项目成功。❶

一、项目管理规划的作用

项目管理规划主要有以下几方面的作用：

（1）确定项目管理目标

工程项目管理采用严格的目标管理方法，明确的目标为制定项目管理计划打下了基础，为项目组成员指明了行为方向。因此，确定项目目标是项目管理规划的首要任务。

（2）确定实施项目管理的组织、程序和方法，并落实责任❷

项目组织是为完成特定的项目任务而建立起来的，从事项目具体工作的组织，是项目

---

❶ 《建设工程项目管理规范》GB/T 50326—2006 规定：

4.1.1　项目管理规划作为指导项目管理工作的纲领性文件，应对项目管理的目标、依据、内容、组织、资源、方法、程序和控制措施进行确定。

4.1.2　项目管理规划应包括项目管理规划大纲和项目管理实施规划两类文件。

4.1.3　项目管理规划大纲应由组织的管理层或组织委托的项目管理单位编制。

4.1.4　项目管理实施规划应由项目经理组织编制。

4.1.5　大中型项目应单独编制项目管理实施规划；承包人的项目管理实施规划可以用施工组织设计或质量计划代替，但应能够满足项目管理实施规划的要求。

❷ 《建设工程项目管理规范》GB/T 50326—2006 规定：

6.1.1　项目经理责任制作为项目管理的基本制度，是评价项目经理绩效的依据。

6.1.2　项目经理责任制的核心是项目经理承担实现项目管理目标责任书确定的责任。

6.1.3　项目经理与项目经理部在工程建设中应严格遵守和实行项目管理责任制度，确保项目目标全面实现。

6.3.1　项目管理目标责任书应在项目实施之前，由法定代表人或授权人与项目经理协商制定。

6.3.3　项目管理目标责任书应包括下列内容：

1 项目管理实施目标。2 组织与项目经理部之间的责任、权限和利益的分配。3 项目设计、采购、施工、试运行等管理的内容和要求。4 项目需用资源的提供方式和核算办法。5 法定代表人向项目经理委托的特殊事项。6 项目经理部应承担的风险。7 项目管理目标评价的原则、内容和方法。8 对项目经理部进行奖惩的依据、标准、办法。9 项目经理解职和项目经理部解体的条件及办法。

6.3.4　确定项目管理目标应遵循下列原则：

1 满足组织管理目标的要求。2 满足合同的要求。3 预测相关风险。4 具体且操作性强。5 便于考核。

管理的行为主体。做好项目管理组织规划是实现项目目标的保证。科学、合理、有效的项目管理程序又是项目管理活动有序进行的保证。项目管理的实施和成败取决于项目管理方法的选择，不同的项目管理专业任务需要使用不同的专业管理办法，例如，质量管理、成本管理、进度管理、安全管理及风险管理等，都有各自适用的方法，需要通过项目管理规划进行选择和决策，从而选出最适用、最有效的方法。项目管理规划还要落实主要管理人员的责任，明确管理者的责权利，这些管理人员包括项目经理、技术负责人，以及各种专业管理任务的管理组织的责任。

（3）为指导项目管理提供依据

项目管理规划制定后，在整个项目管理过程中要严格遵照执行。它是项目经理进行指挥，管理人员进行具体管理工作的依据。

（4）可作为项目经理部考核的依据

由于项目管理规划对项目管理的成败起到决定性的作用，因此将它作为项目经理部的考核依据，可以给项目管理的执行者以强有力的激励作用。

二、项目管理规划的分类

（1）按项目管理组织不同分类

按项目管理组织的不同，项目管理规划分为建设单位的项目管理规划、设计单位的项目管理规划、监理单位的项目管理规划、施工单位的项目管理规划、咨询单位的项目管理规划、项目管理单位的项目管理规划等。

（2）按编制目的不同分类

按编制目的的不同，项目管理规划可分为项目管理规划大纲和项目管理实施规划。项目管理规划大纲对项目管理工作具有战略性、全局性的指导作用；项目管理实施规划是对项目管理规划大纲的具体化和深化，具有作业性和可操作性，它是指导项目管理的依据。

（3）按编制项目管理规划的范围分类

按编制项目管理规划的范围分类，项目管理规划可分为局部项目管理规划和全面项目管理规划。局部项目管理规划是针对项目管理中的某个部分或某个专业的问题进行规划。全面项目管理规划是针对项目的全部规划范围和全部规划内容进行的全面系统的规划。

三、项目管理规划的编制

（一）项目管理规划的编制人

（1）项目管理规划大纲应由组织的管理层或组织委托的项目管理单位编制。

（2）项目管理实施规划应由项目经理组织编制。

（3）大中型项目应单独编制项目管理实施规划；承包人的项目管理实施规划可以用施工组织设计或质量计划代替，但应能够满足项目管理实施规划的要求。

（二）项目管理规划大纲❶

---

❶ 《建设工程项目管理规范》GB/T 50326—2006 规定：

4.2.1 项目管理规划大纲是项目管理工作中具有战略性、全局性和宏观性的指导文件。

4.2.4 项目管理规划大纲可包括下列内容，组织应根据需要选定：项目概况；项目范围管理规划；项目管理目标规划；项目管理组织规划；项目成本管理规划；项目进度管理规划；项目质量管理规划；项目职业健康安全与环境管理规划；项目采购与资源管理规划；项目信息管理规划；项目沟通管理规划；项目风险管理规划；项目收尾管理规划。

1. 项目管理规划大纲的编制程序

（1）明确项目目标；

（2）分析项目环境和条件；

（3）收集项目的有关资料和信息；

（4）确定项目管理组织管理模式、结构和职责；

（5）明确项目管理内容；

（6）编制项目目标计划和资源计划；

（7）汇总整理，报送审批。

2. 项目管理规划大纲的内容

项目管理规划大纲是以整个工程项目的全过程为研究对象，依据可行性研究报告、设计文件、标准、规范与有关规定、招标文件及有关合同文件以及相关市场信息与环境信息等，规划和指导建设项目全过程管理的文件。

项目管理规划大纲内容见《建设工程项目管理规范》。

（三）项目管理实施规划❶

1. 项目管理实施规划的编制程序

（1）进行合同及项目条件分析；

（2）确定项目管理实施规划的目录及框架；

（3）分工编写，项目管理实施规划必须按照专业和管理职能分别由项目经理部的各部门或各职能人员编写；

（4）汇总协调；

（5）审查，修改，定稿；

（6）报批。

2. 项目管理实施规划的内容

项目管理实施规划是以整个项目为对象，也可能以某个阶段或某一部分为对象，在项目实施前由项目经理组织、为指导项目实施而编制，具有作业性和可操作性。它以项目管理规划大纲的总体部署和决策意图为指导，根据实施项目管理的需要补充具体内容。

项目管理实施规划包括下列 16 项内容，详见规范。

四、项目管理实施规划与施工组织设计、质量计划的关系

《建设工程项目管理规范》GB/T 50326—2006 第 4.1.5 条规定："大中型项目应单独编制项目管理实施规划；承包人的项目管理实施规划可以用施工组织设计或质量计划代替，但应能够满足项目管理实施规划的要求。"这就要求注意项目管理实施规划、施工组织设计、质量计划三者的相容性，避免重复性的工作。

---

❶ 《建设工程项目管理规范》GB/T 50326—2006 规定：

4.3.4 项目管理实施规划应包括下列内容：项目概况；总体工作计划；组织方案；技术方案；进度计划；质量计划；职业健康安全与环境管理计划；成本计划；资源需求计划；风险管理计划；信息管理计划；项目沟通管理计划；项目收尾管理计划；项目现场平面布置图；项目目标控制措施；技术经济指标。

4.3.5 项目管理实施规划的管理应符合下列规定：

1. 项目经理签字后报组织管理层审批；2. 与各相关组织的工作协调一致；3. 进行跟踪检查和必要的调整；4. 项目结束后，形成总结文件。

1. 项目管理实施规划与施工组织设计、质量计划的关系

（1）施工项目管理实施规划不同于传统的施工组织设计和质量计划。施工组织设计是指导拟建工程从施工准备到竣工验收全过程的技术经济文件，主旨是满足施工要求。质量计划是为贯彻质量管理体系标准，进行全面质量管理的计划文件，主要是为质量管理服务。两者不能像项目管理规划那样满足项目管理的全面要求，但三者在内容和作用上具有一定的共性。

（2）项目管理实施规划是企业内部文件，不应外传，但是如果监理机构要审查施工组织设计和质量计划，可从项目管理规划中摘录。

（3）当发包人在招标文件中要求编制施工组织设计时，可以将项目管理实施规划大纲中的相应内容经过细化、修改、调整、补充后使用。但编制项目管理实施规划大纲时应注意招标人对相应内容的要求。承包人中标后需向发包人提供工程实施计划时，可将项目管理实施规划中的相应内容经过细化、修改、调整、补充后应用到工程实施计划中。

2. 施工项目管理规划与施工组织设计的区别

（1）文件的性质不同。施工项目管理规划是一种管理文件，产生管理职能，服务于项目施工管理；施工组织设计是一种技术经济文件，服务于施工准备和施工活动，要求产生技术管理效果和经济效果。

（2）文件的范围不同。项目管理规划所涉及的范围是施工项目管理的全过程，即从投标开始至用后服务结束的全过程；施工组织设计所涉及的范围只是施工准备和施工阶段。

（3）文件产生的基础不同。施工项目管理规划是在市场经济条件下，为了提高施工项目的综合经济效益，以目标控制为主要内容而编制的；而施工组织设计是在计划经济条件下，为了组织施工，以技术、时间、空间的合理利用为中心，使施工正常进行而编制的。

（4）文件的实施方式不同。施工项目管理规划是以目标管理的方式编制和实施的，目标管理的精髓是以目标指导行动，实行自我控制，具有考核标准；施工组织设计是以技术交底和制度约束的方式实施的，没有考核的严格要求和标准。

否定并取消施工组织设计的做法是错误的；以施工组织设计代替施工项目管理规划的做法也是不正确的。相反，应在施工项目管理规划中融进施工组织设计的全部内容。

思 考 题

1. 简述施工组织设计的概念、作用及分类。
2. 施工组织设计的基本内容有哪些？
3. 施工组织设计编制依据有哪些？
4. 简述施工组织设计的审批要求。
5. 项目管理规划有哪些分类？各有哪些基本内容？
6. 施工项目管理规划等同于施工组织设计吗？它们之间有什么关系？

案 例 题

1.【2006 一级建造师考题节选】背景资料：某工程，施工总承包单位（以下简称"乙方"）按《建设工程施工合同（示范文本）》GF-1999-0201 与建设单位（以下简称"甲方"）签订了施工总承包合同。合同中约定开工日期 2005 年 3 月 1 日，乙方每月 25 日向甲方提交已完工程量报告，工程进度款支付时间为次月 8 日。甲方依据合同推荐某电梯安装单位（以下简称"丙方"）作为本项目电梯安装施工单位，

丙方与乙方签订了分包合同。甲方委托监理公司对工程实施施工监理。乙方项目经理开工前对本项目今后的工作作了如下安排：

（1）由项目经理负责组织编制"项目施工管理实施规划"；

（2）由项目总工程师负责建立项目质量管理体系，由项目生产经理负责建立安全管理体系并组织实施；

（3）由项目行政管理人员负责对所有安全施工的技术要求进行交底；

（4）由项目商务经理负责与劳务作业层、各协作单位、发包人、分包人的组织协调工作，解决项目中出现的各种问题；

（5）由项目经理负责组织有关单位进行单位工程竣工验收。

问题：逐项指出乙方项目经理开工前的工作安排是否妥当？对于不妥之项说明正确做法。

2.【2010 一级建造师考题】背景资料：某办公楼工程，建筑面积153000m²，地下二层，地上三十层，建筑物总高度136.6m，地下钢筋混凝土结构，地上型钢混凝土组合结构，基础埋深8.4m。施工单位项目经理根据《建设工程项目管理规范》GB/T 50326—2006，主持编制了项目管理实施规划，包括工程概况、组织方案、技术方案、风险管理计划、项目沟通管理计划、项目收尾管理计划、项目现场平面布置图、项目目标控制措施、技术经济指标等十六项内容。风险管理计划中将基坑土方开挖施工作为风险管理的重点之一，评估其施工时发生基坑坍塌的概率为中等，且风险发生后将造成重大损失。为此，项目经理部组织建立了风险管理体系，指派项目技术部门主管风险管理工作。项目经理指派项目技术负责人组织编制了项目沟通计划，该计划中明确项目经理部与内部作业层之间依据《项目管理目标责任书》进行沟通和协调；外部沟通可采用电话、传真、协商会等方式进行；当出现矛盾和冲突时，应借助政府、社会、中介机构等各种力量来解决问题。工程进入地上结构施工阶段，现场晚上11点后不再进行土建作业，但安排了钢结构焊接连续作业。由于受城市交通管制，运输材料、构件的车辆均在凌晨3～6点之间进出现场。项目经理部未办理夜间施工许可证。附近居民投诉：夜间噪声过大，光线刺眼，且不知晓当日施工安排。项目经理派安全员接待了来访人员，之后，项目经理部向政府环境保护部门进行了申报登记，并委托某专业公司进行了噪声检测。项目收尾阶段，项目经理部依据项目收尾管理计划，开展了各项工作。

问题：（1）项目管理实施规划还应包括哪些内容（至少列出三项）？

（2）评估基坑土方开挖施工的风险等级。风险管理体系应配合项目经理部哪两个管理体系进行组织建立？指出风险管理计划中项目经理部工作的不妥之处。

（3）指出上述项目沟通管理计划中的不妥之处，说明正确做法。外部沟通还有哪些常见方式？

（4）根据《建筑施工场界噪声限值》GB 12523—90，结构施工阶段昼间和夜间的场界噪声限值分别是多少？针对本工程夜间施工扰民事件，写出项目经理部应采取的正确做法。

（5）项目收尾管理主要包括哪些方面的管理工作？

3.【2011 年一级建造师考题改】背景资料：某建筑工程，建筑面积35000m²，地下二层，筏板基础；地上二十五层，钢筋混凝土剪力墙结构，室内隔墙采用加气混凝土砌块，建设单位依法选择了施工总承包单位，签订了施工总承包合同，合同约定：室内墙体等部分材料由建设单位采购，建设单位同意施工总承包单位将部分工程依法分包和管理。合同履行过程中，发生了下列事件：

事件一：施工总承包单位项目经理安排项目技术负责人组织编制《项目管理实施规划》，并提出了编制工作程序和施工总平面图现场管理总体要求，施工总平面图现场管理总体要求包括"安全有序"、"不损害公众利益"两项内容。

事件二：施工总承包单位编制了《项目安全管理实施计划》，内容包括"项目安全管理目标"、"项目安全管理机构和职责"、"项目安全管理主要措施"三方面内容，并规定项目安全管理工作贯穿施工阶段。

在安全管理主要措施中有以下内容：①电焊工从事电气设备安装和气焊作业时均要求按有关规定进

行操作；电焊工、气焊工从事电气设备安装和电、气焊切割作业，要有操作证和用火证。用火证当日有效，用火地点变换，要重新办理用火证手续。用火前，要对易燃、可燃物清除，采取隔离等措施，配备看火人员和灭火器具，作业后必须确认无火源隐患后方可离去。②氧气瓶、乙炔瓶工作间距不小于10m，两瓶与明火作业距离不小于20m。③易燃仓库应设在水源充足、消防车能驶到的地方，并应设在上风方向。易燃露天仓库四周内，应有宽度不小于3.5m的平坦空地作为消防通道，通道上禁止堆放障碍物。④乙炔发生器和氧气瓶之间的存放距离不得少于5m，使用时两者的距离不得少于10m。⑤焊工应该持证上岗，无证者只可进行次要部位的焊、割作业；属一级动火范围的焊、割作业，未经办理动火审批手续，不准进行焊割。火星能飞溅到的地方，严禁焊、割作业；有压力或密闭的管道、容器，经公司技术负责人批准后，方可焊、割。⑥灭火器应与配电箱设置在同一部位，且离地高度不小于1.8m，以防儿童触及。

事件三：施工总承包单位按照"分包单位必须具有营业许可证、必须经过建设单位同意"等分包单位选择原则，选择了裙房结构工程的分包单位。双方合同约定分包工程技术资料由分包单位整理、保管，并承担相关费用。分包单位以其签约得到建设单位批准为由，直接向建设单位申请支付分包工程款。

事件四：建设单位采购的一批墙体砌块经施工总承包单位进场检验发现，墙体砌块导热性能指标不符合设计文件要求。建设单位以指标值超差不大为由，书面指令施工总承包单位使用该批砌块，施工总承包单位执行了指令。监理单位对此事发出了整改通知，并报告了主管部门，地方行政主管部门依法查处了这一事件。

事件五：当地行政主管部门对施工总承包单位违反施工规范强制性条文的行为，在当地建筑市场诚信记录平台上进行了公布，公布期限为6个月。公布后，当地行政主管部门结合企业整改情况，将公布期限调整为4个月。国家住房和城乡建设部在全国进行公布，公布期限4个月。

问题：

（1）事件一中，项目经理的做法有何不妥？项目管理实施规划编制工作程序包括哪些内容？施工总平面图现场管理总体要求还应包括哪些内容？

（2）事件二中，项目安全管理实施计划还应包括哪些内容？工程总承包项目安全管理工作应贯穿哪些阶段？安全管理主要措施中的内容是否正确？说明理由。（画横线内容为增加内容）

（3）指出事件三中施工总承包单位和分包单位做法的不妥之处，分别说明正确做法。

（4）依据《民用建筑节能管理规定》，当地行政主管部门就事件四，可以对建设、施工、监理单位给予怎样的处罚？

（5）事件五中，当地行政主管部门及国家住房和城乡建设部公布诚信行为记录的做法是否妥当？全国、省级不良诚信行为记录的公布期限各是多少？

第二章 流 水 施 工

第一节 流水施工的表达及组织基本方式

一、流水施工的表达方式

流水施工的表达方式有甘特图和网络图两种。

1. 甘特图

根据其横坐标、纵坐标所表达内容的不同分为水平表示图表和垂直表示图表。

水平表示图表又叫横道图，其表达形式如图 2-1 所示。图中纵坐标表示施工过程的名称或编号，横坐标表示流水施工在时间坐标下的施工进度，每条水平线段的长度则表示某施工过程在某个施工段的作业延续时间，横道位置的起止表示某施工过程在某施工段上作业开始、结束的时间。横道图绘制简单，流水施工直观、形象、易懂，使用方便。

垂直表示图表又叫斜线图，其表达形式如图 2-2 所示。图中纵坐标表示各施工段编号（施工段的编号一般由下向上编写），横坐标表示流水施工过程在时间坐标下的施工进度，斜线的斜率反映施工过程的进展速度，斜线水平投影的长度表示某施工过程在某个施工段的持续时间，施工过程的紧前、紧后关系由斜线的前后位置表示。

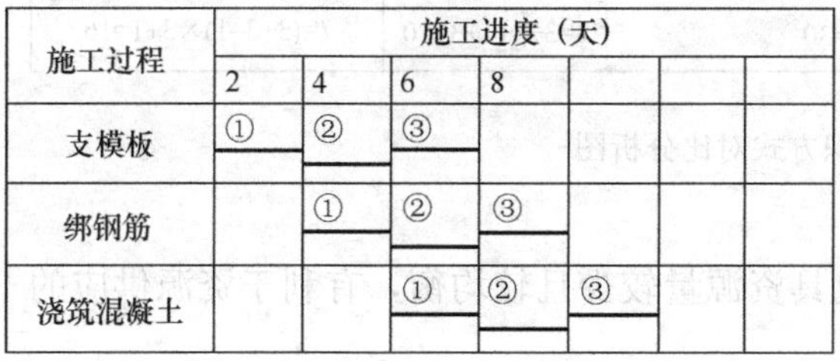

施工过程	施工进度（天）			
	2	4	6	8
支模板	①	②	③	
绑钢筋		①	②	③
浇筑混凝土			①	② ③

图 2-1　流水施工的横道图

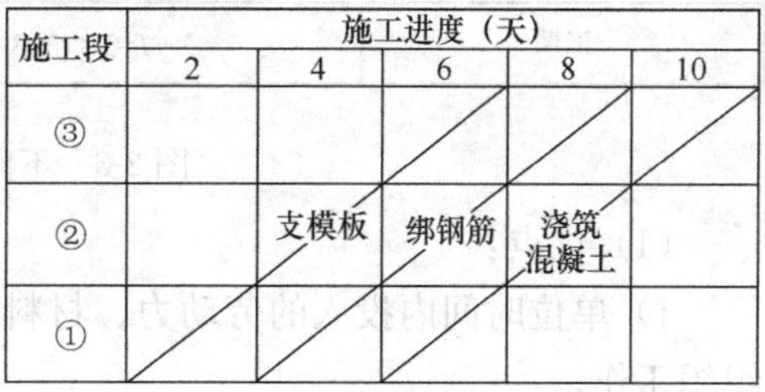

施工段	施工进度（天）				
	2	4	6	8	10
③					
②		支模板	绑钢筋	浇筑混凝土	
①					

图 2-2　流水施工斜线图

垂直表示图能直观地反映出在一个施工段中各施工过程的先后顺序和相互配合关系，可由其斜线的斜率形象地反映出各施工过程的施工速度，斜率越大则表明施工速度越快。垂直表示图在线性工程中使用较多。

2. 网络图

网络图是以网状图形来表达流水施工，其具体内容详见第三章。

二、施工的基本组织方式

（一）施工的基本组织方式

考虑工程项目的施工特点、工艺流程、资源利用、平面或空间布置等要求，组织施工的方式有依次施工、平行施工和流水施工三种，为了能更清楚地说明它们各自的特点、概念及流水施工的优越性，下面举一例对它们进行分析和对比。

【例 2-1】　某三栋建筑物的基础工程，除褥垫层每栋施工需要 1 周外，其余每个专业队在每栋建筑物的施工作业时间均为 3 周，各专业队的人数分别为 10 人、20 人、15 人和 25 人。试比较三栋建筑物基础工程采用不同组织方式安排进度的优缺点。

【解】

1. 依次施工（顺序施工）

依次施工是按照一定的施工顺序，前一个施工过程完成后，后一个施工过程开始施工；或先按一定的施工顺序完成前一个施工段上的全部施工过程后再进行下一个施工段的施工，直到完成所有的施工段上的作业。按照依次施工的方式组织上述工程施工，其施工进度、工期和劳动力动态变化曲线如图 2-3 所示。由图 2-3 可见依次施工具有以下优缺点：

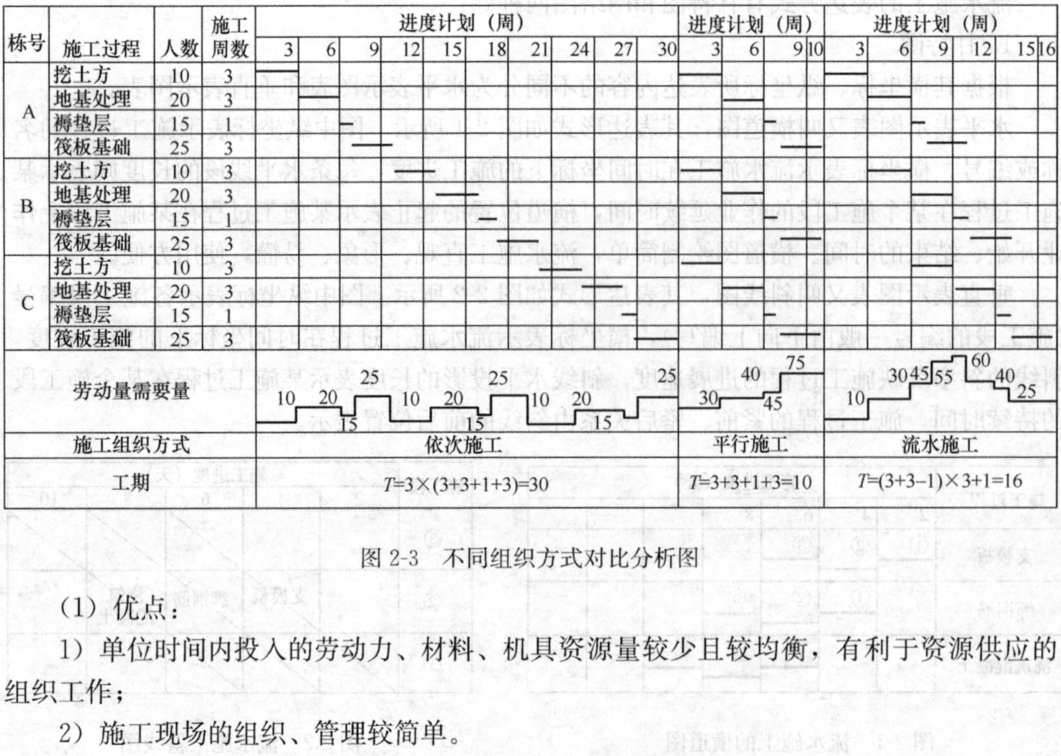

图 2-3 不同组织方式对比分析图

（1）优点：

1）单位时间内投入的劳动力、材料、机具资源量较少且较均衡，有利于资源供应的组织工作；

2）施工现场的组织、管理较简单。

（2）缺点：

1）不能充分利用工作面去争取时间，工期长；

2）各专业班组不能连续工作，产生窝工现象（宜采用混合队组）；

3）不利于实现专业化施工，不利于改进工人的操作方法和施工机具，不利于提高劳动生产率和工程质量。

因此，依次施工一般适用于场地小、资源供应不足、工作面有限、工期不紧、规模较小的工程，例如住宅小区非功能性的零星工程。依次施工适合组织大包队施工。

2. 平行施工（各队同时进行）

平行施工即组织几个相同的综合作业队（或班组），在各施工段上同时开工、齐头并进的一种施工组织方式。由图 2-3 可见平行施工具有以下优缺点：

（1）优点：充分利用了工作面，工期短。

14

（2）缺点：

1）单位时间内投入施工的资源集中供应；

2）不利于实现专业化施工队伍连续作业，不利于提高劳动生产率和工程质量；

3）施工现场组织、管理较复杂。

所以，平行施工的组织方式只有在拟建工程任务十分紧迫，工作面允许以及资源能够保证充足供应的条件下才适用，例如抢险救灾工程。

3. 流水施工

流水施工是将拟建工程项目的全部建造过程在工艺上分解为若干个施工过程（也就是划分为若干个分部、分项工程或工序），同时在平面上划分成若干个劳动量大致相等的施工段，在竖向上划分成若干个施工层。然后按照施工过程相应地组织若干个专业工作队（或班组），不同的施工队按工艺顺序依次投入施工，并使有逻辑关系的相邻两个专业工作队，在开工时间上最大限度地、合理地搭接起来，保证工程项目施工全过程在时间和空间上有节奏、连续、均衡地进行下去，直到完成全部工程任务。如图 2-3 流水施工具有以下特点：

（1）科学地利用了工作面，工期较合理，能连续、均衡地生产；

（2）实现了工人专业化施工，操作技术熟练，有利于保证工作质量，提高劳动生产率；

（3）参与流水的专业工作队能够连续作业，相邻的专业工作队之间实现了最大限度地合理搭接；

（4）单位时间内投入施工的资源量较为均衡，有利于资源供应的组织管理工作；

（5）为文明施工和现场的科学管理创造了有利条件。

显然，采用流水施工的组织方式，充分利用时间和空间，明显优于依次施工和平行施工。

（二）流水施工的技术经济效果

土木工程的"流水施工"来源于工业生产中的"流水作业"，但又有所不同。在工业生产中，生产工人和设备的位置是固定的，产品按生产加工工艺在生产线上进行移动加工，从而形成加工者与被加工对象之间的相对流动；而在建筑施工过程中，建筑产品的位置固定不动，由生产工人带着材料和机具等在建筑物的空间上从前一段到后一段进行移动生产。

通过三种施工组织方式的比较可以看出，流水施工是一种科学、有效的施工组织方法，它可以充分地利用工作时间和操作空间，减少非生产性劳动消耗，提高劳动生产率，保证工程施工连续、均衡、有节奏地进行，从而对提高工程质量、降低工程造价、缩短工期有着显著的作用。具体表现在以下几个方面：

1. 施工作业节奏性、连续性

由于流水施工方式建立了合理的劳动组织，工作班组实现了专业化生产，人员工种比较固定，为工人提高技术水平、改进操作方法以及革新生产工具创造了有利条件，因而促进了劳动生产率的不断提高和工人劳动条件的改善。

同时由于工人连续作业，没有窝工现象，机械闲置时间少，增加了有效劳动时间，从而使施工机械和劳动力的生产效率得以充分发挥（一般可提高劳动生产率 30% 以上）。

2. 资源供应均衡性

在资源使用上，克服了高峰现象，供应比较均衡，有利于资源的采购、组织、存储、供应等工作。

3. 工期合理性

由于流水施工的节奏性、连续性，消除了各专业班组投入施工后的等待时间，可以加快各专业队的施工进度，减少时间间隔；充分利用时间与空间，在一定条件下相邻两施工过程还可以互相搭接，做到尽可能早地开始工作，从而可以大大地缩短工期（一般工期可缩短 1/3～1/2 左右）。

4. 施工质量更容易保证

正是由于实行了专业化生产，工人的技术水平及熟练程度也不断提高，而且各专业队之间紧密地搭接作业，只有紧前作业队提供合格的成果，紧后作业队才能衔接工作，达到互检的目的，从而使工程质量更容易得到保证和提高，便于推行全面质量管理工作，为创造优良工程提供了条件。

5. 降低工程成本

由于流水施工资源消耗均衡，便于组织资源供应，使得资源存储合理，利用充分，可以减少各种不必要的损失，节约了材料费；生产效率的提高，可以减少用工量和施工临时设施的建造量，从而节约人工费和机械使用费，减少了临时设施费；工期较短，可以减少企业管理费，最终达到降低工程成本，提高企业经济效益的目的（一般可降低成本 6%～12%）。

第二节　流水施工的主要参数

在组织流水施工时，为了说明各施工过程在时间和空间上的开展情况及相互依存关系，这里引入一些描述工艺流程、空间布置和时间安排等方面的特征和各种数量关系的参数，称为流水施工参数。按其性质的不同，一般可分为工艺参数、时间参数和空间参数。

一、工艺参数

工艺参数主要是指在组织流水施工时，用以表达流水施工在施工工艺上的开展顺序及其特征的参数，通常包括施工过程数和流水强度两个参数。

1. 流水施工过程 n

（1）施工过程种类

施工过程的数目一般用 n 表示，它是流水施工的主要参数之一。根据其性质和特点不同，施工过程一般分为三类，即建造类施工过程、运输类施工过程和制备类施工过程。

1）制备类施工过程：是指为了提高土木工程生产的工厂化、机械化程度而预先加工和制造建筑半成品、构配件等而进行的施工过程。如砂浆、混凝土、门窗、构配件及其他制品的制备过程。

2）运输类施工过程：是指将土木工程建筑材料、成品、半成品、构配件、设备和制品等物资，运到工地仓库或现场操作使用地点而形成的施工过程。

3）建造类施工过程：是指在施工对象的空间上直接进行施工（砌筑、浇筑），最终形成建筑产品的施工过程。它是建设工程施工中占有主导地位的施工过程，如建筑物或构筑物的钢筋绑扎、砌体砌筑等。

由于建造类施工过程占有施工对象的空间，直接影响工期的长短，因此，必须列入施工进度计划，并大多作为主导施工过程或关键工作。

运输类与制备类施工过程一般不占施工对象的空间，不影响工期，故不需要列入流水施工进度计划之中；只有当其占有施工对象的工作面，影响工期时，才列入施工进度计划之中。例如，对于采用装配式钢筋混凝土结构的土木工程，钢筋混凝土构件的现场制作过程就需要列入施工进度计划之中，如果不在现场预制，就不列入施工进度计划之中。同样，结构安装中的构件吊运施工过程也需要列入施工进度计划之中。

（2）流水施工过程划分

流水施工的施工过程划分的粗细程度由实际需要而定，以不简不繁为原则进行划分。确定施工过程数（n）应考虑的因素：

1）施工过程数目的确定，可依据项目结构特点、施工进度计划在客观上的作用、采用的施工方法及对工程项目的工期要求等因素综合考虑。一般情况下，可根据施工工艺顺序和专业班组性质按分项工程进行划分，如一般混合结构住宅的施工过程大致可分为20～30个；对于工业建筑，施工过程可划分得多些。

2）施工过程数要划分适当，没有必要划分得太多、太细，给各种计算增添麻烦，在施工进度计划上也会带来主次不分的缺点；但也不宜划分太少，以免计划过于笼统，失去指导施工的作用。

3）当编制控制性的施工进度计划时，其施工过程应划分的粗些、综合性大些，一般只列出分部工程名称，如基础分部、主体分部、装饰分部、屋面分部等。当编制实施性的施工进度计划时，其施工过程应划分地细些、具体些，可将分部工程再分解为若干个分项工程，如将基础工程分解为基坑降水、挖土方、基础处理、垫层、基础模板、基础钢筋、基础混凝土、回填土等。对于其中起主导作用的分项工程，往往需要考虑按专业工种组织专业施工队进行施工，为便于掌握施工进度和指导施工，可将分项工程再进一步分解成若干个由专业工种施工的工序作为施工过程等。

在图 2-4 中，地基处理施工过程后，如果为 CFG 桩处理，那么褥垫层施工过程实际包括清凿桩头、铺级配砂卵褥垫层、浇筑混凝土垫层三个施工过程。为了使流水简化，我们把三个过程合并为一个综合褥垫层施工过程。

同时，为了充分利用工作面，有些施工过程不参与流水更有利。换句话，组织流水施工时，只要安排好主导施工过程（即工程量大、持续时间长）连续均衡即可。而非主导施工过程（即工程量小、持续时间短），可以安排其不连续施工。例如图 2-3 中褥垫层施工过程就做了间断安排。对比不间断安排图 2-4 流水施工，褥垫层连续施工，工期延长 4 天。所以合理间断安排有利于缩短工期。

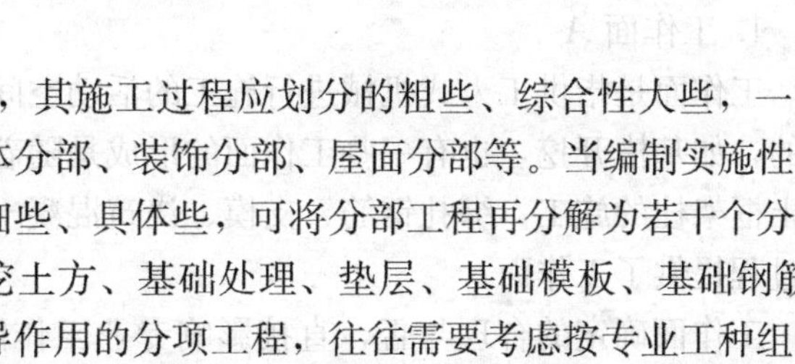

2. 流水强度 V

流水强度是指流水施工的某施工过程（专业工作队）在单位时间内所

施工过程	人数	施工周数	进度计划（周）						
			3	6	9	12	15	18	21
挖土方	10	3							
地基处理	20	3							
褥垫层	15	1							
筏板基础	25	3							
劳动量需要量			10	30		3560 40 25		25	
施工组织方式			流水施工						
工期			$T=(3+7+1)+9=20$						

图 2-4 非主要施工过程不间断安排效果

完成的工程量（如浇筑混凝土施工过程每工作班能浇筑多少立方米混凝土），也称为流水能力或生产能力，一般用 V 表示。

（1）机械施工过程的流水强度

$$V_i = \sum_{i=1}^{x} R_i S_i \tag{2-1}$$

式中　V_i——投入施工过程 i 的机械施工流水强度；

　　　R_i——第 i 种施工机械的台数；

　　　S_i——投入该施工过程中第 i 种资源的产量定额；

　　　x——用于同一施工过程的主导施工机械种类数。

（2）手工操作施工过程的流水强度

$$V_i = R_i S_i \tag{2-2}$$

式中　V_i——投入施工过程 i 的人工操作流水强度；

　　　R_i——投入施工过程 i 的工作队人数；

　　　S_i——投入施工过程 i 的工作队的工人每班平均产量定额。

二、空间参数

在组织流水施工时，用以表达流水施工在空间布置上所处状态的参数，称为空间参数。它包括工作面、施工段数和施工层。

1. 工作面 A

工作面是指供工人或机械进行施工的活动空间。工作面的形成有的是工程一开始就形成的，如基槽开挖，也有一些工作面的形成是随着前一个施工过程结束而形成，如现浇混凝土框架柱的施工，绑扎钢筋、支模、浇筑混凝土等都是前一施工过程结束后，为后一施工过程提供了工作面。

工作面确定的合理与否，直接影响专业工作队的生产效率。最小工作面是指施工队（班组）为保证安全生产和充分发挥劳动效率所必须的工作面。施工段上的工作面必须大于施工队伍的最小工作面。主要工种的最小工作面的参考数据见表 2-1。

主要工种最小工作面参考数据表　　　　　　　　　　表 2-1

工作项目	每个技工的工作面	说　明
砌筑砖基础	7.6m/人	以 1 砖半计，2 砖乘以 0.8，3 砖乘以 0.55
砌筑砖墙	8.5m/人	以 1 砖计，1 砖半乘以 0.71，2 砖乘以 0.57
混凝土柱、墙基础	8.0m³/人	机拌、机捣
现浇钢筋混凝土柱	2.45m³/人	机拌、机捣
现浇钢筋混凝土梁	3.20m³/人	机拌、机捣
现浇钢筋混凝土楼板	5.0m³/人	机拌、机捣
外墙抹灰	16.0m²/人	
内墙抹灰	18.5m²/人	
卷材屋面	18.5m²/人	
门窗安装	11.0m²/人	

2. 施工段数 m

为了有效地组织流水施工，通常将施工对象在平面或空间上划分成若干个劳动量大致相等的施工段落，称为施工段或流水段。施工段的数目一般用 m 表示，它是流水施工的主要参数之一。

（1）划分施工段的目的

划分施工段的目的就是为了组织流水施工，由于土木工程体形庞大，所以可以将其划分成若干个施工段，从而为组织流水施工提供足够的空间，保证不同的施工班组在不同的施工段上同时进行施工。在一般情况下，一个施工段在同一时间内，只安排一个专业工作队施工，各专业工作队遵循施工工艺顺序依次投入作业，同一时间内在不同的施工段上平行施工，使流水施工均衡地进行。组织流水施工时，可以划分足够数量的施工段，使各施工班组能按一定的时间间隔转移到另一个施工段进行连续施工，既消除等待、停歇现象，避免窝工，又互不干扰。

（2）划分施工段的原则

1）施工段的分界应尽可能与结构界限吻合，宜设在伸缩缝、温度缝、沉降缝和单元分界处等；没有上述自然分区，可将其设在门窗洞口处，以减少施工缝的规模和数量，有利于结构的整体性。

2）各个施工段上的劳动量（或工程量）应大致相等，相差幅度不宜超过 $10\%\sim15\%$。只有这样，才能保证在施工班组人数不变的情况下，在各段上的施工持续时间相等。

3）为充分发挥工人（或机械）生产效率，不仅要满足专业工种对最小工作面的要求，且要使施工段所能容纳的劳动力人数（或机械台数）满足最小劳动组合要求。

所谓最小劳动组合，就是指某一施工过程进行正常施工所必需的最低限度的工人数及其合理组合。如砖墙砌筑施工，技工、壮工的比例以 2：1 为宜。

4）施工段数目要适宜，对于某一项工程，若施工段数过多，则每段上的工程量就较少，势必要减少班组人数，使得过多的工作面不能被充分利用，拖长工期；若施工段数过少，则每段上的工程量较大，又造成施工段上的劳动力、机械和材料等的供应过于集中，互相干扰大，不利于组织流水施工，也会使工期拖长。

5）划分施工段时，应以主导施工过程的需要来划分。主导施工过程是指劳动量较大或技术复杂、对总工期起控制作用的施工过程，如全现浇钢筋混凝土结构的支模工程就是主导施工过程。

6）施工段的划分还应考虑垂直运输机械和进料的影响。一般用塔吊时分段可多些，用井架、人货两用电梯等固定式垂直运输机械时，分段应与其经济服务半径相适应，以免跨段增加楼面水平运输，既不经济又可能引起楼面交通混乱。

7）当有层间关系时，为使各施工队（班组）能连续施工（即各施工过程的施工队做完第一段能立即转入第二段，施工完第一层的最后一段能立即转入第二层的第一段），每层的施工段数应满足下列要求：$m \geqslant n$；当有间歇时间时，则应满足式（2-3）的要求。

$$m \geqslant n + \frac{\sum Z_1}{K} + \frac{Z_2}{K} - \frac{\sum C}{K} \tag{2-3}$$

式中　$\sum Z_1$——一个施工层内的各个施工过程间的技术及组织间歇时间之和；

Z_2——层间间歇；

$\sum C$——一个施工层内的各个施工过程间的搭接时间之和；

K——流水步距。

（3）施工段数 m 与施工过程数 n 的关系

【例 2-2】 某二层工程，有三个施工过程分别为 A、B、C，每个施工过程在各施工段上的作业时间均为 2 天。

【解】 1）当 $m=n$ 时，即每层划分 3 个施工段，其进度计划安排如图 2-5（a）所示。

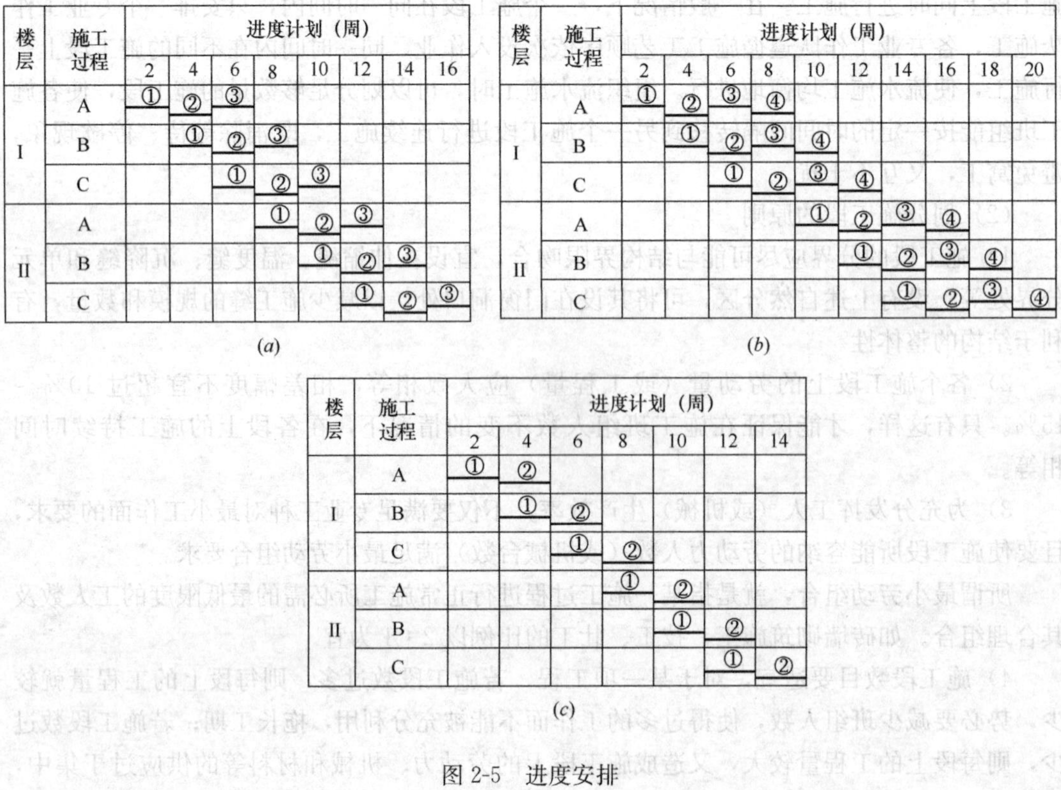

楼层	施工过程	进度计划（周）							
		2	4	6	8	10	12	14	16
I	A	①	②	③					
	B		①	②	③				
	C			①	②	③			
II	A				①	②	③		
	B					①	②	③	
	C						①	②	③

(a)

楼层	施工过程	进度计划（周）									
		2	4	6	8	10	12	14	16	18	20
I	A	①	②	③	④						
	B		①	②	③	④					
	C			①	②	③	④				
II	A					①	②	③	④		
	B						①	②	③	④	
	C							①	②	③	④

(b)

楼层	施工过程	进度计划（周）						
		2	4	6	8	10	12	14
I	A	①	②					
	B		①	②				
	C			①	②			
II	A				①	②		
	B					①	②	
	C						①	②

(c)

图 2-5 进度安排

(a) $m=n$；(b) $m>n$；(c) $m<n$

从图 2-5（a）中可以看出，施工班组均连续施工，没有停歇、窝工现象，工作面得到充分利用。

2）当 $m>n$ 时，假设每层划分 4 个施工段，其进度计划安排如图 2-5（b）所示。

从图 2-5（b）可以看出，施工班组仍然能够连续施工，没有停歇、窝工现象，但工作面有空闲。即当 A 过程进入第 4 段施工时，二层的第 1 段也可以进行 A 工作，所以二层的第 1 段已经闲置，但并不影响施工班组连续施工。这种施工段的空闲，有时也是必要的，可以利用停歇时间进行混凝土养护、弹线定位、备料等工作。

3）当 $m<n$ 时，即每层划分 2 个施工段，其进度计划安排如图 2-5（c）所示。

从图 2-5（c）中可以看出，施工班组不能连续施工，出现窝工现象。例如 A 工作在一层第四天就结束了，但因为 C 工作还没有进行，所以只有等 C 工作第 6 天结束时进行二层的 A 工作，出现了专业工作队不连续、窝工现象。

结论：当组织楼层结构的流水施工时，既要满足分段流水，也要满足分层流水。即施工班组做完第一段后，能立即转入第二段；做完第一层的最后一段，能立即转入第二层的第一段。因此就要求一层上的施工段数 m 应满足 $m \geqslant n$，才能保证不窝工。

当无层间关系时，施工段数的确定则不受此约束。同时注意 m 不能过大，否则，可能不满足最小工作面要求，材料、人员、机具过于集中，影响效率和效益，且易发生事故。

3. 施工层数 r

在组织流水施工时，为满足专业工种对操作高度的要求，通常将施工项目在竖向上划分为若干个操作层，这些操作层均称为施工层。一般施工层数用 r 表示。

施工层的划分，要视工程项目的具体情况，根据建筑物的高度、楼层来确定。如砌筑工程的施工层高度一般为 1.2~1.4m，即一步脚手架的高度作为一个施工层；室内抹灰、木装修、油漆、玻璃和水电安装等，可以一个楼层作为一个施工层。

三、时间参数

时间参数是指在组织流水施工时，用以表达各流水施工过程的工作持续时间及其在时间排列上的相互关系和所处状态的参数。主要有流水节拍、流水步距、流水工期、间歇时间、平行搭接时间 5 种。

1. 流水节拍 t

流水节拍是指从事某一施工过程的专业工作队（组）在一个施工段上的工作持续时间，它表明流水施工的速度和节奏性。流水节拍小，其流水速度快，流水节拍决定着单位时间的资源供应量，同时，流水节拍也是区别流水施工组织方式的特征参数。

同一施工过程的流水节拍，主要由所采用的施工方法、施工机械以及在工作面允许的前提下投入施工的工人数、机械台数和采用的工作班次等因素确定。有时，为了均衡施工和减少转移施工段时消耗的工时，可以适当调整流水节拍，其数值一般为半个班的整数倍。

（1）流水节拍（持续时间）的确定方法

1）定额计算法

即利用公式套用定额进行计算，此时流水节拍的计算公式如下：

$$t_{ij} = \frac{Q_{ij}}{S_i n_{ij} b_{ij}} = \frac{P_{ij}}{n_{ij} b_{ij}} = \frac{Q_{ij} H_i}{n_{ij} b_{ij}} \tag{2-4}$$

式中　t_{ij}——第 i 施工过程在第 j 施工段上的流水节拍（持续时间）；

　　Q_{ij}——第 i 施工过程在第 j 施工段上的工程量；

　　P_{ij}——第 i 施工过程在第 j 施工段上的劳动量；

　　S_i——第 i 施工过程的人工或机械产量定额（企业劳动定额查取）；

　　H_i——第 i 施工过程的人工或机械时间定额（企业劳动定额查取）；

　　n_{ij}——第 i 施工过程在第 j 施工段上的施工班组人数或机械台数；

　　b_{ij}——第 i 施工过程在第 j 施工段上的每天工作班制。

有时，也可在 t_{ij} 已知的情况下，利用上式反算某施工过程的班组人数（或机械台数）。

①劳动量的计算公式如下：

$$P = \frac{Q}{S} \qquad (2\text{-}5)$$

或

$$P = Q \cdot H \qquad (2\text{-}6)$$

式中　P——完成某施工过程所需劳动量（工日或台班）；

　　　Q——该施工过程的工程量（m^3、m^2、t 等）；

　　　S——企业的产量定额（m^3/工日、m^2/工日、t/工日或 m^3/台班、m^2/台班、t/台班）；

　　　H——企业的时间定额（工日/m^3、工日/m^2、工日/t 或台班/m^3、台班/m^2、台班/t）。

【例 2-3】 某单层工业厂房工程柱基坑人工挖土量为 $3240m^3$，查企业劳动定额得产量定额为 $3.9m^3$/工日，计算完成基坑挖土所需的劳动量。

【解】

$$P = \frac{Q}{S} = \frac{3240}{3.9} = 831 \text{ 工日}$$

【例 2-4】 某工程基础挖土采用 W-100 型反铲挖土机，挖方量为 $3500m^3$，经查其企业产量定额为 $120m^3$/台班，计算挖土机所需的劳动量。

【解】

$$P = \frac{Q}{S} = \frac{3500}{120} = 29.2 \text{ 台班}$$

取 30 个台班。

当某一施工过程是由两个或两个以上不同分项工程合并而成时，其总劳动量应按下式计算：

$$P_{总} = \sum_{i=1}^{n} P_i = P_1 + P_2 + \cdots + P_n \qquad (2\text{-}7)$$

【例 2-5】 某钢筋混凝土基础工程，其支设模板、绑扎钢筋、浇筑混凝土三个施工过程的工程量分别为 $1200m^2$、$10t$、$500m^3$，查企业劳动定额得其时间定额分别为 0.253 工日/m^2、5.28 工日/t、0.833 工日/m^3，试计算完成钢筋混凝土基础所需劳动量。

【解】

$$
\begin{aligned}
P_{基础} &= P_{模} + P_{筋} + P_{混} \\
&= 1200 \times 0.253 + 10 \times 5.28 + 500 \times 0.833 \\
&= 772.9 \text{ 工日}
\end{aligned}
$$

当某一施工过程是由同一工种、不同做法、不同材料的若干个分项工程合并组成时，应先按公式（2-7）计算其综合产量定额，再求其劳动量。

$$\overline{S} = \frac{\sum\limits_{i=1}^{n} Q_i}{\sum\limits_{i=1}^{n} P_i} = \frac{Q_1 + Q_2 + \cdots Q_n}{P_1 + P_2 + \cdots + P_n} = \frac{Q_1 + Q_2 + \cdots + Q_n}{\dfrac{Q_1}{S_1} + \dfrac{Q_2}{S_2} + \cdots + \dfrac{Q_n}{S_n}} \qquad (2\text{-}8)$$

$$\overline{H} = \frac{1}{\overline{S}} \qquad (2\text{-}9)$$

式中　　　$\overline{S}$——某施工过程的综合产量定额；

$\overline{H}$——某施工过程的综合时间定额；

$\sum\limits_{i=1}^{n} Q_i$——总工程量（$m^3$、$m^2$、$m$、$t$ 等）；

$\sum\limits_{i=1}^{n} P_i$——总劳动量（工日或台班）；

Q_1、$Q_2 \cdots Q_n$——同一施工过程的各分项工程的工程量；

S_1、$S_2 \cdots S_n$——与 Q_1、$Q_2 \cdots Q_n$ 相对应的产量定额。

【例 2-6】 某工程，其外墙面装饰有干粘石、贴饰面砖、剁假石三种做法，其工程量分别是 684.5m^2、428.7m^2、208.3m^2；采用的产量定额分别是 4.17m^2/工日、2.53m^2/工日、1.53m^2/工日。计算其综合产量定额及外墙面装饰所需的劳动量。

【解】

$$\overline{S} = \frac{Q_1 + Q_2 + \cdots + Q_n}{\dfrac{Q_1}{S_1} + \dfrac{Q_2}{S_2} + \cdots + \dfrac{Q_n}{S_n}} = \frac{684.5 + 428.7 + 208.3}{\dfrac{684.5}{4.17} + \dfrac{428.7}{2.53} + \dfrac{208.3}{1.53}} = 2.81(m^2/\text{工日})$$

$$P_{\text{外墙装饰}} = \frac{\sum\limits_{i=1}^{3} Q}{\overline{S}} = \frac{684.5 + 428.7 + 208.3}{2.81} = 470.3(\text{工日})$$

②施工过程持续时间的计算

施工过程持续时间是根据施工过程需要的劳动量以及配备的劳动人数或机械台数，确定施工过程的持续时间，其计算公式如下：

$$t = \frac{P}{nb} \tag{2-10}$$

式中 t——完成某施工过程的持续时间（天）；

P——该施工过程所需的劳动量（工日或台班）；

n——每个工作班投入该施工过程的工人数（或机械台数）；

b——每天工作班数。

从上述公式可知，要计算确定某施工过程持续时间，除已确定的 P 外，还必须先确定 n 及 b 数值。

要确定施工人数或施工机械台数 n，除了考虑必须能获得或能配备的施工人数（特别是技术工人人数）或施工机械台数之外，在实际工作中，还必须结合施工现场的具体条件、最小工作面与最小劳动组合人数的要求以及机械施工的工作面大小、机械效率、机械必要的停歇维修与保养时间等因素考虑，才能计算确定出符合实际可能和要求的施工人数及机械台数。

每天工作班数 b 的确定：当工期允许、劳动力和施工机械周转使用不紧迫、施工工艺上无连续施工要求时，通常采用一班制施工，在建筑业中往往采用 1.25 班制即 10h。当工期较紧或为了提高施工机械的使用率及加快机械的周转使用，或工艺上要求连续施工时，某些施工过程可考虑二班甚至三班制施工。但采用多班制施工，必然增加有关设施及费用，因此，须慎重研究确定。

【例 2-7】 某工程砌筑砖墙，需要劳动量为 110 工日，采用一班制工作，每班出勤人数为 22 人（其中瓦工 10 人，普工 12 人），试计算完成该砌筑工程的施工持续时间。

【解】

$$t = \frac{P}{nb} = \frac{110}{22 \times 1} = 5 \text{ 天}$$

【例 2-8】 某住宅共有 4 个单元，划分 4 个施工段，其基础工程的施工过程为：①挖土方，②垫层，③绑钢筋，④浇混凝土，⑤砌砖基，⑥回填土。各施工过程的工程量、产量定额、专业队人数见表 2-2。试计算各施工过程流水节拍。

某基础工程有关数　　　　　　　　表 2-2

	工程量	产量定额	人数/台数
挖土方	795m³	65m³	1 台
垫层	57m³	—	
绑钢筋	10815kg	450kg	4 人
浇混凝土	231m³	1.5m³	20 人
砌砖基	365m³	1.25m³	25 人
回填土	345m³	—	—

【解】 根据施工对象的具体情况以及进度计划的性质，划分施工过程并确定施工起点流向，根据施工过程之间的关系，确定施工顺序。由于垫层和回填土的工程量较少，为简化流水，将二过程作为间歇处理，各预留 1 天，该基础施工过程数取 $n = 4$，根据其工艺关系，该基础工程的施工顺序为：挖土方→绑钢筋→浇混凝土→砌砖基。

由于基础工程没有层间关系，m 取值没有限制，但根据题意有 4 个单元，为了利用工程的自然分段、组织等节拍流水，该题把工程施工段划分为 4 段，能够使各施工段工程量大致相等，即取 $m = 4$。

采用定额计算法，取一班制，计算各施工过程的流水节拍数值。

计算各施工过程在一个施工段上的劳动量：

挖土方 $P = Q/S = 795/(4 \times 65) \approx 3$ 台班；

绑钢筋 $P = Q/S = 10815/(4 \times 450) \approx 6$ 工日；

浇混凝土 $P = Q/S = 231/(4 \times 1.5) = 38.5$ 工日；

砌砖基 $P = Q/S = 365/(4 \times 1.25) = 73$ 工日。

求各施工段的流水节拍（一班制）：

挖土方 $t = P/(nb) = 3/(1 \times 1) \approx 3$ 天；

绑钢筋 $t = P/(nb) = 6/(4 \times 1) = 1.5$ 天；

浇混凝土 $t = P/(nb) = 38.5/(20 \times 1) \approx 2$ 天；

砌砖基 $t = P/(nb) = 73/(25 \times 1) \approx 3$ 天。

2）三时估算法

对某些采用新技术、新工艺的施工过程，往往缺乏定额，此时可采用"三时估算法"，即

$$t_i = \frac{a + 4c + b}{6} \tag{2-11}$$

式中 t_i——某施工过程在某施工段的流水节拍；

a——某施工过程完成某施工段工程量的最乐观时间（即按最顺利条件估计的最短

时间）；

c——某施工过程完成某施工段工程量的最可能时间（即按正常条件估计的正常时
间）；

b——某施工过程完成某施工段工程量的最悲观时间（即按最不利条件估计的最长
时间）。

3）工期计算法

对于有工期要求的工程，可采用工期计算法（也叫倒排进度法）。其方法是首先将一
个工程对象划分为几个施工阶段，根据规定工期，估计出每一阶段所需要的时间，然后将
每一施工阶段划分为若干个施工过程，并在平面上划分为若干个施工段（在竖向上划分施
工层），再确定每一施工过程在每一施工阶段的持续时间及工作班制，再确定施工人数或
机械台数，最后即可确定出各施工过程在各施工段（层）上的作业时间，即流水节拍。计
算公式如下：

$$n = \frac{P}{tb} \tag{2-12}$$

如果按上述公式计算出来的结果，超过了本部门现有的人数或机械台数，则要求有关
部门进行平衡、调度及支持。或从技术上、组织上采取措施，如组织平行立体交叉流水施
工，提高混凝土早期强度及采用多班组、多班制的施工等。

【例 2-9】 公路工程铺路面所需劳动量为 520 个工日，要求在 15 天内完成，采用一班
制施工，试求每班工人数。

【解】

$$n = \frac{P}{tb} = \frac{520}{15 \times 1} = 34.7 \, 人$$

取 n 为 35 人。

（2）确定流水节拍时应考虑的因素

从理论上讲，总希望流水节拍越小越好，但在确定流水节拍时应考虑以下因素：

1）施工班组人数要适宜：

既要满足最小劳动组合人数的要求（它是人数的最低限度），又要满足最小工作面的
要求（它是人数的最高限度），不能为了缩短工期而无限制地增加人数，否则由于工作面
过小会降低劳动效率，且容易发生安全事故。最小劳动组合人数是指为保证施工活动能够
正常进行的最低限度的班组人数及合理组合。最多人数＝最小施工段上的作业面/每个工
人所需的最小作业面。

2）工作班制要恰当：

工作班制应根据工期、工艺等要求而定。当工期不紧迫，工艺上又无连续施工的要求
时，一般采用一班制；当组织流水施工时为了给第二天连续施工创造条件，某些施工过程
可考虑在夜班进行，即采用两班制；当工期较紧或工艺上要求连续施工，或为了提高施工
机械的使用率，某些项目可考虑采用三班制施工，如现浇混凝土构件，为了满足工艺上的
要求，常采用两班制或三班制施工（但如果在市区施工，考虑夜间扰民，则不得采用三班
浇筑混凝土）。流水节拍值一般应取半天的整倍数。

3）机械的台班效率或机械台班产量的大小。

4）要考虑各种资源（劳动力、机械、材料、构配件等）的供应情况。

2. 流水步距 $K_{i,i+1}$

流水步距是指相邻两个施工过程的施工班组在保证施工顺序、满足连续施工和保证工程质量要求的条件下相继投入同一施工段开始工作的最小计算间隔时间（不包括技术间歇时间、组织间歇时间、搭接时间），通常用符号 $K_{i,i+1}$ 表示，即 $i+1$ 工作开始与 i 工作开始流水作业的时间间隔。

通过确定流水步距，使相邻专业施工班组按照施工程序施工，同时也保证了专业施工班组施工的连续性。流水步距的大小取决于相邻施工过程流水节拍的大小，以及施工技术、工艺、组织要求。一般情况下（成倍节拍流水施工除外，后叙述），流水步距的数目取决于施工过程数，如果施工过程数为 n 个，则流水步距为 $n-1$ 个。流水步距的大小对工期影响很大，在施工段不变的情况下，流水步距小，则工期短；反之，则工期长。

（1）确定流水步距的方法

确定流水步距的方法有图上分析法、不同的流水节拍特征确定法、最大差法，其中"最大差法"（也叫潘特考夫斯基法）计算比较简单，且该方法适用于各种形式的流水施工。"最大差法"可概括为"累加数列错位相减取大差"，即："把同一施工过程在各施工段上的流水节拍依次进行累加形成数列，然后将两相邻施工过程的累加数列的后者均向后错一位，两数列错位相减后得出一个新数列，新数列中的最大者即为这两个相邻施工过程间的流水步距。"

【例 2-10】 某工程各道工序流水节拍如表 2-3 所示，求流水步距。

某工程流水节拍（单位：天）

表 2-3

施工段\施工过程	①	②	③	④
A	2	3	3	2
B	3	4	3	3
C	1	2	2	1

【解】1）累加数列。将各施工过程在每段上的流水节拍逐步累加。各施工过程的累加数列为：

A：2，（2+3）=5，（5+3）=8，（8+2）=10。

B：3，（3+4）=7，（7+3）=10，（10+3）=13。

C：1，（1+2）=3，（3+2）=5，（5+1）=6。

2）错位相减取大值。是指相邻两个施工过程中的后续过程的累加数列向后错一位再相减，并在结果中取最大值，即为相邻两个施工过程的流水步距。如：

①求 $K_{A,B}$

$$
\begin{array}{rrrrr}
2 & 5 & 8 & 10 & \\
- & 3 & 7 & 10 & 13 \\
\hline
2 & 2 & 1 & 0 & -13
\end{array}
$$

$$K_{A,B} = \max\{\ 2\quad 2\quad 1\quad 0\quad -13\ \} = 2 \text{天}$$

②求 $K_{B,C}$

$$K_{B,C} = \max \overline{\left\{\begin{array}{cccc} 3 & 7 & 10 & 13 \\ 1 & 3 & 5 & 6 \\ \hline 3 & 6 & 7 & 8 & -6 \end{array}\right\}} = 8\ 天$$

（2）确定流水步距的基本要求

1）流水步距应保证各施工段上的正常施工顺序。紧前和紧后两个施工过程工艺顺序关系始终保持不变，前一施工过程完成后，后一施工过程尽可能早地进入施工。

2）流水步距应能满足主导专业作业队连续作业。

3）各施工过程之间如果有技术组织间歇或平行搭接的要求时，按【例 2-10】计算出的流水步距还应相应加上间歇或减去平行搭接时间后，方为最终的流水步距。当施工过程之间存在施工过程间歇时，流水步距为：$K = K_{计算} + Z_{i,i+1}$；当施工过程之间存在搭接要求时，流水步距为：$K = K_{计算} - C_{i,i+1}$。

3. 流水工期 T

工期是指从第一个专业作业施工班组开始施工到最后一个专业作业施工班组完成施工任务为止所需的时间。一般采用下式计算：

$$T = \sum K_{i,i+1} + T_n \tag{2-13}$$

式中　T——流水施工工期；

$\sum K_{i,i+1}$——所有最终流水步距之和；

T_n——最后一个施工过程在各段上的持续时间之和。

流水工期 T 的计算公式也因不同的流水施工组织形式而异，后面将详细介绍。

4. 间歇时间

间歇时间是根据工艺、技术要求或组织安排，留出的等待时间。按间歇的性质，可分为技术间歇和组织间歇；按间歇的部位，可分为施工过程间歇和层间间歇。

1）技术间歇时间

技术间歇时间是指在组织流水施工时，为了保证工程质量，由施工规范规定的或施工工艺要求的在相邻两个施工过程之间必须留有的间隔时间。例如：混凝土浇筑后的养护时间、砂浆抹面的干燥时间、油漆面的干燥时间等。

2）组织间歇时间

组织间歇时间是指在组织流水施工时，由于考虑组织上的因素，两相邻施工过程在规定流水步距之外所增加的必要时间间隔。它是为对前一施工过程进行检查验收或为后一施工过程的开始做必要的施工准备工作而考虑的间歇时间。例如混凝土浇筑之前要检查钢筋及预埋件并作记录、砌筑墙身前的弹线时间、回填土以前对埋设的地下管道的检查验收时间等都属于组织间歇时间。

在组织流水施工时，技术间歇和组织间歇可以统一考虑，一般用 Z_1 表示，但是二者的概念、作用和内涵是不同的，施工组织者必须清楚。

3）层间间歇时间 Z_2

指由于技术或组织方面的原因，层与层之间需要间歇的时间，一般用 Z_2 表示。实际上，层间间歇就是位于两层之间的技术间歇或组织间歇。

5. 搭接时间 C

搭接时间是指相邻两个施工过程同时在同一施工段上工作的重叠时间，通常用 C

表示。

一般情况下，相邻两个施工过程的专业施工队在同一施工段上的关系是前后衔接关系，即前者全部结束，后者才能开始。但有时为了缩短工期，在工作面允许的前提下，也可以在前者完成部分可以满足后者的工作面要求时，让后者提前进入同一施工段，两者在同一施工段上平行搭接施工。

第三节 流 水 施 工 组 织

一、流水施工组织的步骤

1. 划分施工过程

首先把拟建工程的整个建造过程分解成若干个施工过程或工序，每个施工过程或工序分别由固定的专业班组来完成。如：木工负责支模板，钢筋工负责绑扎钢筋，混凝土工负责混凝土的浇筑。

2. 划分施工段

根据组织流水施工的要求，将拟建工程在平面上尽可能地划分为劳动量大致相等的若干个施工作业面，也称为施工段。

3. 确定每一施工过程在各施工段上的持续时间（即流水节拍）

根据各施工段劳动量的大小及作业班组人数或机械数量等因素，计算各专业班组在各施工段上作业的持续时间。

4. 主要施工过程连续、均衡地施工

主要施工过程是指工程量大、施工持续时间较长的施工过程。对于主要施工过程，必须安排在各施工段之间连续施工，并尽可能均衡施工。而对于其他次要施工过程，可考虑与相邻施工过程合并或安排合理间断施工，以便缩短施工工期。

5. 相邻的施工过程按施工工艺要求，尽可能组织平行搭接施工

组织各施工过程之间的合理关系，在工作面及相关条件允许的情况下，除必要的技术与组织间歇时间外，相邻的施工过程应最大限度地安排在不同的施工段上平行搭接施工，以达到缩短总工期的目的。

二、流水施工分类

1. 按流水施工的组织范围划分

根据组织流水施工的工程对象范围的大小，流水施工可划分为分项工程流水施工、分部工程流水施工、单位工程流水施工和群体工程流水施工。其中最重要的是分部工程流水施工，又叫专业流水，它是组织流水施工的基本方式。

1) 分项工程流水施工

也称细部流水或施工过程流水，它是在一个专业工种内部组织起来的流水施工，即一个工作队（组）依次在各施工段进行连续作业的施工方式。如安装模板的工作队依次在各段上连续完成模板工作。它是组织流水施工的基本单元。

2) 分部工程流水施工

又叫专业流水，它是在一个分部工程内部各分项工程之间组织起来的流水施工，即由若干个在工艺上密切联系的工作队（组）依次连续不断地在各施工段上重复完成各自的工

作，直到所有工作队都经过了各施工段，完成所有过程为止。例如钢筋混凝土工程由支模板、扎钢筋、浇筑混凝土三个分项工程组成，木工、钢筋工、混凝土工三个专业队组依次在各施工段上完成各自的工作。

3）单位工程流水施工

它是在一个单位工程内部各分部工程之间组织起来的流水施工。即所有专业班组依次在一个单位工程的各施工段上连续施工，直至完成该单位工程为止。一般地，它由若干个分部工程流水组成。如现浇钢筋混凝土框架结构房屋的土建部分是由基础分部工程流水、一次结构分部工程流水、二次结构围护分部工程流水、装饰分部工程流水、屋面分部工程流水等组成。

4）群体工程流水施工

群体工程流水又叫综合流水，俗称大流水施工。它是在单位工程之间组织起来的流水施工，是指为完成群体工程而组织起来的全部单位工程流水的总和，即所有工作队依次在工地上建筑群的各施工段上连续施工的总和。如一个住宅小区建设、一个工业厂区建设等所组织的流水施工中，由多个单位工程的流水施工组合而成的流水施工方式。

以上四种流水方式中，其中分项工程流水和分部工程流水是流水施工的基本方式。

2. 按流水节拍的特征划分

根据流水节拍的特征，可分为等节拍流水、等步距异节拍流水、异步距异节拍流水、无节奏流水施工四种，如图 2-6 所示。

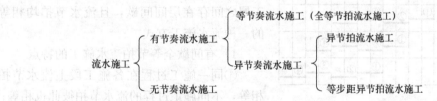

图 2-6　流水施工组织分类

三、按流水节拍的特征划分的流水施工的组织方式

（一）有节奏流水

有节奏流水可分为全等节拍流水和异节拍流水。

1. 全等节拍流水施工

全等节拍流水：每一施工过程在各施工段的流水节拍相同，且各施工过程相互之间的流水节拍也相等。

（1）无间歇全等节拍流水施工

无间歇全等节拍流水施工是指各施工过程之间既没有技术和组织间歇时间，又没有平行搭接时间，且流水节拍均相等的一种流水施工方式，如图 2-7 所示。

1）无间歇全等节拍流水施工的特点。由图中可以看出，无间歇全等节拍流水具有以下特点：

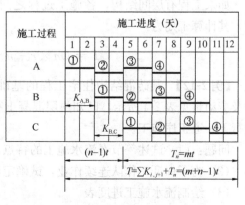

图 2-7　全等节拍流水施工进度计划

①同一施工过程在各施工段上的流水节拍相等，不同施工过程的流水节拍彼此也相等；

②流水步距均相等且等于流水节拍，即 $K_{i,i+1} = t$；

③专业施工班组能够连续施工，同时相邻专业施工班组在同一施工段上也能按照工艺顺序连续作业，工作面没有空闲。

2）无间歇全等节拍流水施工的工期计算。无间歇全等节拍流水的各施工过程之间的流水步距均相等且等于流水节拍，显然有 $\sum K_{i,i+1} = (n-1)K = (n-1)t; T_n = mt$，代入式（2-13），得：

$$T = (m+n-1)t \tag{2-14}$$

【例 2-11】 某工程包括 A、B、C、D 四个施工过程，划分为四个施工段，每个施工过程在各施工段上的流水节拍均为 6 天，试组织流水施工。

【解】 背景中流水节拍为 6 天，适宜组织全等节拍流水施工。其中 $n = 4, m = 4, t = 6$（天），流水步距 $K = 6$ 天。

由式（2-14）得工期：$T = (m+n-1)t = (4+4-1) \times 6 = 42$ 天

流水施工进度表如图 2-8 所示。

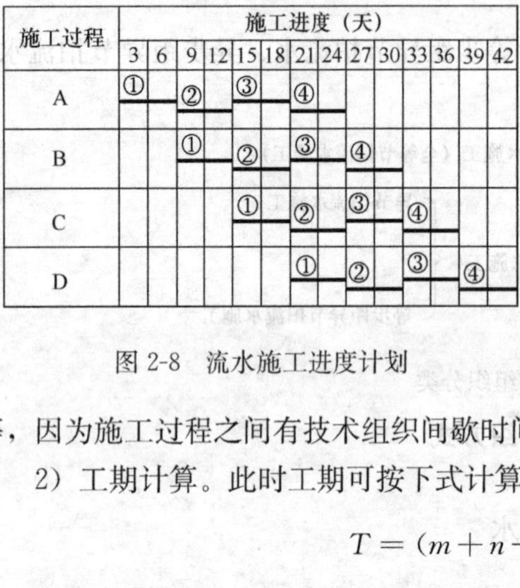

施工过程	施工进度（天）													
	3	6	9	12	15	18	21	24	27	30	33	36	39	42
A	①		②		③		④							
B			①		②		③		④					
C					①		②		③		④			
D							①		②		③		④	

图 2-8 流水施工进度计划

（2）有间歇全等节拍流水施工

有间歇全等节拍流水施工是指施工过程之间有技术组织间歇时间、搭接时间或者施工层之间存在层间间歇，且流水节拍均相等的一种流水施工方式。

1）有间歇全等节拍流水施工的特点

①同一施工过程在各施工段上流水节拍相等，不同施工过程的流水节拍彼此也相等；

②各施工过程之间的流水步距不一定相等，因为施工过程之间有技术组织间歇时间或搭接时间，所以 $K_{i,i+1} = t + Z - C_{i,i+1}$。

2）工期计算。此时工期可按下式计算

$$T = (m+n-1)t + \sum Z_1 - \sum C \tag{2-15}$$

如果工程有层间结构，各施工过程之间除了存在施工过程间歇外，还存在层间间歇时，其计算工期为：

$$T = (m \times r + n - 1)t + \sum Z_1 - \sum C \tag{2-16}$$

【例 2-12】 某砖混结构住宅工程的基础工程，分两段组织施工，各分项工程施工过程及劳动量见表 2-4 所示，已知垫层混凝土和条形基础混凝土浇筑后均需养护 1 天后方可进行下一道工序施工。

问题：（1）试述等节奏流水施工的特点与组织过程。

（2）为了保证工作队连续作业，试确定流水步距、施工段数、计算工期。

（3）绘制流水施工进度表。

（4）若基础工程工期已规定为 15 天，试组织等节奏流水施工。

序号	施工过程	劳动量（工日）	施工班组人数
1	基槽土方开挖	184	35
2	垫层混凝土浇筑	28	
3	条基钢筋绑扎	24	14
4	条基混凝土浇筑	60	
5	砖基础墙砌筑	106	18
6	基槽回填土	46	14
7	室内地坪回填土	40	

某砖混结构住宅楼基础工程劳动量一览表　　　　表2-4

【解】

（1）等节奏流水施工的特点：所有的施工过程在各个施工段上的流水节拍均相等（是一个常数）。

组织全等节拍流水施工的要点是让所有施工过程的流水节拍均相等。其组织过程是：第一，把流水对象（项目）划分为若干个施工过程；第二，把流水对象（项目）划分为若干个工程量大致相等的施工段（区）；第三，通过调节施工班组人数使其他施工过程的流水节拍与主导施工过程的流水节拍相等；第四，各专业队依次、连续地在各施工段上完成同样的作业；第五，如果允许，各专业队的工作可以适当地搭接起来。

（2）由题意应组织等节奏流水施工，其流水参数为：

1）确定施工过程

由于混凝土垫层的劳动量较小，故将其与相邻的基槽挖土合并为一个施工过程"基槽挖土、垫层浇筑"；将工程量较小的钢筋绑扎与混凝土浇筑合并为一个施工过程"混凝土基础"；将工种相同的基槽回填土与室内地坪回填土合并为一个施工过程"回填土"。

2）确定主导施工过程的施工班组人数与流水节拍

本工程中，基槽挖土、混凝土垫层的合并劳动量最大，所以是主导施工过程。根据工作面、劳动组合和资源情况，该施工班组人数确定为35人，将其填入表2-4。其流水节拍根据式（2-10）中 $t_{ij} = \dfrac{P_{ij}}{n_{ij}b_{ij}}$，并取两个工作班制，计算如下：$t = \dfrac{184+28}{35 \times 2} \approx 3$ 天

3）确定其他施工过程的施工班组人数：因为是等节奏流水施工，即各个施工过程的流水节拍均为3天，所以可由式（2-10）反算其他施工过程的施工班组人数（均按两个工作班考虑），计算后还应验证是否满足工作面、劳动组合和资源情况的要求。经计算分别为14人、18人和14人，将其填入表2-4。

4）计算工期：

$$T = (m \times r + n - 1)K + \sum Z_1 - \sum C$$

$$= (2 \times 1 + 4 - 1) \times 3 + (1+1) - 0 = 17 \text{天}$$

（3）绘制流水施工进度计划表，如图2-9所示。

（4）若基础工程工期已规定为15天，按等节奏流水组织施工计算如下：

1）确定流水节拍

按式 $T = (m \times r + n - 1)K + \sum Z_1 - \sum C$ 反算如下：

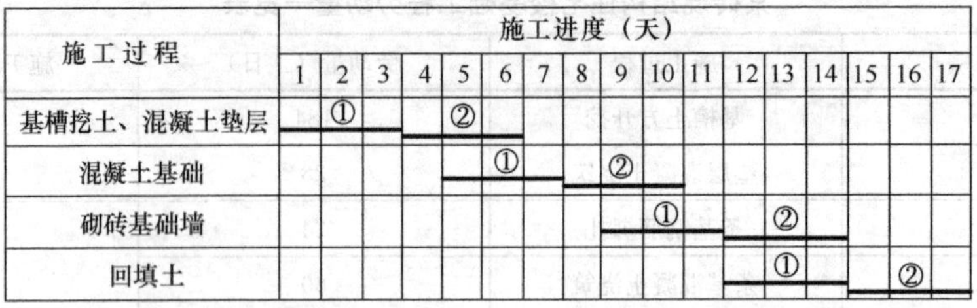

施工过程	施工进度（天）																
	1	2	3	4	5	6	7	8	9	10	11	12	13	14	15	16	17
基槽挖土、混凝土垫层	①				②												
混凝土基础						①				②							
砌砖基础墙									①				②				
回填土													①			②	

图 2-9 某砖混住宅基础工程流水施工进度计划表

$$t = K = \frac{T - \sum Z_1 + \sum C}{m \times r + n - 1} = \frac{15 - (1+1) + 0}{2 \times 1 + 4 - 1} = 2.6 \text{ 天，取 } t = 2.5 \text{ 天。}$$

2）确定各施工过程的施工班组人数

根据式（2-10）反算各施工过程的施工班组人数，并验证是否满足工作面和劳动组合等的要求。经计算分别为 42 人、17 人、21 人和 17 人。

3）计算工期

$$T = (m \times r + n - 1)K + \sum Z_1 - \sum C$$
$$= (2 \times 1 + 4 - 1) \times 2.5 + (1+1) - 0 = 14.5 \text{ 天}$$

满足规定工期要求。

4）绘制流水施工进度计划表，如图 2-10 所示。

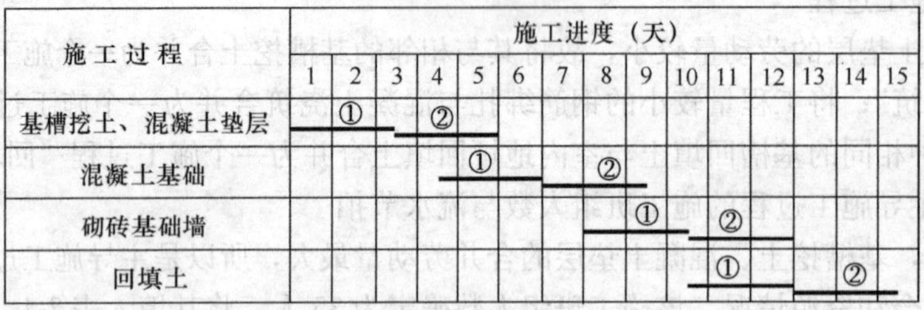

施工过程	施工进度（天）														
	1	2	3	4	5	6	7	8	9	10	11	12	13	14	15
基槽挖土、混凝土垫层	①			②											
混凝土基础				①				②							
砌砖基础墙								①		②					
回填土										①			②		

图 2-10 某基础工程流水施工进度计划表

【例 2-13】 某公路有四个涵洞，施工过程包括基础开挖、预制涵管、安装和回填土压实。如果合同工期不超过 50 天，试组织等节奏流水施工，计算流水节拍 t 和流水步距 K，并绘制流水施工进度计划表。

【解】 由已知数据可分析出，有四个涵洞，所以施工段有 4 段，每个施工段有 4 个施工过程，并且要求组织等节奏流水施工。

已知 $n=4$，$m=4$；且由于是等节奏流水，所以 $K=t$；

因此可得：$T = (m+n-1)K = 7K \leqslant 50$ 天；

从而得 $K = t = 7$ 天，则流水工期 $T = (m+n-1)K = 49$ 天。

根据以上计算结果，绘制流水施工进度计划表，如图 2-11 所示。

需要注意的是：等节奏流水施工比较适用于分部工程流水，特别是施工过程较少的分部工程，而对于一个单位工程，因其施工过程数较多，要使所有的施工过程的流水节拍都相等几乎是不可能的，所以单位工程一般不宜组织等节奏流水施工，至于单项工程和群体

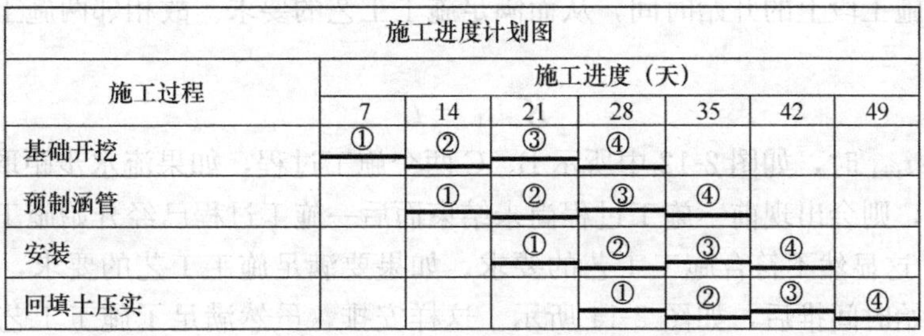

施工进度计划图							
施工过程	施工进度（天）						
	7	14	21	28	35	42	49
基础开挖	①	②	③	④			
预制涵管		①	②	③	④		
安装			①	②	③	④	
回填土压实				①	②	③	④

图 2-11 某涵洞工程流水施工进度计划表

工程，它同样也不适用。因此，等节奏流水施工的实际应用范围不是很广泛。

2. 异节拍流水施工

异节拍流水：每一施工过程在各施工段的流水节拍相同，但各施工过程相互之间的流水节拍不一定相等。

在实际工程中，往往由于各方面的原因（如工程性质、复杂程度、劳动量、技术组织等），采用相同的流水节拍来组织施工，是困难的。如某些施工过程要求尽快完成；或者某些施工过程工程量过少，流水节拍较小；或者某些施工过程的工作面受到限制，不能投入较多的人力、机械，而使得流水节拍较大，因而会出现各细部流水的流水节拍不等的情况，此时采用异节奏流水施工的组织形式来组织施工较易实现，这是由于同一施工过程可根据实际情况确定同一流水节拍是容易的。如图 2-12 所示。异节奏流水施工又可分为等步距异节拍流水和异步距异节拍流水施工两种。

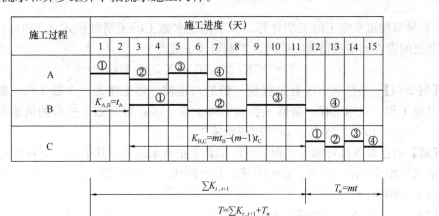

图 2-12 异节拍流水施工进度计划

（1）异步距异节拍流水

1）异步距异节拍流水施工的特点。由图中可以看出，异节拍流水施工具有以下特点：

①同一施工过程在各施工段流水节拍相等，不同施工过程的流水节拍不相等；

②各施工过程之间的流水步距一般不相等。

2）流水步距的确定。流水步距的确定分两种情况：

①当 $t_i < t_{i+1}$ 时，如图 2-12 中所示 A、B 两个施工过程，当流水步距为前一施工过程的流水节拍时，既能保证细部流水，同时前一施工过程在各施工段上的完成时间早于后一

施工过程相应施工段上的开始时间，从而满足施工工艺的要求。故相邻两施工过程的流水步距为：

$$K_{i,i+1} = t_i \tag{2-17}$$

②当 $t_i > t_{i+1}$ 时，如图 2-12 中所示 B、C 两个施工过程，如果流水步距取 $K_{B,C} = t_B$ 来安排流水施工，则会出现前一施工过程尚未结束而后一施工过程已经开始施工的情况，如图 2-13 所示，这显然不符合施工工艺的要求。如果要满足施工工艺的要求，只能将后续施工过程的开始时间推后，如图 2-14 所示。这样安排，虽然满足了施工工艺的要求，但相应专业的施工队在施工时会出现工作间断和窝工的现象，不符合流水施工的要求。为了使施工班组既能连续施工又满足施工工艺要求，在组织施工时，应安排最后一个施工段上两个施工过程能够连续施工，以此计算出来的流水步距能够满足流水施工的要求，如图 2-12 中 B、C 两个施工过程所示。

即流水步距为：

$$K_{i,i+1} = mt_i - (m-1)t_{i+1} \tag{2-18}$$

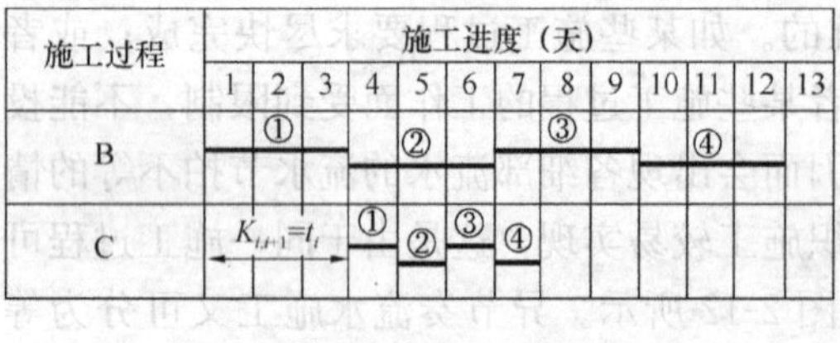

图 2-13　$K_{i,i+1} = t_i$ 时不符合要求的流水施工 　　　图 2-14　$K_{i,i+1} = t_i$ 时部分间断施工

3）异节拍流水施工的工期计算。异节拍流水施工的工期可按式（2-13）计算，当施工过程之间存在间歇或搭接时间时，工期可按下式计算：

$$T = \sum K_{i,i+1} + T_n + \sum Z_1 - \sum C \tag{2-19}$$

【例 2-14】　某住宅小区有工程量一致的六栋楼，每栋楼为一个施工段，施工过程划分为基础工程、主体工程、装修工程和室外工程 4 项，每个施工过程的流水节拍分别为 20 天、60 天、40 天、20 天，试组织流水施工。

【解】　由已知条件可知本工程适宜组织异节拍流水施工。其中 $n=4$，$m=6$。

流水节拍为：$t_1 = 20$ 天，$t_2 = 60$ 天，$t_3 = 40$ 天，$t_4 = 20$ 天

流水步距为：

因 $t_1 < t_2$，故 $K_{1,2} = 20$ 天

因 $t_2 > t_3$，故 $K_{2,3} = mt_2 - (m-1)t_3 = 6 \times 60 - (6-1) \times 40 = 160$ 天

因 $t_3 > t_4$，故 $K_{3,4} = mt_3 - (m-1)t_4 = 6 \times 40 - (6-1) \times 200 = 140$ 天

带入式（2-19），其计算工期为：

$$T = \sum K_{i,i+1} + T_n + \sum Z_1 - \sum C = (20 + 160 + 140) + 20 \times 6 = 440 \text{ 天}$$

流水施工进度表如图 2-15 所示。

（2）等步距异节拍流水

等步距异节拍流水也称成倍节拍流水，同一个施工过程的流水节拍都相等，不同施工过程的流水节拍相同或互为倍数，专业作业队的流水步距等于流水节拍的最大公约数。等步距异节拍流水的实质是：在流水施工组织时，不是以施工过程作为流水的对象，而是以

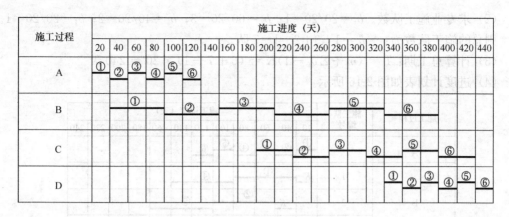

施工过程	施工进度（天）																					
	20	40	60	80	100	120	140	160	180	200	220	240	260	280	300	320	340	360	380	400	420	440
A	①	②	③	④	⑤	⑥																
B			①			②		③				④			⑤			⑥				
C										①		②			③		④		⑤		⑥	
D																	①	②	③	④	⑤	⑥

图 2-15 流水施工进度计划

各专业作业队作为流水的对象。若工期要求较紧且现场条件（如工作面满足要求，不致降低生产效率，且劳动力和施工机具也能满足供应）允许的情况下，可通过增加施工班组或施工机械的措施加快施工进度，组织等步距异节拍流水，类似于 n 个施工过程的全等节拍流水施工，所不同的仅是在组织安排上应将这些专业班组或机械以交叉的方式安排在不同的施工段上施工。

1）等步距异节拍流水施工的特点

①同一个施工过程的流水节拍均相等，而不同施工过程的节拍不等，但同为某一常数的倍数。

②流水步距相等，且等于各施工过程流水节拍的最大公约数。

③专业工作队总数大于施工过程数。

④每个专业工作队都能够连续施工。

⑤若没有间歇要求，可保证各工作面均不停歇。

2）组织等步距异节拍流水施工的步骤

①计算流水步距 K，流水步距等于流水节拍的最大公约数，即：

$$K = \max(t_i、t_j \cdots) \tag{2-20}$$

②确定每个施工过程的专业工作队数目。每个施工过程需组建的施工班组数可按下式计算：

$$b_i = t_i / K \tag{2-21}$$

式中 b_i——第 i 个施工过程的专业施工班组数目；

t_i——第 i 个施工过程的流水节拍。

③确定施工过程数。加快成倍节拍流水的组织方式，类似于全等节拍流水施工，是由 $\sum b_i$ 个施工班组组成的流水步距为 K 的流水施工，施工过程数目取施工队数之和 $\sum b_i$。

④确定施工段数。

$$m \geqslant \sum b_i + (\sum Z_1 + Z_2 - \sum C)/K \tag{2-22}$$

⑤计算总工期。

$$T = (m \times r + \sum b_i - 1)K + \sum Z_1 - \sum C \tag{2-23}$$

【例 2-15】 以【例 2-14】中工程为例，试对其组织成倍节拍流水施工。

【解】 （1）确定流水步距：$K = \max (20，60，40，20) = 20$ 天。

（2）求专业施工队数。$b_1=20/20=1$；$b_2=60/20=3$；$b_3=40/20=2$；$b_4=20/20=1$。
则总的施工队数为：$\sum b_i=1+3+2+1=7$ 队。

（3）计算总工期：$T=(m+\sum b_i-1)K=(6+7-1)\times 20=240$ 天。

（4）进度计划表如图 2-16 所示。

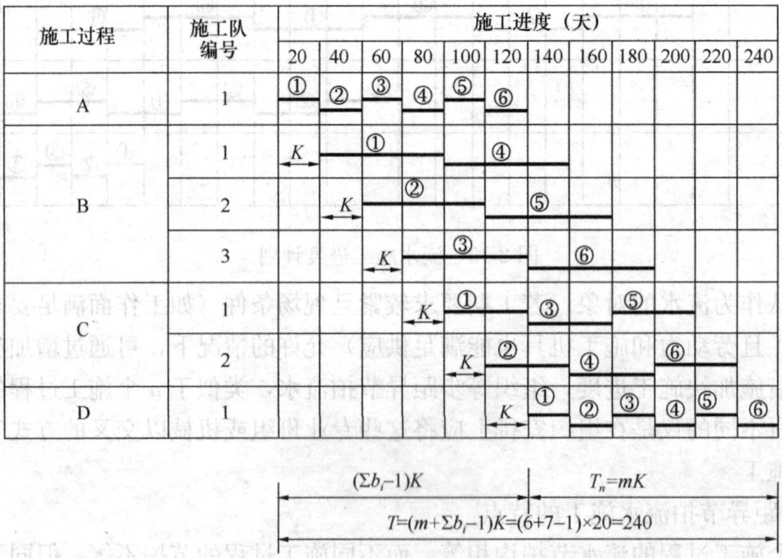

施工过程	施工队编号	施工进度（天）											
		20	40	60	80	100	120	140	160	180	200	220	240
A	1	①	②	③	④	⑤	⑥						
B	1	K		①			④						
	2		K		②		⑤						
	3			K		③		⑥					
C	1				K	①		③		⑤			
	2					K	②		④		⑥		
D	1						K	①	②	③	④⑤		⑥

$(\sum b_i-1)K$ ‖ $T_n=mK$

$T=(m+\sum b_i-1)K=(6+7-1)\times 20=240$

图 2-16 单层等步距异节拍流水施工进度计划

对比【例 2-14】，通过组织等步距异节拍流水，使工期缩短 200 天。

对图 2-16 作进一步分析可知：组织等步距异节拍流水可使各工序步调一致，衔接紧密，不但各施工过程连续施工，而且无空闲的施工段，因而总工期较短。但在组织等步距异节拍流水时，纳入流水的专业班组不宜太多，以免造成现场混乱和管理工作的复杂。

需要说明的是，等步距异节拍流水的组织方式，与采用"两班制"、"三班制"的组织方式有所不同。"两班制"、"三班制"的组织方式，通常是指同一个专业班组在同一施工段上连续作业 16h（"两班制"）或 24h（"三班制"）；或安排两个专业班组在同一施工段上各作业 8h 累计 16h（"两班制"），或安排三个专业班组在同一施工段上各作业 8h 累计 24h（"三班制"）。因而，在进度计划上反映出的流水节拍应为原流水节拍的 1/2（"两班制"）或 1/3（"三班制"）。而等步距异节拍流水的组织方式，是将增加的专业班组与原专业班组分别以交叉的方式安排在不同的施工段上进行作业，因而其流水节拍不发生变化。

3）线形工程流水

等步距异节拍流水施工比较适用于线形工程的施工，线形工程是指单向延伸的土木工程，如道路、管道、沟渠、堤坝和地下通道等。这类工程沿长度方向分布均匀、单一，作业队可匀速施工，一般采用流水线法组织施工。其步骤为：

①划分施工过程，确定其数目 n。

②确定主导施工过程。

③确定主导施工过程每个班次的施工速度 v，按 v 值设计其他施工过程的细部流水施工速度，并使两者相配合协调。

④确定相邻两作业队开始施工的时间间隔 K，当两队流水速度相等时，则各相邻作业队之间的 K 均相等。

⑤计算流水工期 T。线形工程流水工期 T 可按下式计算：

$$T = (n-1)K + L/v \qquad (2\text{-}24)$$

有间歇时：

$$T = (n-1)K + \frac{L}{v} + \Sigma Z_1 - \Sigma C \qquad (2\text{-}25)$$

式中　K——流水步距，一段上的持续时间；

　　　n——流水施工的施工过程数目；

　　　L——工程的全长长度（km 或 m）；

　　　v——作业队的施工速度（km/天或 m/天）。

如果限定工期 T_1，则平行流水的数量 E_n 为：

$$E_n = \frac{T - (n-1)K}{T_1 - (n-1)K} \qquad (2\text{-}26)$$

或

$$m = \frac{L}{v \cdot [T_1 - (n-1)K]} \qquad (2\text{-}27)$$

式中　E_n——平行流水的数量；

　　　T_1——限定的施工期限；

　　　m——线形工程分成的段落数目，$m \leqslant 3$ 时可采用二班或三班制进行施工，不必划分施工段。

【例 2-16】　某管道工程限定工期为 $T_1 = 120$ 天，作业队施工速度 $v = 0.2$km/天，管线长度 $L = 40$km，分 A、B、C、D、E 施工过程作业，流水步距 $K = 5$ 天，试组织线形工程流水施工进度计划。

【解】　(1) 计算线形工程流水工期 T：

$$T = (n-1)K + L/v = (5-1) \times 5 + 40/0.2 = 220 \text{ 天}$$

(2) 限定工期 120 天，则平行流水的数量 E_n 为：

$$E_n = \frac{T - (n-1)K}{T_1 - (n-1)K} = \frac{220 - 20}{120 - 20} = 2$$

(3) 该管道工程的流水施工进度计划如图 2-17 所示。

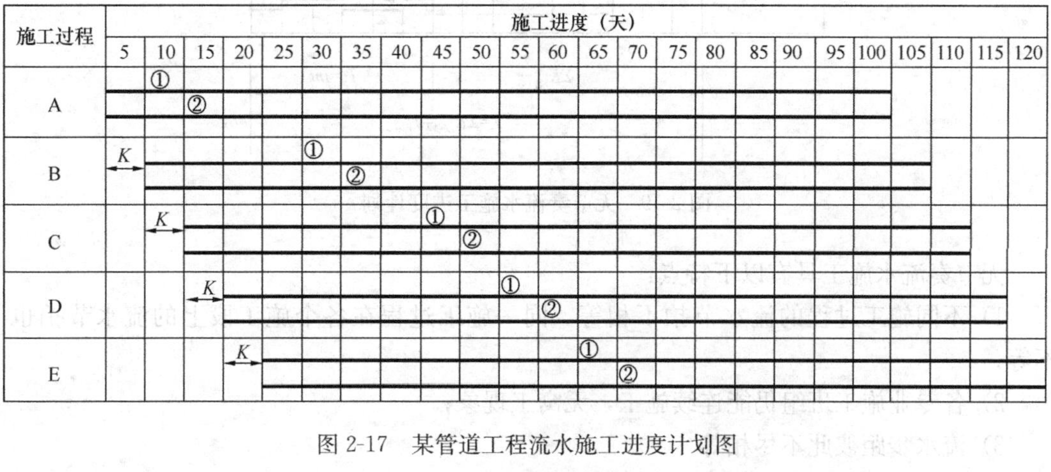

图 2-17　某管道工程流水施工进度计划图

【例 2-17】 某煤气管道铺设工程，长 400m，工期限定为 15 天，由挖管沟、安装管道和回填土三个施工过程组成，采用挖土机挖管沟，人工安装管道和回填土。根据管沟断面和机械的产量定额，算得生产率为 40m/天。试组织线形工程流水施工进度计划。

【解】 （1）确定施工过程数目 n，其由挖管沟、安管道和回填土三个施工过程组成，即 $n=3$。

（2）确定机械开挖管沟为主导施工过程，其施工速度 $v=40$m/天。

（3）安管道和回填土速度同主导施工过程，相应为 40m/天。

（4）确定相邻两专业队的开始作业时间间隔为 1 天，即 $K=1$ 天。

（5）计算流水工期 $T=(n-1)K+L/v=(3-1)\times 1+400/40=12$ 天，$T\leqslant T_1=15$ 天，不分施工段。

（6）该煤气管道铺设工程的施工进度计划见图 2-18 所示。

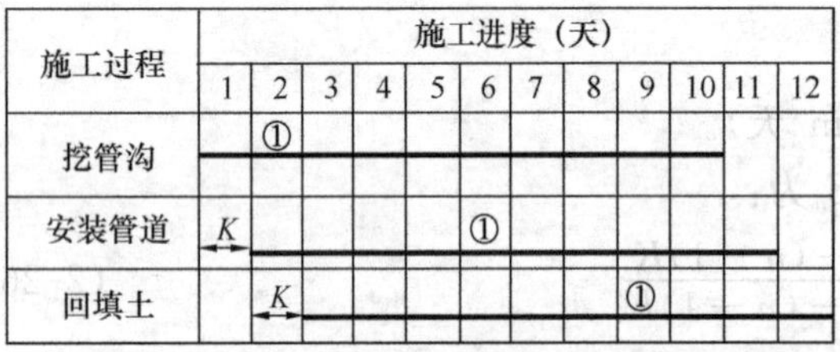

施工过程	施工进度（天）											
	1	2	3	4	5	6	7	8	9	10	11	12
挖管沟		①										
安装管道	K					①						
回填土		K							①			

图 2-18 煤气管道铺设工程的施工进度计划表

3. 无节奏流水

在工程实践当中，经常由于工程建筑设计特点、结构形式、施工条件等不同，使得各施工段上的工程量存在较大差异，同时各专业施工班组的劳动效率相差较大，导致同一施工过程在各施工段上的流水节拍不等，不同施工过程之间的流水节拍也彼此不等。对于这种流水节拍没有任何规律的流水方式称为无节奏流水。

组织无节奏流水施工的关键在于确定合理的流水步距，既能保证专业施工班组的连续作业，又能使相邻专业施工班组能够最大限度搭接起来，既不出现工艺超前现象，又能紧密衔接，见图 2-19。

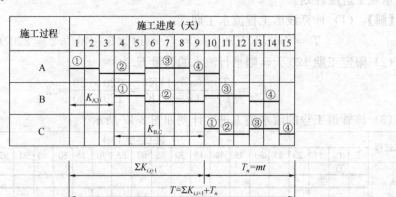

图 2-19 无节奏流水施工进度计划

无节奏流水施工具有以下特点：

1）不同施工过程的流水节拍不相等，同一施工过程在各个施工段上的流水节拍也不等；

2）各专业施工班组仍能连续施工，无窝工现象；

3）流水步距彼此不尽相等。

无节奏流水施工的流水步距通常用"最大差法"计算。其工期按式（2-13）计算。

【例 2-18】 某工程分为四段，有甲、乙、丙三个施工过程。其在各段上的流水节拍（天）分别为：甲——3、2、2、4；乙——1、3、2、2；丙——3、2、3、2。试组织流水施工。

【解】 由题意应组织无节奏流水施工

（1）计算流水步距

1）求 $K_{甲,乙}$

$$
\begin{array}{cccccc}
 & 3 & 5 & 7 & 11 & \\
-) & & 1 & 4 & 6 & 8 \\
\hline
\end{array}
$$

$$K_{甲,乙}=\max\{3 \quad 4 \quad 3 \quad 5 \quad -8\}=5 \text{ 天}$$

2）求 $K_{乙,丙}$

$$
\begin{array}{cccccc}
 & 1 & 4 & 6 & 8 & \\
-) & & 3 & 5 & 8 & 10 \\
\hline
\end{array}
$$

$$K_{乙,丙}=\max\{1 \quad 1 \quad 1 \quad 0 \quad -10\}=1 \text{ 天}$$

（2）计算工期：$T=\sum K_{i,i+1}+\sum t_n+\sum Z_1-\sum C=(5+1)+10=16$ 天。

（3）绘制流水施工进度，见图 2-20 所示。

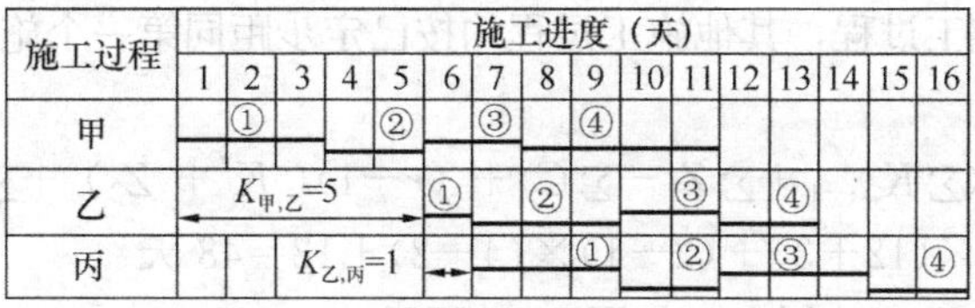

图 2-20 无层间关系的无节奏流水施工进度计划图

4. 有层间关系的流水施工案例

多个施工层流水施工的组织，要考虑在第一个施工层组织流水后，以后各层何时开始。以后各层开始的时间要受到空间和时间两方面限制。所谓空间限制，是指前一个施工层任何一个施工段工作未完，则后面施工层的相应施工段就没有施工的空间；所谓时间限制，是指任何一个施工队未完成前一施工层的工作，则后一施工层就没有施工队能够开始作业。这都将导致工作后移。每项工程具体受到哪种限制，取决于其流水段数及流水节拍的特征。

一般可根据一个施工层的施工过程持续时间的最大值 $\max\sum t_i$ 与流水步距及间歇时间总和的大小对比进行判别：

1）当 $\max\sum t_i<$ 一个施工层 $(\sum K_{i,i+1}+K'+Z_2+\sum Z_1-\sum C)$ 时，除一层以外的各施工层施工只受空间限制，可按层间工作面连续来安排下一层第一个施工过程，其他施工过程均按已定步距依次施工。各施工队都能连续作业。

2）当 $\max\sum t_i=$ 一个施工层 $(\sum K_{i,i+1}+K'+Z_2+\sum Z_1-\sum C)$ 时，流水安排同 1），但只有 $\max\sum t_i$ 施工过程的施工队可以连续作业。

上述两种情况的流水工期：

$$T=r(\sum K_{i,i+1}+\sum Z_1-\sum C)+(r-1)(K'+Z_2)+\sum t_n \qquad (2-28)$$

3）当 $\max\sum t_i>$ 一个施工层 $(\sum K_{i,i+1}+K'+Z_2+\sum Z_1-\sum C)$ 时，$\max\sum t_i$ 的施工过程的施工队可以连续作业，其他施工过程可依次按与该施工过程的步距关系安排作业，

若 $\max \sum t_i$ 值同属几个施工过程，则其相应的施工队均可以连续作业。

该情况下的流水工期：

$$T = \sum K_{i,i+1} + \sum Z_1 - \sum C + (r-1)\max \sum t_i + \sum t_n \qquad (2\text{-}29)$$

【例 2-19】　某两层钢筋混凝土工程由三个施工过程组成，划分为三个施工段组织流水施工，已知每层每段的施工过程持续时间分别为：$t_1 = 6$ 天，$t_2 = 3$ 天，$t_3 = 4$ 天，且层间间歇时间为 2 天，按不加快成倍节拍流水，试计算工期，并绘制流水施工进度表。

【解】　由题意应组织异步距异节拍流水施工。

（1）确定流水步距

一层：6，12，18

　　　　3，6，9　　　　　　　　　　　　$K_{1,2} = 12$

　　　　4，8，12　　　　　　　　　　　$K_{2,3} = 3$

二层：　　　6，12，18　　　　　　$K' = 4$

　　　　　　3，6，9　　　　　　　　$K_{1,2} = 12$

　　　　　　4，8，12　　　　　$K_{2,3} = 3$

（2）判别式：

$\max \sum t_i = 18 < \sum K_{i,i+1} + K' + Z_2 + \sum Z_1 - \sum C = (12+3+4) + 2 = 21$；按层间工作面连续来安排下一层第一个施工过程，其他施工过程均按已定步距同第一个施工过程流水施工。

（3）工期：

$$T = r(\sum K_{i,i+1} + \sum Z_1 - \sum C) + (r-1)(K' + Z_2) + \sum t_n$$
$$= 2 \times (12+3) + (2-1) \times (4+2) + 12 = 48 \ \text{天}$$

（4）绘制流水施工进度计划表，如图 2-21 所示。

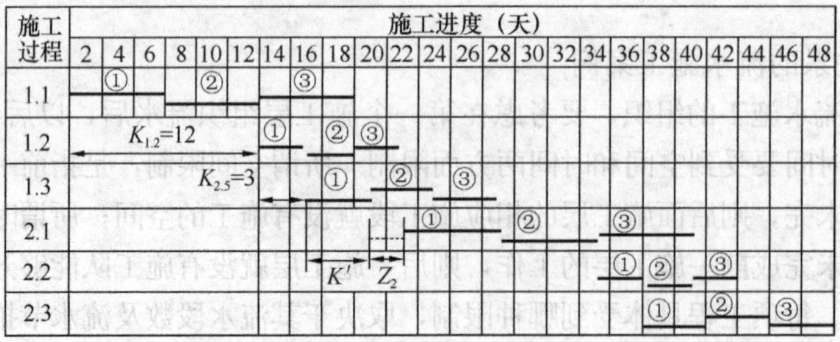

图 2-21　例 2-19 流水施工进度计划表

【例 2-20】　某三层的分部工程划分为 A、B、C 三个施工过程，分四段组织施工，施工顺序 A—B—C，各施工过程的流水节拍见表 2-5 所示，试组织流水施工。

某分部工程流水节拍（天）　　　　　　　　　　表 2-5

施工过程 ＼ 施工段	①	②	③	④
A	1	3	2	2
B	1	1	1	1
C	2	1	2	3

【解】 根据题设条件，该工程应组织无节奏流水施工。

（1）确定流水步距

1）求 $K_{A,B}$

$$
\begin{array}{ccccc}
1 & 4 & 6 & 8 & \\
-) & 1 & 2 & 3 & 14 \\
\hline
K_{A,B}=\max\{1 & 3 & 4 & 5 & -4\}=5\ \text{天}
\end{array}
$$

2）求 $K_{B,C}$

$$
\begin{array}{ccccc}
1 & 2 & 3 & 4 & \\
-) & 2 & 3 & 5 & 8 \\
\hline
K_{B,C}=\max\{1 & 0 & 0 & -1 & -8\}=1\ \text{天}
\end{array}
$$

3）求 C 施工过程和第二层的 A 施工过程之间的流水节拍 K'

$$
\begin{array}{ccccc}
2 & 3 & 5 & 8 & \\
-) & 1 & 4 & 6 & 8 \\
\hline
K'=\max\{2 & 2 & 1 & 2 & -8\}=2\ \text{天}
\end{array}
$$

（2）判别式 $\max \sum t_i = 8 = \sum K_{i,i+1}+K'+Z_2+\sum Z_1-\sum C=(5+1)+2=8$。

按层间工作面连续来安排下一层第一个施工过程，但只有 $\max \sum t_i$ 值的 A、C 施工过程的施工队可以连续作业。B 施工过程按已定步距流水安排在 A 工作之后施工。

（3）计算工期

$$
\begin{aligned}
T &= r(\sum K_{i,i+1}+\sum Z_1-\sum C)+(r-1)(K'+Z_2)+\sum t_n \\
&= 3\times(5+1)+(3-1)\times 2+8 \\
&= 30\ \text{天}
\end{aligned}
$$

（4）绘制流水施工进度计划表，如图 2-22 所示。

图 2-22　例 2-20 工程流水施工进度计划表

二、三层先绘制 A、C 施工过程的进度线，再依据已定步距绘制 B 施工过程进度线。

【例 2-21】 某两层钢筋混凝土结构工程由 A、B、C 三个施工过程组成，划分为 4 个施工段，施工顺序 A—B—C，已知每层每段的施工持续时间（天）为 A：3、3、2、2；B：4、2、3、2；C：2、2、2、3，试计算工期，并绘制流水施工进度计划表。

【解】 根据题设条件，该工程应组织无节奏流水施工。

（1）确定流水步距

一层：3，6，8 10

$$
\begin{array}{l}
4,\ 6,\ 9,\ 11 \qquad\qquad K_{A,B}=3 \\
2,\ 4,\ 6,\ 9 \qquad\qquad\ K_{B,C}=5
\end{array}
$$

二层：　　　　3，6，8，10　　　　$K'=2$

　　　　　　　　4，6，9，11　　　　$K_{A,B}=3$

　　　　　　　　2，4，6，9　　　　$K_{B,C}=5$

（2）判别式 $\max \sum t_i=11>\sum K_{i,i+1}+K'+Z_2+\sum Z_1-\sum C=(3+5)+2=10$。

具有 $\max \sum t_i$ 的 B 施工过程的施工队可以连续作业，所以先安排 B 工作，其他施工过程可依次按与 B 施工过程的步距关系安排作业。

（3）计算工期

$$T=\sum K_{i,i+1}+\sum Z_1-\sum C+(r-1)\max \sum t_i+\sum t_n$$
$$=(3+5)+(2-1)\times 11+9$$
$$=28\ 天$$

（4）绘制流水施工进度计划表，如图 2-23 所示。

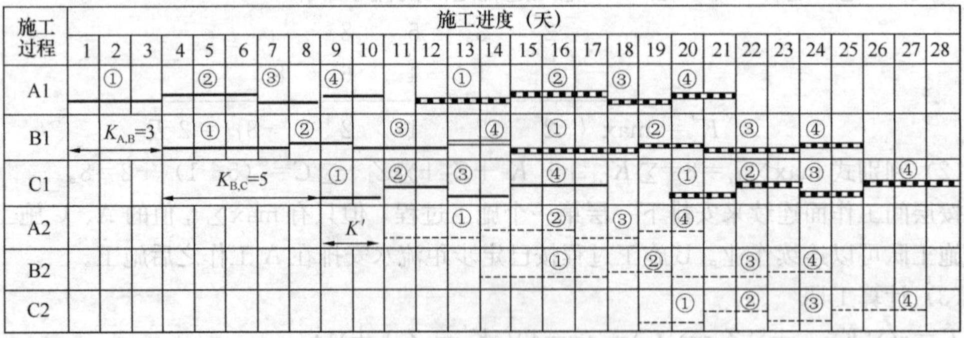

图 2-23　例 2-21 工程施工进度计划表

结论：由图 2-23 所示，如果只考虑层间步距，如虚线所示，显然 B 施工过程在第一施工层和第二施工层 14 天处冲突重叠，所以 B 施工过程第二施工层第一段必须从第 15 天开始施工。

5. 四种基本流水组织方式比较

这里从流水节拍、流水步距、施工段数以及流水工期的特征等方面对几种基本流水组织方式加以比较，见表 2-6。

几种基本流水组织方式的对比　　　　　　　　　　　表 2-6

组织方式 比较内容	等节奏流水	等步距异节拍流水	异步距异节拍流水	无节奏流水
流水节拍	所有的施工过程在各个施工段上的流水节拍均相等	同一施工过程在各个施工段上的流水节拍均相等，不同施工过程之间的流水节拍不完全相等		同一施工过程在不同施工段上的流水节拍不完全相等，不同施工过程流水节拍也不完全相等
		各施工过程的流水节拍等于或为其中最小流水节拍的整数倍	不存在倍数关系	
流水步距	各施工过程之间的流水步距都相等，且等于其流水节拍	流水步距都相等，等于其中最小的流水节拍 $K=t_{\min}$	流水步距不完全相等，用潘特考夫斯基法计算	流水步距不完全相等，用潘特考夫斯基法计算

组织方式 比较内容	等节奏流水	等步距异节拍流水	异步距异节拍流水	无节奏流水
工作队数	等于施工过程数	不等于施工过程数	等于施工过程数	等于施工过程数
施工段数	(1) 如果没有层间关系，可按划分施工段原则确定施工段数； (2) 如果有层间关系，为使各施工队能够连续施工，施工段数还应满足： $$m \geqslant n + \frac{\sum Z_1 + Z_2 - \sum C}{K}$$ 式中 Z_2——层间间歇	同等节奏流水，施工段数公式为： $$m \geqslant \sum b_i + \frac{\sum Z_1 + Z_2 - \sum C}{K_b}$$	按划分施工段原则确定施工段数	按划分施工段原则确定施工段数
流水工期	$$T = (mr + n - 1)$$ $$K + \sum Z_1 - \sum C$$ 式中 T——流水工期； K——流水步距； r——施工层数； m——施工段数； n——施工过程数； $\sum Z_1$——组织间歇、技术间歇时间之和； $\sum C$——搭接时间之和	$$T = (mr + \sum b_i - 1)$$ $$K + \sum Z_1 - \sum C$$ 式中 $\sum b_i$——专业工作队总数	(1) 无层间关系 $T = \sum K_{i,i+1} + \sum t_n + \sum Z_1 - \sum C$ (2) 有层间关系 1) $\max \sum t_i \leqslant \sum K_{i,i+1} + K' + Z_2 + \sum Z_1 - \sum C$ $T = r(\sum K_{i,i+1} + \sum Z_1 - \sum C) + (r-1)$ $(K' + Z_2) + \sum t_n$ 式中 $\sum K_{i,i+1}$——一个施工层各施工过程间流水步距之和； t_n——最后一个施工过程总持续时间； K'——层间流水步距。 2) $\max \sum t_i > \sum K_{i,i+1} + K' + Z_2 + \sum Z_1 - \sum C$ $T = \sum K_{i,i+1} + \sum Z_1 - \sum C + (r-1)\max \sum t_i + \sum t_n$	

6. 流水施工组织的步骤

在建筑工程施工组织过程中，流水施工组织方式是最科学、最有效的组织方法。流水施工方法使施工生产活动连续、均衡、有节奏地进行，工作面得到合理利用，节约了时间，实现了专业化生产，对于缩短工期、提高工程质量、降低工程成本、充分发挥施工技术水平和管理水平创造了条件。

（1）收集资料、熟悉施工图；

（2）划分施工过程，确定施工过程的工艺顺序；

（3）划分施工段，确定施工段的施工顺序；

（4）组织专业施工队伍；

（5）确定流水节拍，组织施工过程的细部流水；

（6）确定流水步距，组织分部工程的专业流水；

（7）将分部工程流水合理搭接形成单位工程流水。

第四节　流水施工排序优化

"工程排序优化"实质就是加工对象和加工过程及其排列顺序的优化，也叫流程优化。它通常分为：单向工程排序优化和双向工程排序优化两种。对于施工项目工程排序优化，由于施工过程排序是固定不变的，施工项目排序是可变的，故它属于单向工程排序优化问题。工程排序优化的方法主要有：穷举法、图解法和约翰逊规则等方法。

一、基本排序

任何两个工程项目（或施工段）的排列顺序，均称为基本排序。如 A 和 B 两个工程项目的基本排序有 A→B 和 B→A 两种。前者 A→B 称为正基本排序，后者 B→A 称为逆基本排序。

二、基本排序流水步距

任何两个工程项目 A 和 B，先后投入第 j 个施工过程开始施工的时间间隔，称为基本排序流水步距，即工程 A 与 B 之间的流水步距，并以 $K_{i,i+1}$ 表示。如：A→B 基本排序流水步距记为 $K_{A,B}$，B→A 基本排序流水步距记为 $K_{B,A}$。

三、工程排序模式

在组织工程排序时，若干个工程项目（或施工段）排列顺序的全部可能组合模式，均称为工程排序模式。如：A、B、C、D 四个工程项目，则有：A→B→C→D；A→B→D→C；……；B→D→A→C 等 24 种工程排序模式。

【例 2-22】　某群体工程 A、B、C 三栋楼，它们都要依次经过支模、绑钢筋、混凝土工程三个施工过程，各个工程项目在各个施工过程上的持续时间，甲（支模）：$t_A=2$、$t_B=4$、$t_C=5$；乙（绑钢筋）：$t_A=3$、$t_B=4$、$t_C=3$；丙（混凝土工程）：$t_A=4$、$t_B=3$、$t_C=2$；如果上述工程项目排列顺序是可变的，那么如何安排它们的排列顺序，才能使计算总工期最短？

【解】　根据题设条件，该工程应组织无节奏流水施工。

背景条件中有 A、B、C 三栋楼及支模、绑钢筋、混凝土三个施工过程，可确定此工程可采用栋间流水，施工段数为 3，施工过程数为 3。由排列组合可知，施工段数的组合有①ABC、②ACB、③BAC、④BCA、⑤CAB、⑥CBA 六种，本题基本排序项较少，所以可以采用穷举法计算六种情况的工期。

（1）分别求出全部工程项目各种可能基本排序流水步距 $K_{i,i+1}$ 和工期 T。

1）ABC 工程项目排列顺序

①计算施工过程的流水步距

$K_{甲,乙}$　　2　6　11

　　　　　　　3　7　10

　　　　─────────────

　　　　　　2　3　4　　−10

所以，$K_{甲,乙}=4$ 天。

$K_{乙,丙}$
$$\begin{array}{cccc} 3 & 7 & 10 & \\ & 4 & 7 & 9 \\ \hline 3 & 3 & 3 & -9 \end{array}$$

所以，$K_{乙,丙}=3$ 天。

② 计算工期

$$T = \sum K_{i,i+1} + \sum t_n + \sum Z_1 - \sum C = (4+3)+(4+3+2)=16 \text{ 天}$$

2) ACB 工程项目排列顺序

① 计算施工过程的流水步距

$K_{甲,乙}$
$$\begin{array}{cccc} 2 & 7 & 11 & \\ & 3 & 6 & 10 \\ \hline 2 & 4 & 5 & -10 \end{array}$$

所以，$K_{甲,乙}=5$ 天。

$K_{乙,丙}$
$$\begin{array}{cccc} 3 & 6 & 10 & \\ & 4 & 6 & 9 \\ \hline 3 & 2 & 4 & -9 \end{array}$$

所以，$K_{乙,丙}=4$ 天。

② 计算工期

$$T = \sum K_{i,i+1} + \sum t_n^i + \sum Z_1 - \sum C = (5+4)+(4+3+2)=18 \text{ 天}$$

3) BAC 工程项目排列顺序

① 计算施工过程的流水步距

$K_{甲,乙}$
$$\begin{array}{cccc} 4 & 6 & 11 & \\ & 4 & 7 & 10 \\ \hline 4 & 2 & 4 & -10 \end{array}$$

所以，$K_{甲,乙}=4$ 天。

$K_{乙,丙}$
$$\begin{array}{cccc} 4 & 7 & 10 & \\ & 3 & 7 & 9 \\ \hline 4 & 4 & 3 & -9 \end{array}$$

所以，$K_{乙,丙}=4$ 天。

② 计算工期

$$T = \sum K_{i,i+1} + \sum t_n^i + \sum Z_1 - \sum C = (4+4)+(4+3+2)=17 \text{ 天}$$

4) BCA 工程项目排列顺序

① 计算施工过程的流水步距

$K_{甲,乙}$
$$\begin{array}{cccc} 4 & 9 & 11 & \\ & 4 & 7 & 10 \\ \hline 4 & 5 & 4 & -10 \end{array}$$

所以，$K_{甲,乙}=5$ 天。

$K_{乙,丙}$　　4　7　10

　　　　　　3　5　9
　　　　　　――――――――
　　　　4　4　5　−9

所以，$K_{乙,丙}=5$ 天。

②计算工期

$$T = \sum K_{i,i+1} + \sum t_n^j + \sum Z_1 - \sum C = (5+5) + (4+3+2) = 19 \text{ 天}$$

5）CAB 工程项目排列顺序

①计算施工过程的流水步距

$K_{甲,乙}$　　5　7　11

　　　　　　3　6　10
　　　　　　――――――――
　　　　5　4　5　−10

所以，$K_{甲,乙}=5$ 天。

$K_{乙,丙}$　　3　6　10

　　　　　　2　6　9
　　　　　　――――――――
　　　　3　4　4　−9

所以，$K_{乙,丙}=4$ 天。

②计算工期

$$T = \sum K_{i,i+1} + \sum t_n^j + \sum Z_1 - \sum C = (5+4) + (4+3+2) = 18 \text{ 天}$$

6）CBA 工程项目排列顺序

①计算施工过程的流水步距

$K_{甲,乙}$　　5　9　11

　　　　　　3　7　10
　　　　　　――――――――
　　　　5　6　4　−10

所以，$K_{甲,乙}=6$ 天。

$K_{乙,丙}$　　3　7　10

　　　　　　2　5　9
　　　　　　――――――――
　　　　3　5　5　−9

所以，$K_{乙,丙}=5$ 天。

②计算工期

$$T = \sum K_{i,i+1} + \sum t_n + \sum Z_1 - \sum C = (6+5) + (4+3+2) = 20 \text{ 天}$$

显然，按照 A→B→C 工程项目排列顺序，工期 $T=16$ 天最短。

（2）按照 A→B→C 工程项目排列顺序，绘制流水施工进度计划表，如图 2-24 所示。

施工过程	施工进度（天）															
	1	2	3	4	5	6	7	8	9	10	11	12	13	14	15	16
甲		A			B				C							
乙	$K_{甲,乙}=4$				A			B				C				
丙	$K_{乙,丙}=3$					A				B				C

图 2-24　A→B→C 工程项目排列顺序的流水施工进度计划表

1. 某分部工程由Ⅰ、Ⅱ、Ⅲ三个施工过程组成，流水节拍均为3天，已知Ⅰ、Ⅱ过程之间可搭接1天施工，但第Ⅲ施工过程完成后需养护一天，下一层才能开始，试组织三层的流水施工。

2. 某二层现浇钢筋混凝土工程，其框架平面尺寸为15m×144m，沿长度方向每隔48m留伸缩缝一道。已知：$t_模=4$天，$t_筋=4$天，$t_混凝土=2$天，层间技术间歇（混凝土浇筑后的养护时间）为2天，试组织异步距异节拍流水施工，并绘制流水施工进度计划表。

3. 把第2题组织成等步距异节拍流水施工。

4. 某分部工程由A、B、C三个施工过程组成，分三段组织流水施工，已知流水节拍分别为6天、3天、3天，且B、C两个施工过程之间有2天的组织间歇时间，试组织流水施工。

5. 已知某分部工程由四个施工过程组成，分四段组织流水施工，流水节拍分别为3天、4天、2天和4天，第2个施工过程和第3个施工过程之间有1天的技术间歇时间，试组织流水施工。

6. 某分部工程划分为A、B、C、D、E五个施工过程，分四段组织流水施工，其流水节拍见表2-7所示，且施工过程C完成后需有1天的技术间歇时间，试确定各施工过程间流水步距，计算工期，并绘制流水施工进度计划表。

某分部工程的流水节拍（天）　　　　　　　　　　　表2-7

施工过程＼施工段	①	②	③	④
A	3	2	3	2
B	3	1	5	4
C	4	4	3	3
D	2	3	4	1
E	3	5	2	4

7. 某两层的分部工程划分为A、B、C三个施工过程，分四段组织施工，各施工过程的流水节拍见表2-8所示，已知施工过程B完成后需有2天的组织间歇时间，且层间间歇时间为1天，试组织流水施工。

某分部工程的流水节拍（天）　　　　　　　　　　　表2-8

施工过程＼施工段	①	②	③	④
A	2	3	2	1
B	3	1	2	2
C	4	2	3	8

建造师、监理工程师注册考试典型题

1. 建设工程施工通常按流水施工方式组织，是因其具有（　　）的特点。
   A. 单位时间内所需用的资源量较少　　B. 使各专业工作队能够连续施工
   C. 施工现场的组织、管理工作简单　　D. 同一施工过程的不同施工段可以同时施工

2. 流水强度不取决于以下（　　）参数。
   A. 资源量　　　B. 资源种类　　　C. 产量定额　　　D. 工程量

3. 流水节拍是组织流水施工的（　　）。

A. 工艺参数　　　B. 时间参数　　　C. 空间参数　　　D. 非流水施工参数

4. 某分部工程有 3 个施工过程，各分为 4 个流水节拍相等的施工段，各施工过程的流水节拍分别为 6 天、6 天、4 天。如果组织加快的成倍节拍流水施工，则流水步距和流水施工工期分别为（　　）天。

A. 2 和 22　　　B. 2 和 30　　　C. 4 和 28　　　D. 4 和 36

5. 某分部工程有两个施工过程，各分为 4 个施工段组织流水施工，流水节拍分别为 3 天、4 天、3 天、3 天和 2 天、5 天、4 天、3 天，则流水步距和流水施工工期分别为（　　）天。

A. 3 和 16　　　B. 3 和 17　　　C. 5 和 18　　　D. 5 和 19

6. 某工程由支模板、绑钢筋、浇筑混凝土 3 个分项工程组成，它在平面上划分为 6 个施工段，该 3 个分项工程在各个施工段上流水节拍依次为 6 天、4 天和 2 天，则其工期最短的流水施工方案为（　　）天。

A. 18　　　B. 20　　　C. 22　　　D. 24

7. 某二层现浇钢筋混凝土建筑结构的施工，其主体工程由支模板、绑钢筋和浇混凝土 3 个施工过程组成，每个施工过程在施工段上的延续时间均为 5 天，划分为 3 个施工段，则总工期为（　　）天。

A. 35　　　B. 40　　　C. 45　　　D. 50

8. 已知某工程施工持续时间见表 2-9。为缩短计划工期，允许第 I 和第 II 施工过程之间搭接 1 天，施工过程 II 完成后，要技术间歇 2 天，第 III 和第 IV 施工过程之间有 1 天的组织间歇。按照流水施工组织，其最短总工期为（　　）天。

某工程各施工过程在各施工段上的持续时间　　　　　　　　　　表 2-9

施工过程及持续时间（天）									
施工段	I	II	III	IV	施工段	I	II	III	IV
A	4	3	2	3	D	4	3	2	2
B	5	2	4	3	E	5	2	4	3
C	4	3	2	3	F	4	3	2	3

A. 40　　　B. 44　　　C. 42　　　D. 43

9. 某公路工程需在某一路段修建 4 个结构形式与规模完全相同的涵洞，施工过程包括基础开挖、预制涵管、安装涵管和回填压实。如果合同规定，工期不超过 50 天，则组织固定节拍流水施工时，流水工期为（　　）天。

A. 50　　　B. 49　　　C. 48　　　D. 47

10. 某粮库工程拟建三个结构形式与规模完全相同的粮库，施工过程主要包括：挖基槽、浇筑混凝土基础、墙板与屋面板吊装和防水。根据施工工艺要求，浇筑混凝土基础 1 周后才能进行墙板与屋面板吊装。各施工过程的流水节拍见表 2-10，试分别计算组织四个专业工作队和增加相应专业工作队的流水施工工期各为（　　）周。

各施工过程的流水节拍　　　　　　　　　　表 2-10

施工过程	流水节拍（周）	施工过程	流水节拍（周）
挖基槽	2	吊装	6
浇基础	4	防水	2

A. 30 和 29　　　B. 27 和 19　　　C. 21 和 30　　　D. 19 和 27

11. 某工程包括三幢结构相同的砖混住宅楼，组织单位工程流水，以每幢住宅楼为一个施工段。已知：(1) 地面±0.000 以下部分按土方开挖、基础施工、底层预制板安装、回填土 4 个施工过程组织固定节拍流水施工，流水节拍为 2 周；（2）地上部分按主体结构、装修、室外工程组织加快的成倍节拍流水施工，各由专业工作队完成，流水节拍分别为 4，4，2 周。如果要求地上部分与地下部分最大限度地搭接，均不考虑间隔时间，试计算该工程施工总工期为（　　　）周。

  A. 12   B. 14   C. 22   D. 26

  12.【2011 年二级建造师考题改】 背景资料：某广场地下车库工程，建筑面积 18000m²。建设单位和某施工单位根据《建设工程施工合同（示范文本）》GF-99-0201 签订了施工承包合同，合同工期 140 天。工程实施过程中发生了下列事件：

  事件一：施工单位将施工作业划分为 A、B、C、D 四个施工过程，分别由指定的专业班组进行施工，每天一班工作制，组织无节奏流水施工，流水施工参数见表 2-11。

流水施工参数

表 2-11

施工过程 ＼ 施工段数 ＼ 流水节拍（天）	A	B	C	D
Ⅰ	12	18	25	12
Ⅱ	12	20	25	13
Ⅲ	19	18	20	15
Ⅳ	13	22	22	14

  事件二：项目经理部根据有关规定，针对水平混凝土构件模板（架）体系，编制了模板（架）工程专项施工方案，经过施工项目负责人批准后开始实施，仅安排施工项目技术负责人进行现场监督。

  事件三：在施工过程中，该工程所在地连续下了 6 天特大暴雨（超过了当地近 10 年来季节的最大降雨量），洪水泛滥，给建设单位和施工单位造成了较大的经济损失。施工单位认为这些损失是由于特大暴雨（不可抗力事件）造成的，提出下列索赔要求（以下索赔数据与实际情况相符）：①工程清理、恢复费用 18 万；②施工机械设备重新购置和修理费用 29 万；③人员伤亡善后费用 62 万；④工期顺延 6 天。

  问题：

  （1）事件一中，列式计算 A、B、C、D 四个施工过程之间的流水步距分别是多少天？

  （2）事件一中，列式计算流水施工的计划工期是多少天？能否满足合同工期的要求？

  （3）事件二中，指出专项施工方案实施中有哪些不妥之处？说明理由。

  13.【2010 年一级建造师考题改】 背景资料：某办公楼工程，地下一层，地上十层，现浇钢筋混凝土框架结构，预应力管桩基础。建设单位与施工总承包单位签订了施工总承包合同，合同工期为 30 个月。按合同约定，施工总承包单位将预应力管桩工程分包给了符合资质要求的专业分包单位。施工总承包单位提交的施工总进度计划如图 2-25 所示（时间单位：月），该计划通过了监理工程师的审查和确认。

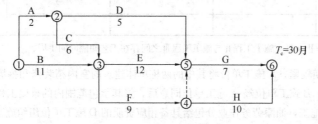

图 2-25 项目施工总进度计划

合同履行过程中，发生了如下事件：

事件一：专业分包单位将管桩专项施工方案报送监理工程师审批，遭到了监理工程师拒绝。在桩基施工过程中，由于专业分包单位没有按设计图纸要求对管桩进行封底施工，监理工程师向施工总承包单位下达了停工令，施工总承包单位认为监理工程师应直接向专业分包单位下达停工令，拒绝签收停工令。

事件二：在 B 分部工程开始前，为了缩短工期，施工总承包单位将原施工方案中 B 分部工程的异节奏流水施工调整为成倍节拍流水施工。原施工方案中 B 分部工程异节奏流水施工横道图如图 2-26 所示（单位：月）。

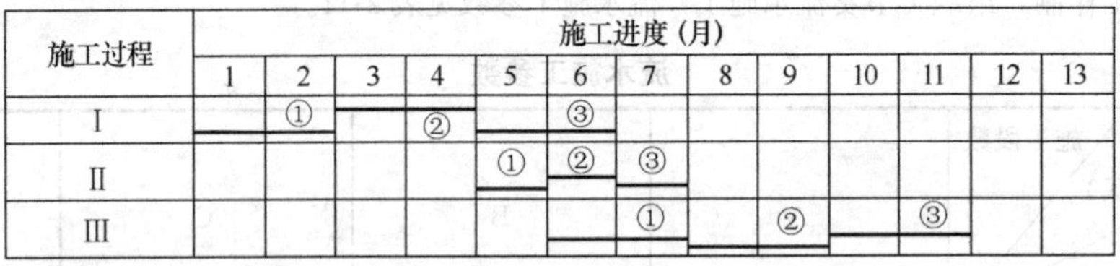

施工过程	施工进度（月）												
	1	2	3	4	5	6	7	8	9	10	11	12	13
I		①		②		③							
II					①	②	③						
III							①		②		③		

图 2-26　B 分部工程施工进度计划横道图

事件三：在工程施工进行到第 20 个月时，因建设单位提出设计变更，导致 G 工作停止施工 1 个月。由于建设单位要求按期完工，施工总承包单位据此向监理工程师提出了赶工费索赔。根据合同约定，赶工费标准为 18 万元/月。

问题：

（1）施工总承包单位计划工期能否满足合同工期要求？为保证工程进度目标，施工总承包单位应重点控制哪条施工线路？

（2）事件一中，监理工程师及施工总承包单位的做法是否妥当？分别说明理由。

（3）事件二中，B 分部工程流水施工调整后，工期可缩短多少个月？按照图 2-26 格式绘制出调整后 B 工作的施工横道图。

14.【2012 年一级建造师考题改】 背景资料：某大学城工程，包括结构形式与建设规模一致的四栋单体建筑，每栋建筑面积为 21000㎡，地下 2 层，地上 11 层，层高 4.2m，钢筋混凝土—剪力墙结构，A 施工单位与建设单位签订了施工总承包合同，合同约定：除主体结构外的其他分部分项工程施工，总承包单位可以自行依法分包，建设单位负责供应油漆等部分材料。合同履行过程中，发生了下列事件：

事件一：A 施工单位拟对四栋单体建筑的某分项工程组织流水施工，其流水施工参数如表 2-12。

流水施工参数　　　　　　　　　　　　　　　　　　　表 2-12

施工过程	流水节拍			
	单体建筑一	单体建筑二	单体建筑三	单体建筑四
I	2	2	2	2
II	2	2	2	2
III	2	2	2	2

其中：施工顺序 I→II→III，施工工程 II 与施工工程 III 之间存在工艺间隔时间 1 周。

事件二：由于工期较紧，A 施工单位将其中的两栋单体建筑的室内精装修和幕墙工程分包给具备相应资质的 B 施工单位，B 施工单位经 A 施工单位同意后，将其承包范围内的幕墙工程分包给具备相应资质的 C 施工单位组织施工，油漆劳务作业分包给具备相应资质的 D 施工单位组织施工。

事件三：油漆作业完成后，发现油漆成膜存在质量问题，经鉴定，原因是油漆材质不合格，B 施工单位就由此造成返工损失向 A 施工单位提出索赔。A 施工单位以油漆属建设单位提供为由，认为 B 施工单位应直接向建设单位提出索赔。

B 施工单位直接向建设单位提出索赔，建设单位认为油漆进场时已由 A 施工单位进行了质量验证并办理接收手续，其对油漆的质量责任已经完成，因油漆不合格而返工的损失应由 A 施工单位承担，建设单位拒绝受理该索赔。

问题：

（1）事件一中，最适宜采用何种流水施工组织形式？除此之外，流水施工通常还有哪些基本组织形式？

（2）绘制事件一中流水施工进度计划横道图，并计算其流水施工工期。

15.【2013 年一级建造师考题改】 背景资料：某工程基础底板施工，合同约定工期 50 天，项目经理部根据业主提供的电子版图纸编制了施工进度计划（如图 2-27），底板施工暂未考虑流水施工。

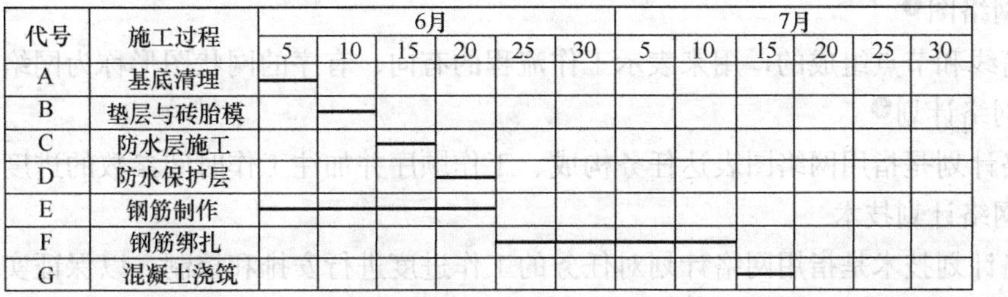

代号	施工过程	6月						7月					
		5	10	15	20	25	30	5	10	15	20	25	30
A	基底清理												
B	垫层与砖胎模												
C	防水层施工												
D	防水保护层												
E	钢筋制作												
F	钢筋绑扎												
G	混凝土浇筑												

图 2-27　施工进度计划图

在施工准备及施工过程中，发生了如下事件：

事件一：公司在审批该施工进度计划（横道图）时提出，计划未考虑工序 B 与 C，工序 D 与 F 之间的技术间歇（养护）时间，要求项目经理部修改。两处工序技术间歇（养护）均为 2 天，项目经理部按要求调整了进度计划，经监理批准后实施。

事件二：施工单位采购的防水材料进场抽样复试不合格，致使工序 C 比调整后的计划开始时间延后 3 天。因业主未按时提供正式图纸，致使工序 E 在 6 月 11 日才开始。

事件三：基于安全考虑，建设单位要求仍按原合同约定的时间完成底板施工，为此施工单位采取调整劳动力计划，增加劳动力等措施，在 15 天内完成了 2700t 钢筋制作（工效为 4.5t/人·工作日）。

问题：

（1）在答题卡上绘制事件一中调整后的施工进度计划网络图（双代号），并用双线表示出关键线路。

（2）考虑事件一、二的影响，计算总工期（假定各工序持续时间不变），如果钢筋制作 E、钢筋绑扎 F 及混凝土浇筑 G 分别按两个流水段组织流水施工，各工作在每段上工作的持续时间等分，其总工期将变为多少天？是否满足原合同约定的工期？

（3）计算事件三钢筋制作的劳动力投入量，编制劳动力需求计划时，需要考虑哪些参数？

第三章 网络计划技术

第一节 概 述

一、基本概念

1. 网络图❶

由箭线和节点组成的，用来表示工作流程的有向、有序的网状图形称为网络图。

2. 网络计划❷

网络计划是指用网络图表达任务构成、工作顺序并加注工作时间参数的进度计划。

3. 网络计划技术

网络计划技术是指用网络计划对任务的工作进度进行安排和控制，以保证实现预定目标的科学的计划管理技术。

二、网络计划技术的产生与发展

1956年，美国的沃克和小凯利等，共同研究出了关键线路法（CPM），并应用于一个化工厂的建设和设备维修工作；1958年，美国海军机械局在研究北极星导弹潜艇计划时创造了计划评审技术（PERT）。到了20世纪60年代，提出了搭接网络（QLN）、决策关键线路法（DCPM）、图示评审技术（GERT）等技术。最近几十年，又产生了随机网络计划技术（QGERT）、流水网络计划技术、风险型随机网络计划技术（VERT）、仿真随机网络计划技术（GERTS）等。

1965年，华罗庚教授第一次把网络计划技术引入我国，当时称为"统筹法"。为规范网络计划技术在我国的实施推广，国家有关部门颁布了一系列标准、规程，目前正在执行的如《网络计划技术第3部分：在项目管理中应用的一般程序》GB/T 13400.3—2009和《工程网络计划技术规程》JGJ/T 121等。

三、网络计划技术的基本原理

（1）把一项工程全部建造过程分解成若干项工作，并按各项工作开展顺序和相互制约关系，绘制成网络图。

（2）通过网络图各项时间参数计算，找出关键工作、关键线路和计算工期。

（3）通过网络计划优化，不断改进网络计划初始方案，找出最优方案。

（4）在网络计划执行过程中，对其进行有效的控制和监督，以最少的资源消耗，获得最大的经济效益。

---

❶ 《工程网络计划技术规程》JGJ/T 121规定：

2.1.1 网络图（network diagram）：由箭线和节点组成的、用来表示工作流程的有向、有序的网状图形。

❷ 《工程网络计划技术规程》JGJ/T 121规定：

2.1.4 网络计划（network planning）：用网络图表达任务构成、工作顺序并加注工作时间参数的进度计划。

四、网络计划的分类

按不同的原则，可以将网络计划划分为不同的类别，如表 3-1 所示。

网络计划分类表　　　　　　　　　　表 3-1

分类原则	类　别	特点描述
按编制的对象和范围分	局部网络计划	以拟建工程的某一分部工程或某一施工阶段为对象编制而成
	单位工程网络计划	以一个单位工程为对象编制而成
	总体网络计划	以整个建设项目或一个大型的单项工程为对象编制而成
按工作性质分	肯定型网络计划	工作、工作之间的逻辑关系和工作持续时间都肯定
	非肯定型网络计划	工作、工作之间的逻辑关系和工作持续时间三者中至少有一项不肯定
按表示方法分	双代号网络计划	以箭线及其两端节点的编号表示工作
	单代号网络计划	以节点及编号表示工作，箭线仅表示工作之间的逻辑关系
	搭接网络计划	前后工作之间存在搭接关系
	流水网络计划	能够反映流水作业的网络计划
按有无时间坐标分	时标网络计划	有时间坐标的网络计划
	非时标网络计划	无时间坐标的网络计划

五、网络计划的优缺点

1. 优点

（1）能全面而明确地表达各项工作开展的先后顺序，并能反映出各项工作间相互制约和相互依赖的关系；

（2）能进行各种时间参数的计算，找出关键工作和关键线路，便于管理者抓住主要矛盾，确保按期竣工，避免盲目抢工；

（3）在计划实施过程中能进行有效的控制和监督，并利用计算出的各项工作的机动时间，更好地调配人力、物力，以达到降低成本的目的；

（4）通过网络计划的优化，可以在若干个可行方案中找出最优方案；

（5）网络计划的编制、计算、调整、优化和绘图等各项工作，都可以用计算机来协助完成。

2. 缺点

（1）表达计划不直观、不形象，从图上很难清晰地看出流水作业的情况；

（2）难以据普通网络计划（非时标网络计划）计算资源日用量，但时标网络计划可以克服这一缺点；

（3）编制较难，绘图较麻烦。

第二节 双代号网络计划

双代号网络图是以箭线及其两端节点的编号表示工作的网络图（图 3-1）。它是目前国际工程项目进度计划中最常采用的网络计划形式。

一、双代号网络图的组成❶

双代号网络图是由工作、节点、线路三个基本要素组成。

1. 工作

（1）工作表示方法

工作用一条箭线与其两端的节点来表示，工作名称写在箭线上面，持续时间写在箭线下面（图 3-1）；箭头表示工作的结束，箭尾表示工作的开始；箭线的长短与持续时间不成比例（时标网络图除外）；箭线的方向表示工作的进行方向，应保持自左向右的总方向，并应以水平线为主，斜线和竖线为辅。

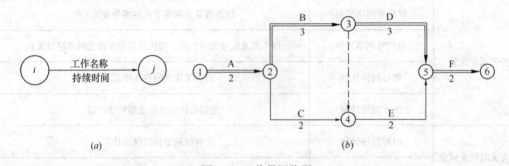

图 3-1 双代号网络图

(a) 工作的表示方法；(b) 工程（或计划）的表示方法

就工作而言，紧靠其前面的工作称为紧前工作，紧靠其后面的工作称为其紧后工作，与之平行的工作称为平行工作（图 3-2）。

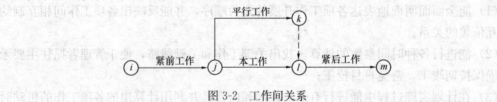

图 3-2 工作间关系

（2）工作分类

工作通常分为三种：既消耗时间又消耗资源的工作（如砌墙、浇筑混凝土）；只消耗

---

❶ 《工程网络计划技术规程》JGJ/T 121 规定：

2.1.2 双代号网络图（activity-on-arrow network）：以箭线及其两端节点的编号表示工作的网络图。

2.1.10 工作（activity）：计划任务按需要粗细程度划分而成的消耗时间或同时也消耗资源的一个项目或子任务。

2.1.19 节点（node）：网络图中箭线端部的圆圈或其他形状的封闭图形。在双代号网络图中，它表示工作之间的逻辑关系；在单代号网络图中，它表示一项工作。

2.1.23 线路（path）：网络图中从起点节点开始，沿箭头方向顺序通过一系列箭线与节点，最后达到终点节点的通路。

时间而不消耗资源的工作（如油漆干燥）；既不消耗时间也不消耗资源的工作。在工程实际中，前两项工作是实际存在的，通常称为实工作，后一种是人为虚设的，只表示相邻前后工作之间的逻辑关系，称为虚工作，通常用虚箭线表示，如图 3-1 中工作 3-4 即为虚工作。

（3）工作划分的原则

工作可以是分项、分部、单位工程或工程项目，其划分的粗细程度，主要取决于计划的类型、工程性质和规模。控制性计划可分解到分部工程，实施性计划应分解到分项工程。

（4）关键工作和非关键工作

关键线路上的工作都是关键工作，在非关键线路上，除了关键工作之外，其余工作均为非关键工作。在一定条件下，关键工作与非关键工作、关键线路与非关键线路都可以相互转化（如当关键工作时间缩短或非关键工作时间延长时）。

2. 节点

节点，也称事件。节点表示前面一项或若干项工作的结束和后面一项或若干项工作的开始，只是一个"瞬间"，它既不消耗时间，也不消耗资源。

（1）节点分类

1）起点节点（start node）：网络图的第一个节点，表示一项任务的开始。

2）终点节点（end node）：网络图的最后一个节点，表示一项任务的完成。

3）中间节点（middle node）：网络图中除起点节点和终点节点以外的其他节点。

（2）节点编号

网络图中的每一个节点都要编号，编号原则如下：

1）编号从起点节点开始，用正整数由小到大，依次编向终点节点；

2）一般采用连续编号法，也可采用奇数编号法（如：1，3，5……），或偶数编号法（如：2，4，6……），或间隔编号法（如：1，5，10，15……）等；

3）每一条箭线，箭头的编号必须大于箭尾的编号；

4）在一个网络图中，不允许出现重复编号，两个编号只表示一项工作。

3. 线路

（1）关键线路和非关键线路

关键线路是指网络图中从开始到结束的线路中时间最长的线路，其线路时间代表整个网络图的计算总工期。关键线路至少有一条，并以粗箭线或双箭线或彩色箭线表示。在网络图中，除了关键线路之外，其余线路都是非关键线路。图 3-1（b）中，第一条线路①→②→③→⑤→⑥是关键线路，其余两条是非关键线路。

（2）线路时间

完成某条线路所需的总持续时间，称为该条线路的线路时间。

图 3-1（b）中，共有三条线路，线路时间分别为：

第一条①→②→③→⑤→⑥，线路时间 10 天；

第二条①→②→③→④→⑤→⑥，线路时间 9 天；

第三条①→②→④→⑤→⑥，线路时间 8 天。

二、双代号网络图的绘制 ❶

1. 绘图规则

双代号网络图的绘制必须遵循《工程网络计划技术规程》JGJ/T 121 中的规定，如不允许出现图 3-3～图 3-5 的错误画法，可以有图 3-6、图 3-7 的画法，此外，还应满足：

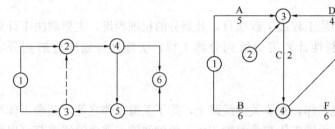

图 3-3 循环回路示意图   图 3-4 网络图中有多个起点节点和多个终点节点的错误示例

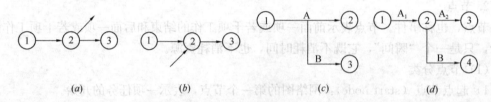

图 3-5 无箭头节点和无箭尾节点工作示意图

(a) 无箭头节点的错误画法；(b) 无箭尾节点的错误画法；(c) 无箭尾节点的错误画法；(d) c 的正确画法

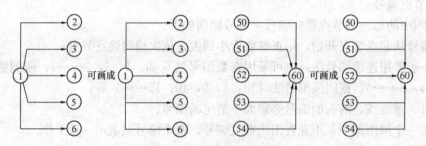

图 3-6 母线绘制法

（1）工作组成要清楚，顺序关系要明确，工作时间要正确。

（2）布局要合理，重点突出，层次分明；尽量把关键工作和关键线路布置在中心位

---

❶ 《工程网络计划技术规程》JGJ/T 121 规定：

3.2.1 双代号网络图必须正确表达已定的逻辑关系。

3.2.2 双代号网络图中，严禁出现循环回路。

3.2.3 双代号网络图中，在节点之间严禁出现带双向箭头或无箭头的连线。

3.2.4 双代号网络图中，严禁出现没有箭头节点或没有箭尾节点的箭线。

3.2.5 当双代号网络图的某些节点有多条外向箭线或多条内向箭线时，在不违反本规程第 3.1.3 条的前提下，可使用母线法绘图。当箭线线型不同时，可在从母线上引出的支线上标出。

3.2.6 绘制网络图时，箭线不宜交叉；当交叉不可避免时，可用过桥法或指向法。

3.2.7 双代号网络图中应只有一个起点节点；在不分期完成任务的网络图中，应只有一个终点节点；而其他所有节点均应是中间节点。

置，密切相关的工作尽可能相邻布置，以减少箭线交叉。

（3）网络图应保持自左向右的方向，箭线应画成水平箭线、折线或斜线，且应以水平箭线为主，少用垂直箭线，避免用"反向箭线"。

（4）网络图中不允许出现编号相同的节点或工作（图3-8）。

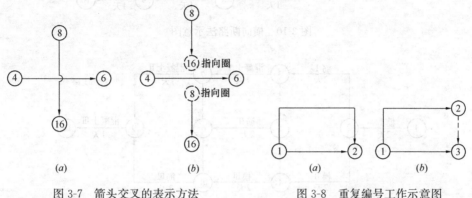

图 3-7　箭头交叉的表示方法　　　　图 3-8　重复编号工作示意图
(a) 过桥法；(b) 指向法　　　　　　　　(a) 错误；(b) 正确

（5）同一网络图中，同一项工作不能出现两次。

（6）网络图中力求减少不必要的虚工作。

（7）正确使用网络图中的"断路法"，将没有逻辑关系的有关工作用虚工作加以隔断。如图3-9所示。

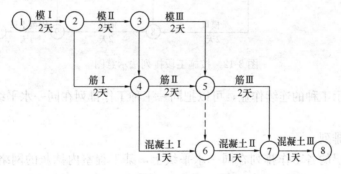

图 3-9　某工程双代号网络图

由图3-9看出，浇筑混凝土Ⅰ不应该受支模板Ⅱ控制，浇筑混凝土Ⅱ也不应该受支模板Ⅲ控制，这是空间逻辑关系上的表达错误，可以采用横向断路法或纵向断路法将其加以改正，前者用于无时间坐标网络图，后者用于有时间坐标网络图，如图3-10和图3-11所示。

2. 网络图的排列方法

（1）按施工段排列法

为了突出表示工作面的连续，可以把在同一施工段上的不同工种工作排列在同一水平线上，如图3-12所示。

（2）按工种排列法

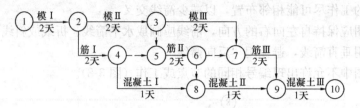

图 3-10　横向断路法示意图

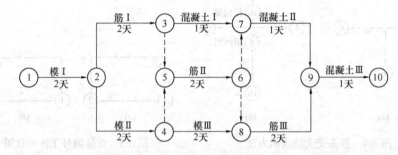

图 3-11　纵向断路法示意

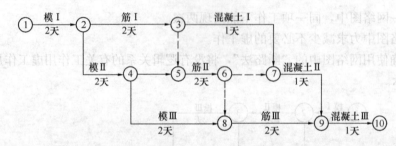

图 3-12　按施工段排列法示意图

为了突出表示工种的连续作业，可以把同一工种工作排列在同一水平线上，如图3-10所示。

（3）按楼层排列

即把同一楼层的各工作排列在同一水平线上，某工程室内抹灰的网络计划如图 3-13所示。

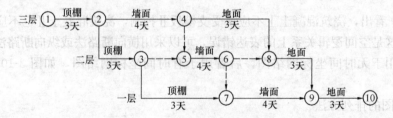

图 3-13　按楼层排列法示意图

（4）混合排列

如图 3-11 所示，这种排列方法的优点是对称、美观；缺点是排列无规律，不易掌握。

除按上述几种排列方法外，还有按施工单位（或专业）排列法、按栋号排列法等，实际工作中应根据具体情况进行选择使用。

3. 双代号网络图的绘制

双代号网络图的绘制方法，视各人的经验而不同，但从根本上说，都要在既定施工方案的基础上，根据具体的施工客观条件，以统筹安排为原则。一般的绘图步骤如下：

（1）任务分解，划分施工工作。

（2）确定完成工作计划的全部工作及其逻辑关系。

（3）确定每一工作的持续时间，制定各项工作之间的逻辑关系表。

（4）根据工作逻辑关系表，绘制并修改网络图。

【例 3-1】 根据表 3-2 中各项工作的逻辑关系，绘制双代号网络图。

某工程各项工作逻辑关系表   表 3-2

序号	本工作	紧前工作	紧后工作	工作持续时间
1	A	无	B、C	3
2	B	A	D、E	2
3	C	A	E、F	1
4	D	B	G	3
5	E	B、C	G、H	8
6	F	C	H	4
7	G	D、E	I	4
8	H	E、F	I	6
9	I	G、H	无	5

【解】 （1）绘制草图

根据表 3-2 中逻辑关系，绘制网络图的步骤如下：

1）先绘制无紧前工作的 A 工作；

2）绘制 A 的紧后工作 B、C；

3）绘制 B 的紧后工作 D、E；

4）绘制 C 的紧后工作 F，因为其紧后工作还有 E，故需在 E 前加两个虚工作；

5）绘制 D 的紧后工作 G，因为 G 的紧前工作还有 E，故需在 G 前加虚工作；

6）绘制 E 的紧后工作 H，因为 H 的紧前工作还有 F，且 G 的紧前工作没有 F，故需在 H 前加虚工作，箭头向下；

7）最后绘制以 G 和 H 为紧前工作的工作 I。

（2）绘制正式网络图

根据以上步骤绘制出网络图的草图后，再根据表 3-2 中的逻辑关系从起点节点开始，由左向右逐项检查网络图的逻辑关系是否正确，无误后再作结构调整，使整个网络条理清楚，布局合理，尽量做到对称美观。最后绘制出正式的网络图，并进行节点编号，如图 3-14 所示。

三、双代号网络计划时间参数计算

1. 时间参数分类

包括四类：工作持续时间、节点时间参数、工作时间参数和线路时间参数。

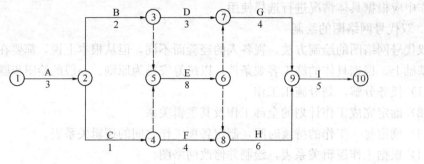

图 3-14 双代号网络图绘制示例

（1）工作持续时间 D_{i-j}（duration）

一项工作从开始到完成的时间。计算方法有两种：定额计算法、三时估算法。

（2）节点时间参数

1）节点最早时间 ET_i（earliest event time）：以该节点为开始节点的各项工作的最早开始时间。

2）节点最迟时间 LT_i（latest event time）：以该节点为完成节点的各项工作的最迟完成时间。

（3）工作时间参数

1）工作最早开始时间 ES_{i-j}（earliest start time）：各紧前工作全部完成后，本工作有可能开始的最早时刻。

2）工作最早完成时间 EF_{i-j}（earliest finish time）：各紧前工作全部完成后，本工作有可能完成的最早时刻。

3）工作最迟开始时间 LS_{i-j}（latest start time）：在不影响整个任务按期完成的前提下，本工作必须开始的最迟时刻。

4）工作最迟完成时间 LF_{i-j}（latest finish time）：在不影响整个任务按期完成的前提下，本工作必须完成的最迟时刻。

5）总时差 TF_{i-j}（total float）：在不影响总工期的前提下，本工作可以利用的机动时间。

6）自由时差 FF_{i-j}（free float）：在不影响其紧后工作最早开始时间的前提下，本工作可以利用的机动时间。

（4）工期

1）计算工期 T_c（calculated project duration）：根据时间参数计算所得到的工期。

2）要求工期 T_r（required project duration）：任务委托人所提出的指令性工期。

3）计划工期 T_p（planned project duration）：根据要求工期和计算工期所确定的作为实施目标的工期。

2. 网络计划时间参数计算方法

（1）分析计算法：根据各项时间参数的相应计算公式，列式计算时间参数的方法。

（2）图上计算法：当工作数目不太多时，直接在网络图上计算时间参数的方法，又可分为两种：

1）节点计算法。先计算节点时间参数，再根据节点时间参数计算工作的各项时间参数。

2）工作计算法。[注] 不计算节点时间参数，直接计算工作的各项时间参数的方法。

（3）表上计算法：为了保持网络图的清晰和计算数据的条理化，用表格形式进行计算的一种方法。

（4）电算法：根据网络图提供的网络逻辑关系和数据，采用相应的算法语言，编制网络计划的相应计算程序，利用电子计算机进行各项时间参数计算的方法。

【例 3-2】 采用图上计算法（结合分析计算法）计算图 3-15 所示双代号网络图的各时间参数，找出关键工作和关键线路，并指出计算工期。

【解】 （1）按工作计算法计算时间参数

按工作计算法不必计算节点时间参数，而直接计算工作时间参数，计算结果标注在箭线之上（标注格式见图 3-16）。

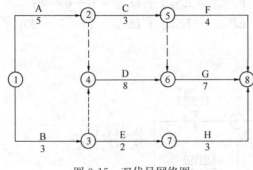
图 3-15 双代号网络图

图 3-16 按工作计算法的标注

1）计算工作的最早开始时间

计算工作最早开始时间，应从网络计划的起点节点开始顺着箭线方向依次逐项计算。

①以起点节点 i 为箭尾节点的工作 $i-j$，当未规定其最早开始时间时，其值为零：

$$ES_{i-j} = 0(i = 1) \tag{3-1}$$

②当工作 $i-j$ 只有一项紧前工作 $h-i$ 时，其最早开始时间应为：

$$ES_{i-j} = ES_{h-i} + D_{h-i} \tag{3-2}$$

③当工作 $i-j$ 有多项紧前工作时，其最早开始时间应为：

$$ES_{i-j} = \max\{ES_{h-i} + D_{h-i}\} \tag{3-3}$$

式中 ES_{h-i}——工作 $i-j$ 的各项紧前工作 $h-i$ 的最早开始时间；

D_{h-i}——工作 $i-j$ 的各项紧前工作 $h-i$ 的持续时间。

按式（3-1）～式（3-3）计算图 3-15 中各工作的最早开始时间，结果如下：

$ES_{1-2}=0$，$ES_{1-3}=0$；

$ES_{2-4}=ES_{1-2}+D_{1-2}=0+5=5$，$ES_{2-5}=ES_{1-2}+D_{1-2}=0+5=5$；

$ES_{3-4} = ES_{1-3} + D_{1-3} = 0 + 3 = 3$，$ES_{3-7} = ES_{1-3} + D_{1-3} = 0 + 3 = 3$；

---

❶ 《工程网络计划技术规程》JGJ/T 121 规定：

3.3.1 按工作计算法计算时间参数应在确定各项工作的持续时间之后进行。虚工作必须视同工作进行计算，其持续时间为零。

$$ES_{4-6} = \max\{ES_{2-4} + D_{2-4}, ES_{3-4} + D_{3-4}\} = \max\{5+0, 3+0\} = 5;$$

$$ES_{5-6} = ES_{2-5} + D_{2-5} = 5+3 = 8, ES_{5-8} = ES_{2-5} + D_{2-5} = 5+3 = 8;$$

$$ES_{6-8} = \max\{ES_{4-6} + D_{4-6}, ES_{5-6} + D_{5-6}\} = \max\{5+8, 8+0\} = 13;$$

$$ES_{7-8} = ES_{3-7} + D_{3-7} = 3+2 = 5.$$

2）计算工作的最早完成时间

工作 $i-j$ 的最早完成时间 EF_{i-j} 应按下式计算：

$$EF_{i-j} = ES_{i-j} + D_{i-j} \tag{3-4}$$

按式（3-4）计算图 3-15 中各工作的最早完成时间，结果如下：

$$EF_{1-2} = ES_{1-2} + D_{1-2} = 0+5 = 5, EF_{1-3} = ES_{1-3} + D_{1-3} = 0+3 = 3;$$

$$EF_{2-4} = ES_{2-4} + D_{2-4} = 5+0 = 5, EF_{2-5} = ES_{2-5} + D_{2-5} = 5+3 = 8;$$

$$EF_{3-4} = ES_{3-4} + D_{3-4} = 3+0 = 3, EF_{3-7} = ES_{3-7} + D_{3-7} = 3+2 = 5;$$

$$EF_{4-6} = ES_{4-6} + D_{4-6} = 5+8 = 13, EF_{5-6} = ES_{5-6} + D_{5-6} = 8+0 = 8;$$

$$EF_{5-8} = ES_{5-8} + D_{5-8} = 8+4 = 12, EF_{6-8} = ES_{6-8} + D_{6-8} = 13+7 = 20;$$

$$EF_{7-8} = ES_{7-8} + D_{7-8} = 5+3 = 8.$$

计算结果直接写在图 3-17 中相应位置。

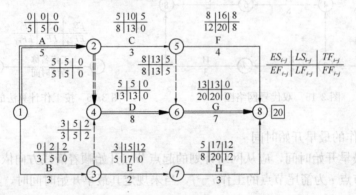

图 3-17　双代号网络计划时间参数计算图（按工作计算法）

3）确定网络计划的计算工期 T_c

网络计划的计算工期 T_c 应按下式计算为以终点节点为箭头节点的各工作中，最早完成时间的最大值，即：

$$T_c = \max\{EF_{i-n}\} \tag{3-5}$$

式中　EF_{i-n}——以终点节点（$j=n$）为箭头节点的工作 $i-n$ 的最早完成时间。

按式（3-5）计算，则图 3-15 中网络计划的计算工期为：

$$T_c = \max\{EF_{5-8}, EF_{6-8}, EF_{7-8}\} = \max\{12, 20, 8\} = 20$$

4）确定网络计划的计划工期 T_p

网络计划的计划工期 T_p 的计算应按下列情况分别确定：

①当已规定了要求工期 T_r 时，$T_p \leqslant T_r$。 $\tag{3-6}$

②当未规定要求工期时 $T_p = T_c$。 $\tag{3-7}$

图 3-15 所示网络计划未规定要求工期，则其计划工期 T_p 按公式（3-7）取其计算工期：

$$T_p = T_c = 20$$

5) 计算工作的最迟完成时间

工作最迟完成时间的计算应符合下列规定：

①工作 $i-j$ 的最迟完成时间 LF_{i-j} 应从网络计划的终点节点开始，逆着箭线方向依次逐项计算。

②以终点节点 $(j=n)$ 为箭头节点的工作的最迟完成时间 LF_{i-n}，应按网络计划的计划工期 T_p 确定，即：

$$LF_{i-n} = T_p \tag{3-8}$$

③其他工作：

当工作 $i-j$ 只有一项紧后工作 $j-k$ 时，其最迟完成时间 LF_{i-j} 应为：

$$LF_{i-j} = LF_{j-k} - D_{j-k} \tag{3-9}$$

当工作 $i-j$ 有多项紧后工作 $j-k$ 时，其最迟完成时间 LF_{i-j} 应为：

$$LF_{i-j} = \min\{LF_{j-k} - D_{j-k}\} \tag{3-10}$$

式中　LF_{j-k}——工作 $i-j$ 的各项紧后工作 $j-k$ 的最迟完成时间；

　　　D_{j-k}——工作 $i-j$ 的各项紧后工作 $j-k$ 的持续时间。

按式 (3-8)、式 (3-9) 和式 (3-10) 计算图 3-15 中各工作的最迟完成时间，结果如下：

$LF_{7-8} = T_p = 20, LF_{6-8} = T_p = 20, LF_{5-8} = T_p = 20$；

$LF_{5-6} = LF_{6-8} - D_{6-8} = 20 - 7 = 13, LF_{4-6} = LF_{6-8} - D_{6-8} = 20 - 7 = 13$；

$LF_{2-5} = \min\{LF_{5-6} - D_{5-6}, LF_{5-8} - D_{5-8}\} = \min\{13 - 0, 20 - 4\} = 13$；

$LF_{3-4} = LF_{4-6} - D_{4-6} = 13 - 8 = 5, LF_{2-4} = LF_{4-6} - D_{4-6} = 13 - 8 = 5$；

$LF_{1-3} = \min\{LF_{3-4} - D_{3-4}, LF_{3-7} - D_{3-7}\} = \min\{5 - 0, 17 - 2\} = 5$；

$LF_{1-2} = \min\{LF_{2-5} - D_{2-5}, LF_{2-4} - D_{2-4}\} = \min\{13 - 3, 5 - 0\} = 5$。

6) 计算工作的最迟开始时间

工作 $i-j$ 的最迟开始时间应按下式计算：

$$LS_{i-j} = LF_{i-j} - D_{i-j} \tag{3-11}$$

按式 (3-11) 计算图 3-15 中各工作的最迟开始时间，结果如下：

$LS_{1-2} = LF_{1-2} - D_{1-2} = 5 - 5 = 0, LS_{1-3} = LF_{1-3} - D_{1-3} = 5 - 3 = 2$；

$LS_{2-4} = LF_{2-4} - D_{2-4} = 5 - 0 = 5, LS_{2-5} = LF_{2-5} - D_{2-5} = 13 - 3 = 10$；

$LS_{3-4} = LF_{3-4} - D_{3-4} = 5 - 0 = 5, LS_{3-7} = LF_{3-7} - D_{3-7} = 17 - 2 = 15$；

$LS_{4-6} = LF_{4-6} - D_{4-6} = 13 - 8 = 5, LS_{5-6} = LF_{5-6} - D_{5-6} = 13 - 0 = 13$；

$LS_{5-8} = LF_{5-8} - D_{5-8} = 20 - 4 = 16, LS_{6-8} = LF_{6-8} - D_{6-8} = 20 - 7 = 13$；

$LS_{7-8} = LF_{7-8} - D_{7-8} = 20 - 3 = 17$。

7) 计算工作的总时差和自由时差

在计划总工期不变的条件下，有些工作的 ES_{i-j} 与 LS_{i-j}（或 EF_{i-j} 与 LF_{i-j}）之间存在一定差值，把这个不影响总工期（也不影响紧后工作最迟开始时间）情况下具有的机动时间称为总时差（图 3-18）。故工作的总时差可按下式计算：

$$TF_{i-j} = LS_{i-j} - ES_{i-j} = LF_{i-j} - EF_{i-j} \tag{3-12}$$

另外，有些工作的紧后工作 ES_{j-k} 和本工作 EF_{i-j} 之间也存在一定时差，把这个不影响紧后工作最早开始时间 ES_{j-k}（当然更不会影响总工期）并为本工作所专有的机动时间，称为自由时差（图 3-18）。

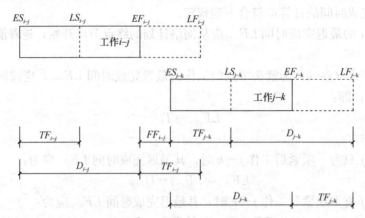

图 3-18　双代号网络图各时间参数示意图

工作 $i-j$ 的自由时差 FF_{i-j} 的计算应符合下列规定：

①当工作 $i-j$ 有紧后工作 $j-k$ 时，其自由时差应为：

$$FF_{i-j} = ES_{j-k} - EF_{i-j} \tag{3-13}$$

②以终点节点（$j=n$）为箭头节点的工作，其自由时差 FF_{i-n} 应按网络计划的计划工期 T_p 确定，即：

$$FF_{i-n} = T_p - EF_{i-n} \tag{3-14}$$

式中　ES_{j-k}——工作 $i-j$ 的紧后工作 $j-k$ 的最早开始时间；

FF_{i-n}——以终点节点 n 为箭头节点的工作的自由时差；

EF_{i-n}——以终点节点 n 为箭头节点的工作的最早完成时间。

按式（3-12）、式（3-13）和式（3-14）计算图 3-15 中各工作的总时差和自由时差，结果如下：

$TF_{1-2} = LS_{1-2} - ES_{1-2} = 0 - 0 = 0$；$FF_{1-2} = ES_{2-5} - EF_{1-2} = 5 - 5 = 0$；

$TF_{1-3} = LS_{1-3} - ES_{1-3} = 2 - 0 = 2$；$FF_{1-3} = ES_{3-7} - EF_{1-3} = 3 - 3 = 0$；

$TF_{2-4} = LS_{2-4} - ES_{2-4} = 5 - 5 = 0$；$FF_{2-4} = ES_{4-6} - EF_{2-4} = 5 - 5 = 0$；

$TF_{2-5} = LS_{2-5} - ES_{2-5} = 10 - 5 = 5$；$FF_{2-5} = ES_{5-8} - EF_{2-5} = 8 - 8 = 0$；

$TF_{3-4} = LS_{3-4} - ES_{3-4} = 5 - 3 = 2$；$FF_{3-4} = ES_{4-6} - EF_{3-4} = 5 - 3 = 2$；

$TF_{3-7} = LS_{3-7} - ES_{3-7} = 15 - 3 = 12$；$FF_{3-7} = ES_{7-8} - EF_{3-7} = 5 - 5 = 0$；

$TF_{4-6} = LS_{4-6} - ES_{4-6} = 5 - 5 = 0$；$FF_{4-6} = ES_{6-8} - EF_{4-6} = 13 - 13 = 0$；

$TF_{5-6} = LS_{5-6} - ES_{5-6} = 13 - 8 = 5$；$FF_{5-6} = ES_{6-8} - EF_{5-6} = 13 - 8 = 5$；

$TF_{5-8} = LS_{5-8} - ES_{5-8} = 16 - 8 = 8$；$FF_{5-8} = T_p - EF_{5-8} = 20 - 12 = 8$；

$TF_{6-8} = LS_{6-8} - ES_{6-8} = 13 - 13 = 0$；$FF_{6-8} = T_p - EF_{6-8} = 20 - 20 = 0$；

$TF_{7-8} = LS_{7-8} - ES_{7-8} = 17 - 5 = 12$；$FF_{7-8} = T_p - EF_{7-8} = 20 - 8 = 12$。

（2）按节点计算法计算时间参数

按节点计算法计算时间参数，其计算结果应标注在节点之上（图 3-19）。

1）节点最早时间的计算应符合下列规定：

①节点 i 的最早时间 ET_i 应从网络计划的起点节点开始，顺着箭线方向依次逐项计算。

②起点节点 i 如未规定最早时间 ET_i 时，其值应等于零，即：

$$ET_i = 0(i = 1) \tag{3-15}$$

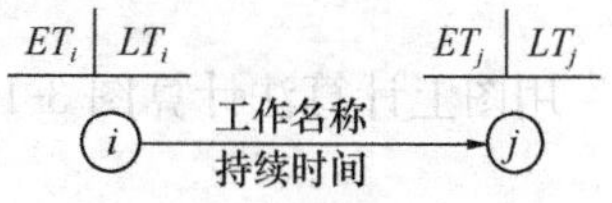

③当节点 j 只有一条内向箭线时，最早时间 ET_j 应为：

$$ET_j = ET_i + D_{i-j} \tag{3-16}$$

④当节点 j 有多条内向箭线时，其最早时间 ET_j 应为：

$$ET_j = \max\{ET_i + D_{i-j}\} \tag{3-17}$$

式中　ET_i——节点 i 的最早时间；

ET_j——节点 j 的最早时间；

D_{i-j}——$i-j$ 工作的持续时间。

2）网络计划的计算工期 T_c 应按下式计算：

$$T_c = ET_n \tag{3-18}$$

式中　ET_n——终点节点 n 的最早时间。

3）网络计划的计划工期 T_p

其计算方法同工作计算法。

4）节点最迟时间的计算应符合下列规定：

①节点 i 的最迟时间 LT_i 应从网络计划的终点节点开始，逆着箭线的方向依次逐项计算。当部分工作分期完成时，有关节点的最迟时间必须从分期完成节点开始逆向逐项计算。

②终点节点 n 的最迟时间 LT_n 应按网络计划的计划工期 T_p 确定，即：

$$LT_n = T_p \tag{3-19}$$

分期完成节点的最迟时间应等于该节点规定的分期完成时间。

③其他节点的最迟时间 LT_i 应为：

$$LT_i = \min\{LT_j - D_{i-j}\} \tag{3-20}$$

式中　LT_i——节点 i 的最迟时间；

LT_j——节点 j 的最迟时间。

5）工作 $i-j$ 的最早开始时间 ES_{i-j} 应按下式计算：

$$ES_{i-j} = ET_i \tag{3-21}$$

6）工作 $i-j$ 的最早完成时间 EF_{i-j} 应按下式计算：

$$EF_{i-j} = ET_i + D_{i-j} \tag{3-22}$$

7）工作 $i-j$ 的最迟完成时间 LF_{i-j} 应按下式计算：

$$LF_{i-j} = LT_j \tag{3-23}$$

8）工作 $i-j$ 的最迟开始时间 LS_{i-j} 应按下式计算：

$$LS_{i-j} = LT_j - D_{i-j} \tag{3-24}$$

9）工作 $i-j$ 的总时差 TF_{i-j} 应按下式计算：

$$TF_{i-j} = LT_j - ET_i - D_{i-j} \tag{3-25}$$

10）工作 $i-j$ 的自由时差 FF_{i-j} 应按下式计算：

图 3-19　按节点计算法的标注内容

$$FF_{i-j} = ET_j - ET_i - D_{i-j} \qquad (3-26)$$

用图上计算法计算图 3-15 中节点及工作的时间参数，结果如图 3-20 所示。

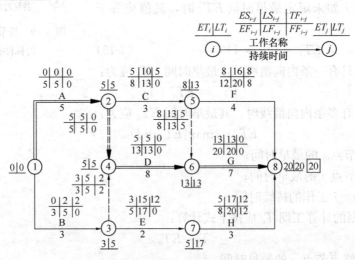

图 3-20　时间参数计算图（按节点计算法）

3. 关键工作和关键线路的确定

$$
\left.
\begin{aligned}
LT_i - ET_i &= T_p - T_c \\
LT_j - ET_j &= T_p - T_c \\
LT_j - ET_i - D_{i-j} &= T_p - T_c
\end{aligned}
\right\} \qquad (3-27)
$$

在网络计划中，总时差最小的工作为关键工作。如果计划工期与计算工期相等，则总时差等于零（$TF_{i-j}=0$）的工作即为关键工作。

当进行节点时间参数计算时，凡满足式（3-27）三个条件的工作必为关键工作。

自始至终全部由关键工作组成的线路或线路上总的工作持续时间最长的线路为关键线路。关键线路至少有一条，并以粗箭线或双箭线或彩色箭线表示。

图 3-17 中计划工期等于计算工期，故总时差为零的工作为关键工作，则关键工作有 1—2，2—4，4—6，6—8；关键线路为 1—2—4—6—8，在图中用双箭线表示出来。

另外，关键工作 1—2，2—4，4—6，6—8 满足式（3-27）的三个条件。

4. 双代号网络图的性质

（1）总时差不为本工作所专有而与前后工作都有关，它为一条线路所共有。同一条线路上总时差互相关联，若动用某工作总时差，则将引起通过该工作线路上的时差重新分配。如图 3-17 中线路 1—2—5—8，其中 $TF_{1-2}=0$，$TF_{2-5}=5$，$TF_{5-8}=8$，若在总时差 $TF_{2-5}=5$ 范围内动用了 3 天机动时间，即工作 2—5 的持续时间由原来的 3 天变为 6 天，通过重新计算，则得到 $TF_{1-2}=0$，$TF_{2-5}=2$，$TF_{5-8}=5$。

（2）自由时差为本工作所专有，即它本身是独立的，它的使用对其紧前、紧后工作无任何影响，紧后工作仍可按其最早开始时间开始。应及时使用自由时差，如果本工作不能及时使用，后面工作不得再考虑。

（3）各项工作的自由时差是其总时差的一部分，所以自由时差小于等于总时差。

（4）当工期无要求时，即计划工期等于计算工期时：

1）关键工作的总时差等于自由时差且都等于零；

2）非关键工作的总时差不等于零，自由时差不一定等于零；

3）凡是最早时间等于最迟时间的节点就是关键节点，如图 3-20 中，节点①、②、④、⑥、⑧为关键节点；关键工作两端的节点必为关键节点，但两关键节点之间的工作不一定是关键工作；

4）以关键节点为箭头节点的工作，其总时差等于自由时差，如图 3-20 中工作 1—2，2—4，3—4，4—6，5—6，5—8，6—8 的自由时差都等于总时差。

（5）对某工作 $i-j$ 来说，其所有紧后工作的最早开始时间 ES_{j-k} 相同，其所有紧前工作的最迟完成时间 LF_{h-i} 相同。

5. 确定关键线路的简便方法

前面介绍了由关键工作及线路时间确定关键线路的方法，这里再介绍两种更简便的确定关键线路的方法。

（1）破圈法

从网络计划的起点到终点顺着箭线方向，对每个节点进行考察，凡遇到节点有两个以上的内向箭线时，都可以按线路段工作时间长短，采取留长去短而破圈，从而得到关键线路。

【例 3-3】 用破圈法找出图 3-21 所示网络图中的关键线路。

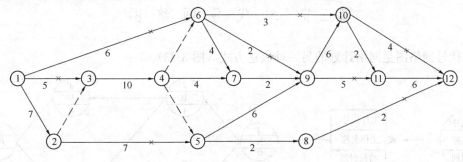

图 3-21 网络图破圈法示例

【解】 通过考察节点 3、5、6、7、9、10、11、12，去掉每个节点内向箭线所在线路段工作时间之和较短的工作，余下的工作即为关键工作，如图 3-21 中关键线路有：

1—2—3—4—5—9—10—11—12；

1—2—3—4—6—7—9—10—11—12；

1—2—3—4—7—9—10—11—12。

（2）标号法

标号法是一种快速寻求网络计划计算工期和关键线路的方法。它利用节点计算法的基本原理，对网络计划中的每个节点进行标号，然后利用标号值确定网络计划的计算工期和关键线路。

【例 3-4】 用标号法确定图 3-22 所示网络计划的计算工期和关键线路。

【解】 1）确定节点标号值（a，b_j）

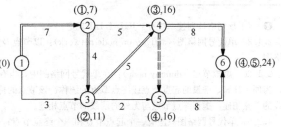

图 3-22 标号法确定关键线路

①网络计划起点节点的标号值为零。图 3-22 中节点①的标号值为零，即：

$$b_1 = 0$$

②其他节点的标号值等于以该节点为完成节点的各项工作的开始节点标号值加其持续时间所得之和的最大值，即：

$$b_j = \max\{b_i + D_{i-j}\} \tag{3-28}$$

式中　b_j——工作 $i-j$ 的完成节点 j 的标号值；

　　　b_i——工作 $i-j$ 的开始节点 i 的标号值；

节点的标号宜用双标号法，即用源节点（得出标号值的节点）号 a 作为第一标号，用标号值作为第二标号 b_j。各节点标号值如图 3-22 所示。

2）确定计算工期

网络计划的计算工期就是终点节点的标号值。本例中，其计算工期为终点节点⑥的标号值 24。

3）确定关键线路

自终点节点开始，逆着箭线跟踪源节点即可确定。本例中，从终点节点⑥开始跟踪源节点分别为⑤、④、③、②、①，即得关键线路 1—2—3—4—5—6 和 1—2—3—4—6。

第三节　单代号网络图

单代号网络图是网络计划的另一种表达方式（图 3-23）。

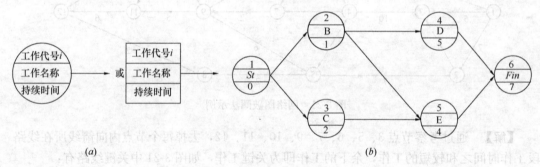

图 3-23　单代号网络图

(a) 工作的表示方法；(b) 计划（或工程）的表示方法

一、单代号网络图的组成❶

单代号网络图是由节点、箭线和线路三个基本要素组成。

---

❶ 《工程网络计划技术规程》JGJ/T 121 规定：

2.1.3　单代号网络图（activity-on-node network）：以节点及其编号表示工作，以箭线表示工作之间逻辑关系的网络图。

2.1.20　虚拟节点（dummy node）：在单代号网络图中，当有多个无内向箭线的节点或有多个无外向箭线的节点时，为便于计算，虚设的起点节点或终点节点的统称。该节点的持续时间为零，不占用资源。虚拟起点节点与无内向箭线的节点相连，虚拟终点节点与无外向箭线的节点相连。

4.2.6　单代号网络图只应有一个起点节点和一个终点节点；当网络图中有多项起点节点或多项终点节点时，应在网络图的两端分别设置一项虚工作，作为该网络图的起点节点（St）和终点节点（F_{in}）。

(1) 节点

单代号网络图中每一个节点表示一项工作，宜用圆圈或矩形表示。节点所表示的工作名称、持续时间和工作代号均标注在节点内。如图 3-23 (a) 所示。

(2) 箭线

单代号网络图中，箭线表示工作之间的逻辑关系，箭线可画成水平直线、折线或斜线。箭线水平投影的方向自左向右，表示工作的进行方向。在单代号网络图中没有虚箭线。

(3) 线路

单代号网络图的线路与双代号网络图的线路的含义是相同的。

二、单代号网络图与双代号网络图的区别

(1) 单代号网络图作图方便，图面简洁，不必增加虚箭线，因此产生逻辑错误的可能性较小，在此点上，弥补了双代号网络图的不足。

(2) 在双代号网络图中节点表示工作的开始或结束，在单代号网络图中节点表示工作。

(3) 在双代号网络图中箭线表示工作，在单代号网络图中箭线表示工作之间的逻辑关系。

(4) 在双代号网络图中两个节点的编号代表一项工作，在单代号网络图中一个节点的编号代表一项工作。

(5) 单代号网络图具有便于说明，容易被非专业人员所理解和易于修改的优点。

三、单代号网络图的绘制

1. 单代号网络图各种逻辑关系的表示方法

单代号网络图各种逻辑关系的表示方法见表 3-3，表中列出双代号表示方法以示对比。

双代号与单代号网络图逻辑关系表达式 表 3-3

序号	工作间的逻辑关系	网络图上的表示方法	
		双 代 号	单 代 号
1	A、B 二项工作，依次进行施工	○—A→○—B→○	Ⓐ→Ⓑ
2	A、B、C 三项工作，同时开始施工	A / B / C	开始→Ⓐ、Ⓑ、Ⓒ
3	A、B、C 三项工作，同时结束施工	A / B / C	Ⓐ、Ⓑ、Ⓒ→结束

序号	工作间的逻辑关系	网络图上的表示方法	
		双 代 号	单 代 号
4	A、B、C 三项工作，只有 A 完成之后，B、C 才能开始	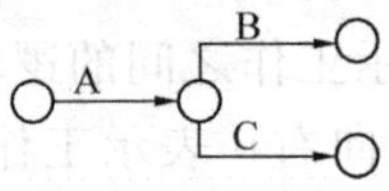	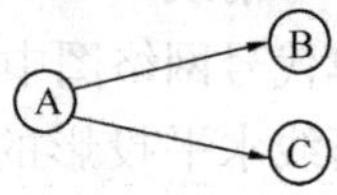
5	A、B、C 三项工作，C 工作只能在 A、B 完成之后开始	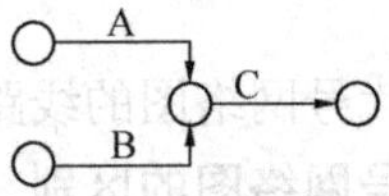	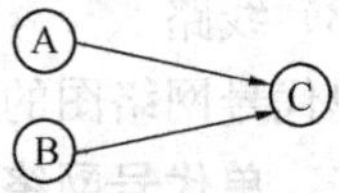
6	A、B、C、D 四项工作，当 A、B 完成之后，C、D 才能开始	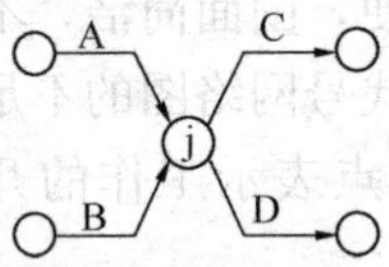	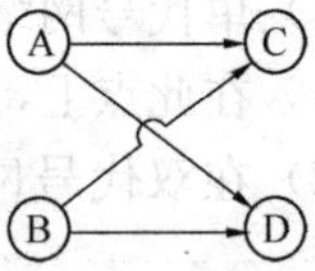
7	A、B、C、D 四项工作，A 完成之后，C 才能开始；A、B 完成之后，D 才能开始	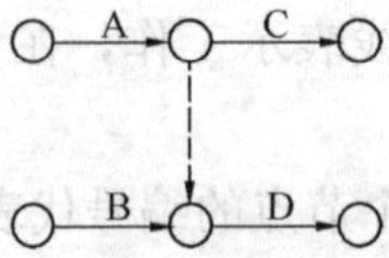	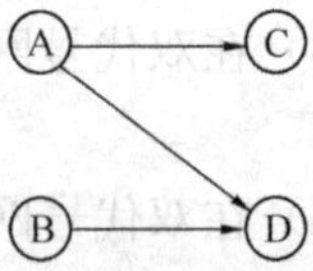
8	A、B、C、D、E 五项工作，A、B 完成之后 D 才能开始；B、C 完成之后，E 才能开始	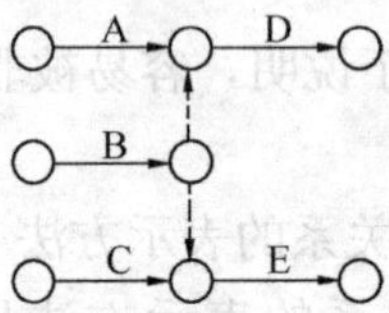	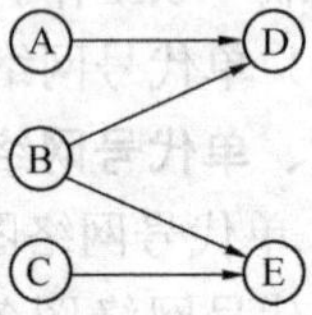
9	A、B、C、D、E 五项工作，A、B、C 完成之后，D 才能开始；B、C 完成之后，E 才能开始	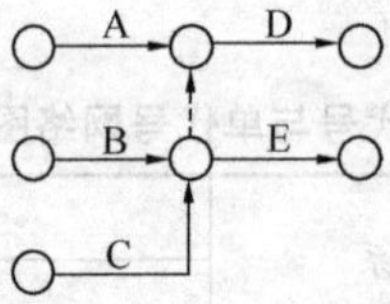	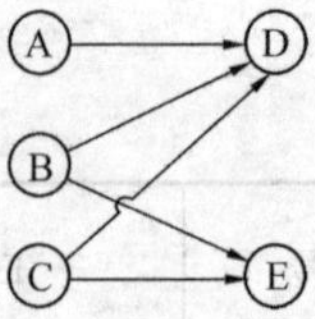
10	A、B 两项工作，按三个施工段进行流水施工	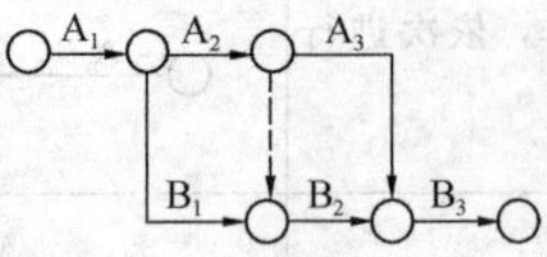	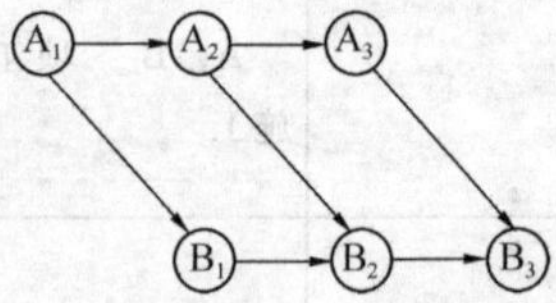

2. 绘图规则及注意事项

单代号网络图的绘图规则及注意事项基本同双代号网络图，所不同的是：一个单代号网络图也只应有一个起点节点和一个终点节点，否则需增加虚拟的起点节点和终点节点，如图 3-23（b）所示。但需要注意的是，若单代号网络图只有一项无内向箭线的工作，就不必增设虚拟的起点节点；若只有一项无外向箭线的工作，就不必增设虚拟的终点节点。

3. 绘图示例

根据表 3-4 中各项工作的逻辑关系，绘制单代号网络图。

工作代号	A	B	C	D	E	F	G	H
紧前工作	—	—	A	AB	B	CD	D	DE
紧后工作	CD	DE	F	FGH	H	—	—	—
持续时间	3	2	5	7	4	4	10	6

此例题的绘制结果如图 3-24 所示。

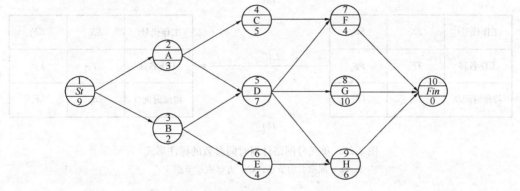

图 3-24　单代号网络图的绘制示例

四、单代号网络计划时间参数计算

1. 单代号网络计划的各项时间参数及其代表符号

单代号网络计划与双代号网络计划相似，主要包括以下内容：

（1）工作持续时间 D_i（duration）；

（2）工作最早开始时间 ES_i（earliest start time）；

（3）工作最早完成时间 EF_i（earliest finish time）；

（4）工作最迟开始时间 LS_i（latest start time）；

（5）工作最迟完成时间 LF_i（latest finish time）；

（6）总时差 TF_i（total float）；

（7）自由时差 FF_i（free float）；

（8）计算工期 T_c（calculated project duration）；

（9）要求工期 T_r（required project duration）；

（10）计划工期 T_p（planned project duration）；

（11）时间间隔 $LAG_{i,j}$（time lag）。

2. 单代号网络计划时间参数的标注形式

单代号网络计划时间参数的标注形式如图 3-25 所示。

3. 单代号网络计划时间参数的计算

计算步骤有两种：

第一种计算步骤是：计算 ES_i 和 EF_i→确定 T_c→确定 T_p→计算 $LAG_{i,j}$→计算 TF_i→计算 FF_i→计算 LS_i 和 LF_i。

第二种计算步骤是：计算 ES_i 和 EF_i→确定 T_c→确定 T_p→计算 LS_i 和 LF_i→计算

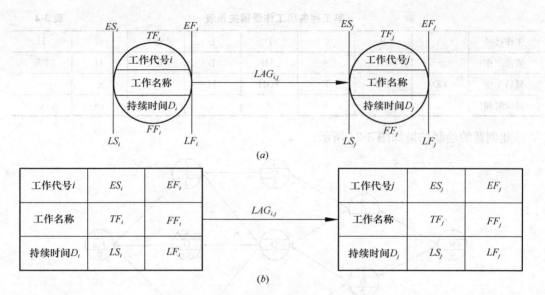

图 3-25 单代号网络计划时间参数的标注形式

(a) 圆圈表示节点；(b) 方框表示节点

$LAG_{i,j}$→计算 TF_i→计算 FF_i。

（1）第一种计算步骤，具体计算过程如下

1）工作最早开始时间的计算应符合下列规定：

①工作 i 的最早开始时间 ES_i 应从网络计划的起点节点开始，顺着箭线方向依次逐项计算。

②当起点节点 i 的最早开始时间 ES_i 无规定时，不论起点节点代表的是实工作还是虚工作，其值均应等于零，即：

$$ES_i = 0(i = 1) \tag{3-29}$$

③其他工作的最早开始时间 ES_i 应为：

$$ES_i = ES_h + D_h \tag{3-30}$$

或

$$ES_i = \max\{ES_h + D_h\} \tag{3-31}$$

式中　ES_h——工作 i 的各项紧前工作 h 的最早开始时间；

　　　D_h——工作 i 的各项紧前工作 h 的持续时间。

2）工作 i 的最早完成时间 EF_i 应按下式计算：

$$EF_i = ES_i + D_i \tag{3-32}$$

故式（3-30）和式（3-31）可变为如下形式：

$$ES_i = EF_h \tag{3-33}$$

$$ES_i = \max\{EF_h\} \tag{3-34}$$

式中　EF_h——工作 i 的各项紧前工作 h 的最早完成时间。

3）网络计划计算工期 T_c 应按下式计算：

$$T_c = EF_n \tag{3-35}$$

式中　EF_n——终点节点 n 的最早完成时间。

4）网络计划计划工期 T_p 的计算同双代号网络计划，即按式（3-6）、式（3-7）确定。

72

5）相邻两项工作 i 和 j 之间的时间间隔 $LAG_{i,j}$ 的计算应符合下列规定：

①当终点节点为虚拟节点时，其时间间隔应为：

$$LAG_{i,n}=T_p-EF_i \tag{3-36}$$

②其他节点之间的时间间隔应为：

$$LAG_{i,j}=ES_j-EF_i \tag{3-37}$$

6）工作总时差的计算应符合下列规定：

①工作 i 的总时差 TF_i 应从网络计划的终点节点开始，逆着箭线方向依次逐项计算。当部分工作分期完成时，有关工作的总时差必须从分期完成的节点开始逆向逐项计算。

②终点节点所代表工作 n 的总时差 TF_n 值应为：

$$TF_n=T_p-EF_n \tag{3-38}$$

③其他工作 i 的总时差 TF_i 应为：

$$TF_i = \min\{TF_j+LAG_{i,j}\} \tag{3-39}$$

7）工作 i 的自由时差 FF_i 的计算应符合下列规定：

①终点节点所代表工作 n 的自由时差 FF_n 应为：

$$FF_n=T_p-EF_n \tag{3-40}$$

②其他工作 i 的自由时差 FF_i 应为：

$$FF_i = \min\{LAG_{i,j}\} \tag{3-41}$$

8）工作 i 的最迟完成时间 LF_i 应按下式计算：

$$LF_i=EF_i+TF_i \tag{3-42}$$

9）工作 i 的最迟开始时间 LS_i 应按下式计算：

$$LS_i=ES_i+TF_i \tag{3-43}$$

（2）第二种计算步骤，具体计算过程如下

1）计算工作的最早开始时间和最早完成时间、网络计划工期的计算与第一种计算步骤相同。

2）计算工作的最迟完成时间和最迟开始时间

①工作 i 的最迟完成时间 LF_i 应从网络计划的终点节点开始，逆着箭线方向依次逐项计算。当部分工作分期完成时，有关工作的最迟完成时间应从分期完成的节点开始逆向逐项计算。

②终点节点 n 所代表工作的最迟完成时间 LF_n，应按网络计划的计划工期 T_p 确定，即：

$$LF_n=T_p \tag{3-44}$$

③其他工作 i 的最迟完成时间 LF_i 应为：

$$LF_i=LF_j-D_j \tag{3-45}$$

或

$$LF_i = \min\{LF_j - D_j\} \tag{3-46}$$

④工作 i 的最迟开始时间 LS_i 应按下式计算：

$$LS_i = LF_i - D_i \tag{3-47}$$

故式（3-45）和式（3-46）可变为如下形式：

$$LF_i=LS_j \tag{3-48}$$

$$LF_i = \min\{LS_j\} \tag{3-49}$$

4. 关键工作和关键线路的确定[1]

（1）关键工作的确定

单代号网络计划关键工作的确定方法与双代号网络计划相同，即总时差最小的工作为关键工作。

（2）关键线路的确定

在单代号网络计划中，从始至终所有工作之间的时间间隔均为零的线路为关键线路。

【例 3-5】 计算图 3-26 所示单代号网络图的时间参数，并找出关键工作和关键线路。

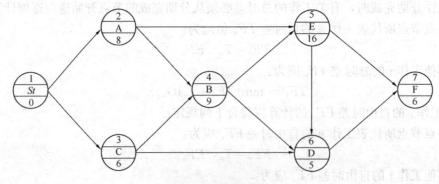

图 3-26　单代号网络图

【解】 按照第一种计算步骤（也可按第二种步骤），用图上计算法计算各时间参数，结果如图 3-27 所示，通过判断，图 3-27 中的关键工作为："1"，"2"，"4"，"5"，"6"，"7"共 6 项，关键线路为：1—2—4—5—6—7，并用双箭线标出。

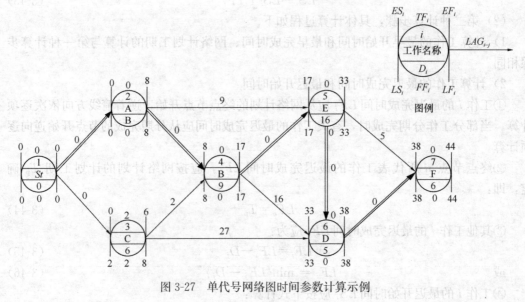

图 3-27　单代号网络图时间参数计算示例

---

[1] 《工程网络计划技术规程》JGJ/T 121 规定：

4.4.2 从起点节点开始到终点节点均为关键工作，且所有工作的时间间隔均为零的线路应为关键线路。该线路在网络图上应用粗线、双线或彩色线标注。

第四节 时标网络计划

一、概念

时标网络计划是指以时间坐标为尺度编制的网络计划。它是综合应用横道图时间坐标和网络计划的原理，吸取了二者的长度，兼有横道计划的直观性和网络计划的逻辑性，故在工程中的应用较非时标网络计划更广泛。

二、时标网络计划的特点

（1）在时标网络计划中，各条工作箭线的水平投影长度即为各项工作的持续时间，能明确地表达各项工作的起、止时间和先后施工的逻辑关系，使计划表达形象直观，一目了然。

（2）能在时标计划表上直接显示各项工作的主要时间参数，并可直接判断出关键线路。

（3）因有时标的限制，在绘制时标网络计划时，不会出现"循环回路"之类的逻辑错误。

（4）可以利用时标网络直接统计资源的需要量，以便进行资源优化和调整，并对进度计划的实施进行控制和监督。

（5）由于箭线受时标的约束，故用手工绘图不易，修改也较难。而使用计算机编制、修改时标网络图较方便。

三、双代号时标网络计划的编制 ❶

1. 编制的基本要求

双代号时标网络计划的编制必须遵循《工程网络计划技术规程》JGJ/T 121 中的规定，并应先按已确定的时间单位绘出时标计划表，其格式如表 3-5 所示。

时 标 计 划 表 表 3-5

日历																		
（时间单位）	1	2	3	4	5	6	7	8	9	10	11	12	13	14	15	17	18	19
网络计划																		
（时间单位）	1	2	3	4	5	6	7	8	9	10	11	12	13	14	15	17	18	19

❶ 《工程网络计划技术规程》JGJ/T 121 规定：

5.1.1 双代号时标网络计划必须以水平时间坐标为尺度表示工作时间。时标的时间单位应根据需要在编制网络计划之前确定，可为时、天、周、月或季。

5.1.2 时标网络计划应以实箭线表示工作，以虚箭线表示虚工作，以波形线表示工作的自由时差。

5.1.3 时标网络计划中所有符号在时间坐标上的水平投影位置，都必须与其时间参数相对应。节点中心必须对准相应的时标位置。虚工作必须以垂直方向的虚箭线表示，有自由时差时加波形线表示。

5.2.1 时标网络计划宜按最早时间编制。

5.2.2 编制时标网络计划之前，应先按已确定的时间单位绘出时标计划表。时标可标注在时标计划表的顶部或底部。时标的长度单位必须注明。必要时，可在顶部时标之上或底部时标之下加注日历的对应时间。时标计划表中部的刻度线宜为细线。为使图面清楚，此线也可以不画或少画。

2. 编制方法

时标网络计划的编制方法有直接和间接两种，且宜按最早时间编制，不宜按最迟时间编制。时标网络计划编制前，应先绘制非时标网络计划草图。

（1）间接绘制法

即先计算网络计划的时间参数，再根据时间参数按草图在时标计划表上绘制的方法。现通过例 3-6 介绍间接绘制法的步骤。

【例 3-6】 将图 3-28 所示的非时标网络图按最早时间绘制成时标网络图。

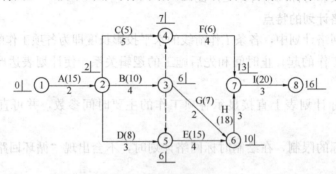

图 3-28 双代号网络图

【解】 用间接绘制法，其绘制步骤如下：

1）计算各节点的最早时间（或各工作的最早时间）并标注在图上，如图 3-28 所示；

2）按节点的最早时间将各节点定位在时标计划表上，图形尽量与草图一致，如图 3-29；

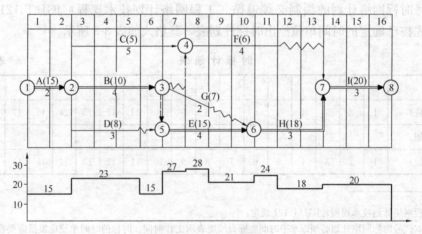

图 3-29 时标网络图

3）按各工作的持续时间绘制相应工作的实线部分，使其在时间坐标上的水平投影长度等于工作的持续时间；若实线长度不足以到达该工作的箭头节点时，用波形线补足，并在末端绘出箭头；

4）虚工作以垂直方向的虚箭线表示，有自由时差时加波形线表示。

绘制完成的时标网络计划如图 3-29 所示。

（2）直接绘制法[1]

就是不计算网络计划的时间参数，直接按草图在时标计划表上绘制的方法。

【例3-7】　将图3-30所示的非时标网络图，用直接绘制法，并按最早时间绘制成时标网络图。

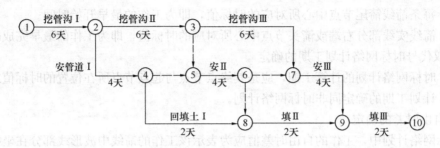

图3-30　双代号网络图

【解】　用直接绘制法，其绘制步骤如下：

1）将起点节点①定位在图3-31所示的时标计划表的起始刻度线上；

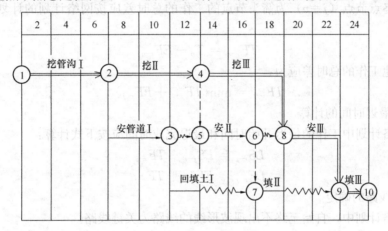

图3-31　时标网络图

2）绘制①节点的外向箭线1—2；

3）自左至右依次确定其余各节点的位置，如②、③、④、⑥、⑩节点之前只有一条内向箭线，则在其内向箭线绘制完成后即可在其末端将上述节点绘出；⑤、⑦、⑧、⑨节点则必须待其前面的两条内向箭线都绘制完成后才能定位在这些内向箭线中最晚完成的时

❶ 《工程网络计划技术规程》JGJ/T 121规定：

5.2.5　不经计算直接按草图绘制时标网络计划，应按下列方法逐步进行：

1　将起点节点定位在时标计划表的起始刻度线上；

2　按工作持续时间在时标计划表上绘制起点节点的外向箭线；

3　除起点节点以外的其他节点必须在其所有内向箭线绘出以后，定位在这些内向箭线中最早完成时间最迟的箭线末端。其他内向箭线长度不足以到达该节点时，用波形线补足；

4　用上述方法自左至右依次确定其他节点位置，直至终点节点定位绘完。

5.3.1　时标网络计划关键线路的确定，应自终点节点逆箭线方向朝起点节点观察，自始至终不出现波形线的线路为关键线路。

刻处；有的箭线未达节点位置，用波形线补足。

绘制完成的时标网络计划如图 3-31 所示。

四、双代号时标网络计划时间参数的确定

1. 最早时间的确定

（1）每条箭线箭尾节点中心所对应的时标值，即为工作的最早开始时间。

（2）箭线实线部分右端或箭头节点中心所对应的时标值，即为工作的最早完成时间。

2. 双代号时标网络计划工期的确定

（1）时标网络计划的计算工期，应是其终点节点与起点节点所在位置的时标值之差。

（2）计划工期的确定同非时标网络计划。

3. 自由时差的确定

时标网络计划中，工作的自由时差值应为表示该工作的箭线中波形线部分在坐标轴上的水平投影长度。

4. 总时差的计算

时标网络计划中，工作的总时差应自右至左逐个进行计算。

（1）以终点节点（$j=n$）为箭头节点的工作的总时差应按网络计划的计划工期 T_p 计算确定，即：

$$TF_{i-n} = T_p - EF_{i-n} \tag{3-50}$$

（2）其他工作的总时差应为：

$$TF_{i-j} = \min\{TF_{j-k} + FF_{i-j}\} \tag{3-51}$$

5. 工作最迟时间的计算

时标网络计划中工作的最迟开始时间和最迟完成时间应按下式计算：

$$LS_{i-j} = ES_{i-j} + TF_{i-j} \tag{3-52}$$

$$LF_{i-j} = EF_{i-j} + TF_{i-j} \tag{3-53}$$

6. 关键线路的确定

时标网络计划中，自始至终不出现波形线的线路为关键线路。

【例 3-8】 确定图 3-29 所示时标网络计划的时间参数，找出关键线路。

【解】 计算过程略，各时间参数的计算结果直接填入表 3-6 中，关键线路为 1—2—3—5—6—7—8，并用双箭线标出。

双代号时标网络计划时间参数计算表 　　　　　　　　　　　　表 3-6

工作编号 $i-j$	最早开始时间 ES_{i-j}	最早完成时间 EF_{i-j}	最迟开始时间 LS_{i-j}	最迟完成时间 LF_{i-j}	总时差 TF_{i-j}	自由时差 FF_{i-j}
1—2	0	2	0	2	0	0
2—3	2	6	2	6	0	0
2—4	2	7	4	9	2	0
2—5	2	5	3	6	1	1
3—4	6	6	9	9	3	0
3—5	6	6	6	6	0	0
3—6	6	8	8	10	2	2
4—7	7	11	9	13	2	2
5—6	6	10	6	10	0	0
6—7	10	13	10	13	0	0
7—8	13	16	13	16	0	0

第五节 单代号搭接网络计划

一、概念

单代号搭接网络计划是前后工作之间有多种逻辑关系的肯定型网络计划。它是综合单代号网络与搭接施工的原理，使二者有机结合起来应用的一种网络计划表示方法。

在建设工程实践中，搭接关系是大量存在的，要求控制进度的计划图形能够表达和处理好这种关系。但在前几节所介绍的网络计划中，却只能表示两项工作首尾相接的关系，即一项工作只在其所有紧前工作完成之后才能开始。遇到搭接关系，必须将前一项工作进行分段处理，以符合前面工作不完成、后面工作不能开始的逻辑要求，这就使得网络计划变得较为复杂，使绘制、调整、计算都不方便。针对这一问题，各国陆续出现了许多表示搭接关系的网络计划，统称为"搭接网络计划法"，其共同的特点是，当前一项工作开始一段时间能为其紧后工作提供一定的开始条件，紧后工作就可以插入进行，将前后工作搭接起来，这就大大简化了网络计划，但也带来了计算工作的复杂化，应借助计算机进行计算。

二、相邻工作的各种搭接关系

相邻两工作之间的搭接关系主要有完成到开始，开始到开始，完成到完成，开始到完成及混合搭接等五种搭接关系，分别介绍如下。

1. 完成到开始的关系（FTS）

两项工作间的相互关系是通过前项工作的完成到后项工作的开始之间的时距 FTS 来表达，如图 3-32 所示。

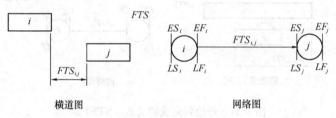

图 3-32 完成到开始的关系（FTS）

例如在修堤坝时，一定要等土堤自然沉降后才能修护坡，筑土堤与修护坡之间的等待时间就是 FTS 时距。

2. 开始到开始的关系（STS）

前后两项工作关系用其相继开始的时距 STS 来表达。就是说前项工作开始后，要经过 STS 后，后项工作才能开始，如图 3-33 所示。

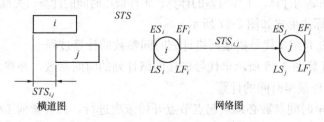

图 3-33 开始到开始的关系（STS）

例如在道路工程中，当路基铺设工作开始一段时间为路面浇筑工作创造一定条件之后，路面浇筑工作即可开始，路基铺设工作的开始时间与路面浇筑工作的开始时间之间的差值就是 STS 时距。

3. 完成到完成的关系（FTF）

两项工作之间的关系用前后工作相继完成的时距 FTF 来表达。就是说，前项工作完成后，经过 FTF 时间后，后项工作才能完成，如图 3-34 所示。

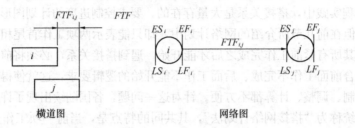

图 3-34　完成到完成的关系（FTF）

例如在前述道路工程中，如果路基铺设工作的进展速度小于路面浇筑工作的进展速度时，须考虑为路面浇筑工作留有充分的工作面；否则，路面浇筑工作就将因没有工作面而无法进行。路基铺设工作的完成时间与路面浇筑工作的完成时间之间的差值就是 FTF 时距。

4. 开始到完成的关系（STF）

两项工作之间的关系用前项工作开始到后项工作完成之间的时距 STF 来表达。就是说，前项工作开始一段时间 STF 后，后项工作才能完成，如图 3-35 所示。

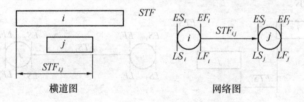

图 3-35　开始到完成的关系（STF）

5. 混合搭接关系

当两项工作之间同时存在上述四种关系中的两种关系时，这种具有双重约束的工作关系，就是混合搭接关系。例如工作 i 和工作 j 之间可能同时存在 STS 时距和 FTF 时距，或同时存在 STF 时距和 FTS 时距等，如图 3-36 所示。

三、搭接网络计划的时间参数计算

单代号搭接网络计划的时间参数的计算内容主要包括：工作最早时间的计算；网络计划工期的确定；时间间隔的计算；工作时差的计算；工作最迟时间的计算；关键线路的确定。

时间参数的标注形式如图 3-37 所示。

现通过例 3-9 介绍单代号搭接网络计划时间参数的计算过程。

【例 3-9】　计算图 3-38 所示单代号搭接网络计划的时间参数，并找出关键线路。

【解】　1. 工作最早时间的计算

（1）计算最早时间参数必须从起点节点开始依次进行，只有紧前工作计算完毕，才能计算本工作。

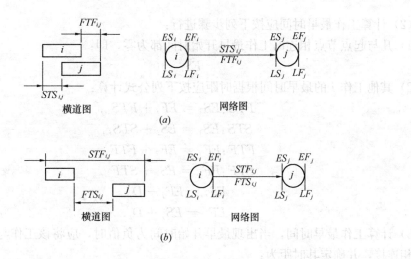

横道图　　　　　　　　　网络图

(a)

横道图　　　　　　　　　网络图

(b)

图 3-36　混合搭接关系

(a) 既有 STS 又有 FTF；(b) 既有 STF 又有 FTS

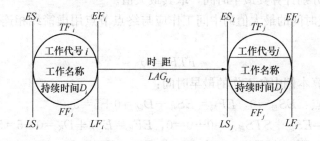

图 3-37　单代号搭接网络时间参数标注

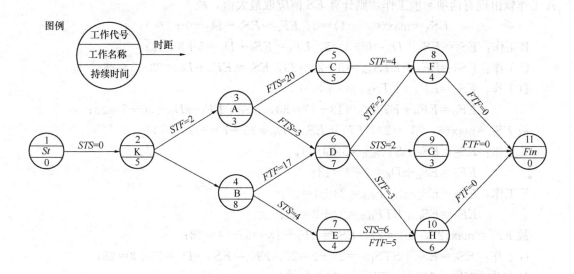

图 3-38　单代号搭接网络计划示例

（2）计算工作最早时间应按下列步骤进行：

1）凡与起点节点相连的工作最早开始时间都为零，即：

$$ES_i = 0 \tag{3-54}$$

2）其他工作 j 的最早时间根据时距应按下列公式计算：

$$FTS:ES_j = EF_i + FTS_{i,j} \tag{3-55}$$

$$STS:ES_j = ES_i + STS_{i,j} \tag{3-56}$$

$$FTF:EF_j = EF_i + FTF_{i,j} \tag{3-57}$$

$$STF:EF_j = ES_i + STF_{i,j} \tag{3-58}$$

$$ES_j = EF_j - D_j \tag{3-59}$$

$$EF_j = ES_j + D_j \tag{3-60}$$

3）计算工作最早时间，当出现最早开始时间为负值时，应将该工作与起点节点用虚箭线相连接，并确定其时距为：

$$STS = 0 \tag{3-61}$$

4）当有两种以上的时距（或者有两项或两项以上紧前工作）限制工作间的逻辑关系时，应按不同情况分别计算其最早时间，取其最大值。

5）有最早完成时间的最大值的中间工作应与终点节点用虚箭线相连接，并确定其时距为：

$$FTF = 0 \tag{3-62}$$

按上述公式计算本例中各工作的最早时间：

虚拟的起点节点：$ES_起=0$，$EF_起=ES_起+D_起=0+5=5$。

K 工作：$ES_K=ES_起+STS_{起,K}=0+0=0$，$EF_K=ES_K+D_K=0+5=5$。

A 工作：$EF_A=ES_K+STF_{K,A}=0+2=2$，$ES_A=EF_A-D_A=2-3=-1$。

因按时距计算 ES_A 为负值，故应将 A 工作与起点节点相联系，确定时距 $STS=0$。则 A 工作就出现有两项紧前工作，则计算 ES 值应取最大值，故

$$ES_A=\max(0，-1)=0，\quad EF_C=ES_C+D_C=0+3=3;$$

B 工作：$ES_B=ES_A+D_A=0+5=5$，$EF_B=ES_B+D_B=5+8=13$；

C 工作：$ES_C=EF_A+FTS_{A,C}=3+20=23$，$ES_C=EF_C+D_C=23+5=28$；

D 工作：$ES_D=EF_A+FTS_{A,D}=3+3=6$，

$$EF_D=EF_B+FTF_{B,D}=13+17=30，\quad ES_D=EF_D-D_D=30-7=23;$$

故 $ES_D=\max\{6，23\}=23$，$EF_D=ES_D+D_D=23+7=30$；

E 工作：$ES_E=ES_B+STS_{B,E}=5+4=9$，

$$EF_E=ES_E+D_E=9+4=13;$$

F 工作：$EF_F=ES_C+STF_{C,F}=23+4=27$，

$$EF_F=ES_D+STF_{D,F}=23+2=25;$$

故 $EF_F=\max\{27，25\}=27$，$ES_F=EF_F-D_F=27-4=23$；

G 工作：$ES_G=ES_D+STS_{D,G}=23+2=25$，$EF_G=ES_G+D_G=25+3=28$；

H 工作：$EF_H=ES_D+STF_{D,H}=23+3=26$，

$$ES_H=ES_E+STS_{E,H}=9+6=15，\quad EF_H=ES_H+D_H=15+6=21,$$

$$EF_H=EF_E+FTF_{E,H}=13+5=18,$$

故 $EF_H = \max\{26,21,18\} = 26$，$ES_H = EF_H - D_H = 26 - 6 = 20$。

根据图的终点有 F、G、H 三个工作，$EF_F = 27$，$EF_G = 28$，$EF_H = 26$，中间工作 D 的最早完成时间值最大 $EF_D = 30$，但未与终点节点相联系，故必须将 6 节点与终点节点用虚箭线连接，其时距确定为 $FTF = 0$，故虚拟终点节点的 $ES_{终} = EF_{终} = EF_D = 30$。

把以上计算结果标注在图 3-39 所示网络图中。

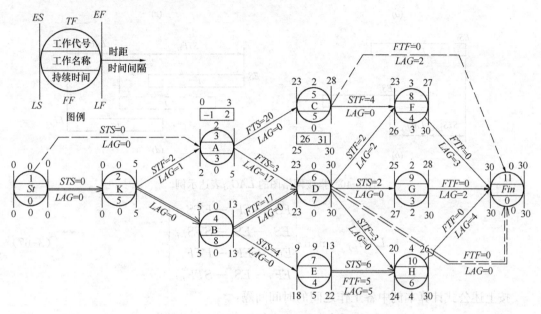

图 3-39　单代号搭接网络计划时间参数计算

2. 计算工期的确定

搭接网络计划的计算工期 T_c，由与终点节点相联系的工作的最早完成时间的最大值决定。

故本例题 $T_c = \max\{EF_D, EF_F, EF_G, EF_H\} = \max\{30,27,28,26\} = 30$。

3. 计划工期的确定

搭接网络计划计划工期 T_p 的确定同双代号网络计划，即按式（3-6）、式（3-7）确定。由于本例题未规定要求工期，故 $T_p = T_c = 30$。

4. 时间间隔的计算

在搭接网络计划中，相邻两项工作 i 和 j 之间在满足时距之外，还有多余的时间间隔 $LAG_{i,j}$ 存在，如图 3-40 所示。

时间间隔因搭接关系不同而其计算也不同，可按下列公式计算：

$$FTS: LAG_{i,j} = ES_j - EF_i - FTS_{i,j} \qquad (3\text{-}63)$$

$$STS: LAG_{i,j} = ES_j - ES_i - STS_{i,j} \qquad (3\text{-}64)$$

$$FTF: LAG_{i,j} = EF_j - EF_i - FTF_{i,j} \qquad (3\text{-}65)$$

$$STF: LAG_{i,j} = EF_j - ES_i - STF_{i,j} \qquad (3\text{-}66)$$

混合搭接关系：

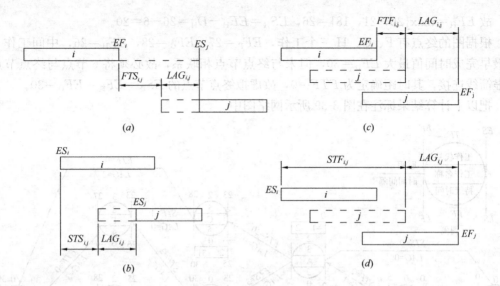

图 3-40　搭接网络图的 $LAG_{i,j}$ 表达示例

$$LAG_{i,j} = \min \begin{Bmatrix} ES_j - EF_i - FTS_{i,j} \\ ES_j - ES_i - STS_{i,j} \\ EF_j - EF_i - FTF_{i,j} \\ EF_j - ES_i - STF_{i,j} \end{Bmatrix} \quad (3\text{-}67)$$

按上述公式计算本例中各工作之间的时间间隔：

$$LAG_{起,K} = LAG_{起,A} = 0$$

$$LAG_{K,A} = EF_A - ES_K - STF_{K,A} = 3 - 0 - 2 = 1$$

$$LAG_{K,B} = ES_B - EF_K = 5 - 5 = 0$$

$$LAG_{A,C} = ES_C - EF_A - FTS_{A,C} = 23 - 3 - 20 = 0$$

......

$$LAG_{E,H} = \min\{ES_H - ES_E - STS_{E,H}, EF_H - EF_E - FTF_{E,H}\}$$
$$= \min\{20 - 9 - 6, 26 - 13 - 5\} = 5$$

......

$$LAG_{H,终} = EF_终 - EF_H - FTF_{H,终} = 30 - 26 - 0 = 4$$

计算结果标注在图 3-39 所示网络图中。

5. 工作总时差的计算

搭接网络计划工作 i 的总时差 TF_i 的计算同第三节单代号网络计划，即按式（3-38）、式（3-39）计算。

但在计算出总时差后，需要根据公式（3-42）判别工作 i 的最迟完成时间 LF_i 是否超出计划工期 T_p，如若 LF_i 大于 T_p，应将工作 i 与终点节点 n 用虚箭线相连接，并确定其时距为 $FTF=0$，然后重新计算工作 i 的总时差。

例如在本例中，经计算 $TF_C = 3$，$LF_C = EF_C + TF_C = 28 + 3 = 31 > T_p = 30$，这是不符合逻辑的，所以应把节点 C 与终点节点用虚箭线连接起来，确定时距为 $FTF=0$。则有：

$$LAG_{C,终} = EF_终 - EF_C - FTF_{C,终} = 30 - 28 - 0 = 2$$

$$TF_C = \min\{TF_{\text{终}} + LAG_{C,\text{终}}, \ TF_F + LAG_{C,F}\} = \min\{0+2, \ 3+0\} = 2$$

计算本例中各工作的总时差，其计算结果如图 3-39 所示。

6. 工作自由时差的计算

搭接网络计划工作 i 的自由时差 FF_i 的计算同第三节单代号网络计划，即按式（3-40）、式（3-41）计算。

计算本例中各工作的自由时差，其计算结果如图 3-39 所示。

7. 工作最迟时间的计算

（1）搭接网络计划工作 i 的最迟完成时间 LF_i 的计算同第三节单代号网络计划，即按式（3-42）计算。

（2）搭接网络计划工作 i 的最迟开始时间 LS_i 的计算同第三节单代号网络计划，即按式（3-43）计算。

计算本例中各工作的最迟完成时间和最迟开始时间，其计算结果如图 3-39 所示。

8. 关键工作和关键线路的确定

（1）在单代号搭接网络计划中，总时差最小的工作为关键工作。

（2）在单代号搭接网络计划中，从起点节点开始到终点节点均为关键工作，且所有工作的时间间隔均为零的线路应为关键线路。

由此判断图 3-39 中的关键线路为：1→2→4→6→11，并用双箭线标出关键线路。关键工作是 K、B、D，而 St 和 Fin 是虚拟的工作，它们的总时差均为零。

第六节 网络计划的优化 ❶

经过调查研究、分析、计算等步骤可以确定网络计划的初始方案，但它只是一种可行方案，不一定是比较合理的或最优的方案。要使计划如期实施，获得更佳的经济效果，就需要对初始网络计划进一步优化。

网络计划的优化，应在满足既定约束条件下，按选定目标，通过不断检查，调整初始方案，从而寻求最优网络计划方案的过程。网络计划优化的内容包括工期优化、费用优化和资源优化。

一、工期优化

工期优化是指在给定约束条件下，按合同工期目标，通过延长或缩短计算工期以达到合同工期的要求。

工期优化的条件是：各种资源（包括劳动力、材料、机械等）充足，只考虑时间问题。

一般情况下，对于计算工期小于要求工期，施工单位有能力完成计划，且对工程无不利影响，一般不需调整。否则应对计划进行优化调整，只需将关键工作持续时间延长（通常采用减少劳动力等资源需用量的方法），重新计算各工作的时间参数，反复进行，直至满足工期目标。

---

❶ 《工程网络计划技术规程》JGJ/T 121 规定：

7.1.2 网络计划的优化目标，应按计划任务的需要和条件选定。包括工期目标、费用目标、资源目标。

这里主要介绍当计算工期大于要求工期时，如何调整计划，缩短工期，以满足工期目标。

1. 工期优化步骤

（1）计算并找出初始网络计划的关键线路、关键工作及计算工期；

（2）计算按要求工期应缩短的时间 ΔT：

$$\Delta T = T_c - T_r \tag{3-68}$$

（3）确定各关键工作能够缩短的持续时间；

（4）在关键线路上，按下列因素选择应优先压缩其持续时间的关键工作：

1）缩短持续时间后对质量和安全影响不大的工作；

2）有充足备用资源的工作；

3）缩短持续时间所需增加费用最少的工作；

4）选择为多条关键线路共有的关键工作。

（5）缩短应优先压缩的关键工作的持续时间，并重新计算网络计划的计算工期；

（6）当计算工期仍超过要求工期时，则重复以上步骤，直到满足工期要求或工期已不能再缩短为止；

（7）当所有关键工作的持续时间都已达到最短持续时间而工期仍不能满足要求时，应对计划的原技术、组织方案进行调整，如通过利用已有作业面或施工段实现工作的合理穿插、平行及立体交叉作业，从而缩短工期；

（8）如果仍不能达到工期要求时，则应对要求工期重新审定，必要时可提出改变要求工期。

2. 压缩网络计划工期时应注意的问题

（1）在压缩网络计划工期的过程中，当出现多条关键线路时，必须将各条关键线路的持续时间同时缩短同一数值，否则不能达到缩短工期的目的。

（2）在压缩关键工作的持续时间时，不能将关键工作缩短成非关键工作。

（3）在压缩关键工作的持续时间时，必须注意由于关键线路长度的缩短，非关键线路有可能成为关键线路，因此有时需同时缩短非关键线路上有关工作的持续时间，才能达到缩短工期的要求。

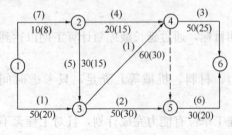

图 3-41 初始网络计划

【例 3-10】 已知双代号网络计划如图 3-41 所示，图中箭线下方括号外数字为正常持续时间，括号内数字为最短持续时间；箭线上方括号内数字为考虑各种因素后的优选系数，优选系数愈小应优先选择，若同时缩短多个关键工作，则该对多个关键工作的优选系数之和（称为组合优选系数）最小者亦应优先选择。假定要求工期为 100 天，试进行工期优化。

【解】 （1）用标号法求出在正常持续时间下的关键线路及计算工期，如图 3-42 所示。

（2）应缩短的时间：

$$\Delta T = T_c - T_r = 160 - 100 = 60 \text{ 天}$$

（3）应优先压缩关键线路中优选系数最小的工作 1-3 和工作 3-4，并将其压缩至最短持续时间。用标号法找出关键线路，如图 3-43 所示。此时，工作 1－3 压缩至非关键工作，故需将其松弛，使之成为关键工作，如图 3-44 所示。

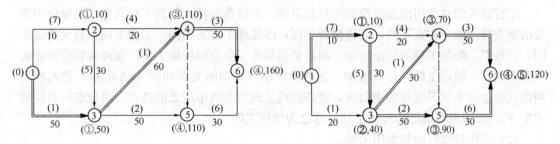

图 3-42　找出关键线路及工期　　　　　图 3-43　第一次调整后的网络计划

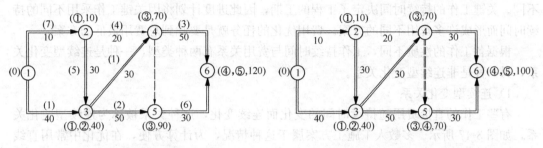

图 3-44　第二次调整后的网络计划　　　　图 3-45　优化后的网络计划

（4）由于计算工期仍大于要求工期，故需继续压缩。如图 3-44 所示，有四个压缩方案：

1）压缩工作 1－2、工作 1－3，组合优选系数为 7+1=8；

2）压缩工作 2－3、工作 1－3，组合优选系数为 5+1=6；

3）压缩工作 3－5、工作 4－6，组合优选系数为 2+3=5；

4）压缩工作 4－6、工作 5－6，组合优选系数为 3+6=9。

决定压缩优选系数最小者，即工作 3－5、工作 4－6。用最短工作持续时间置换工作 3－5 正常持续时间，工作 4－6 缩短 20天，重新计算网络计划工期，如图 3-45所示。

工期达到 100 天，满足要求工期，图3-45 便是满足工期要求的网络计划。

二、费用优化❶

费用优化又称工期成本优化，是指寻求工程总成本最低时的工期安排。

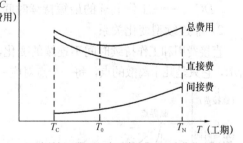

（T_C 为最短工期；T_N 为正常工期；T_0 为优化工期）

图 3-46　工期-费用曲线

---

❶　《工程网络计划技术规程》JGJ/T 121 规定：

7.4.1　进行费用优化，应首先求出不同工期下最低直接费用，然后考虑相应的间接费的影响和工期变化带来的其他损益，包括效益增量和资金的时间价值等，最后再通过迭加求出最低工程总成本。

1. 工期与费用关系

（1）工期与费用关系

工程施工的总费用由直接费和间接费组成。直接费包括人工费，材料费，机械使用费及措施费等。施工方案不同，则直接费不同；即使施工方案相同，工期不同，直接费也不同，直接费一般随工期缩短而增加。间接费包括施工企业组织施工生产和经营管理所需的全部费用，一般随工期延长而增加。这两种费用与工期的关系如图 3-46 所示。把两种费用曲线叠加起来就形成总费用曲线，这条曲线呈现两头高中间低的特点，最低点所对应的工期 T_0，即为成本最低的最佳工期，称之为最优工期。

（2）工作持续时间与费用关系

一项工程的直接费用是由各工作的直接费用累加而成，而工作持续时间不同，费用也不同。关键工作的持续时间决定了工程的工期，因此进度计划将因关键工作采用不同的持续时间而形成许多费用不同的方案。费用优化的任务就是要找到总费用最低的方案。

根据各工作的性质不同，工作持续时间与费用关系有两种类型，一种是连续型变化关系，另一种是非连续型变化关系。

1）连续型变化关系

有些工作的直接费用随持续时间的变化而连续变化，这种关系被称为连续型变化关系，如图 3-47 所示。多数人工施工方案属于这种情况，为计算方便，在优化中常用直线来取代曲线。通常把工作持续时间每缩短单位时间而增加的直接费称为直接费用率。按如下公式计算：

$$\Delta C_{i-j} = \frac{CC_{i-j} - CN_{i-j}}{DN_{i-j} - DC_{i-j}} \tag{3-69}$$

式中 ΔC_{i-j}——工作 $i-j$ 的费用率；

CC_{i-j}——将工作 $i-j$ 缩短为最短持续时间后，完成该工作所需的直接费用；

CN_{i-j}——在正常条件下完成工作 $i-j$ 所需的直接费用；

DN_{i-j}——工作 $i-j$ 的正常持续时间；

DC_{i-j}——工作 $i-j$ 的最短持续时间。

2）非连续型变化关系

直接费用和工作持续时间不连续的变化，这种关系被称为非连续型变化关系，如图 3-48 所示，它只是几个离散的点，每一个点对应一个方案，多数机械化施工属于这种情况。

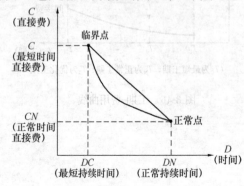

图 3-47 持续时间与直接费的关系示意图

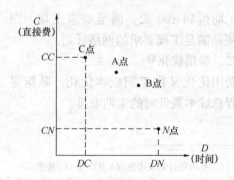

图 3-48 非连续型的时间-直接费关系示意图

例如，某土方开挖工程，采用三种不同的开挖机械，其费用和持续时间见表3-7。因此，在确定施工方案时，根据工期要求，只能在表3-7中的三种不同机械中选择，在图中也就是只能取其中三点的一点。

时间及费用表　　　　　　　　　　　　　　　　　　　　　表3-7

机械类型	A	B	C
持续时间（天）	8	12	15
费用（天）	7200	6100	4800

2. 费用优化的步骤

（1）按工作正常持续时间找出关键工作及关键线路；

（2）计算各项工作的直接费用率；

（3）在网络计划中找出费用率（或组合费用率）最低的一项关键工作或一组关键工作，作为缩短持续时间的对象；

（4）缩短找出的关键工作或一组关键工作的持续时间，其缩短值必须符合不能压缩成非关键工作和缩短后其持续时间不小于最短持续时间的原则；

（5）计算相应增加的直接费用 C_i；

（6）考虑工期变化带来的间接费及其他损益，在此基础上计算总费用；

（7）重复（3）～（6）款的步骤，一直计算到总费用最低为止；

（8）对于选定的一个工作或一组工作，比较其直接费用率或组合直接费用率与间接费用率的大小。如果小于间接费用率，则继续压缩；如果大于间接费用率，则此前小于间接费用率的方案即为最优方案。

3. 费用优化实例

【例3-11】 已知网络计划如图3-49所示，图中箭线上方为工作的正常费用和最短时间的费用（以千元为单位），箭线下方为工作的正常持续时间和最短的持续时间。试对其进行费用优化（已知间接费率为120元/天）。

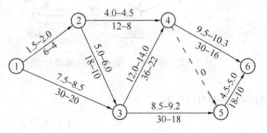

图3-49　初始网络计划

【解】（1）简化网络图

简化网络图的目的是在缩短工期过程中，删去那些不能变成关键工作的非关键工作，使网络图及其计算简化。

首先按持续时间计算，找出关键线路及关键工作，如图3-50所示。关键线路为1—3—4—6，关键工作为1—3、工作3—4、工作4—6。用最短的持续时间置换那些关键工作的正常持续时间，重新计算，找出关键线路及关键工作。重复本步骤，直至不能增加新的关键线路为止。

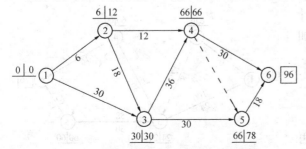

图3-50　按正常持续时间计算的网络计划

经计算，图3-50中的工作2—4不能转变为关键工作，故删去，重新整理成新的网络计划，如图 3-51 所示。

（2）计算各工作费用率

$$\Delta C_{1-2} = \frac{CC_{1-2} - CN_{1-2}}{DN_{1-2} - DC_{1-2}} = \frac{2000 - 1500}{6 - 4} = 250 \ \text{元／天}$$

其他工作费用率同理均按式（3-69）计算，将计算结果标注在图 3-51 中的箭线上方。

（3）找出关键线路上工作费用率最低的关键工作

在图 3-52 中，关键线路为 1—3—4—6，工作费用率最低的关键工作是 4—6。

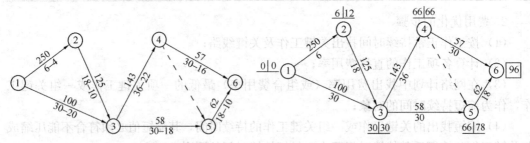

图 3-51　新的网络计划　　　　　图 3-52　按新的网络计划确定关键线路

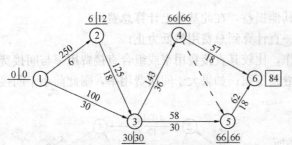

图 3-53　第一次工期缩短的网络计划

（4）缩短工作的持续时间

原则是原关键线路不能变为非关键线路，且工作缩短后的持续时间不小于最短持续时间。

已知关键工作 4—6 的持续时间可缩短 14 天，由于工作 5—6 的总时差只有 12 天，因此，第一次缩短只能是 12 天，工作 4—6 的持续时间应改为 18 天，见图 3-53。计算第一次缩短工期后增加费用 C_1 为：

$$C_1 = 57 \times 12 = 684 \ \text{元}$$

通过第一次缩短后，在图 3-53 中，关键线路变成两条，即 1—3—4—6 和 1—3—4—5—6。若继续缩短，两条关键线路的长度必须缩短为同一值。为了减少计算次数，关键工作 1—3、工作 4—6、工作 5—6 都缩短时间，工作 4—6 持续时间只能允许再缩短 2 天，故将工作 4—6 和工作 5—6 的持续时间同时缩短 2 天。工作 1—3 持续时间可允许缩短 10 天，但考虑工作 1—2 和工作 2—3 的总时差有 6 天（12−0−6=6 或 30−18−6=6），因此工作 1—3 持续时间缩短 6 天，共计缩短 8 天，计算第二次缩短工期后增加的费用 C_2 为：

$$C_2 = C_1 + 100 \times 6 + (57 + 62) \times 2$$
$$= 684 + 600 + 238 = 1522 \ \text{元}$$

第三次缩短：

如图 3-54 所示，工作 4—6 不能再压缩，工作费用率用 ∞ 表示，关键工作

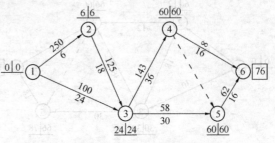

图 3-54　第二次工期缩短的网络计划

3—4 的持续时间缩短 6 天，因工作 3—5 的总时差为 6 天（60—30—24＝6），计算第三次缩短工期后，增加的费用 C_3 为：

$$C_3＝C_2＋143×6＝1522＋858＝2380 元$$

第四次缩短：

如图 3-55 所示，因为工作 3—4 最短的持续时间为 22 天，所以工作 3—4 和工作 3—5 的持续时间可同时缩短 8 天，则第四次缩短工期后增加的费用 C_4 为：

$$C_4＝C_3＋(143＋58)×8＝2380＋201×8＝3988 元$$

第五次缩短：

如图 3-56 所示，关键线路有 4 条，只能在关键工作 1—2、工作 1—3、工作 2—3 中选择，只有缩短工作 1—3 和工作 2—3 持续时间 4 天。工作 1—3 的持续时间已达到最短，不能再缩短，经过五次缩短工期，不能再减少了，第五次缩短工期后共增加费用 C_5 为：

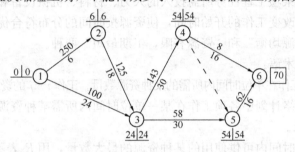

图 3-55　第三次工期缩短的网络计划

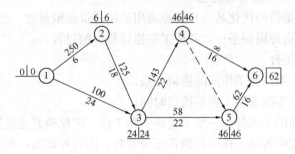

图 3-56　第四次工期缩短的网络计划

$$C_5＝C_4＋(125＋100)×4＝3988＋900＝4888 元$$

考虑到不同工期增加费用及间接费用影响，列表 3-8，选择其中费用最低的工期作为优化的最佳方案。

不同工期组合费用表　　　　　　　　　　　　　　　表 3-8

不同工期	96	84	76	70	62	58
增加直接费用	0	684	1522	2380	3988	4888
间接费用	11520	10080	9120	8400	7440	6960
合计费用	11520	10764	10642	10780	11428	11848

从表 3-8 中看，工期为 76 天时增加费用最少，费用优化最佳方案，如图 3-57 所示。

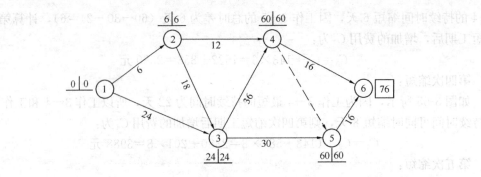

图 3-57 费用最低的网络计划

三、资源优化

资源是指为完成某项工程任务所需投入的人力、材料、机械设备和资金等的统称。资源优化的目的是通过改变工作的开始时间，使资源按时间的分布符合优化目标。资源优化分为"工期固定，资源均衡"和"资源有限，工期最短"两种。

资源优化中常用术语：

资源强度：一项工作在单位时间内所需的某种资源数量。工作 $i-j$ 的资源强度用 r_{i-j} 表示。

资源需用量：网络计划中各项工作在某一单位时间内所需某种资源数量之和。第 t 天资源需用量用 R_t 表示。

资源限量：单位时间内可供使用的某种资源的最大数量，用 R_a 表示。

1. 资源有限——工期最短的优化

资源有限，工期最短的优化是当日资源需用量超过资源限量时，通过移动工作削去资源需求高峰，以满足资源限制条件，并使工期拖延最少的过程。

（1）优化的前提条件

1）优化过程中，不改变工作间的逻辑关系；

2）优化过程中，不改变各工作的持续时间；

3）除规定可中断的工作外，一般不允许中断工作，应保持其连续性；

4）假定网络计划中各项工作的资源强度为常数，即资源均衡，而且是合理的。

（2）优化步骤

方法一：

1）计算网络计划每"时间单位"的资源需用量。

2）从计划开始日期起，逐个检查每个"时间单位"资源需用量 R_t 是否超过资源限量 R_a，如果在整个工期内都是 $R_t \leqslant R_a$，则可行优化方案就编制完成。若发现 $R_t > R_a$，则必须进行计划调整。

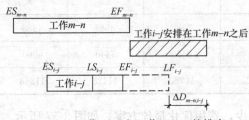

图 3-58 工作 $i-j$ 与工作 $m-n$ 的排序

3）分析超过资源限量的时段（每"时间单位"资源需用量相同的时间区段），计算工期增量，确定新的安排顺序。顺序安排的选择标准是工期延长时间最短。

如果在资源超限时段有两项平行作业的工作 $i-j$ 和工作 $m-n$，为降低资源需用量，现将工作 $i-j$ 安排在工作 $m-n$ 之后进行，如图3-58

所示，则工期延长值为：

$$\Delta D_{m-n,i-j} = EF_{m-n} + D_{i-j} - LF_{i-j} = EF_{m-n} - (LF_{i-j} - D_{i-j}) = EF_{m-n} - LS_{i-j}$$

即：

$$\Delta D_{m-n,i-j} = EF_{m-n} - LS_{i-j} \tag{3-70}$$

式中　$\Delta D_{m-n,i-j}$——在资源冲突的诸工作中，工作 $i-j$ 安排在工作 $m-n$ 之后进行，工期所延长的时间。

如果在该时段内有几项工作平行作业，对平行作业的工作进行两两排序，即可得出若干个 $\Delta D_{m-n,i-j}$，选择其中最小的 $\Delta D_{m-n,i-j}$，将相应的工作 $i-j$ 安排在工作 $m-n$ 之后进行，既可降低该时段的资源需用量，又使网络计划的工期延长最短。

4）绘制调整后的网络计划，重复以上步骤，直到满足要求。

【例 3-12】　已知网络计划如图 3-59 所示。图中箭线上方为工作资源强度，箭线下方为持续时间，若资源限量为 $R_a=12$，试对其进行资源有限——工期最短的优化。

【解】　①计算每日资源需用量，如图 3-60 所示。至第 4 天，$R_4=13>R_a=12$，故需进行调整。

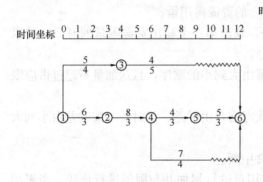

图 3-59　初始网络计划

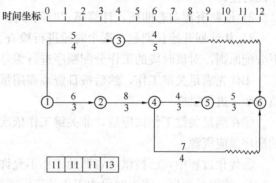

图 3-60　计算 R_t 至 $R_4=13>R_a=12$ 为止

②第一次调整。资源超限时段内有工作 1—3、工作 2—4 两项，分别计算 EF、LS 得：

$$EF_{1-3} = 4 \qquad LS_{1-3} = 3$$
$$EF_{2-4} = 6 \qquad LS_{2-4} = 3$$

a 方案：工作 1—3 移工作 2—4 后

$$\Delta D_{2-4,1-3} = EF_{2-4} - LS_{1-3} = 6-3 = 3$$

b 方案：工作 2—4 移工作 1—3 后

$$\Delta D_{1-3,2-4} = EF_{1-3} - LS_{2-4} = 4-3 = 1$$

③决定先考虑工期增加量较小的 b 方案，绘出其网络计划如图 3-61 所示。

④计算资源需用量至第 8 天，$R_8=15>R_a=12$，故需进行第二次调整。资源超限时段内的工作有 3—6、4—5、4—6 三项，分别计算 EF、LS 得：

$$EF_{3-6} = 9 \quad LS_{3-6} = 8$$
$$EF_{4-5} = 10 \quad LS_{4-5} = 7$$
$$EF_{4-6} = 11 \quad LS_{4-6} = 9$$

根据式（3-70），确定 $\Delta D_{m-n,i-j}$ 最小值，只需要找到 $\min \{EF_{m-n}\}$ 和 $\max \{LS_{i-j}\}$，

即为最佳方案。由上面计算结果可知，min $\{EF_{m-n}\}$ 为工作 $3-6$，max $\{LS_{i-j}\}$ 为工作 $4-6$，则选择工作 $4-6$ 安排在工作 $3-6$ 之后进行，工期增加最小：

$$\Delta D_{3-6,4-6}=EF_{3-6}-LS_{4-6}=9-9=0$$

此时工期没有增加，仍为 13 天，再计算每天资源需用量，均能满足要求，图 3-62 所示的网络计划即为优化后网络计划。

方法二：

1）按最早时间绘制时标网络计划，标明关键线路，判别非关键工作的时差；

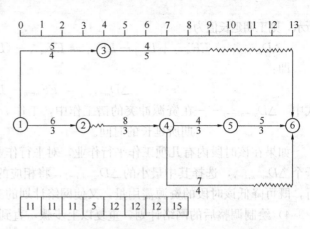

图 3-61 将工作 2-4 移于工作 1-3 之后，并检查 R_t 至第 8 天 $R_8=15>R_a=12$

2）绘制资源动态曲线，计算每"时间单位"的资源需用量；

3）从计划开始日期起，逐个时段进行检查。找出第一个超出资源限量的时段，按以下分配原则，对该时段的工作分配顺序进行编号。

①优先满足关键工作，然后按日资源需用量由大到小的顺序，且迭加量不超过供应限值的顺序进行供应。

②在满足关键工作供应后，非关键工作依次考虑自由时差、总时差，按时差由小到大的顺序供应资源。

③优化过程中，已被供应资源的工作不允许中断。

4）按编号顺序，将本时段内工作的资源需用量进行累加并与限值进行比较。当累加到第 n 号工作出现超过供应限值时，将第 n 号工作及以后的工作推出本时段。

5）绘出调整后的时标网络图及资源动态曲线图，从已优化的时段向后重复第三步及第四步，直至所有时段的资源需用量均在限值范围内。

【例 3-13】 已知某网络计划如图 3-63 所示，箭线上方数字为每日资源需用量。若资源限值为 11 个单位，试对该网络计划进行资源有限—工期最短优化。

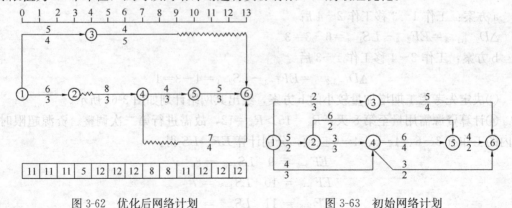

图 3-62 优化后网络计划　　　　　图 3-63 初始网络计划

【解】 (1) 绘制时标网络图，计算日资源需用量，绘制资源需用量动态曲线，如图 3-64 所示。

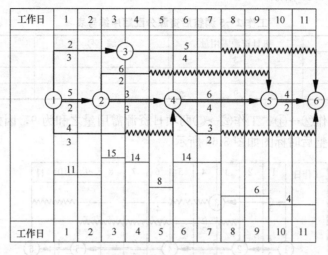

图 3-64 初始网络计划时标图

(2) 优化调整：

1) 在 [2, 3] 时段内，资源需用量为 15 大于资源限值 11，需调整。该时段内资源分配顺序编号如表 3-9 所示。

表 3-9

初始网络计划资源分配顺序编号表

工作名称	每日资源需用量	编 号	编号依据
②→④	3	1	关键工作
①→③	2	2	自由时差＝0
①→④	4	3	自由时差＝2
②→⑤	6	4	自由时差＝5

按编号顺序工作②→④、工作①→③、工作①→④三项日资源需用量之和为 11，因此②→⑤工作推迟到下一时段，调整后时标图如图 3-65 所示。

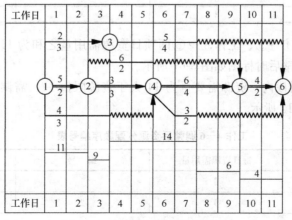

图 3-65 工作 2—5 调整后时标图

2）在［3，5］时段内，资源需用量为 14 大于资源限值 11，需调整。该时段内资源分配顺序编号如表 3-10 所示。

工作 2-5 调整后资源分配顺序编号表 表 3-10

工作名称	每日资源需用量	编　号	编号依据
②→④	3	1	关键工作
②→⑤	6	2	自由时差＝4
③→⑥	5	3	自由时差＝4

按编号顺序工作②→④、工作②→⑤两项日资源需用量之和为 9，因此③→⑥工作推迟到下一时段，调整后时标图如图 3-66 所示。

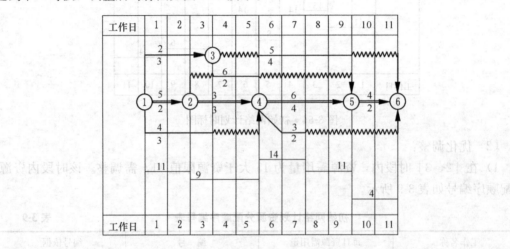

图 3-66　工作 3-6 调整后时标图

3）在［5，7］时段内，资源需用量为 14 大于资源限值 11，需调整。该时段内资源分配顺序编号如表 3-11 所示。

工作 3-6 调整后资源分配顺序编号表 表 3-11

工作名称	每日资源需用量	编　号	编号依据
④→⑤	6	1	关键工作
③→⑥	5	2	自由时差＝2
④→⑥	3	3	自由时差＝4

按编号顺序工作④→⑤、工作③→⑥两项日资源需用量之和为 11，因此④→⑥工作推迟到下一时段，调整后时标图如图 3-67 所示。

4）在［7，9］时段内，资源需要量为 14 大于资源限值 11，需调整。该时段内资源分配顺序编号如表 3-12 所示。

工作 4-6 调整后资源分配顺序编号表 表 3-12

工作名称	每日资源需用量	编　号	编号依据
④→⑤	6	1	关键工作
③→⑥	5	2	已分配资源
④→⑥	3	3	自由时差＝2

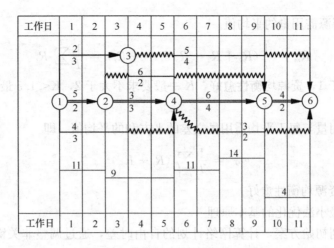

图 3-67　工作④—⑥调整后时标图

按编号顺序工作④→⑤、工作③→⑥两项日资源需用量之和为 11，因此④→⑥工作推迟到下一时段，调整后时标图如图 3-68 所示。

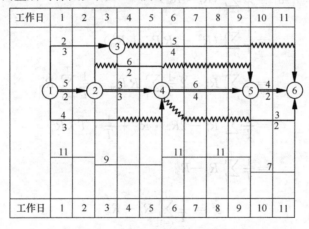

图 3-68　优化后时标网络图

经过调整，各时段的资源用量均在资源限值范围内，工期 11 天，图 3-68 所示的网络计划即为优化后的网络计划。

2. 工期固定——资源均衡的优化

工期固定——资源均衡的优化是在保持工期不变的条件下，调整计划安排，使资源需用量尽可能均衡的过程。尽量避免出现资源需求的高峰和低谷，从而有利于工地建设的组织与管理。

工期固定——资源均衡的优化方法有多种，如方差值最小法、极差值最小法、削高峰法等，这里仅介绍方差值最小的优化方法。

（1）资源均衡的指标

1）不均衡系数 K

$$K = \frac{R_{max}}{R_m} \tag{3-71}$$

式中　R_{max}——最大的资源需用量；

R_m——资源需用量的平均值。

$$R_m = \frac{1}{T}(R_1 + R_2 + R_3 + \cdots + R_t) = \frac{1}{T}\sum_{t=1}^{T} R_t \tag{3-72}$$

K 值愈接近于 1，资源均衡性愈好，K 一般要求不大于 2，$K < 1.5$ 最好。

2）方差值 σ^2

每天计划需用量与每天平均需用量之差的平方和的平均值。即

$$\sigma^2 = \frac{1}{T}\sum_{t=1}^{T}(R_t - R_m)^2 \tag{3-73}$$

σ^2 值愈小，资源均衡性愈好。

（2）方差值最小法优化的基本原理

利用网络计划初始方案，计算网络计划的自由时差，通过调整非关键工作的开始时间，从而改变日资源需用量，达到削峰填谷降低方差的目的，从而达到资源均衡目的。

将式（3-73）展开：

$$\begin{aligned}
\sigma^2 &= \frac{1}{T}\sum_{t=1}^{T}(R_t - R_m)^2 \\
&= \frac{1}{T}\sum_{t=1}^{T}(R_t^2 - 2R_t R_m + R_m^2) \\
&= \frac{1}{T}\sum_{t=1}^{T} R_t^2 - 2\frac{1}{T}\sum_{t=1}^{T} R_t R_m + \frac{1}{T}\sum_{t=1}^{T} R_m^2 \\
&= \frac{1}{T}\sum_{t=1}^{T} R_t^2 - 2R_m \cdot R_m + \frac{1}{T} \cdot T \cdot R_m^2 \\
&= \frac{1}{T}\sum_{t=1}^{T} R_t^2 - R_m^2
\end{aligned}$$

则：

$$\sigma^2 = \frac{1}{T}\sum_{t=1}^{T} R_t^2 - R_m^2 \tag{3-74}$$

由式（3-74）可以看出，T 及 R_m 皆为常数，欲使 σ^2 为最小，只需 $\sum_{t=1}^{T} R_t^2$ 为最小值。即

$$W = \sum_{t=1}^{T} R_t^2 = R_1^2 + R_2^2 + \cdots + R_T^2 = \min$$

假设工作 i，j 第 m 天开始，第 n 天结束，日资源需用量为 $r_{i,j}$。将工作 i，j 右移一天，则该计划第 m 天的资源需用量 R_m 将减少 $r_{i,j}$，第 $(n+1)$ 天资源需用量 R_{n+1} 将增加 $r_{i,j}$。这时，W 值的变化量（与移动前的差值）为：

$$\begin{aligned}
\Delta W &= [(R_m - r_{i,j})^2 + (R_{n+1} + r_{i,j})^2] - [R_m^2 + R_{n+1}^2] \\
&= 2r_{i,j}(R_{n+1} - R_m + r_{i,j})
\end{aligned}$$

显然，$\Delta W < 0$ 时，表示 σ^2 减小，即：

$$R_{n+1} + r_{i,j} \leqslant R_m \tag{3-75}$$

则调整有效，工作 i，j 可向右移动 1 天。

若 $\Delta W > 0$ 时，表示 σ^2 增加，不能向右移一天，此时，还要考虑右移多天（在总时差

允许的范围内），计算各天的 ΔW 的累计值 $\sum \Delta W$，如果 $\sum \Delta W \leqslant 0$，即：

$$[(R_{n+1} + r_{i,j}) + (R_{n+2} + r_{i,j}) + \cdots] \leqslant [R_m + R_{m+1} + \cdots] \tag{3-76}$$

则将工作右移至该天。

（3）优化步骤

1）按最早时间绘制时标网络计划，标明关键线路，判别非关键工作的时差。

2）计算日资源需用量，绘制资源动态曲线。

3）调整顺序：

调整宜自网络计划终点节点开始，按工作的完成节点的编号值从大到小的顺序进行调整。对有同一个完成节点的多项工作，则先调整开始时间较迟的工作。每次右移一天，判定其有效性，直至不能右移为止。如此进行直到起点节点，第一次调整结束。

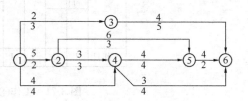

图 3-69 初始网络计划

4）按上述方法进行第二次，第三次调整，直至所有工作的位置都不能再右移为止。

【例 3-14】 已知某网络计划如图 3-69 所示，箭线上方数字为资源强度，箭线下方数字为持续时间。试对该网络计划进行工期固定——资源均衡的优化。

【解】 （1）绘制时标网络图，计算日资源需用量，绘制资源需用量动态曲线，如图 3-70 所示。

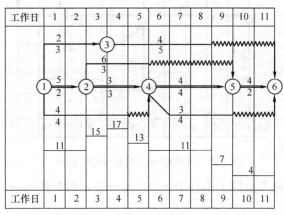

图 3-70 初始网络计划时标图

（2）对初始网络计划调整如下：

1）从终点节点开始，逆着箭线进行。以终点节点⑥为完成节点的工作有③→⑥、④→⑥、⑤→⑥，而工作⑤→⑥为关键工作，因而调整工作③→⑥、工作④→⑥，又因工作④→⑥的开始时间较工作③→⑥为迟，先调整工作④→⑥。

将工作④→⑥右移 1 天，则 $R_{10} + r_{4,6} = 4 + 3 = 7 < R_6 = 11$，可右移；

将工作④→⑥再右移 1 天，则 $R_{11} + r_{4,6} = 4 + 3 = 7 < R_7 = 11$，可右移；

故工作④→⑥可右移 2 天，工作④→⑥调整后的时标图如图 3-71 所示。

2）调整工作③→⑥

将工作③→⑥右移 1 天，则 $R_9 + r_{3,6} = 7 + 4 = 11 < R_4 = 17$，可右移；

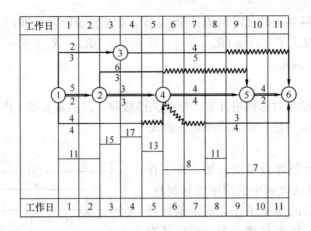

图 3-71　工作④→⑥调整后的时标图

将工作③→⑥再右移 1 天，则 $R_{10}+r_{3,6}=7+4=11<R_5=13$，可右移；

将工作③→⑥再右移 1 天，则 $R_{11}+r_{3,6}=7+4=11>R_6=8$，不可右移；

故工作③→⑥可右移 2 天，工作③→⑥调整后的时标图如图 3-72 所示。

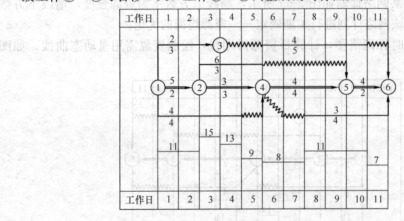

图 3-72　工作③→⑥调整后的时标图

3）以节点 5 为完成节点的工作有②→⑤、④→⑤，而工作④→⑤为关键工作，只能调整工作②→⑤。

将工作②→⑤右移 1 天，则 $R_6+r_{2,5}=8+6=14<R_3=15$，可右移；

将工作②→⑤再右移 1 天，则 $R_7+r_{2,5}=8+6=14>R_4=13$，不可右移；

将工作②→⑤再右移 1 天，则 $R_8+r_{2,5}=11+6=17>R_5=9$，不可右移；

将工作②→⑤再右移 1 天，则 $R_9+r_{2,5}=11+6=17>R_6=8+6=14$，不可右移；

故工作②→⑤可右移 1 天，工作②→⑤调整后的时标图如图 3-73 所示。

4）以节点④为完成节点的工作有①→④、②→④，而工作②→④为关键工作，只能调整工作①→④。

将工作①→④右移 1 天，则 $R_5+r_{1,4}=9+4=13>R_1=11$，不可右移；

故工作①→④不可右移。

5）分别对以节点③、②为完成节点的工作进行调整，可以看出，都不能右移，则第一遍调整完毕。

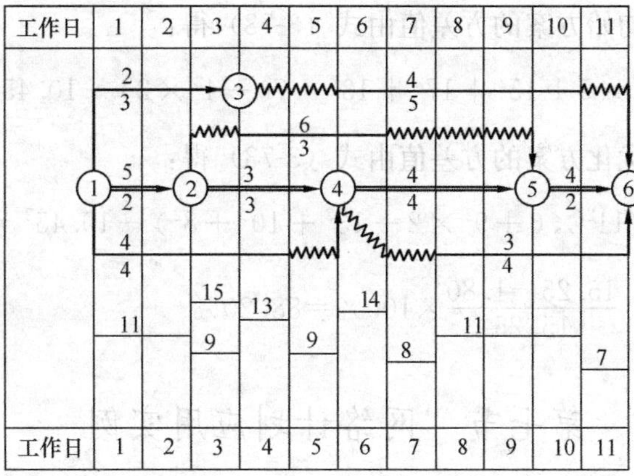

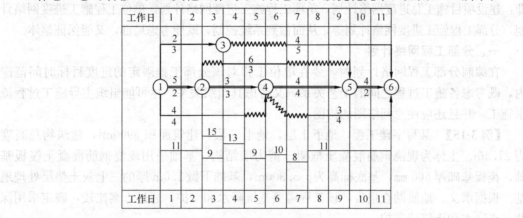

图 3-73　工作②→⑤调整后的时标图

6）同理进行第二遍调整。

工作③→⑥可右移 1 天，其他工作均不可再移动。故优化完毕，如图 3-74 所示。

图 3-74　优化后的网络计划

（3）比较优化前后网络计划的不均衡系数

1）计算初始网络计划的不均衡系数

$$R_m = \frac{11 \times 5 + 15 + 17 + 13 + 7 + 4 \times 2}{11} = 10.45$$

$$K = \frac{R_{\max}}{R_m} = \frac{17}{10.45} = 1.63 > 1.5$$

2）计算优化后网络计划的不均衡系数

$$R_m = \frac{11 \times 6 + 9 \times 2 + 13 + 10 + 8}{11} = 10.45$$

$$K = \frac{R_{\max}}{R_m} = \frac{13}{10.45} = 1.24 < 1.5$$

3）不均衡系数降低率

$$\frac{1.63 - 1.24}{1.63} \times 100\% = 23.93\%$$

（4）比较优化前后的方差值

1）根据图 3-74，初始方案的方差值由式（3-73）得：

$$\sigma^2 = \frac{1}{11}(11^2 \times 5 + 15^2 + 17^2 + 13^2 + 7^2 + 4^2 \times 2) - 10.45^2 = 15.25$$

2）根据图 3-74，优化方案的方差值由式（3-73）得：

$$\sigma^2 = \frac{1}{11}(11^2 \times 6 + 9^2 \times 2 + 13^2 + 10^2 + 8^2) - 10.45^2 = 1.80$$

3）方差降低率为：$\dfrac{15.25 - 1.80}{15.25} \times 100\% = 88.20\%$

第七节　网络计划应用实例

实际工程中，网络计划的编制体系应视工程大小，繁简程度而有所不同。对于小型或简单的建设工程来说，可以只编制一个控制型的单位工程施工进度网络计划，无需分若干等级。而对于大中型建设工程来说，为了有效控制工程进度，有必要编制多级网络计划系统，即：建设项目施工总进度网络计划，单项工程施工进度网络计划，单位工程施工进度网络计划，分部工程施工进度网络计划等，从而做到系统控制，既能考虑局部，又能保证整体。

一、分部工程网络计划

在编制分部工程网络计划时，要在单位工程对该分部工程限定的进度目标时间范围内，既考虑各施工过程之间的工艺关系，又考虑其组织关系，尽可能组织主导施工过程流水施工，并且还应注意网络图的构图。

【例 3-15】　某写字楼工程，地下 1 层，地上 5 层，建筑面积 5900m²，建筑物总高度为 21.3m。主体为现浇钢筋混凝土框架—剪力墙结构，基础采用现浇钢筋混凝土筏板基础，筏板基础厚 600mm，基底标高为－5.300m，基础下做 1.0m 厚的三七灰土垫层处理地基。根据水文、地质勘查报告，该工程需要基坑降水和支护，通过方案比较，确定采用深井井点降水和土钉墙支护。

该工程主要分为基础工程、主体工程、屋面工程和装饰工程四个分部工程。

1. 基础工程

本工程基础工程施工主要包括深井井点降水、机械挖土、土钉墙支护、三七灰土地基处理、筏板基础垫层、筏板基础绑筋、筏板基础支模、浇筑筏板基础混凝土、地下工程防水、回填土等。分三个施工段组织流水施工，其中井点降水不分段。基础工程网络计划如图 3-75 所示。

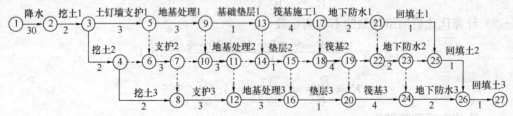

图 3-75　某工程基础工程施工图网络计划图

2. 主体工程

本工程主体工程施工主要包括绑扎柱、墙钢筋，支柱、墙模板，浇筑柱、墙混凝土，支梁、板模板，绑扎梁、板钢筋，浇筑梁、板混凝土，地下室及一层分三个施工段组织流水施工，二至五层由于面积缩小分两个施工段组织流水施工。其标准层网络计划如图3-76所示。

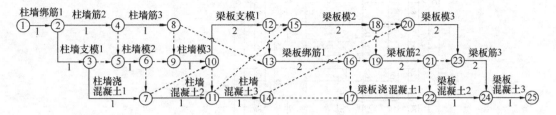

图 3-76　某工程主体工程标准层施工网络计划图

3. 屋面工程

本工程屋面工程施工主要包括保温层、找平层、防水层、保护层，不划分流水段，组织依次施工。屋面工程网络计划如图 3-77 所示。

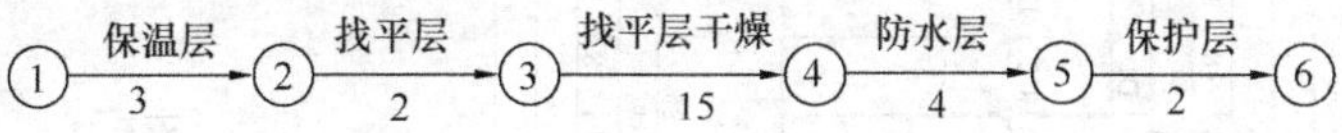

图 3-77　某工程屋面工程施工网络计划图

4. 装饰工程

本工程装饰工程施工主要包括室外和室内装饰，室内装饰又包括楼地面工程、内墙抹灰、吊顶、门窗工程、涂料工程，每层为一个施工段（包括地下室）。为便于绘图，把二次结构的砌筑工程安排在内装饰工程中。装饰工程网络计划如图 3-78 所示。

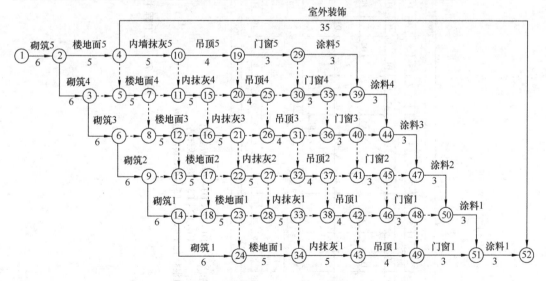

图 3-78　某工程装饰工程施工网络计划图

【例 3-16】　某办公楼工程，地下 1 层，地上 12 层，建筑面积 16300m²，建筑物总高度为 41.3m。主体为现浇钢筋混凝土框架结构，基础采用人工挖孔灌注桩基础。地下室及一层分三个施工段组织流水施工，二至五层由于面积缩小分两个施工段组织流水施工。其主体工程施工网络计划如图 3-79 所示。

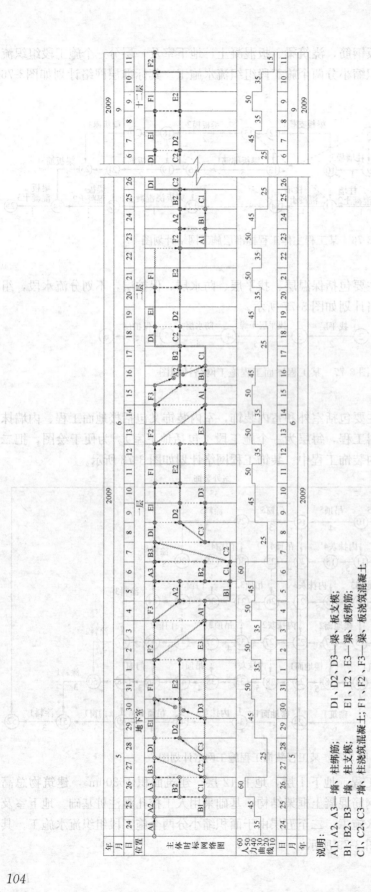

图3-79　某工程主体施工程网络计划图

说明：
A1、A2、A3—墙、柱绑筋、梁、板绑筋；
B1、B2、B3—墙、柱支模、梁、板支模；
C1、C2、C3—墙、柱浇筑混凝土；F1、F2、F3—梁、板浇筑混凝土
D1、D2、D3—墙、柱绑筋；
E1、E2、E3—梁、板绑筋；

二、单位工程网络计划

在编制单位工程网络计划时，要按照施工程序，将各分部工程的网络计划最大限度地合理搭接起来，一般需考虑相邻分部工程的前者最后一个分项工程与后者的第一个分项工程的施工顺序关系，最后汇总为单位工程初始网络计划。再根据上级要求、合同规定、施工条件及经济效益等，进行工期、费用、资源优化，最后绘制正式网络计划，上报审批后执行。

【例 3-17】 某办公楼工程，地下 1 层，地上 12 层，建筑面积 11900m²，建筑物总高度为 52.6m。主体为现浇钢筋混凝土框架—剪力墙结构，填充墙为加气混凝土砌块。基础采用筏板基础，基底标高为－5.600m，地下水位－15m，故施工期间不需要降水。根据地质勘查报告及周围场地情况，该工程不能放坡开挖，需要进行基坑支护，通过方案比较，确定采用钢筋混凝土悬臂桩支护。该工程装饰内容：地下室地面为地砖地面。楼面为大理石楼面；内墙基层抹灰，涂料面层，局部贴面砖；顶棚为批腻子，刷涂料面层，少部分房间为轻钢龙骨吊顶；外墙为贴面砖，南立面中部为玻璃幕墙。底层外墙干挂大理石；屋面防水为三元乙丙橡胶卷材＋SBS 改性沥青卷材防水（两道设防）。

该工程计划从 2006 年 8 月 15 日开工，至 2007 年 10 月 5 日完工，计划工期 419 天。为加快施工进度，缩短工期，在主体结构施工至四层时，在地下室开始插入填充墙砌筑，2～12 层均砌完后再进行底层的填充墙砌筑；在填充墙砌筑至第 4 层时，在第 2 层开始室内装修，依次做完 3～12 层的室内装修后再做底层及地下室室内装修。填充墙砌筑工程均完成后再进行外装修（从上向下进行），安装工程配合土建施工。

该单位工程控制性非时标网络计划如图 3-80 所示。

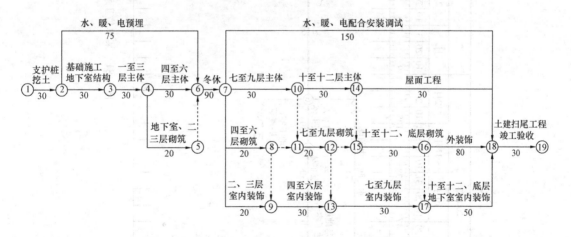

图 3-80　某单位工程控制性非时标网络计划图

该单位工程控制性时标网络计划如图 3-81 所示。

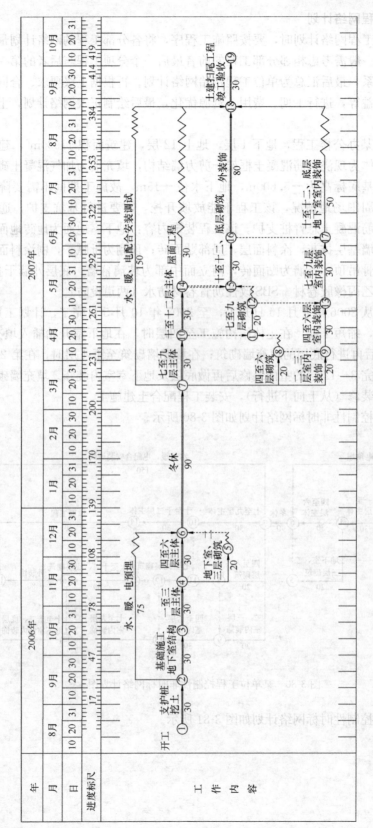

图 3-81 某单位工程整制性时标网络计划图

习 题

1. 试指出如图 3-82 所示网络图的错误，指明错误原因。

2. 根据表 3-13 中各工作之间的逻辑关系，绘制双代号网络图，并进行时间参数的计算，标出关键线路。

各工作间逻辑关系　　　　　　　　　　　　　　　　　　表 3-13

工作名称	A	B	C	D	E	F	G	H	I	J	K	L	M
紧前工作	—	A	A	A	B	C	B,C,D	F,G	E	E,G	I,J	H,I,J	K,L
持续时间	5	7	5	7	6	7	6	5	6	5	4	5	4

3. 根据表 3-14 中各工作之间的逻辑关系，绘制单代号网络图，并进行时间参数的计算，标出关键线路。

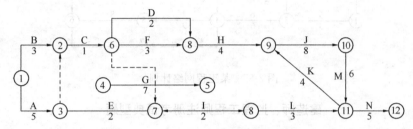

图 3-82　找错题

各工作间逻辑关系　　　　　　　　　　　　　　　　　　表 3-14

工作名称	A	B	C	D	E	F	G	H	I	J	K
紧前工作	—	A	A	B	B	E	A	D,C	E	F,G,H	I,J
紧后工作	B,C,G	D,E	H	H	F,I	J	J	J	K	K	—
持续时间	5	6	8	5	7	6	5	8	5	6	4

4. 根据表 3-15 中各工作之间的逻辑关系，按最早时间绘制双代号时间坐标网络图，并进行时间参数的计算，标出关键线路。

各工作间逻辑关系　　　　　　　　　　　　　　　　　　表 3-15

工作名称	A	B	C	D	E	F	G	H	I
紧前工作	—	—	A	B	B	A、D	E	C、E、F	G
持续时间	3	6	4	6	6	6	5	6	3

5. 已知某网络计划如图 3-83 所示，图中箭线下方括号外数字为工作的正常持续时间，括号内数字为最短持续时间，合同要求工期为 17 天，请进行优化（综合考虑质量、资源和费用增加情况，压缩工作 H 对质量无太大影响且资源充足，工作 D 缩短时间费用最省，工作 G 缩短时间的有利因素不如工作 B）。

6. 已知某工程网络计划如图 3-84 所示，图中箭线下方括号外数字为正常持续时间，括号内数字为最短持续时间，单位：天；箭线上方括号外数字为工作在正常持续时间完成所需的直接费，括号内数字为工作在最短持续时间完成所需的直接费，费用单位：万元。该工程的间接费率为 0.95 万元/天，试对其进行费用优化。

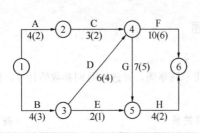

图 3-83 某网络计划图

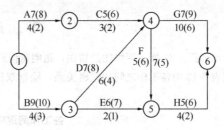

图 3-84 某工程网络计划

7. 如图 3-85 所示，图中箭线上方数据为资源强度，箭线下方数据为工作持续时间，若资源限量为 $R_a=14$，试对其进行资源有限——工期最短的优化。

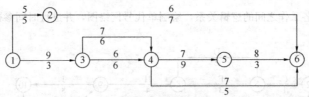

图 3-85 某工程网络计划

建造师、监理工程师注册考试典型题

1. 在某工程双代号网络计划中，工作 M 的最早开始时间为第 15 天，其持续时间为 7 天。该工作有两项紧后工作，它们的最早开始时间分别为第 27 天和第 30 天，最迟开始时间分别为第 28 天和第 33 天，则工作 M 的总时差和自由时差（   ）天。

   A. 均为 5　　　　　　B. 分别为 6 和 5　　　　　　C. 均为 6　　　　　　D. 分别为 11 和 6

2. 某分部工程双代号网络计划如图 3-86 所示（时间单位：天），图中已标出每个节点的最早时间和最迟时间，该计划表明（   ）。

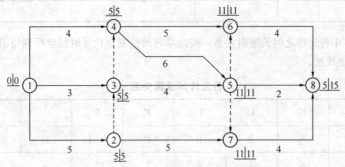

图 3-86 某分部工程网络计划

   A. 所有节点均为关键节点　　　　　　　　B. 所有工作均为关键工作

   C. 工作 1—3 与工作 1—4 的总时差相等　　D. 计算工期为 15 天且关键线路有两条

   E. 工作 2—7 的总时差和自由时差相等

3. 在图 3-87 所示的双代号时标网络计划中，所提供的正确信息有（   ）。

   A. 计算工期为 14 天　　　　　　　　　　B. 工作 A、D、F 为关键工作

   C. 工作 D 的总时差为 3 天　　　　　　　D. 工作 E 的总时差和自由时差均为 2 天

   E. 工作 C 的总时差和自由时差均为 2 天

4. 某工程双代号时标网络计划如图 3-88 所示，其中工作 A 的总时差和自由时差（   ）周。

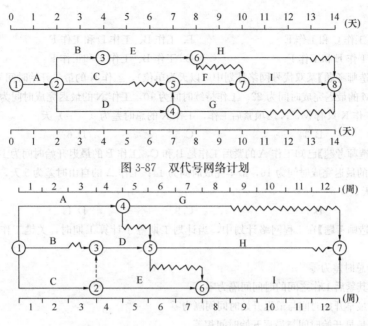

图 3-87　双代号网络计划

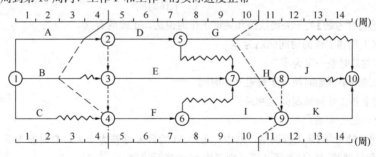

图 3-88　某工程网络计划

A. 均为 0　　　　　B. 分别为 1 和 0　　　　C. 分别为 2 和 0　　　D. 均为 4

5. 某工程双代号时标网络计划执行到第 4 周末和第 10 周末时，检查其实际进度如图 3-89 前锋线所示，检查结果表明（　　）。

A. 第 4 周末检查时工作 B 拖后 1 周，但不影响工期

B. 第 4 周末检查时工作 A 拖后 1 周，影响工期 1 周

C. 第 10 周末检查时工作 I 提前 1 周，可使工期提前 1 周

D. 第 10 周末检查时工作 G 拖后 1 周，但不影响工期

E. 在第 5 周到第 10 周内，工作 F 和工作 I 的实际进度正常

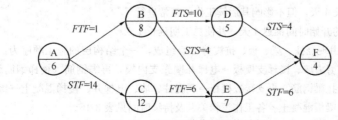

图 3-89　某工程双代号网络计划

6. 某工程单代号搭接网络计划如图 3-90 所示，节点中下方数字为该工作的持续时间，其中的关键

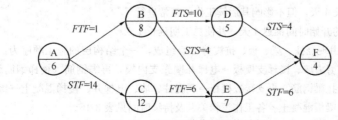

图 3-90　某工程单代号网络计划

工作为（　　）。

  A. 工作 A、工作 C 和工作 E   B. 工作 B、工作 D 和工作 F

  C. 工作 C、工作 E 和工作 F   D. 工作 B、工作 E 和工作 F

  7. 【2007 建造师考题】某双代号网络计划中（以天为单位），工作 K 的最早开始时间为 6，工作持续时间为 4，工作 M 的最迟完成时间为 22。工作持续时间为 10，工作 N 的最迟完成时间为 20，工作持续时间为 5，已知工作 K 只有 M，N 两项紧后工作，工作 K 的总时差为（　　）天。

  A. 2   B. 3   C. 5   D. 6

  8. 【2009 建造师考题】已知工作 A 的紧后工作是 B 和 C，工作 B 的最迟开始时间为 14，最早开始时间为 10；工作 C 的最迟完成时间为 16，最早完成时间为 14；工作 A 的自由时差为 5 天，则工作 A 的总时差为（　　）天。

  A. 5   B. 7   C. 9   D. 11

  9. 【2009 建造师考题】在工程网络计划中，当计划工期等于计算工期时，关键工作的判定条件是（　　）。

  A. 该工作的总时差为零

  B. 该工作与其紧后工作之间的时间间隔为零

  C. 该工作的最早开始时间与最迟开始时间间隔为零

  D. 该工作的最早开始时间与最迟开始时间相等

  E. 该工作的自由时差最小

  10. 【2010 建造师考题】某工程网络计划中，工作 F 的最早开始时间为第 11 天，持续时间为 5 天；工作 F 有三项紧后工作，它们的最早开始时间分别为第 20 天、第 22 天和第 23 天，最迟开始时间分别为第 21 天、第 24 天和第 27 天。工作 F 的总时差和自由时差分别为（　　）天。

  A. 5、4   B. 5、5

  C. 4、4   D. 11、7

  11. 【2010 建造师考题】双代号时标网络计划中，波形线表示工作的（　　）。

  A. 总时差   B. 自由时差

  C. 相干时差   D. 工作时间

  12. 【2010 建造师考题】关于关键线路和关键工作的说法，正确的有（　　）。

  A. 关键线路上相邻工作的时间间隔为零

  B. 关键工作的总时差一定为零

  C. 关键工作的最早开始时间等于最迟开始时间

  D. 关键线路上各工作持续时间之和最长

  E. 关键线路可能有多条

  13. 【2012 建造师考题】某工程网络计划中，工作 M 的自由时差为 2 天，总时差为 5 天。实施进度检查时发现该工作的持续时间延长了 4 天，则工作 M 的实际进度（　　）。

  A. 不影响总工期，但将其紧后工作的最早开始时间推迟 2 天

  B. 既不影响总工程，也不影响其后续工作的正常进行

  C. 将使总工期延长 4 天，但不影响其后续工作的正常进行

  D. 将其后续工作的开始时间推迟 4 天，并使总工期延长 1 天

  14. 某框架结构，由现浇柱、梁、板、抗震剪力墙组成，一个结构层的施工顺序为：柱、抗震剪力墙绑扎钢筋→柱、抗震剪力墙、楼梯支模板→电梯井壁先支内模，再绑钢筋（楼梯钢筋绑扎），再支外模→先支梁底模板，绑扎梁钢筋，再支楼板模板→现浇柱、墙、电梯井、楼梯混凝土→绑扎板钢筋，同时铺设电气埋管→浇筑梁板混凝土。各工作逻辑关系及持续时间见表 3-16。

各工作关系及持续时间 表 3-16

工作符号	工作名称	紧前工作	持续时间（天）	工作符号	工作名称	紧前工作	持续时间（天）
A	柱钢筋	—	2	I	电梯井外模	D、G	2
B	柱支模	A	3	J	楼板支模	E、I	2
C	抗震墙钢筋	A	2	K	楼梯钢筋	G、H	1
D	抗震墙支模	B、C	2	L	墙柱浇筑混凝土	J、K	2
E	梁支模	B	3	M	梁板钢筋	L	2
F	电梯井内模	—	2	N	暗管铺设	L	1
G	电梯井钢筋	C、F	2	P	梁板浇筑混凝土	M、N	1
H	楼梯支模	F	2				

问题：

（1）举例说明哪些是组织关系？哪些是工艺关系？哪些是平行关系？

（2）根据表 3-16 编制该工程一个结构层的双代号网络计划图。

（3）找出关键线路，并用加粗黑线标注在图上。

（4）求出该网络计划的工期？

15.【2006 建造师考题】背景资料：某建筑工程，建筑面积 3.8 万 m²，地下一层，地上十六层。施工单位（以下简称"乙方"）与建设单位（以下简称"甲方"）签订了施工总承包合同，合同工期 600 天。合同约定，工期每提前（或拖后）1 天，奖励（或罚款）1 万元。乙方将屋面和设备安装两项工程的劳务进行了分包，分包合同约定，若造成乙方关键工作的工期延误，每延误一天，分包方应赔偿损失 1 万元。主体结构混凝土施工使用的大模板采用租赁方式，租赁合同约定，大模板到货每延误一天，供货方赔偿 1 万元。乙方提交了施工网络计划，并得到了监理单位和甲方的批准。网络计划示意图如图 3-91 所示：

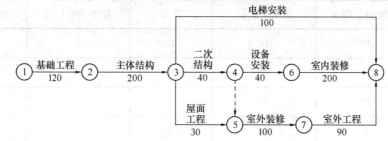

图 3-91　某工程网络计划示意图（单位：天）

施工过程中发生了以下事件：

事件一，底板防水工程施工时，因特大暴雨突发洪水原因，造成基础工程施工工期延长 5 天，因人员窝工和施工机械闲置造成乙方直接经济损失 10 万元；

事件二，主体结构施工时，大模板未能按期到货，造成乙方主体结构施工工期延长 10 天，直接经济损失 20 万元；

事件三，屋面工程施工时，乙方的劳务分包方不服从指挥，造成乙方返工，屋面工程施工工期延长 3 天，直接经济损失 0.8 万元；

事件四，中央空调设备安装过程中，甲方采购的制冷机组因质量问题退换货，造成乙方设备安装工期延长 9 天，直接费用增加 3 万元；

事件五，因为甲方对外装修设计的色彩不满意，局部设计变更通过审批后，使乙方外装修晚开工 30

天，直接费损失 0.5 万元；

其余各项工作，实际完成工期和费用与原计划相符。

问题：

（1）用文字或符号标出该网络计划的关键线路。

（2）指出乙方向甲方索赔成立的事件，并分别说明索赔内容和理由。

（3）分别指出乙方可以向大模板供货方和屋面工程劳务分包方索赔的内容和理由。

（4）该工程实际总工期多少天？乙方可得到甲方的工期补偿为多少天？工期奖（罚）款是多少万元？

（5）乙方可得到各劳务分包方和大模板供货方的费用赔偿各是多少万元？

（6）如果只有室内装修工程有条件可以压缩工期，在发生以上事件的前提条件下，为了能最大限度地获得甲方的工期奖，室内装修工程工期至少应压缩多少天？

16.【2004 造价师试题】某施工单位编制的某工程网络图，如图 3-92 所示，网络进度计划原始方案各工作的持续时间和估计费用，如表 3-17 所示。

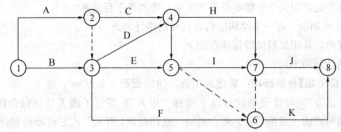

图 3-92 某工程网络图

各工作的持续时间和估计费用表 表 3-17

工作	持续时间（天）	费用（万元）	工作	持续时间（天）	费用（万元）
A	12	18	G	8	16
B	26	40	H	28	37
C	24	25	I	4	10
D	6	15	J	32	64
E	12	40	K	16	16
F	40	120			

问题：

（1）在答题纸图 3-17 上，计算网络进度计划原始方案各工作的时间参数，确定网络进度计划原始方案的关键路线和计算工期。

（2）若施工合同规定：工程工期 93 天，工期每提前一天奖励施工单位 3 万元，每延期一天对施工单位罚款 5 万元。计算按网络进度计划原始方案实施时的综合费用。

（3）若该网络进度计划各工作的可压缩时间及压缩单位时间增加的费用，如表 3-18 所示。确定该网络进度计划的最低综合费用和相应的关键路线，并计算调整优化后的总工期。（要求：写出调整优化过程。）

各工作的可压缩时间及压缩单位时间增加的费用　　　　　　　　表 3-18

工作	可压缩时间（天）	压缩单位时间增加的费用（万元/天）	工作	可压缩时间（天）	压缩单位时间增加的费用（万元/天）
A	2	2	G	1	2
B	2	4	H	2	1.5
C	2	3.5	I	0	/
D	0	/	J	2	6
E	1	2	K	2	2
F	5	2			

17.【2008 造价师试题】某承包商承建一基础设施项目，其施工网络进度计划如图 3-93 所示。工程实施到第 5 个月末检查时，A₂工作刚好完成，B₁工作已进行了 1 个月。在施工过程中发生了如下事件：

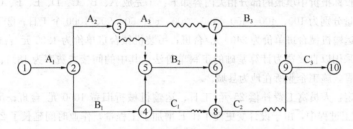

图 3-93　施工网络进度计划（时间单位：月）

事件 1：A₁工作施工半个月发现业主提供的地质资料不准确，经与业主、设计单位协商确认，将原设计进行变更，设计变更后工程量没有增加，但承包商提出以下索赔：设计变更使 A₁工作施工时间增加 1 个月，故要求将原合同工期延长 1 个月。

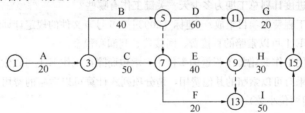

图 3-94　初始网络计划

事件 2：工程施工到第 6 个月，遭受飓风袭击，造成了相应的损失，承包商及时向业主提出费用索赔和工期索赔，经业主工程师审核后的内容如下：

（1）部分已建工程遭受不同程度破坏，费用损失 30 万元；

（2）在施工现场承包商用于施工的机械受到损坏，造成损失 5 万元；用于工程上待安装设备（承包商供应）损坏，造成损失 1 万元；

（3）由于现场停工造成机械台班损失 3 万元，人工窝工费 2 万元；

（4）施工现场承包商使用的临时设施损坏，造成损失 1.5 万元；业主使用的临时用房破坏，修复费用 1 万元；

（5）因灾害造成施工现场停工 0.5 个月，索赔工期 0.5 个月；

（6）灾后清理施工现场，恢复施工需费用 3 万元。

113

事件 3：A_3 工作施工过程中由于业主供应的材料没有及时到场，致使该工作延长 1.5 个月，发生人员窝工和机械闲置费用 4 万元（有签证）。

问题：

（1）不考虑施工过程中发生各事件的影响，在答题纸中的图 3-92（施工网络进度计划）中标出第 5 个月末的实际进度前锋线，并判断如果后续工作按原进度计划执行，工期将是多少个月？

（2）分别指出事件 1 中承包商的索赔是否成立并说明理由。

（3）分别指出事件 2 中承包商的索赔是否成立并说明理由。

（4）除事件 1 引起的企业管理费的索赔费用之外，承包商可得到的索赔费用是多少？合同工期可顺延多长时间？

18.【2007 造价师试题】某大型工业项目的主厂房工程，发包人通过公开招标选定了承包人，并依据招标文件和投标文件，与承包人签订了施工合同。合同中部分内容如下：

（1）合同工期 160 天，承包人编制的初始网络进度计划，如图 3-93 所示。由于施工工艺要求，该计划中 C、E、I 三项工作施工需使用同一台运输机械；B、D、H 三项工作施工需使用同一台吊装机械。上述工作由于施工机械的限制只能按顺序施工，不能同时平行进行。

（2）承包人在投标报价中填报的部分相关内容如下：①完成 A、B、C、D、E、F、G、H、I 九项工作的人工工日消耗量分别为 100、400、400、300、200、60、60、90、1000 个工日；②工人的日工资单价为 50 元/工日，运输机械台班单价为 2400 元/台班，吊装机械台班单价为 1200 元/台班；③分项工程项目和措施项目均采用以直接费为计算基础的工料单价法，其中的间接费费率为 18%、利润率为 7%、税金按相关规定计算，施工企业所在地为县城。

（3）合同中规定：人员窝工费补偿 25 元/工日；运输机械折旧费 1000 元/台班；吊装机械折旧费 500 元/台班。在施工过程中，由于设计变更使工作 E 增加了工程量，作业时间延长了 20 天，增加用工 100 个工日，增加材料费 2.5 万元，增加机械台班 20 个，相应的措施费增加 1.2 万元。同时，E、H、I 的工人分别属于不同工种，H、I 工作分别推迟 20 天。

问题：（1）对承包人的初始网络进度计划进行调整，以满足施工工艺和施工机械对施工作业顺序的制约要求。

（2）调整后的网络进度计划总工期为多少天？关键工作有哪些？

（3）按《建筑安装工程费用项目组成》（建标〔2003〕206 号）文件的规定计算该工程的税率。分项列式计算承包商在工作 E 上可以索赔的直接费、间接费、利润和税金。

（4）在因设计变更使工作 E 增加工程量的事件中，承包商除在工作 E 上可以索赔的费用外，是否还可以索赔其他费用？如果有可以索赔的其他费用，请分项列式计算可以索赔的费用，如果没有，请说明原因。（计算结果均保留两位小数）

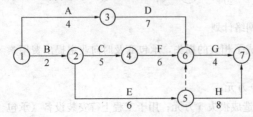

图 3-95　施工进度网络计划

19.【2010 年二级建造师考题】背景资料：某写字楼工程，地下 1 层，地上 10 层，当主体结构已基本完成时，施工企业根据工程实际情况，调整了装修施工组织设计文件，编制了装饰工程施工进度网络计划如图 3-95，经总监理工程师审核批准后组织实施。在施工过程中发生了以下事件：

事件一：工作 E 原计划 6 天，由于设计变更改变了主要材料规格与材质，经总监理工程师批准，E 工作计划改为 9 天完成，其他工作与时间执行网络计划。

事件二：一层大厅轻钢龙骨石膏板吊顶，一盏大型水晶灯（重 100kg）安装在吊顶工程的主龙骨上。

事件三：由于建设单位急于搬进写字楼办公室，要求提前竣工验收，总监理工程师组织建设单位技术人员，施工单位项目经理及设计单位负责人进行了竣工验收。

问题：

（1）指出本装饰工程网络计划的关键线路（工作），计算计划工期。

（2）指出本装饰工程实际关键线路（工作），计算实际工期。

（3）灯安装是否正确？说明理由。

（4）竣工验收是否妥当？说明理由。

第四章 施 工 准 备

施工准备工作是为了保证工程顺利开工和施工活动正常进行而必须事先做好的各项准备工作。它是施工程序中的重要环节，不仅存在于开工之前，而且贯穿在整个施工过程之中。

施工准备工作的基本任务是为拟建工程施工建立必要的技术、物资和组织条件，统筹安排施工力量和布置施工现场，确保拟建工程按时开工和持续施工。

第一节 施 工 准 备 概 述

一、施工准备工作的意义

1. 遵循建筑施工程序

项目建设的总程序是按照规划、设计和施工等几个阶段进行的。施工阶段又可分为施工准备、土建施工、设备安装和交工验收等几个阶段。这是由工程项目建设的客观规律决定的。只有认真做好施工准备工作，才能保证工程顺利开工和施工的正常进行，才能保质、保量、按期交工，才能取得如期的投资效果。

2. 降低施工风险

工程项目施工受外界干扰和自然因素的影响较大，因而施工中可能遇到的风险较多。施工准备工作是根据周密的科学分析和多年积累的施工经验来确定的，具有一定的预见性。因此，只有充分做好施工准备工作，采取预防措施，加强应变能力，才能有效地防范和规避风险，降低风险损失。

3. 创造工程开工和顺利施工条件

施工准备工作的基本任务是为拟建工程施工建立必要的技术、物质、组织和管理条件，统筹组织施工力量和合理布置施工现场，综合协调组织关系，加强风险防范和管理，为拟建工程按时开工和持续施工创造条件。

4. 提高企业经济效益

认真做好工程项目施工准备工作，能调动各方面的积极因素，合理组织资源，加快施工进度，提高工程质量，降低工程成本，从而提高企业经济效益和社会效益。

实践经验证明，严格遵守施工程序，按照客观规律组织施工，及时做好各项施工准备工作，是工程施工能够顺利进行和圆满完成施工任务的重要保证。如果违背施工程序而不重视施工准备工作，必然给工程的施工带来诸多问题，例如窝工、停工、延长工期，引起不应有的经济损失。

二、施工准备工作的分类

（一）按施工准备工作的范围分类

（1）全场性施工准备。它是以一个建筑工地为对象而进行的各项施工准备工作，其目的和内容都是为全场性施工服务的，同时也兼顾单位工程施工条件的准备工作。

（2）单位工程施工条件的准备。它是以一个建筑物或构筑物为对象而进行的各项准备工作，其目的和内容都是为该单位工程创造施工条件做准备工作，确保单位工程按期开工和持续施工，同时也兼顾为分部分项工程施工条件的准备工作。

（3）分部分项工程作业条件的准备。它是以一个分部或分项工程为对象而进行的各项作业条件的准备工作。

（二）按拟建工程的施工阶段分类

（1）开工前的施工准备。它是拟建工程开工前所进行的各项施工准备工作，其目的是为拟建工程正式开工和在一定的时间内持续施工创造必要的施工条件。它包括全场性施工准备和单位工程施工条件的准备。

（2）各施工阶段施工前的准备。它是拟建工程开工后，每个施工阶段正式开工前所做的各项施工准备工作，其目的是为各施工阶段正式开工创造必要的条件。如一般民用建筑工程施工，可分为地基与基础工程、主体工程、屋面工程和装饰装修工程等施工阶段，每个施工阶段的施工内容不同，所需要的技术条件、物资条件、施工方法、组织措施及现场平面布置等方面也就不同，所以，每个施工阶段开始前，均要做好相应的施工准备工作。

由此可以看出，不仅在拟建工程开工之前要做好施工准备工作，而且随着工程施工的进展，在各施工阶段开工之前也要做好施工准备工作。施工准备工作既有阶段性，又有连续性，因此施工准备工作必须有计划、有步骤、分期、分阶段地进行，要贯穿拟建工程整个建造过程的始终。

三、施工准备工作的内容

总体施工准备应包括技术准备、现场准备和资金准备等。技术准备包括施工过程所需技术资料的准备、施工方案编制计划、试验检验及设备调试工作计划等；现场准备包括现场生产、生活等临时设施，如临时生产、生活用房、临时道路、材料堆放场、临时用水、用电和供热、供气等的计划；资金准备应根据施工总进度计划编制资金使用计划。

在工程实践中，一般工程的施工准备工作其内容见图4-1所示。

各项工程施工准备工作的具体内容，视该工程情况及其已具备的条件而异。有的比较简单，有的却十分复杂。不同的工程，因工程的特殊需要和特殊条件而对施工准备工作提出各不相同的具体要求。只有按照施工项目的特点来确定准备工作的内容，并拟定具体的、分阶段的施工准备工作实施计划，才能充分地为施工创造一切必要的条件。

（一）施工管理组织准备

施工管理组织准备是确保拟建工程能够优质、安全、低成本、高速度地按期建成的必要条件。其主要内容包括：建立拟建项目的领导机构；集结精干的施工队伍；加强职业培训和技术交底工作；建立健全各项管理制度。

（1）建立拟建项目的项目经理部。项目经理部组织机构形式应根据施工项目的规模、复杂程度、专业特点、人员素质和地域范围确定，大中型项目宜设置矩阵式，远离企业管理层的大中型项目宜设置事业部式，小型项目宜设置直线职能式。对于一般的单位工程，可配置项目经理、技术员、施工员、质检员、安全员、资料员等。

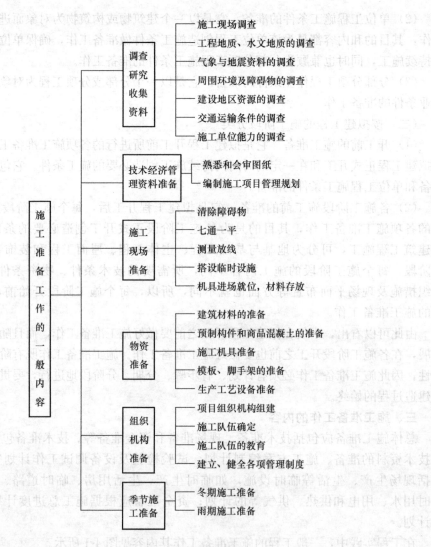

施工准备工作的一般内容
- 调查研究收集资料
  - 施工现场调查
  - 工程地质、水文地质的调查
  - 气象与地震资料的调查
  - 周围环境及障碍物的调查
  - 建设地区资源的调查
  - 交通运输条件的调查
  - 施工单位能力的调查
- 技术经济管理资料准备
  - 熟悉和会审图纸
  - 编制施工项目管理规划
- 施工现场准备
  - 清除障碍物
  - 七通一平
  - 测量放线
  - 搭设临时设施
  - 机具进场就位，材料存放
- 物资准备
  - 建筑材料的准备
  - 预制构件和商品混凝土的准备
  - 施工机具准备
  - 模板、脚手架的准备
  - 生产工艺设备准备
- 组织机构准备
  - 项目组织机构组建
  - 施工队伍确定
  - 施工队伍的教育
  - 建立、健全各项管理制度
- 季节施工准备
  - 冬期施工准备
  - 雨期施工准备

图 4-1　施工准备工作的内容

（2）落实项目经理责任制，签订项目管理目标责任书。❶

（3）集结精干的施工队伍。建筑安装工程施工队伍主要有基本、专业和外包施工队伍

---

❶ 《建设工程项目管理规范》GB/T 50326－2006 规定：

6.1.1　项目经理责任制应作为项目管理的基本制度，是评价项目经理绩效的依据。

6.1.2　项目经理责任制的核心是项目经理承担实现项目管理目标责任书确定的责任。

6.1.3　项目经理与项目经理部在工程建设中应严格遵守和实行项目管理责任制度，确保项目目标全面实现。

6.3.1　项目管理目标责任书应在项目实施之前，由法定代表人或授权人与项目经理协商制定。

6.3.3　项目管理目标责任书应包括下列内容：

1　项目管理实施目标。2　组织与项目经理部之间的责任、权限和利益的分配。3　项目设计、采购、施工、试运行等管理的内容和要求。4　项目需用资源的提供方式和核算办法。5　法定代表人向项目经理委托的特殊事项。6　项目经理部应承担的风险。7　项目管理目标评价的原则、内容和方法。8　对项目经理部进行奖惩的依据、标准、办法。9　项目经理解职和项目经理部解体的条件及办法。

6.3.4　确定项目管理目标应遵循下列原则：

1　满足组织管理目标的要求。2　满足合同的要求。3　预测相关风险。4　具体且操作性强。5　便于考核。

三种类型。基本施工队伍是建筑施工企业组织施工生产的主力，应根据工程的特点、施工方法和流水施工的要求恰当地选择劳动组织形式。土建工程施工一般采用混合施工班组较好，其特点是：人员配备少，工人以本工种为主，兼做其他工作，施工过程之间搭接比较紧凑，劳动效率高，也便于组织流水施工。

专业施工队伍主要用来承担机械化施工的土方工程、吊装工程、钢筋气压焊施工和大型单位工程内部的机电安装、消防、空调、通信系统等设备安装工程。也可将这些专业性较强的工程外包给其他专业施工单位来完成。

（二）技术准备

技术准备应包括施工所需技术资料的准备、施工方案编制计划、试验检验及设备调试工作计划、样板制作计划等。

（1）主要分部（分项）工程和专项工程在施工前应单独编制施工方案，施工方案可根据工程进展情况，分阶段编制完成；对需要编制的主要施工方案应制定编制计划；

（2）试验检验及设备调试工作计划应根据现行规范、标准中的有关要求及工程规模、进度等实际情况制定；

（3）样板制作计划应根据施工合同或招标文件的要求并结合工程特点制定。

（三）现场准备

现场准备应根据现场施工条件和工程实际需要，准备现场生产、生活等临时设施。

（1）拆除障碍物

拆除施工范围内的一切地上、地下妨碍施工的障碍物，通常是由建设单位来完成，但有时也委托施工单位完成。拆除障碍物时，必须事先找全有关资料，摸清底细；资料不全时，应采取相应防范措施，以防发生事故。架空线路、地下自来水管道、污水管道、燃气管道、电力与通信电缆等的拆除，必须与有关部门取得联系，并办好相关手续后方可进行。最好由有关部门自行拆除或承包给专业施工单位拆除。现场内的树木应报园林部门批准后方可砍伐。拆除房屋时必须在水源、电源、气源等截断后方可进行。

（2）做好施工场地的控制网测量与放线工作

按照设计单位提供的建筑总平面图和城市规划部门给定的建筑红线桩或控制轴线桩及标准水准点进行测量放线，在施工现场范围内建立平面控制网、标高控制网，并对其桩位进行保护；同时还要测定出建筑物、构筑物的定位轴线，其他轴线及开挖线等，并对其桩位进行保护。

测量放线是确定拟建工程的平面位置和标高的关键环节，施测中必须认真负责，确保精度，杜绝差错。为此，施测前应对测量仪器、钢尺等进行检验校正；同时对规划部门给定的红线桩或控制轴线桩和水准点进行校核，如发现问题，应提请建设单位迅速处理。建筑物在施工场地中的平面位置是依据设计图中建筑物的控制轴线与建筑红线间的距离测定的，控制轴线桩测定后应提交有关部门和建设单位进行验线，以便确保定位的准确性，放线报验单的格式如表4-1所示。沿建筑红线的建筑物控制轴线测定后，还应由规划部门进行验线，以防建筑物压红线或超出红线。

（3）搞好"三通一平"

"三通"包括在工程用地范围内，接通施工用水、用电、道路。"一平"是指平整场地。此外，根据工程需要及条件，可以通信（电话、传真、宽带网络、电视）、通燃气

（煤气或天然气）、通暖气，并保证施工现场排水及排污畅通。

施工测量放线报验单

表 4-1

工程名称：_____　　　　　　　　　　　　　　　　　　编号：_____

致：_____（监理单位）

　　我单位已完成_____（工程或部位的名称）的放线工作，经自检合格，清单如下，请予查验。

专职测量人员岗位证书编号：

测量设备鉴定证书编号：

附件：测量放线依据材料及放线成果

工程部位或名称	放 线 内 容	备 注

承包单位（章）：_____
项目经理：_____　日期：_____

专业监理工程师审查意见：

　　　　□　查验合格

　　　　□　纠正差错后再报

项目监理机构（章）：_____
专业监理工程师：_____　日期：_____

　　本表由承包单位填报，一式四份，送监理机构审核后，建设、承包单位各一份，监理单位两份（其中报建城建档案馆一份）。

　　（4）搭设临时设施

　　施工现场所需的各种生产、办公、生活、福利等临时设施，均应报请规划、市政、消防、交通、环保等有关部门审查批准，并按施工平面图中确定的位置、尺寸搭设，不得乱搭乱建。

　　为了施工方便和行人安全，应采用符合当地市容管理要求的围护结构将施工现场围起来，并在主要出入口处设置标牌，标明工地名称、施工单位、工地负责人等内容。

　　（5）安装调试施工机具，做好建筑材料、构配件等的存放工作

　　按照施工机具的需要量及供应计划，组织施工机具进场，并安置在施工平面图规定的地点或库棚内。固定的机具就位后，应做好搭棚、接通电源水源、保养和调试工作。所有施工机具都必须在正式使用之前进行检查和试运转，以确保正常使用。

　　按照建筑材料、构配件和制品的需要及供应计划，分期分批地组织进场，并按施工平面图规定的位置和存放方式存放。为了确保工程质量和施工安全，施工物资进场验收和使用时，还应注意以下几个问题：

　　1）无出厂合格证明或没有按规定进行复验的原材料、不合格的建筑构配件，一律不得进场和使用。严格执行施工物资的进场检查验收制度，杜绝假冒低劣产品进入施工现场。

2) 施工过程中要注意查验各种材料、构配件的质量和使用情况，对不符合质量要求、与原试验检测品种不符或有怀疑的，应提出复检或化学检验的要求。

3) 现场配制的混凝土、砂浆、防水材料、耐火材料、绝缘材料、保温隔热材料、防腐蚀材料、润滑材料以及各种掺合料、外加剂等，使用前均应由试验室确定原材料的规格和配合比，并制定出相应的操作方法和检验标准后方可使用。

4) 进场的机械设备，必须进行开箱检查验收，产品的规格、型号、生产厂家和地点、出厂日期等，必须与设计要求完全一致。

(6) 季节性施工准备

1) 冬期施工准备工作的主要内容。包括各种热源设备、保温材料的贮存、供应以及司炉工等设备操作管理人员的培训工作；砂浆、混凝土的各项测温准备工作；室内施工项目的保暖防冻、室外给排水管道等设施的保温防冻、每天完工部位的防冻保护等准备工作；冬期到来之前，尽量贮存足够的建筑材料、构配件和保温用品等物资，节约冬期施工运输费用；防止施工道路积水成冰，及时清除冰雪，确保道路畅通；加强冬期施工安全教育，落实安全、消防措施。

合理选择安排冬期施工项目。冬期施工条件差、技术要求高、施工质量不容易保证，同时还要增加施工费用。因此要求：尽量安排冬施费用增加不多、又能比较容易保证施工质量的施工项目在冬期施工，如吊装工程、打桩工程和室内装修工程等；尽量不安排冬施费用增加较多、又不易保证施工质量的项目在冬期施工，如土方工程、基础工程、屋面防水工程和室外装饰工程；对于那些冬施费用增加稍多一些，但采用适当的技术、组织措施后能保证施工质量的施工项目，也可以考虑安排在冬期施工，如砌筑工程、现浇钢筋混凝土工程等。

2) 雨期施工准备

合理安排雨期施工项目，尽量把不宜在雨期施工的土方、基础工程安排在雨期到来之前完成，并预留出一定数量的室内装修等雨天也能施工的工程，以备雨天室外无法施工时转入室内装修施工；做好施工现场排水、施工道路的维护工作；做好施工物资的贮运保管、施工机具设备的保护等防雨措施；加强雨期施工安全教育，落实安全措施。

3) 夏季施工准备

夏季气温高，干燥，应编制夏季施工方案及采取的技术措施，做好防雷、避雷工作，此外还必须做好施工人员的防暑降温工作。

(7) 设置消防、保安设施和机构

按照施工组织设计的要求和施工平面图确定的位置设置消防设施和施工安全设施，建立消防、保安等组织机构，制定有关的规章制度和消防、保安措施。

(四) 资金准备

资金准备应根据施工进度计划编制资金使用计划。

第二节　原始资料调查与施工图纸会审

原始资料是施工组织设计、施工方案编制的重要依据之一。对工程所涉及的自然条件和技术经济条件调查的范围、内容等应根据拟建工程的规模、性质、复杂程度、工期等情况确定。调查时，除了从建设单位、勘察设计单位等相关单位收集资料外，还应进行实地勘测，向当地居民了解情况。对调查、收集到的资料应注意分析研究、整理归纳，对其中特别重要的资料，必须复查其数据的真实性和可靠性。

一、原始资料的调查

1. 对建设单位与设计单位的调查

向建设单位与设计单位调查的项目见表 4-2。

向建设单位和设计单位调查的项目　　　　　　　表 4-2

序号	调查单位	调查内容	调查目的
1	建设单位	建设项目设计任务书、有关文件； 建设项目性质、规模、生产能力； 主要工艺设备名称及生产工艺流程、供应时间； 建设期限、开工时间、交工先后顺序、竣工投产时间； 总概算投资、年度建设计划； 施工准备工作的内容、安排、工作进度表	施工依据； 项目施工部署； 制定主要工程施工方案； 规划施工总进度； 安排年度施工计划； 确定占地范围规划施工总平面
2	设计单位	建设项目总平面规划：项目建筑规模、建筑、结构、装修概况、总建筑面积、占地面积、单位工程个数，工程地质勘察资料、地形测量图； 水文勘察资料； 设计进度安排； 生产工艺设计、特点	规划施工总平面图，规划生产施工区、生活区，安排大型临建工程； 规划施工总进度； 计算平整场地土石方量，确定基坑支护、降水方案，确定地基、基础的施工方案

2. 自然条件调查分析

自然条件调查包括对建设地区的气象资料、场地地形、地质、水文、周围民宅的坚固程度及其居民的健康状况等项调查。为编制现场计划，制定施工方案，制定各项技术组织措施，制定冬雨期施工措施，施工平面规划布置等提供依据。如地上建筑物的拆除、高压电线路的搬迁、地下构筑物的拆除和各种管线的搬迁等项工作；为了减少施工公害，及时采取保护性措施。自然条件调查的项目见表 4-3。

自然条件调查的项目　　　　　　　表 4-3

序号	项　目	调查内容	调查目的
		1. 气象资料	
(1)	气温	全年各月平均温度； 最高温度月份，最低温度月份； 冬天、夏季室外计算温度； 霜、冻、冰雹期； 小于−3℃、0℃、5℃的天数，起止日期	防暑降温； 全年正常施工天数； 冬期施工措施； 预估混凝土、砂浆强度增长曲线
(2)	降雨	雨季起止时间、全年降水量、日最大降水量； 全年雷暴天数、时间	雨期施工措施； 现场排水、防洪； 防雷

序号	项 目	调查内容	调查目的
(3)	风	主导风向及频率（风玫瑰图）； 大于或等于8级风的全年天数、时间	布置临时设施； 高空作业及吊装措施
2. 工程地质、地形			
(1)	地形	区域地形图、工程位置地形图； 工程建设地区的城市规划，控制桩、水准点的位置； 勘察文件、地形特征等	选择施工用地、合理布置施工总平面图； 计算现场平整土方量； 障碍物及数量、拆迁和清理施工现场
(2)	地质	钻孔布置图； 地质剖面图（各层土的特征、厚度）； 土质稳定性：滑坡、流砂； 地基土各项物理力学指标（天然含水量、孔隙比、渗透性、压缩性指标、塑性指数、地基承载力）； 软弱土、膨胀土、湿陷性黄土分布情况，最大冻结深度； 防空洞、枯井、土坑、古墓、洞穴、地基土破坏情况； 地下沟渠管网、地下构筑物	土方施工方法的选择、地基处理方法； 基础、地下结构施工措施； 障碍物拆除计划； 基坑支护、开挖方案设计
(3)	地震	抗震设防烈度的大小	对地基、结构影响，施工注意事项
3. 工程水文地质			
(1)	地下水	最高、最低水位及时间； 流向、流速、流量； 水质分析； 抽水试验、测定水量	土方施工、基础施工方案的选择； 降低地下水位方法、措施； 判定侵蚀性质及施工注意事项； 使用、饮用地下水的可能性
(2)	地面水 （地面河流）	邻近的江河、湖泊及距离； 洪水、平水、枯水时期，其水位、流量、流速、航道深度，通航可能性； 水质分析	临时给水； 航运组织； 水工工程
(3)	周围环境及障碍物	施工区域现有建筑物、构筑物、沟渠、水流、树木、土堆、高压输变电线路等； 邻近建筑坚固程度及其中人员工作、生活、健康状况	及时拆迁、拆除、保护工作； 合理布置施工平面； 合理安排施工进度

3. 技术经济条件调查分析

它包括地方建筑生产企业与劳动力，地方资源与交通运输，水、电及其他能源，主要设备、三大材料和特殊材料，以及它们的生产能力等项调查。调查的项目见表4-4～表4-9。

地方建筑材料及构件生产企业情况调查内容

表 4-4

序号	企业名称	产品名称	规格质量	单位	生产能力	供应能力	生产方式	出厂价格	运距	运输方式	单位运价	备注

注：1. 名称按照构件厂、木工厂、金属结构厂、商品混凝土厂、砂石厂、建筑设备厂、砖、瓦、石灰厂等填列；
    2. 资料来源：当地计划、经济、建筑主管部门；
    3. 调查明细：落实物资供应。

地方资源情况调查内容

表 4-5

序号	材料名称	产地	储存量	质量	开采（生产）量	开采费	出厂价	运距	运费	供应可能性

注：1. 材料名称栏按照块石、碎石、砾石、砂、工业废料（包括冶金矿渣、炉渣、电站粉煤灰）填列；
    2. 调查目的：落实地方物资准备工作。

地区交通运输条件调查内容

表 4-6

序号	项目	调查内容
1	铁路	邻近铁路专用线、车站至工地的距离及沿途运输条件、站场卸货路线长度、起重能力和储存能力，装载单个货物的最大尺寸，重量的限制，运费、装卸费和装卸力量
2	公路	主要材料产地至工地的公路等级，路面构造宽度及完好情况，允许最大载重量，途经桥涵等级，允许最大载重量、沿途架空电线高度； 当地专业机构及附近村镇能提供的装卸、运输能力、汽车的数量及运输效率、费用； 当地有无汽车修配厂、修配能力和至工地距离、路况
3	水运	货源、工地至邻近河流、码头渡口的距离、道路情况； 洪水、枯水期和封冻期通航的最大船只及吨位； 码头装卸能力、最大起重量、增设码头的可能性、渡口的渡船能力、能为施工提供的能力、费用

注：调查目的是选择施工运输方式及拟定施工运输计划。

供电、供气条件调查内容

表 4-7

序号	项目	调查内容
1	给水排水	与当地现有水源连接的可能性（可供水量、接管地点、管径、管材、埋深、水压、水质、水费、至工地距离）； 临时供水源、水量、水质，取水方式、至工地距离； 利用永久排水设施的可能性（施工排水走向、距离、坡度，有无洪水影响，现有防洪设施，排洪能力）
2	供电与通信	电源位置（允许供电容量、电压、导线截面、距离、接线地点、至工地距离）； 建设单位、施工单位自有发电、变电设备的情况； 利用邻近电信设备的可能性，计算机等自动化办公设备和线路的可能性

124

序号	项目	调查内容
3	供气	蒸汽来源（可供能力、数量，接管地点、管径、埋深、至工地距离）、供气价格； 建设单位、施工单位自有供气能力、投资费用； 建设单位提供压缩空气、氧气的能力、至工地的距离

注：1. 资料来源：当地城建、供电局、水厂等单位及建设单位；
　　2. 调查目的：选择给水排水、供电、供气方式，做出经济比较。

三大材料、特殊材料及主要设备调查内容 表 4-8

序号	项　目	调查内容	调查目的
1	三大材料	钢材订货的规格、牌号、强度等级、数量和到货时间； 木材料订货的规格、等级、数量和到货时间； 水泥订货的品种、强度等级、数量和到货时间	确定临时设施和堆放场地； 确定木材加工计划； 确定水泥储存方式
2	特殊材料	需要的品种、规格、数量； 试制、加工和供应情况； 进口材料和新材料	制定供应计划； 确定存储方式
3	主要设备	主要工艺设备的名称、规格、数量和供货单位； 分批和全部到货时间	确定临时设施和堆放场地； 拟定防雨措施

建设地区社会劳动力和生活设施的调查内容 表 4-9

序号	项　目	调查内容	调查目的
1	社会劳动力	少数民族地区的风俗习惯； 当地能提供的劳动力人数、技术水平、工资费用和来源	拟定劳动力计划； 安排临时设施
2	房屋设施	必须在工地居住的单身人数和户数； 能作为施工用的现有的房屋栋数、每栋面积、结构特征、总面积、位置、水、暖、电、卫、设备状况	确定现有房屋为施工服务的可能性； 安排临时设施
3	周围环境	主副食品供应，日用品供应，文化教育，消防治安等机构能为施工提供的支援能力； 邻近医疗单位至工地的距离，可能就医情况； 当地公共汽车、邮电服务情况； 周围是否存在有害气体，污染情况，有无地方病	安排职工生活基地，解除后顾之忧

二、施工图纸会审

施工图纸会审应该属于技术准备的内容之一，按图施工是施工企业的基本技术要求。

1. 熟悉施工图纸的重点内容和要求

（1）基础部分，应核对建筑、结构、设备施工图纸中有关基础预留洞的标高、位置尺寸，地下室的排水方向，变形缝及人防出口的做法，防水体系的做法要求，特殊基础形式做法等。

（2）主体部分，弄清建筑物墙体轴线的布置；主体结构各层的砖、砂浆、混凝土构件的强度等级有无变化；梁柱的配筋及节点做法；阳台、雨篷、挑檐等悬挑结构的锚固要求及细部做法；楼梯间的构造；卫生间的构造；设备图与土建图上洞口尺寸、位置关系是否一致；对标准图有无特别说明和规定等。

（3）屋面及装修部分，主要掌握屋面防水节点做法，内外墙和地面等所用装饰材料及做法，核对结构施工时为装修施工设置的预埋件、预留洞的位置、尺寸和数量是否正确，防火、保温、隔热、防尘、高级装修等的类型和技术要求。

在熟悉图纸时，对发现的问题应在图纸的相应位置做出标记，并做好记录，以便在图纸会审时提出意见，协商解决。

2. 审查设计技术资料

审查设计图纸及其他技术资料时，应注意以下问题：

（1）设计图纸是否符合国家有关的技术规范要求、建筑节能要求和地方规划要求，在设计功能和使用要求上是否符合卫生、防火及美化城市等方面的要求；

（2）核对图纸与说明书是否齐全，有无矛盾，规定是否明确，图纸有无遗漏，建筑、结构、设备安装等图纸之间有无矛盾；

（3）核对主要轴线、尺寸、位置、标高有无错误和遗漏；

（4）总平面图的建筑物坐标位置与单位工程建筑平面是否一致，基础设计与实际地质是否相符，建筑物与地下构筑物及管线之间有无矛盾；

（5）工业项目的生产工艺流程和技术要求是否掌握，配套投产的先后次序和相互关系是否明确；

（6）建筑安装与建筑施工在配合上存在哪些技术问题，能否合理解决；

（7）设计中所采用的各种材料、配件、构件等能否满足设计要求；

（8）审查设计是否考虑了施工的需要，各种结构的承载力、刚度和稳定性是否满足设置内爬、附着、固定式塔式起重机等使用的要求；

（9）对设计技术资料有什么合理化建议及意见。

3. 熟悉和会审图纸的三个阶段

（1）熟悉图纸：施工单位收到拟建工程的施工图纸和有关设计资料后，应尽快地组织各专业有关工程技术人员对本专业的有关图纸进行熟悉和审查，了解设计要求及施工应达到的技术标准，掌握和了解图纸中的细节。

（2）自审：在熟悉图纸的基础上，由总承包单位内部的土建与水、暖、电等专业，共同核对图纸，写出自审图纸记录，协商施工配合事项。自审图纸的记录应包括对图纸的疑问和对图纸的有关建议。

（3）会审：施工图纸会审一般由建设单位或委托监理单位组织，设计单位、监理单位、施工单位参加。会审时，首先由设计单位进行图纸交底，主要设计人员应向与会者说明拟建工程的设计依据、意图和功能要求，并对特殊结构、新材料、新工艺和新技术的选用和设计进行说明；然后施工单位根据自审图纸时的记录和对设计意图的理解，对施工图纸提出问题、疑问和建议；最后在各方统一认识的基础上，对所探讨的问题逐一做好协商记录，形成"图纸会审记录"。记录一般由施工单位整理，参加会议的单位共同会签、盖章，作为与施工图纸同时使用的技术文件和指导施工的依据，并列入工程预算和工程技术档案。图纸会审记录的格式见表4-10所示。

工程编号：_____

工程名称		会审日期及地点		
建筑面积		结构类型		专　业	
主持人					

记录内容

建设单位签章	设计单位签章	施工单位签章	监理单位签章
代表：	代表：	代表：	代表：

第三节　施工准备工作计划

一、施工准备工作计划

为了落实各项施工准备工作，加强检查和监督，必须根据各项施工准备的内容、时间和人员，编制出施工准备工作计划。其格式如表 4-11 所示。

施工准备工作计划表　　　　表 4-11

序号	施工准备项目	简要内容	负责单位	负责人	起 止 时 间		备　注
					月　日	月　日	

由于各准备工作之间有相互制约相互依存的关系，为了加快施工准备工作的进度，必须加强建设单位、设计单位和施工单位之间的协调工作，密切配合，建立健全施工准备工作的责任制度和检查制度，使施工准备工作有领导、有组织、有计划和分期分批地进行。另外，施工准备工作计划除用上述表格外，还可采用网络计划的方法，以确保各项准备工作之间的工作关系，找出关键路线，并在网络计划图上进行施工准备期的调整，以尽量缩短准备工作的时间。

二、开工报告

施工准备工作是根据施工条件、工程规模、技术复杂程度来制定的。对一般的单项工程需具备以下准备工作方能开工。

(1) 施工许可证已获政府主管部门批准；

(2) 征地拆迁工作能满足工程进度的需要；

(3) 施工组织设计已获总监理工程师批准；

(4) 现场管理人员已到位，机具、施工人员已进场，主要工程材料已落实；

(5) 进场道路及水、电、通信等已满足开工要求；

(6) 质量管理、技术管理和质量保证的组织机构已建立；

(7) 质量管理、技术管理制度已制定；

(8) 专职管理人员和特种作业人员已取得资格证、上岗证。

上述条件满足后，应该及时填写开工申请报告，并报总监理工程师审批。施工现场质量管理检查记录格式如表 4-12 所示；工程开工报审表如表 4-13 所示。

施工现场质量管理检查记录　　　　　　　　　　　　　　表 4-12

开工日期：

工程名称			施工许可证（开工证）		
建设单位			项目负责人		
设计单位			项目负责人		
监理单位			总监理工程师		
施工单位		项目经理		技术负责人	
序号	项　　目		内　　容		
1	现场质量管理制度				
2	质量责任制				
3	主要专业工种操作上岗证书				
4	分包方资质与对分包单位的管理制度				
5	施工图审查情况				
6	地质勘察资料				
7	施工组织设计、施工方案及审批				
8	施工技术标准				
9	工程质量检验制度				
10	搅拌站及计量设置				
11	现场材料、设备存放与管理				
12					
检查结论：					
			总监理工程师 （建设单位项目负责人）　　年　月　日		

工程名称：_____ 编号：_____

致：_____（监理单位）	
我方承担的_____准备工作已完成。	☐
一、施工许可证已获政府主管部门批准；	☐
二、征地拆迁工作能满足工程进度的需要；	☐
三、施工组织设计已获总监理工程师批准；	☐
四、现场管理人员已到位，机具、施工人员已进场，主要工程材料已落实；	☐
五、进场道路及水、电、通信等已满足开工要求；	☐
六、质量管理、技术管理和质量保证的组织机构已建立；	☐
七、质量管理、技术管理制度已制定；	☐
八、专职管理人员和特种作业人员已取得资格证、上岗证。	☐
特此申请，请核查并批准开工。	
承包单位（章）：_____	
项目经理：_____ 日期：_____	
审查意见：	
项目监理机构：_____	
总监理工程师：_____ 日期：_____	

本表由承包单位填报，一式四份，送监理机构审核后，建设、承包单位各一份，监理单位两份（其中报城建档案馆一份）。

三、施工准备工作应注意的问题

1. 施工准备工作要有明确分工

（1）建设单位应做好主要生产设备、特殊材料等的订货，建设征地，申请建筑许可证，拆除障碍物，平整场地，接通场外的施工道路、水源、电源等项工作。

（2）设计单位按规定的时间和内容交付施工图，并进行技术交底。

（3）施工单位主要是分析整个建设项目的施工部署，做好调查研究，收集有关资料，编制好施工项目管理实施规划，并做好相应的施工准备工作。

（4）监理单位主要是协助建设单位做好前期的协调工作，审查和核实施工准备工作情况。

2. 施工准备工作要有严格的保证措施

（1）施工准备工作责任制度。由于施工准备工作范围广、项目多，因此，必须有严格的责任制度，把施工准备工作的责任落实到有关部门和个人，以保证按计划要求的内容及时间完成工作。同时，明确各级技术负责人在施工准备工作中应负的责任，以便推动和促使各级技术负责人认真做好施工准备工作。

（2）施工准备工作检查制度。施工准备工作不但要有计划、有分工，而且要有布置、有检查，以利于经常督促，发现薄弱环节，不断改进工作。施工准备工作的检查，主要检查施工准备工作的执行情况，如果没有完成计划要求，应进行分析，找出原因，排除障碍，协调施工准备工作进度或调整施工准备工作计划。

（3）严格执行开工报告制度。当施工准备工作完成到具备开工条件后，项目经理部应写出开工报告，报企业领导审批后，报建设或监理单位审批。总监理工程师审批通过后，在工程开工报审表上签署同意意见，施工单位在限定时间内开工，不得拖延。

3. 施工准备工作必须贯穿于施工全过程

经过开工前施工准备，可以顺利开工。但项目施工所需要的大量材料，是逐步形成工程实体的，而施工准备不可能、也没必要将所有的材料一次采购完毕，堆放在施工现场。这既占用大量的资金，也需很大的场地，因此，一次性的材料准备是不可能的，也是不现实的。同样，施工机具、劳动工种随着工程进入不同的阶段，其各种机械和工种的需要量在发生着变化，只有开工准备是不足的。

工程开工以后，要随时做好作业条件的施工准备工作。施工顺利与否，决定于施工准备工作的及时性和完善性。企业各职能部门要面向施工现场，及时解决施工准备工作中的技术、机械设备、材料、人力、资金、管理等各种问题，为工程施工提供保证条件。项目经理应十分重视施工准备工作，加强施工准备工作的计划性，及时做好协调、平衡工作，使施工准备工作分阶段、有组织、有计划、有步骤地进行。

4. 取得协作单位的支持和配合

由于施工过程技术复杂、涉及面广、牵涉单位多、易受环境和气候的影响。因此，施工计划的波动变化是很频繁的，而每一次变化都会引起工程的质量、进度、成本的变动，导致计划的调整和修订，除了施工单位本身的努力外，还要取得建设单位、监理单位、设计单位、供应单位、银行及其他协作单位的大力支持，分工负责，统一步调，共同做好施工准备工作。

5. 施工准备工作中应做好四个结合

（1）施工与设计相结合。接到施工任务后，施工单位应尽早与设计单位联系，着重了解工程的总体规划、平面布局、结构形式、构件种类、新材料新技术等的应用和出图的顺序，以便使出图顺序与单位工程的开工顺序及施工准备工作顺序协调一致。

（2）室内准备工作与室外准备工作相结合。室内准备主要指内业的技术资料准备工作，室外准备主要指调查研究、收集资料和施工现场准备、物资准备等外业工作。室内准备对室外准备起着指导作用，而室外准备则为室内准备提供依据或具体落实室内准备的有关要求，室内准备工作与室外准备工作要协调地进行。

（3）土建工程准备与专业工程准备相结合。工程施工过程中，土建工程与专业工程是相互配合进行的，如果专业工程施工跟不上土建工程施工，就会影响施工进度。因此，土建施工单位进行施工准备工作时，要告知专业施工单位，并督促和协助专业工程施工单位做好施工准备工作。

（4）前期施工准备与后期施工准备相结合。

思 考 题

1. 试述施工准备工作的意义。
2. 简述施工准备工作的种类和主要内容。
3. 原始资料的调查包括哪些方面？各方面的主要内容有哪些？为什么要做好原始资料的调查工作？
4. 图纸自审应掌握哪些重点？图纸会审由哪些单位参加？
5. 施工现场准备包括哪些内容？

第五章 施工组织总设计

第一节 施工组织总设计概述

施工组织总设计是以若干单位工程组成的群体工程或特大型项目为主要对象（一个工厂、一个机场、一条道路、一个居住小区等）而编制的，用以指导项目全局的施工技术、经济和管理的综合性文件，对整个项目的施工过程起统筹规划、重点控制的作用。施工组织总设计由项目负责人主持编制，由总承包单位技术负责人审批。❶

一、施工组织总设计的编制依据

编制施工组织总设计一般以下列资料为依据：

（1）与工程建设有关的法律、法规和文件；

（2）国家现行有关标准和技术经济指标；

（3）工程所在地区行政主管部门的批准文件，建设单位对施工的要求；

（4）工程施工合同或招标投标文件；

（5）工程设计文件；

（6）工程施工范围内的现场条件、工程地质及水文地质、气象等自然条件；

（7）与工程有关的资源供应情况；

（8）施工企业的生产能力、机具设备状况、技术水平等。

二、施工组织总设计的内容

施工组织总设计的内容视工程性质、规模、建筑结构的特点、施工的复杂程度、工期要求及施工条件的不同而有所不同，通常包括下列内容：建设项目的工程概况、总体施工部署、施工总进度计划、全场性施工准备工作计划与主要资源配置计划、核心工程施工方案、全场性施工总平面布置、主要技术经济指标（项目施工工期、劳动生产率、项目施工质量、项目施工成本、项目施工安全、机械化程度、预制化程度、暂设工程等）等内容。

---

❶《建筑施工组织设计规范》GB/T 50502—2009 规定：

2.0.2 条文说明：在我国，大型房屋建筑工程标准一般指：

1. 25 层以上的房屋建筑工程；2. 高度 100m 及以上的构筑物或建筑物工程；3. 单体建筑面积 3 万 m² 及以上的房屋建筑工程；4. 单跨跨度 30m 及以上的房屋建筑工程；5. 建筑面积 10 万 m² 及以上的住宅小区或建筑群体工程；6. 单项建安合同额 1 亿元及以上的房屋建筑工程。但在实际操作中，具备上述规模的建筑工程很多只需编制单位工程施工组织设计，需要编制施工组织总设计的建筑工程，其规模应当超过上述大型建筑工程的标准，通常需要分期分批建设，可称为特大型项目。

3.0.5 施工组织设计的编制和审批应符合下列规定：

1. 施工组织设计应由项目负责人主持编制，可根据需要分阶段编制和审批；2. 施工组织总设计应由总承包单位技术负责人审批；单位工程施工组织设计应由施工单位技术负责人或技术负责人授权的技术人员审批，施工方案应由项目技术负责人审批；重点、难点分部（分项）工程和专项工程施工方案应由施工单位技术部门组织相关专家评审，施工单位技术负责人批准；3. 由专业承包单位施工的分部（分项）工程或专项工程的施工方案，应由专业承包单位技术负责人或技术负责人授权的技术人员审批；有总承包单位时，应由总承包单位项目技术负责人核准备案；4. 规模较大的分部（分项）工程和专项工程的施工方案应按单位工程施工组织设计进行编制和审批。

（一）工程概况

工程概况是对整个建设项目的总说明和总分析，是对拟建建设项目或建筑群所作的一个简单扼要、突出重点的文字介绍，一般包括下列内容。

1. 项目主要情况

（1）项目名称、性质、地理位置和建设规模；

（2）项目的建设、勘察、设计和监理等相关单位的情况；

（3）项目设计概况。包括建筑面积、建筑高度、建筑层数、结构形式、建筑结构及装饰用料、建筑抗震设防烈度、安装工程和机电设备的配置等情况；

（4）项目承包范围及主要分包工程范围；

（5）施工合同或招标文件对项目施工的重点要求；

（6）其他应说明的情况。

2. 项目主要施工条件

（1）项目建设地点气象状况；

（2）项目施工区域地形和工程水文地质状况；

（3）项目施工区域地上、地下管线及相邻的地上、地下建（构）筑物情况；

（4）与项目施工有关的道路、河流等状况；

（5）当地建筑材料、设备供应和交通运输等服务能力状况；

（6）当地供电、供水、供热和通信能力状况；

（7）其他与施工有关的主要因素。

（二）总体施工部署

施工部署是施工组织设计的纲领性内容，包括项目施工主要目标、施工顺序、空间组织、施工组织安排等。

（三）施工总进度计划

（1）施工总进度计划应依据施工合同、施工进度目标、有关技术经济资料，并按照总体施工部署确定的施工顺序和空间组织等进行编制。

（2）施工总进度计划可采用网络图或横道图表示，并附必要说明。施工总进度计划宜优先采用网络计划，网络计划应按国家现行标准《网络计划技术　第 1 部分：常用术语》GB/T 13400.1、《网络计划技术　第 2 部分：网络图画法的一般规定》GB/T 13400.2 和《网络计划技术　第 3 部分：在项目管理中应用的一般程序》GB/T 13400.3 及行业标准《工程网络计划技术规程》JGJ/T 121 的要求编制。

（四）总体施工准备与主要资源配置计划

（1）总体施工准备应包括技术准备、现场准备和资金准备等。

（2）技术准备、现场准备和资金准备应满足项目分阶段（期）施工的需要。

1）技术准备包括施工过程所需技术资料的准备、施工方案编制计划、试验检验及设备调试工作计划等。

2）资金准备应根据施工总进度计划编制资金使用计划。

3）全场性的施工现场准备工作。主要内容包括：

①场内、外运输，施工用主干道，水、电、气来源及其引入方案。

②场地平整方案和全场性排水、防洪措施。

③生产和生活基地建设。包括商品混凝土搅拌站、钢筋、木材加工厂、金属结构制作加工厂、机修厂等。

④建筑材料、成品、半成品的货源和运输、储存方式。

⑤现场区域内的测量工作，设置永久性测量标志，为定位放线做好准备。

⑥编制新技术、新材料、新工艺、新结构的试制试验计划和职工技术培训计划。

⑦冬、雨期施工所需的特殊准备工作。

（3）主要资源配置计划应包括劳动力配置计划和物资配置计划等。

1）劳动力配置计划

应按照各工程项目工程量，并根据总进度计划，参照概（预）算定额或者有关资料确定。目前施工企业在管理体制上已普遍实行管理层和劳务作业层的两层分离，合理的劳动力配置计划可减少劳务作业人员不必要的进、退场或避免窝工状态，进而节约施工成本。一般包括确定各施工阶段（期）的总用工量；确定各施工阶段（期）的劳动力配置计划。

2）物资配置计划

物资配置计划应根据总体施工部署和施工总进度计划确定主要物资的计划总量及进、退场时间。物资配置计划是组织建筑工程施工所需各种物资进、退场的依据，科学合理的物资配置计划既可保证工程建设的顺利进行，又可降低工程成本。一般包括：根据施工总进度计划确定主要工程材料和设备的配置计划；根据总体施工部署和施工总进度计划确定主要施工周转材料和施工机具的配置计划。

（五）主要项目的施工方法

施工组织总设计中要拟定一些主要工程项目的施工方法，这些方法通常是建设项目中工程量大、施工难度大、工期长，对整个建设项目的完成起关键性作用的建筑物（或构筑物），以及全场范围内工程量大、影响全局的特殊分项工程，例如脚手架工程、起重吊装工程、临时用水用电工程、季节性施工等专项工程所采用的施工方法应进行简要说明。

施工组织总设计中的施工方案内容与单位工程施工组织设计中编制的施工方案内容和深度不同，总设计仅原则性地提出解决主要工程项目的技术关键路线及技术难点方案，这些方案的选择是原则性、全局性的。例如某公寓小区，在施工组织总设计施工方案中，确定剪力墙模板采用大模板施工方案，这个施工方案就是原则性总体部署。

有些分部（分项）工程方案属于整个项目，带有全局性，又不能通过每个单位工程施工方案进行细化，就需要编制专项施工方案，见第七章相关内容。

（六）施工总平面布置

根据项目总体施工部署，按照项目分期（分批）施工计划进行布置，绘制现场不同施工阶段（期）的总平面布置图。一些特殊的内容，如现场临时用电、临时用水布置等，当总平面布置图不能清晰表示时，也可单独绘制平面布置图。平面布置图绘制应有比例关系，各种临时设施应标注外围尺寸，并应有文字说明。

三、施工组织总设计的编制程序

施工组织总设计的编制程序如图 5-1 所示。

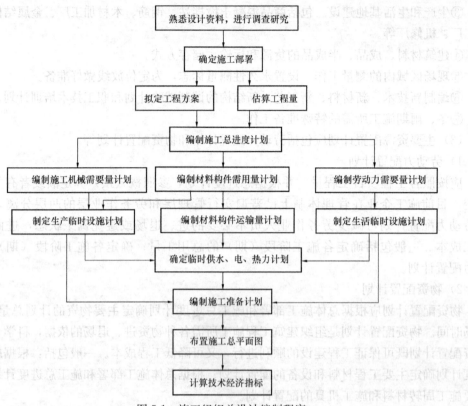

图 5-1 施工组织总设计编制程序

第二节 施 工 部 署

施工部署是对整个建设项目从全局上做出的统筹规划和全面安排，它主要解决影响建设项目全局的重大问题，是施工组织总设计的核心，也是编制施工总进度计划、施工总平面图以及各种供应计划的基础。

施工部署在时间和空间上分别体现为施工总进度计划、施工总平面图，施工部署直接影响建设项目的进度、质量和成本三大目标。现实中往往由于施工部署考虑不周，造成施工过程中存在着各施工单位或队组相互影响、相互制约的情况，造成窝工和工效降低，从而拖延进度，影响质量，增加成本。

一、总体施工部署的内容

1. 施工组织总设计宏观部署的内容

（1）确定项目施工总目标，包括进度、质量、安全、环境和成本目标。

根据合同约定，确定项目施工总目标，包括进度、质量、安全、环境和成本等目标，根据工期目标确定主要单位工程的施工开展顺序和开、竣工日期，明确重点项目和辅助项目的相互关系，明确土建施工、结构安装、设备安装等各项工作的相互配合，它一方面要满足工期，另外也要遵循一般的施工程序。

（2）根据项目施工总目标的要求，确定项目分阶段（期）交付的计划。

建设项目通常是由若干个相对独立的投产或交付使用的子系统组成；如大型工业项目

有主体生产系统、辅助生产系统和附属生产系统之分，住宅小区有居住建筑、服务性建筑和附属性建筑之分；可以根据项目施工总目标的要求，将建设项目划分为分期（分批）投产或交付使用的独立交工系统；在保证工期的前提下，实行分期分批建设，既可使各具体项目迅速建成，尽早投入使用，又可在全局上实现施工的连续性和均衡性，减少暂设工程数量，降低工程成本。

（3）确定项目分阶段（期）施工的合理顺序及空间组织。

根据确定的项目分阶段（期）交付计划，合理地确定每个单位工程的开竣工时间，划分各参与施工单位的工作任务，明确各单位之间分工与协作的关系，确定综合的和专业化的施工组织，保证先后投产或交付使用的系统都能够正常运行。

2. 对于项目施工的重点和难点应进行简要分析

分析项目施工的重点和难点，及时进行施工技术的可行性论证、重要建筑机械和机具的选择订货等。

3. 总承包单位应明确项目管理组织机构形式，并宜采用框图的形式表示

项目管理组织机构形式应根据施工项目的规模、复杂程度、专业特点、人员素质和地域范围确定。大中型项目宜设置矩阵式项目管理组织，远离企业管理层的大中型项目宜设置事业部式项目管理组织，小型项目宜设置直线职能式项目管理组织。

4. 对于项目施工中开发和使用的新技术、新工艺应做出部署

根据现有的施工技术水平和管理水平，对项目施工中开发和使用的新技术、新工艺应做出规划并采取可行的技术、管理措施来满足工期和质量等要求。

5. 对主要分包项目施工单位的资质和能力应提出明确要求

6. 根据规划部门的规划红线，建立测量控制网

二、项目任务分解、组建项目经理部

由于建设项目是一个庞大的体系，由不同功能的部分组成，每部分又存在差异；同时，项目不同，组成内容又各不相同。所以在项目管理中，需要对建设项目的任务进行分解，以利于落实管理职责。

1. 项目分解

项目结构图 WBS（work breakdown structure），即按照系统分析方法将由总目标和总任务所定义的项目分解开，得到不同层次的项目单元。如图 5-2 为广州（新）白云国际机场项目结构图。

2. 组建项目施工管理组织❶

---

❶ 《建设工程项目管理规范》GB/T 50326—2006 规定：

5.2.1 项目经理部是组织设置的项目管理机构，承担项目实施的管理任务和目标实现的全面责任。

5.2.2 项目经理部由项目经理领导，接受组织职能部门的指导、监督、检查、服务和考核，并负责对项目资源进行合理使用和动态管理。

5.2.3 项目经理部应在项目启动前建立，并在项目竣工验收、审计完成后或按合同约定解体。

5.2.4 建立项目经理部应遵循下列步骤：

1 根据项目管理规划大纲确定项目经理部的管理任务和组织结构；2 根据项目管理目标责任书进行目标分解与责任划分；3 确定项目经理部的组织设置；4 确定人员的职责、分工和权限；5 制定工作制度、考核制度与奖惩制度。

5.2.5 项目经理部的组织结构应根据项目的规模、结构、复杂程度、专业特点、人员素质和地域范围确定。

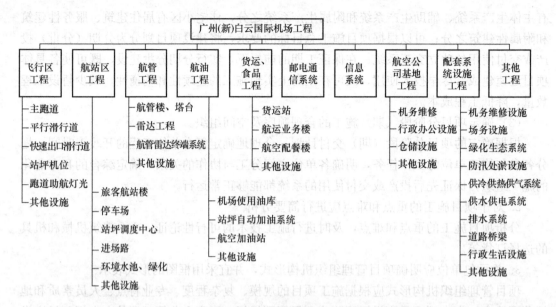

图 5-2 广州（新）白云国际机场项目组织结构图

在明确施工项目目标的条件下，合理安排工程项目管理组织，其目的是安排划分施工工作任务的管理跨度，明确总包与分包的关系，建立施工现场统一的组织领导机构及职能部门，明确各单位之间分工与协作的关系，按任务及管理职责制定好一套合适的职能结构，以使项目人员能为实现项目目标而有效地工作。

施工总承包单位现场的组织机构，一般根据施工项目的规模、复杂程度、专业特点、人员素质和地域范围确定采用项目经理部组织结构形式。工程项目管理组织结构形式见图5-3。各组织结构形式适合应用的情况见表 5-1。

各组织结构形式适合应用的情况　　　　　　　　　　　　表 5-1

组织结构形式	适 用 情 况
直线制	直线制只适用于规模较小，生产技术比较简单的企业，对生产技术和经营管理比较复杂的企业并不适宜
直线职能制	规模中等的企业。随着规模的进一步扩大，将倾向于更多的分权
事业部制	事业部制结构主要适用于产业多元化、品种多样化、各有独立的市场，而且市场环境变化较快的大型企业
矩阵制	矩阵结构适用于一些重大攻关项目。企业可用来完成涉及面广的、临时性的、复杂的重大工程项目或管理改革任务。特别适用于以开发与实验为主的单位，例如科学研究，尤其是应用性研究单位等

三、施工开展顺序

根据建设项目总目标的要求，确定工程分期分批施工的合理开展顺序。

一些大型工业企业项目都是由许多工厂或车间组成的，在确定施工开展顺序时，应主要考虑以下几点：

（1）在保证工期的前提下，实行分期分批建设，既可使各具体项目迅速建成，尽早投入使用，又可在全局上实现施工的连续性和均衡性，减少暂设工程数量，降低工程成本。

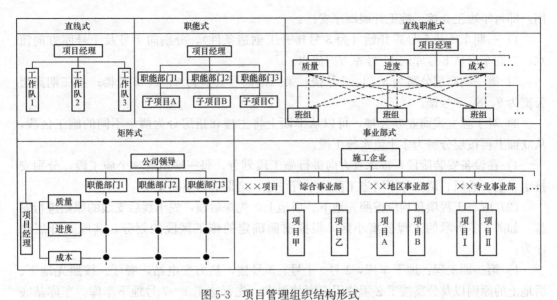

图 5-3 项目管理组织结构形式

至于分几期施工,各期工程包含哪些项目,应当根据业主要求、生产工艺的特点、工程规模大小和施工难易程度、资金、技术资源情况,由施工单位与业主共同研究确定。

【例 5-1】 某工程为高层公寓小区,由 9 栋高层公寓和地下车库、热力变电站、餐厅、幼儿园、物业管理楼、垃圾站等服务用房组成,如图 5-4 所示。

由于该施工项目为多栋号群体工程,工期比较长,按合同要求 9 栋公寓分三期交付使

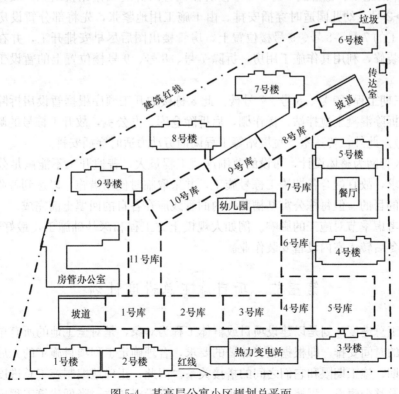

图 5-4 某高层公寓小区规划总平面

用，即每年竣工3栋。施工开展顺序安排：

1）一期车库从5号库开始（为3号楼开工创造条件），分别向7号及1号库方向流水；二期车库从8号库向11号库方向流水。

2）第一期高层公寓为3、4、5号楼；第二期高层公寓为6、1、2号楼；第三期高层公寓为9、8、7号楼。

3）对于独立式商业办公楼，可以从平面上将主楼和裙房分为两个不同的施工区段，从立面上再按层分解为多个流水施工段。

4）在设备安装阶段，按垂直方向进行施工段划分，每三层组成一个施工段，分别安排水、电、通风、消防等不同施工队的平行作业，定期进行空间交换。

（2）所有工程项目均应按照先地下、后地上，先深后浅，先干线后支线的原则进行安排。如图5-4所示的工程公寓小区，根据前面确定的施工区段的划分，其施工开展顺序为：

1）第一期工程：地下车库，3号、4号、5号楼，热力变电站，餐厅。按照先地下、后地上的原则以及公寓竣工必须使用车库的要求，先行施工1～7号地下车库。车库基底深，为尽量缩短基坑暴露时间，先施工5号库（为3号楼开工创造条件），然后向1号及7号库方向流水。接着进行3号、4号、5号楼，热力变电站施工。热力变电站因其系小区供电供热的枢纽，须先期配套使用，而且该栋号设备安装工期长，设备安装需要提前插入。餐厅工程较小，可穿插在上述施工队伍空闲期间进行。

2）第二期工程：6号、1号、2号楼，房管办公楼，幼儿园，8～11号车库。先进行8～11号车库的施工。考虑到1号、2号楼所在位置的拆迁工作比较困难，故开工顺序为6号→1号→2号，幼儿园适时穿插安排。由于施工用地紧张，先将部分暂设房安排在准备第三期开工的7号、8号、9号楼位置上，房管楼出图后尽早安排开工，并在结构完成后只做简易装修，利用其作施工用房，拆除7号、8号、9号楼位置上的暂设工程，腾出工作面。

3）第三期工程：9号、8号、7号楼。此3栋楼的开工顺序根据暂设房拆除的情况决定，计划先拆除混凝土搅拌站、操作棚，后拆除仓库、办公室，故开工栋号的顺序为9号→8号→7号。此外，传达室、垃圾站等工程调剂劳动力适时穿插安排。

4）小区管网为整体设计，布设的范围广、工程量大，普遍开工不能满足公寓分期交付使用的要求，故宜配合各期竣工栋号施工，并采取临时使用措施，以达到各阶段自成系统分期使用的目的。但每栋公寓基槽范围内的管线应在各自的回填土前完成。

（3）要考虑季节对施工的影响。例如大规模土方工程和深基础施工，最好避开雨季。寒冷地区入冬后转入室内设备安装作业。

第三节 项目施工总进度计划

项目施工总进度计划是以建设项目或群体工程为对象，是对全工地的所有单位工程施工活动进行的时间安排。即根据施工部署的要求，合理确定工程项目施工的先后顺序、开工和竣工日期、施工期限和它们之间的搭接关系。因此，正确地编制施工总进度计划是保证各项目以及整个建设工程按期交付使用、充分发挥投资效益、降低建筑工程成本的重要条件。

施工总进度计划的内容应包括：编制说明，施工总进度计划表（图），分期（分批）实施工程的开、竣工日期，工期一览表等。

一、施工总进度计划的编制原则

（1）合理安排各单位工程的施工顺序，保证在劳动力、物资以及资源消耗量最少的情况下，按规定工期完成施工任务。

（2）处理好配套建设安排，充分发挥投资效益。在工业建设项目施工安排时，要认真研究生产车间和辅助车间之间、原料与成品之间、动力设施和加工部门之间、生产性建筑和非生产性建筑之间的先后顺序，有意识地做好协调配套，形成完整的生产系统；民用建筑也要解决好供水、供电、供暖、通信、市政、交通等工程的同步建设。

（3）区分各项工程的轻重缓急，分批开工，分批竣工，把工艺调试在前的、占用工期较长的、工程难度较大的项目排在前面。所有单位工程，都要考虑土建、安装的交叉作业，组织流水施工，既能保证重点，又能实现连续、均衡施工的目的。

（4）充分考虑当地气候条件，尽可能减少冬雨期施工的附加费用。如大规模土方和深基础施工应避开雨期，现浇混凝土结构应避开冬期，高空作业应避开风季等。

（5）总进度计划的安排还应遵守技术法规、标准，符合安全、文明施工的要求，并应尽可能做到各种资源的均衡供应。

二、施工总进度计划的编制步骤❶

1. 列出工程项目一览表，计算工程量

施工总进度计划主要起控制总工期的作用，因此项目划分不宜过细，可按照确定的主要工程项目的开展顺序排列，一些附属项目、辅助工程及临时设施可以合并列出。

在工程项目一览表的基础上，计算各主要项目的实物工程量。将计算的工程量填入统一的工程量汇总表中，见表 5-2。

工程项目工程量汇总表 表 5-2

工程项目分类	工程项目名称	结构类型	建筑面积	幢数	概算投资	主要实物工程量							
						场地平整	土方工程	桩基工程	…	砖石工程	钢筋混凝土工程	…	装饰工程	…
			1000m²	个	万元	1000m²	1000m³	1000m³		1000m³	1000m³		1000m³	
全工地性工程														
主体项目														

---

❶ 《建设工程项目管理规范》GB/T 50326—2006 规定：

9.2.5 编制进度计划的步骤应按下列程序：

1. 确定进度计划的目标、性质和任务；2. 进行工作分解；3. 收集编制依据；4. 确定工作的起止时间及里程碑；5. 处理各工作之间的逻辑关系；6. 编制进度表；7. 编制进度说明书；8. 编制资源需量及供应平衡表；9. 报有关部门批准。

工程项目分类	工程项目名称	结构类型	建筑面积	幢数	概算投资	主要实物工程量							
						场地平整	土方工程	桩基工程	…	砖石工程	钢筋混凝土工程	…	装饰工程 …
			1000m²	个	万元	1000m²	1000m³	1000m³		1000m³	1000m³		1000m³
辅助项目													
永久住宅													
临时建筑													
合计													

2. 确定各单位工程的施工期限

单位工程的施工期限应根据建筑类型、结构特征、体积大小和现场地形、地质、环境条件以及施工单位的具体条件，依据合同及参考工期定额确定各单位工程的施工期限。

3. 确定各单位工程的开工、竣工时间和相互搭接关系

根据施工部署及单位工程施工期限，安排各单位工程的开、竣工时间和相互搭接关系。

4. 编制施工总进度计划

施工总进度计划可使用文字说明、里程碑表、工作量表、横道计划、网络计划等方法。作业性进度计划必须采用网络计划方法或横道计划方法。横道图表达施工总进度计划时，项目的排列可按施工总体方案所确定的工程展开程序排列横道图，并标明各施工项目开、竣工时间及其施工持续时间。

采用时间坐标网络图表达施工总进度计划，不仅比横道图更加直观明了，而且还可以表达出各施工项目之间的逻辑关系，应用电子计算机计算和输出，更利于对进度计划进行调整、优化、统计资源数量，输出图表等，图 5-5 为项目管理软件输出的图。

5. 施工总进度计划的调整和修正

施工总进度计划编制完后，尚需检查各单位工程的施工时间和施工顺序是否合理，总工期是否满足规定的要求，劳动力、材料及设备需要量是否出现较大的不均衡现象等。

利用资源需要量动态曲线分析项目资源需求量是否均衡，若曲线上存在较大的高峰或低谷，则表明在该时间里各种资源的需求量变化较大，需要调整和修正一些单位工程的施工速度或开竣工时间，增加或缩短某些分项工程（或施工项目）的施工持续时间，在施工工艺允许的情况下，还可以改变施工方法和施工组织，以便消除高峰或低谷，使各个时期的资源需求量尽量达到均衡。

某住宅小区二期工程第三标段施工总进度计划表

代码	名称	计划时长	最早开始	最早结束
	所有任务			
1	施工准备	10	2003-02-10	2003-02-19
2	5号楼地基与基础工程	20	2003-02-18	2003-03-09
3	5号楼主体结构	60	2003-03-10	2003-05-08
4	5号楼建筑屋面	20	2003-05-09	2003-05-28
5	5号楼建筑装修装饰	90	2003-05-29	2003-08-26
6	5号楼建筑给排水及电气	189	2003-02-21	2003-08-28
7	5号楼零星工程及其他	8	2003-08-27	2003-09-03
8	7/9号楼地基与基础工程	20	2003-02-12	2003-03-03
9	7/9号楼主体结构	72	2003-02-25	2003-05-07
10	7/9号楼建筑屋面	30	2003-04-26	2003-05-25
11	7/9号楼建筑装修装饰	100	2003-05-11	2003-08-18
12	7/9号楼建筑给排水及电气	186	2003-02-15	2003-08-19
13	7/9号楼零星工程及其他	10	2003-08-20	2003-08-29
14	10/12号楼土方开挖与基础工程	20	2003-02-20	2003-03-11
15	10/12号楼主体结构	72	2003-03-05	2003-05-15
16	10/12号楼建筑屋面	30	2003-05-04	2003-06-02
17	10/12号楼建筑装修装饰	95	2003-05-19	2003-08-21
18	10/12号楼建筑给排水及电气	180	2003-02-23	2003-08-21
19	10/12号楼零星工程及其他	10	2003-08-22	2003-08-31
20	11/13号楼土方开挖与基础工程	20	2003-02-12	2003-03-03
21	11/13号楼主体结构	72	2003-02-25	2003-05-07
22	11/13号楼建筑屋面	30	2003-04-26	2003-05-25
23	11/13号楼建筑装修装饰	95	2003-05-11	2003-08-13
24	11/13号楼建筑给排水及电气	183	2003-02-15	2003-08-16
25	11/13号楼零星工程及其他	8	2003-08-14	2003-08-21
26	工程竣工资料及整理即归档	200	2003-02-10	2003-08-28
27	工程扫尾及清理	5	2003-09-01	2003-09-05
28	竣工验收及移交	2	2003-09-06	2003-09-07

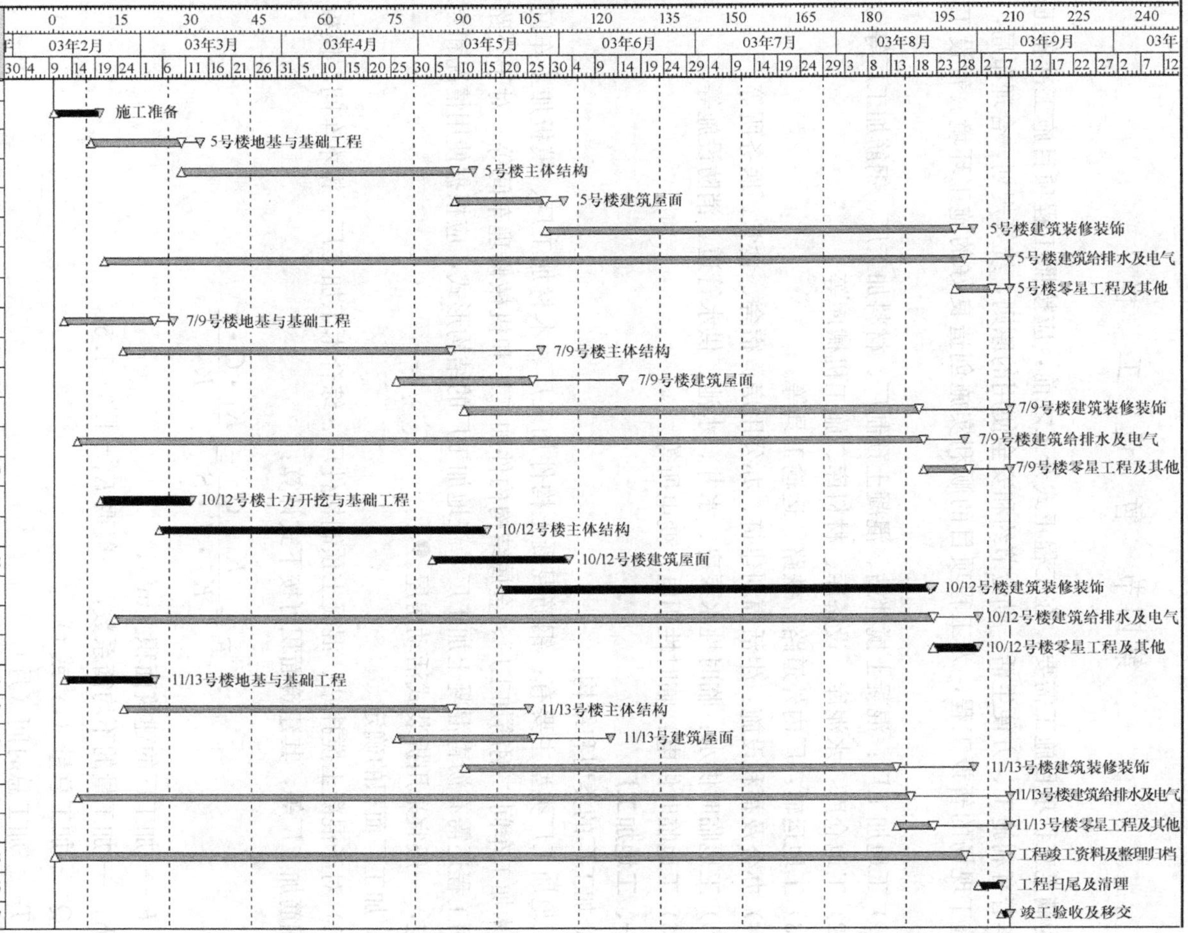

图5-5 某住宅项目二期三标段施工总进度计划

第四节 暂 设 工 程

为满足工程项目施工需要，在工程正式开工之前，应按照工程项目施工准备工作计划，本着有利施工、方便生活、勤俭节约和安全使用的原则，统筹规划，合理布局，及时完成施工现场的暂设工程，为工程项目的顺利实施创造良好的施工环境。暂设工程一般有：

(1) 工地加工厂：混凝土搅拌站、混凝土预制厂、材料加工厂、钢筋加工厂等。

(2) 工地仓库：水泥库、设备库、材料库、施工机械库等。

(3) 工地运输：厂内外道路、铁路、运输工具等。

(4) 办公及福利设施：生活福利建筑、办公用房、宿舍、食堂、医务所等。

(5) 工地临时供水：临时性水泵房、水井、水池、供水管道、消防设施等。

(6) 工地临时供电：临时性用电、变电所等。

一、工地加工厂

1. 加工厂的类型和结构

工地加工厂类型主要有：钢筋混凝土构件加工厂、木材加工厂、模板加工车间、粗(细)木加工车间、钢筋加工厂、金属结构构件加工厂和机械修理车间等，对于公路、桥梁路面工程还需有沥青混凝土加工厂。工地加工厂的结构形式，应根据使用情况和当地条件而定，一般宜采用拆装式活动房屋。❶

2. 加工厂面积的确定

(1) 对于混凝土搅拌站、混凝土预制构件厂、综合木工加工厂、锯木车间、模板加工厂、钢筋加工厂等，其建筑面积可按下式计算：

$$F = \frac{K_1 \cdot Q}{K_2 \cdot T \cdot S} = \frac{K_1 \cdot Q \cdot f}{K_2} \tag{5-1}$$

式中　F——加工厂的建筑面积（m^2）;

　　　K_1——加工量的不均衡系数，一般取 $K_1 = 1.3 \sim 1.5$;

　　　Q——加工总量（m^3 或 t）;

　　　T——加工总时间（月）;

　　　S——每平方米加工厂面积上的月平均加工量定额[$m^3/(m^2 \cdot 月)$或$t/(m^2 \cdot 月)$];

　　　K_2——加工厂建筑面积或占地面积的有效利用系数，一般取 $K_2 = 0.6 \sim 0.7$;

　　　f——加工厂完成单位加工产量所需的建筑面积定额，（m^2/m^3 或 m^2/t），查表 5-3 可得。

(2) 其他各类加工厂、机修车间、机械停放场等占地面积需参考表 5-4、表 5-5 确定。

---

❶ 《施工现场临时建筑物技术规范》JGJ/T 188—2009 规定：

4.1.4　临时建筑的办公用房、宿舍宜采用活动房，临时围挡用材宜选用彩钢板。

临时加工厂所需面积参考指标

表 5-3

序号	加工厂名称	年产量 单位	年产量 数量	单位产量所需建筑面积	占地总面积（m²）	备 注
1	混凝土搅拌站	m³	3200	0.022（m²/m³）	按砂石堆场考虑	400l 搅拌机 2 台
		m³	4800	0.021（m²/m³）		400l 搅拌机 3 台
		m³	6400	0.020（m²/m³）		400l 搅拌机 4 台
2	临时性混凝土预制厂	m³	1000	0.25（m²/m³）	2000	生产屋面板和中小型梁柱板等，配有蒸养设施
		m³	2000	0.20（m²/m³）	3000	
		m³	3000	0.15（m²/m³）	4000	
		m³	5000	0.125（m²/m³）	小于 6000	
3	钢筋加工厂	t	200	0.35（m²/t）	280～560	加工、成型、焊接
		t	500	0.25（m²/t）	380～750	
		t	1000	0.20（m²/t）	400～800	
		t	2000	0.15（m²/t）	450～900	
	现场钢筋调直冷拉拉直场	所需场地（m×m） 70～80×3～4				
	钢筋冷加工剪断机弯曲机 φ12 以下弯曲机 φ40 以下	所需场地（m³/台）30～4050～6060～70				按一批加工数量计算

现场作业棚所需面积指标

表 5-4

序号	名 称	单 位	面积（m²）	备 注
1	木工作业棚	m²/人	2	占地为建筑面积 2～3 倍
2	电锯房	m²	80	86～92cm 圆锯 1 台
3	电锯房	m²	40	小圆锯 1 台
4	钢筋作业棚	m²/人	3	占地为建筑面积 3～4 倍
5	搅拌棚	m²/台	10～18	
6	卷扬机棚	m²/台	6～12	
7	烘炉房	m²	30～40	
8	焊工房	m²	20～40	
9	电工房	m²	15	
10	白铁工房	m²	20	
11	油漆工房	m²	20	
12	机工、钳工修理房	m²	20	
13	立式锅炉房	m²/台	5～10	
14	发电机房	m²/kW	0.2～0.3	
15	水泵房	m²/台	3～8	
16	空压机房（移动式）	m²/台	18～30	
	空压机房（固定式）	m²/台	9～15	

序号	施工机械名称	所需场地 (m²/台)	存放方式	检修间所需建筑面积	
				内 容	数量（m²）
1	一、起重、土方机械类 塔式起重机	200～300	露天	10～20 台设一个检修台位（每增加 20 台增设一个检修台位）	200 （增加 150）
2	履带式起重机	100～150	露天		
3	履带式、正铲、反铲、拖式铲运机、轮胎式起重机	75～100	露天		
4	推土机、压路机	25～35	露天		
5	汽车式起重机	20～30	露天或室内		
6	二、运输机械类 汽车（室内） （室外）	20～30 40～60	一般情况下室内不小于 10%	每 20 台设一个检修台位（每增加一个检修台位）	170 （增加 160）
7	平板拖车	100～150			
8	三、其他机械类 搅拌机、卷扬机 电焊机、电动机 水泵、空压机、油泵、小型吊车等	4～6	一般情况下，室内占 30%，露天占 70%	每 50 台设一个检修台位（每增加一个检修台位）	50 （增加 50）

二、工地仓库

1. 仓库的类型和结构

（1）仓库的类型

建筑工程所用仓库按其用途分为以下几种：

1）转运仓库：设在火车站、码头附近用来转运货物。

2）中心仓库：用以储存整个工程项目工地、地域性施工企业所需的材料。

3）现场仓库（包括堆场）：专为某项工程服务的仓库，一般建在现场。

4）加工厂仓库：用以某加工厂储存原材料、已加工的半成品、构件等。

（2）仓库的结构形式

1）露天仓库：用于堆放不因自然条件而受影响的材料。如砂、石、混凝土构件等。

2）库房：用于堆放易受自然条件影响而发生性能、质量变化的材料。如金属材料、水泥、贵重的建筑材料、五金材料、易燃、易碎品等。

2. 仓库面积的确定

$$A = \varphi \times m \tag{5-2}$$

式中 φ——系数（m²/人，m²/万元）；

m——计算基础数（生产工人数，全年计划工作量），见表 5-6。

按系数计算仓库面积表 表 5-6

序号	名 称	计算基础数 m	单位	系数 φ
1	仓库（综合）	按工地全员	m²/人	0.7～0.8
2	水泥库	按当年水泥用量的 40%～50%	m²/t	0.7
3	其他仓库	按当年工作量	m²/万元	2～3
4	五金杂品库	按年建安工作量计算时	m²/万元	0.2～0.3
		按在建建筑面积计算时	m²/100m²	0.5～1

序号	名　　称	计算基础数 m	单位	系数 φ
5	土建工具库	按高峰年（季）平均人数	m²/人	0.10～0.20
6	水暖器材库	按年在建建筑面积	m²/100m²	0.20～0.40
7	电器器材库	按年在建建筑面积	m²/100m²	0.3～0.5
8	化工油漆危险品仓库	按年建安工作量	m²/万元	0.1～0.15
9	三大工具堆材	按年在建建筑面积	m²/100m²	1～2
	（脚手、跳板、模板）	按年建安工作量	m²/万元	0.5～1

三、工地运输

工地的运输方式有铁路运输、公路运输、水路运输等。在选择运输方式时，应考虑各种影响因素，如运量的大小、运距的长短、运输费用、货物的性质、路况及运输条件、自然条件等。

一般情况下，尽量利用已有的永久性道路。当货运量大，且距国家铁路较近时，宜铁路运输；当地势复杂，且附近又没有铁路时，考虑汽车运输；货运量不大，运距较近时，宜采用汽车运输；有水运条件的可采用水运。

四、办公、生活福利设施

1. 办公、生活福利设施❶

《施工现场临时建筑物技术规范》JGJ/T 188—2009 第 5 款建筑设计规定：

（1）办公设施

1）办公用房宜包括办公室、会议室、资料室、档案室等。

2）办公用房室内净高不应低于 2.5m。

3）办公室的人均使用面积不宜小于 4m²，会议室使用面积不宜小于 30m²。

（2）宿舍设施

1）宿舍内应保证必要的生活空间，人均使用面积不宜小于 2.5m²。室内净高不应低于 2.5m。每间宿舍居住人数不宜超过 16 人。

---

❶ 《建设工程施工现场消防安全技术规范》GB 50720—2011 规定：

4.2.1 办公用房、宿舍的防火设计应符合下列规定：

1. 建筑构件的燃烧性能应为 A 级，当采用金属夹芯板材时，其芯材的燃烧性能等级应为 A 级；2. 层数不应超过 3 层，每层建筑面积不应大于 300m²；3. 层数为 3 层或每层建筑面积大于 200m² 时，应至少设置 2 部疏散楼梯，房间疏散门至疏散楼梯的最大距离不应大于 25m；4. 单面布置用房时，疏散走道的净宽度不应小于 1m；双面布置用房时，疏散走道净宽度不应小于 1.5m。5. 疏散楼梯的净宽度不应小于疏散走道的净宽度；6. 宿舍房间的建筑面积不应大于 30m²，其他房间的建筑面积不宜大于 100m²；7. 房间内任一点至最近疏散门的距离不应大于 15m，房门的净宽度不应大于 0.8m；房间超过 50m² 时，房门净宽度不应小于 1.2m；8. 隔墙应从楼地面基层隔断至顶板基层底面。

4.2.2 发电机房、变配电房、厨房操作间、锅炉房、可燃材料库房和易燃易爆危险品库房的防火设计应符合下列规定：

1. 建筑构件的燃烧性能等级应为 A 级；2. 层数应为 1 层，建筑面积不应大于 200m²；3. 可燃材料库房单个房间建筑面积不应超过 30m²，易燃易爆危险品库房单个房间建筑面积不应超过 20m²；4. 房间内任一点至最近疏散门的距离不应大于 10m，房门的净宽度不应大于 0.8m。

4.2.3 其他防火设计应符合下列规定：

1. 宿舍、办公用房不应与厨房操作间、锅炉房、变配电房等组合建造；2. 会议室、娱乐室等人员密集房间应设置在临时用房的一层，其疏散门应向疏散方向开启。

2）宿舍内应设置单人铺，层铺的搭设不应超过2层。

3）宿舍内宜配置生活用品专柜，宿舍门外宜配置鞋柜或鞋架。

（3）食堂设施

1）食堂与厕所、垃圾站等污染源的地方的距离不宜小于15m，且不应设在污染源的下风侧。

2）食堂宜采用单层结构，顶棚宜采用吊顶。

3）食堂应设置独立的制作间、售菜（饭）间、储藏间和燃气罐存放间。

4）制作间应设置冲洗池、清洗池、消毒池、隔油池；灶台及周边应贴白色瓷砖，高度不宜低于1.5m；地面应做硬化和防滑处理。

5）食堂应配备必要的排风设施和消毒设施。制作间油烟应处理后对外排放。

6）食堂应设置密闭式泔水桶。

（4）厕所、盥洗室、浴室设施

1）施工现场应设置自动水冲式或移动式厕所。

2）厕所的厕位设置应满足男厕每50人、女厕每25人设1个蹲便器，男厕每50人设1m长小便槽的要求。蹲便器间距不小于900mm，蹲位之间宜设置隔板，隔板高度不低于900mm。

3）盥洗间应设置盥洗池和水嘴。水嘴与员工的比例为1：20，水嘴间距不小于700mm。

4）淋浴间的淋浴器与员工的比例为1：20，淋浴器间距不小于1000mm。

5）淋浴间应设置储衣柜或挂衣架。

6）厕所、盥洗室、淋浴间的地面应做硬化和防滑处理。

（5）施工现场宜单独设置文体活动室，使用面积不宜小于50m²。

2. 办公、生活福利设施建筑面积的确定

建筑施工工地人数确定后，即可由式（5-3）确定建筑面积：

$$S=N\times P \tag{5-3}$$

式中　S——所需确定的建筑面积（m²）；

N——使用人数；

P——建筑面积参考指标（m²/人），可参照表5-7计算。

行政、生活福利临时建筑面积参考指标（m²/人）　　　　　　表5-7

序号	临时房屋名称	指标使用方法	单位	参考指标
1	办公室	按使用人数	m²/人	3～4
2	工人休息室	按工地平均人数	m²/人	0.15
3	食堂	按高峰年平均人数	m²/人	0.5～0.8
4	浴室	按高峰年平均人数	m²/人	0.07～0.10
5	宿舍（单层床）	按工地住人数	m²/人	3.5～4.0
	（双层床）	按工地住人数	m²/人	2.0～2.5
6	医务室	按高峰年平均人数	m²/人	0.05～0.07
7	其他公用房	按高峰年平均人数	m²/人	0.05～0.10

五、工地临时供水

建筑工地临时用水主要包括三种类型：生产用水、生活用水和消防用水。工地临时供水设计内容主要包括：计算用水量、选择水源、设计配水管网。

1. 确定用水量

（1）生产用水

包括工程施工用水和施工机械用水。

1）工程施工用水量

$$q_1 = K_1 \sum \frac{Q_1 \cdot N_1}{t} \times \frac{K_2}{8 \times 3600} \qquad (5\text{-}4)$$

式中 q_1——施工用水量（L/s）；

K_1——未预见的施工用水系数（1.05～1.15）；

Q_1——日工程量；

N_1——施工用水定额，见表 5-8；

t——每天工作班次；

K_2——用水不均匀系数，施工工程用水取 1.5，生产企业用水取 1.25。

施工用水（N_1）参考定额　　　　　　　　　　　　　　　　　　　表 5-8

序号	用水对象	单位	耗水量（N_1）	备　注
1	浇筑混凝土全部用水	L/m³	1700～2400	
2	搅拌普通混凝土	L/m³	250	
3	搅拌轻质混凝土	L/m³	300～350	
4	搅拌泡沫混凝土	L/m³	300～400	
5	搅拌热混凝土	L/m³	300～350	
6	混凝土养护（自然养护）	L/m³	200～400	
7	混凝土养护（蒸汽养护）	L/m³	500～700	
8	冲洗模板	L/m²	5	
9	搅拌机清洗	L/台班	600	
10	人工冲洗石子	L/m³	1000	
11	机械冲洗石子	L/m³	600	
12	洗砂	L/m³	1000	
13	砌砖工程全部用水	L/m³	150～250	
14	砌石工程全部用水	L/m³	50～80	
15	抹灰工程全部用水	L/m²	30	
16	耐火砖砌体工程	L/m³	100～150	包括砂浆搅拌
17	浇砖	L 千块	200～250	
18	浇硅酸盐砌块	L/m³	300～350	
19	抹面	L/m²	4～6	未包括调制用水
20	楼地面	L/m²	190	
21	搅拌砂浆	L/m³	300	
22	石灰消化	L/t	3000	
23	上水管道工程	L/m	98	
24	下水管道工程	L/m	1130	
25	工业管道工程	L/m	35	

2) 施工机械用水量（除非用蒸汽动力机械设备，一般施工现场可不考虑该项用水）

$$q_2 = K_1 \sum \frac{Q_2 \cdot N_2}{t} \frac{K_3}{8 \times 3600} \qquad (5\text{-}5)$$

式中　q_2——施工机械用水量（L/s）；

　　　K_1——未预见的施工用水系数（1.05～1.15）；

　　　Q_2——同一种机械台数（台）；

　　　N_2——施工机械台班用水定额；

　　　K_3——施工机械用水不均衡系数，运输机械取 2.0，动力设备取 1.05～1.1。

（2）生活用水

包括施工现场生活用水和生活区生活用水。

1) 施工现场生活用水量

$$q_3 = \frac{P_1 \cdot N_3 \cdot K_4}{t \times 8 \times 3600} \qquad (5\text{-}6)$$

式中　q_3——施工现场生活用水量（L/s）；

　　　P_1——施工现场高峰昼夜人数（人）；

　　　N_3——施工现场生活用水定额（一般为 20～60L/（人·班），主要视当地气候而定）；

　　　K_4——施工现场生活用水不均衡系数，取 1.3～1.5；

　　　t——每天工作班数（班）。

2) 生活区生活用水量（除非有规模生活住宅小区，一般施工现场生活用水可不考虑该项用水）

$$q_4 = \frac{P_2 \cdot N_4 \cdot K_5}{24 \times 3600} \qquad (5\text{-}7)$$

式中　q_4——生活区生活用水量（L/s）；

　　　P_2——生活区居民人数（人）；

　　　N_4——生活区昼夜全部生活用水定额（60L/s）；

　　　K_5——生活区用水不均衡系数，取 2.0～2.5。

（3）消防用水量❶

临时消防用水量 q_5 分为临时室外消防用水量与临时室内消防用水量。临时用房的临时室外消防用水量不应小于表 5-9 的规定。在建工程的临时室外消防用水量不应小于表 5-10 的规定，在建工程的临时室内消防用水量不应小于表 5-11 的规定。

---

❶ 《建设工程施工现场消防安全技术规范》GB 50720—2011 规定：

5.3.1　施工现场或其附近应设置稳定、可靠的水源，并应能满足施工现场临时消防用水的需要。消防水源可采用市政给水管网或天然水源。当采用天然水源时，应采取措施确保冰冻季节、枯水期最低水位时顺利取水，并满足临时消防用水量的要求。

5.3.17　施工现场临时消防给水系统应与施工现场生产、生活给水系统合并设置，但应设置将生产、生活用水转为消防用水的应急阀门。应急阀门不应超过 2 个，且应设置在易于操作的场所，并设置明显标识。

临时用房的建筑面积之和	火灾延续时间 (h)	消火栓用水量 (L/s)	每支水枪最小流量 (L/s)
1000m² ＜面积≤5000m²	1	10	5
面积＞5000m²	1	15	5

在建工程的临时室外消防用水量 表 5-10

在建工程（单体）体积	火灾延续时间 (h)	消火栓用水量 (L/s)	每支水枪最小流量 (L/s)
10000m² ＜面积≤30000m²	1	10	5
面积＞30000m²	2	15	5

在建工程的临时室内消防用水量 表 5-11

建筑高度、在建工程体积（单体）	火灾延续时间 (h)	消火栓用水量 (L/s)	每支水枪最小流量 (L/s)
24m＜建筑高度≤50m 或 30000m³＜体积≤50000m³	1	10	5
建筑高度＞50m 或 体积＞50000m³	1	15	5

（4）确定总用水量

由于生产用水、生活用水和消防用水不可能同时使用，故在确定总用水量 Q 时，不能简单地相加，根据《建设工程施工现场消防安全技术规范》GB 50720—2011 第 5.3.17 条，一般可分为以下两种情形：

1）当 $q_1+q_2+q_3+q_4 \leqslant q_5$ 时：$Q=q_5$ (5-8)

2）当 $q_1+q_2+q_3+q_4＞q_5$ 时：$Q=q_1+q_2+q_3+q_4$ (5-9)

最后计算出的总用水量，还应增加 10%，以补偿管网的漏水损失。

2. 选择水源

建筑工地临时供水水源，有供水管道和天然水源供水两种方式，尽可能利用现场附近居民区现有的供水管道供水，只有当工地附近没有现成的供水管道或现有给水管道无法使用以及给水管道供水量难以满足使用要求时，才使用天然水源（如江河、水库、泉水、井水等）供水。

3. 设计配水管网

（1）确定供水系统

一般工程项目的施工用水尽量利用拟建项目的永久性供水系统，只有在永久性供水系统不具备时，才修建临时供水系统。在临时供水时，如水泵不能连续抽水，则需设置贮水构筑物（如蓄水池、水塔或水箱）。其容量以每小时消防用水决定，但不得少于 10～20m³。

（2）确定供水管径

根据工地总用水量，按式（5-10）计算干管管径：

$$D = \sqrt{\frac{4Q \times 1000}{\pi \cdot v}} \qquad (5\text{-}10)$$

式中　D——配水管内径（mm）；

Q——计算总用水量（L/s）；

v——管网中的水流速度（m/s）；可参照表 5-12。

临时水管经济流速表　　　　　　　　　　表 5-12

序号	管　径	流速 v（m/s）	
		正常时间	消防时间
1	支管 $D<100$mm	2	2
2	生产消防管 $D=100\sim300$mm	1.3	>3.0
3	生产消防管 $D>300$mm	$1.5\sim1.7$	2.5
4	生产用水管 $D>300$mm	$1.5\sim2.5$	3.0

（3）给水管材选择

根据计算得到的管径，可选择临时给水管材料，目前使用的管材主要有三大类。第一类是金属管，如内搪塑料的热镀铸铁管、钢管、不锈钢管；第二类是塑复金属管，如钢塑复合管、铝塑复合管等。第三类是塑料管，如 PVC-U、PE 管，见表 5-13。

室外埋地给水管材选用表　　　　　　　　　　表 5-13

序号	管材名称	管材规格	连接方式	适用规范,标准	标准图号	备　注
1	硬聚氯乙烯（PVC-U）埋地给水管	公称外径：$DN63,DN75$,$DN90,DN110,DN125$,$DN160,DN200,DN225$,$DN250,DN315,DN355$,$DN400,DN450,DN500$,$DN630,DN710,DN800$ 宜采用公称压力等级为 $PN1.00$MPa、$PN1.25$MPa、$PN1.60$MPa产品	橡胶圈承插柔性连接	《埋地硬聚氯乙烯给水管道工程技术规程》CECS17：2000	02SS405—1《硬聚氯乙烯（PVC-U）给水管安装》	①与金属附件或其他材质管道连接可采用法兰 ②沟底不得有突出的尖硬物，必要时可铺设 100mm 厚中粗砂垫层
2	聚乙烯（PE）给水管（PE80,PE100）	公称外径：$DN63,DN75$,$DN90,DN110,DN125$,$DN140,DN160,DN180$,$DN200,DN225,DN250$,$DN280,DN315,DN355$,$DN400,DN450,DN500$,$DN560,DN630,DN710$,$DN800$ 系统工作压力 $P_s \leqslant$ 0.6MPa宜采用 S6.3 或 S5 系列管材线膨胀系数：0.20mm/m℃；同材质管件；低温抗冲性能优良，易燃	① $DN \geqslant$ 63 对接热熔连接 ② $DN \leqslant$ 160 电熔连接 ③ $DN >$ 160 法兰连接	《给水用聚乙烯（PE）管材》GB/T 13663—2000《建筑给水聚乙烯类管道工程技术规程》CJJ/T 98—2003		①与20℃、50年、概率预测97.5%的静液压强度 0LPL（MPa）；PE80 为 8.00～9.99，PE100 为 10.0～11.19 ②与金属附件或其他材质管道连接可采用法兰 ③沟底不得有突出的尖硬物，必要时可铺设 100mm 厚中粗砂垫

序号	管材名称	管材规格	连接方式	适用规范,标准	标准图号	备注
3	钢丝网骨架塑料（聚乙烯）复合给水管（钢线网塑管）	公称直径 $DN50$,$DN63$,$DN75$,$DN90$,$DN110$,$DN140$,$DN160$,$DN200$,$DN225$,$DN250$,$DN315$,$DN355$,$DN400$,$DN450$,$DN500$,$DN560$,$DN630$ 聚乙烯（PE）管件	电熔连接	《钢丝网骨架塑料(聚乙烯)复合管材及管件》CJ/T 189—2007	①管材公称压力：$DN \leqslant$ 90mm 为 1.6MPa，$DN \geqslant$ 110mm 为 1.0MPa、1.6MPa ②与金属附件或其他材质管道连接可采用法兰 ③沟底不得有突出的尖硬物，必要时可铺设 100mm 厚中粗砂垫	
4	球墨铸铁给水管（含离心铸造、金属型离心铸造、连线铸造成型产品）	公称直径：$DN50$,$DN65$,$DN80$,$DN100$,$DN125$,$DN150$,$DN200$,$DN250$,$DN300$,$DN350$,$DN400$,$DN450$,$DN500$,$DN600$,$DN700$,$DN800$,$DN900$,$DN1000$,$DN1100$,$DN1200$	①承插胶圈接口 ②承插法兰胶圈接口	《水及煤气管道用球墨铸铁管、管件和附件》GB/T 13295—2003		内衬水泥砂浆（离心衬涂）外表面涂刷沥青漆

4. 工地临时用水计算实例

【例 5-2】 某住宅小区，建筑面积为 21.3 万 m^2，最高建筑为 33 层（女儿墙距室外地坪 95.6m），根据施工总进度计划确定出施工高峰和用水高峰在第三季度，主要工程量和施工人数如下：日最大混凝土浇筑量为 2000m^3，施工现场高峰人数 1300 人，临时用房 3850m^2，试计算现场总用水量和管径（施工现场处于市政消火栓 150m 保护范围内，且市政消火栓的数量满足室外消防用水量要求）。

【解】 ①施工工程用水量计算

查表 5-8，N_1 浇筑混凝土取 350L/m^3（采用预拌混凝土，只考虑养护用水）；取 K_1 =1.05，K_2=1.5；每天工作班数取 t=1。

$$q_1 = K_1 \sum \frac{Q_1 \cdot N_1}{t} \times \frac{K_2}{8 \times 3600}$$

$$= 1.05 \times \frac{(2000 \times 350)}{1} \times \frac{1.5}{8 \times 3600} = 38.3 \text{L/s}$$

②施工机械用水量计算

本工程没有使用用水机械，不考虑施工机械用水，故 q_2=0L/s。

③施工现场生活用水量计算

取 N=100L/人，K_4=1.4，取每天平均工作班数，t=1.5。

$$q_3 = \frac{P_1 \times N_3 \times K_4}{t \times 8 \times 3600} = \frac{1300 \times 100 \times 1.4}{1.5 \times 8 \times 3600} = 4.2 \text{L/s}$$

④生活区生活用水量计算（该施工现场没有规模生活住宅小区，不考虑该项用水）

⑤消防用水量计算❶

根据本工程背景：建筑面积为 21.3 万 m²，最高建筑为 33 层（女儿墙距室外地坪95.6m），临时用房 3850m²。查表 5-9、表 5-10、表 5-11，取 $q_5=15+15=30$L/s。同时该工程现场必须单独设置临时室内消防给水系统。

⑥总用水量计算

$$q_1+q_2+q_3+q_4=38.3+0+4.2+0=42.5\text{L/s}>q_5=30\text{L/s}$$

$$Q=42.5\text{L/s}$$

考虑漏水损失，$Q=1.1\times42.5=46.8$L/s。

⑦管径计算

取 $v=1.5$m/s，代入式（5-10）得：

$$D=\sqrt{\frac{4Q\times1000}{\pi\cdot v}}=\sqrt{\frac{4\times46.8\times1000}{3.14\times1.5}}=199.4(\text{mm})$$

查表 5-13，选 $D=200$mm 硬聚氯乙烯（PVC-U）埋地给水管。

六、工地临时供电

建筑工地临时供电包括：计算用电总量、选择电源、确定变压器、确定导线截面面积并布置配电线路。

施工现场临时用电设备在 5 台及以上或设备总容量在 50kW 及以上者，应编制用电组织设计。施工现场临时用电组织设计内容必须满足相关规范规定。❷

---

❶ 《建设工程施工现场消防安全技术规范》GB 50720—2011 规定：

5.3.1 施工现场或其附近应设有稳定、可靠的水源，并应能满足施工现场临时消防用水的需要。消防水源可采用市政给水管网或天然水源，采用天然水源时，应有可靠措施确保冰冻季节、枯水期最低水位时顺利取水，并满足消防用水量的要求。

5.3.2 临时消防用水量应为临时室外消防用水量与临时室内消防用水量之和。

5.3.3 临时室外消防用水量应按临时用房和在建工程的临时室外消防用水量的较大者确定，施工现场火灾次数可按同时发生 1 次确定。

5.3.4 临时用房建筑面积之和大于 1000m² 或在建工程单体体积大于 10000m³ 时，应设置临时室外消防给水系统。当施工现场处于市政消火栓 150m 保护范围内且市政消火栓的数量满足室外消防用水量要求时，可不设置临时室外消防给水系统。

5.3.7 施工现场的临时室外消防给水系统的设置应符合下列要求：1 给水管网宜布置成环状；2 临时室外消防给水主干管的管径，应根据施工现场临时消防用水量和干管内水流计算速度计算确定，且不应小于 DN100；3 室外消火栓沿在建工程、临时用房、可燃材料堆场及其加工场均匀布置，与在建工程、临时用房和可燃材料堆场及其加工场的外边线距离不应小于 5.0m；4 消火栓的间距不应大于 120m；5 消火栓的最大保护半径不应大于 150m。

5.3.8 建筑高度大于 24m 或单体体积超过 30000m³ 的在建工程，应设置临时室内消防给水系统。

❷ 《施工现场临时用电安全技术规范》JGJ 46—2005 规定：

3.1.2 施工现场临时用电组织设计应包括下列内容：

1. 现场勘测；2. 确定电源进线、变电所或配电室、配电装置、用电设备位置及线路走向；3. 进行负荷计算；4. 选择变压器；5. 设计配电系统：1）设计配电线路，选择导线或电缆；2）设计配电装置，选择电器；3）设计接地装置；4）绘制临时用电工程图纸，主要包括用电工程总平面图、配电装置布置图、配电系统接线图、接地装置设计图；6. 设计防雷装置；7. 确定防护措施；8. 制定安全用电措施和电气防火措施。

3.1.4 临时用电组织设计及变更时，必须履行"编制、审核、批准"程序，由电气工程技术人员组织编制，经相关部门审核及具有法人资格企业的技术负责人批准后实施。变更用电组织设计时应补充有关图纸资料。

3.1.5 临时用电工程必须经编制、审核、批准部门和使用单位共同验收，合格后方可投入使用。

（一）工地总用电量计算

建筑工地用电量包括动力用电和照明用电两类，可按式（5-11）计算总用电量。

$$P = \phi\left(K_1 \frac{\Sigma P_1}{\cos\varphi} + K_2 \Sigma P_2 + K_3 \Sigma P_3 + K_4 \Sigma P_4\right) \qquad (5-11)$$

一般建筑工地现场多采用一班制或两班制，少数采用三班制，因此综合考虑动力用电约占总用电量的 90%，室内外照明用电约占 10%，则式（5-11）可简化为：

$$P = 1.1\left(K_1 \frac{\Sigma P_1}{\cos\varphi} + K_2 \Sigma P_2 + 0.1P\right) = 1.24\left(K_1 \frac{\Sigma P_1}{\cos\varphi} + K_2 \Sigma P_2\right) \qquad (5-12)$$

式中　　　　　P——总用电量（kW）；

ϕ——未预计施工用电系数（1.05～1.1）；

P_1——电动机额定功率（kW）；

P_2——电焊机额定容量（kV·A）；

P_3——室内照明容量（kW）；

P_4——室外照明容量（kW）；

$\cos\varphi$——电动机的平均功率因数，施工现场最高为 0.75～0.78，一般为 0.65～0.75；

K_1、K_2、K_3、K_4——需要系数，见表 5-14。

需要系数（K）值　　　　　　　　　　表 5-14

用电名称	数量	K	数值	备注
电动机	3～10 台	K_1	0.7	如施工中需用电热时，应将其用电量计算进去。为使计算接近实际，式中各项用电根据不同性质分别计算
	11～30 台		0.6	
	30 台以上		0.5	
加工厂动力设备			0.5	
电焊机	3～10 台	K_2	0.6	
	10 台以上		0.5	
室内照明		K_3	0.8	
室外照明		K_4	1.0	

（二）选择电源

选择临时供电电源，通常有：完全由工地附近的电力系统供电；没有电力系统时，完全由自备临时发电站供给。最经济的方案是，将附近的高压电，经设在工地的变压器降压后，引入工地。

（三）确定变压器

变压器的功率可由式（5-13）计算：

$$P_{变} = K\left(\frac{\Sigma P_{\max}}{\cos\varphi}\right) \qquad (5-13)$$

式中　$P_{变}$——变压器的功率（kV·A）；

$\Sigma P_{\max}$——施工区的最大计算负荷（kW）；

K——功率损失系数，取 1.05；

$\cos\varphi$——功率因数。

根据计算所得容量，即可查有关资料选择变压器的型号和额定容量。

（四）配电室布置应符合规范规定❶

（五）确定配电导线截面面积

配电导线要正常工作，必须具有足够的力学强度（防止受拉或机械性损伤而折断），还必须耐受因电流通过所产生的温升，并且使得电压损失在允许范围内，因此，选择配电导线截面积，必须满足机械强度、允许电流和允许电压降三方面的要求。通常先根据负荷电流的大小选择导线截面，然后再以机械强度和允许电压降进行复核。

（六）布置配电线路

配电线路的布置方案有枝状、环状和混合式三种，主要根据用户的位置和要求、永久性供电线路的形状而定。一般 3～10kV 的高压线路宜采用环状，380/220V 的低压线路可用枝状。《施工现场临时用电安全技术规范》（JGJ 46—2005）有下列规定：

（1）在建工程（含脚手架）的周边与外电架空线路的边线之间的最小安全操作距离应符合表 5-15 规定。

最小安全操作距离 表 5-15

外电线路电压等级（kV）	<1	1～10	35～110	220	330～500
最小安全距离	4.0	6.0	8.0	10	16

注：上、下脚手架的斜道不宜设在有外电线路的一侧。

（2）施工现场的机动车道与外电架空线路交叉时，架空线路的最低点与路面的最小垂直距离应符合表 5-16 规定。

最小垂直距离 表 5-16

外电线路电压等级（kV）	<1	1～10	35
最小安全距离	6.0	7.0	7.0

---

❶《施工现场临时用电安全技术规范》JGJ46—2005

6.1.4 配电室布置应符合下列要求：

1. 配电柜正面的操作通道宽度，单列布置或双列背对背布置不小于 1.5m，双列面对面布置不小于 2m；2. 配电柜后面的维护通道宽度，单列布置或双列面对面布置不小于 0.8m，双列背对背布置不小于 1.5m，个别地点有建筑物结构凸出的地方，则此点通道宽度可减少 0.2m；3. 配电柜侧面的维护通道宽度不小于 1m；4. 配电室的顶棚与地面的距离不低于 3m；5. 配电室内设置值班或检修室时，该室边缘距配电柜的水平距离大于 1m，并采取屏障隔离；6. 配电室内的裸母线与地面垂直距离小于 2.5m 时，采用遮栏隔离，遮栏下面通道的高度不小于 1.9m；7. 配电室围栏上端与其正上方带电部分的净距不小于 0.075m；8. 配电装置的上端栅棚不小于 0.5m；9. 配电室内的母线涂刷有色油漆，以标志相序；以柜正面方向为基准，其涂色符合表 6.1.4 规定；10. 配电室的建筑物和构筑物的耐火等级不低于 3 级，室内配置砂箱和可用于扑灭电气火灾的灭火器；11. 配电室的门向外开，并配锁；12. 配电室的照明分别设置正常照明和事故照明。

母线涂色 表 6.1.4

相别	颜色	垂直排	水平排	引下排
L1 (A)	黄	上	后	左
L2 (B)	绿	中	中	中
L3 (C)	红	下	前	右
N	淡	—	—	—

（3）起重机严禁越过无防护设施的外电架空线路作业。在外电架空线路附近吊装时，起重机的任何部位或被吊物边缘在最大偏斜时与架空线路边线的最小安全距离应符合表5-17规定。

起重机与架空线路的最小安全距离　　　　　　　　　　　　表 5-17

电压（kV） 安全距离（m）	<1	10	35	110	220	330	500
沿垂直方向	1.5	3.0	4.0	5.0	6.0	7.0	8.5
沿水平方向	1.5	2.0	3.5	4.0	6.0	7.0	8.5

（4）施工现场开挖沟槽边缘与外电埋地电缆沟槽边缘之间的距离不得小于 0.5m。

（5）当达不到第（1）～第（4）条中的规定时，必须采取绝缘隔离防护措施，并应悬挂醒目的警告标志。

1）架设防护设施时，必须经有关部门批准，采用线路暂时停电或其他可靠的安全技术措施，并应有电气工程技术人员和专职安全人员监护。

2）防护设施与外电线路之间的安全距离不应小于表 5-18 所列数值。

3）防护设施应坚固、稳定，且对外电线路的隔离防护应达到 IP30 级。

防护设施与外电线路之间的最小安全距离　　　　　　　　　　表 5-18

外电线路电压等级（kV）	≤10	35	110	220	330	500
最小安全距离（m）	1.7	2.0	2.5	4.0	5.0	6.0

（6）在施工现场专用变压器的供电的 TN-S 接零保护系统中，电气设备的金属外壳必须与保护零线连接。保护零线应由工作接地线、配电室（总配电箱）电源侧零线或总漏电保护器电源侧零线处引出（图 5-6）。

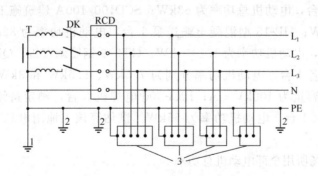

图 5-6　专用变压器供电时 TN-S 接零保护系统示意图

1—工作接地；2—PE 线重复接地；3—电气设备金属外壳

（正常不带电的外露可导电部分）

（7）当施工现场与外电线路共用同一供电系统时，电气设备的接地、接零保护应与原系统保护一致。不得一部分设备做保护接零，另一部分设备做保护接地。

采用 TN 系统做保护接零时，工作零线（N 线）必须通过总漏电保护器，保护零线

（PE线）必须由电源进线零线重复接地处或总漏电保护器电源侧零线处，引出形成局部TN-S接零保护系统（图5-7）。

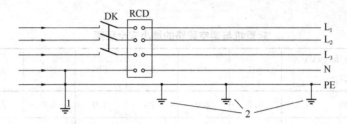

图 5-7　三相四线供电时局部 TN-S 接零保护系统保护零线引出示意图
1—N，PE线重复接地；2—PE线重复接地；L₁、L₂、L₃—相线；
N—工作零线；PE—保护零线；DK—总电源隔离开关；RCD—总漏电保护器

（8）TN 系统中的保护零线除必须在配电室或总配电箱处做重复接地外，还必须在配电系统的中间处和末端处做重复接地。

1）在 TN 系统中，保护零线每一处重复接地装置的接地电阻值不应大于 10Ω。在工作接地电阻值允许达到 10Ω 的电力系统中，所有重复接地的等效电阻值不应大于10Ω。

2）在 TN 系统中，严禁将单独敷设的工作零线再做重复接地。

3）每一接地装置的接地线应采用 2 根及以上导体，在不同点与接地体做电气连接。不得采用铝导体做接地体或地下接地线。垂直接地体宜采用角钢、钢管或光面圆钢，不得采用螺纹钢。

4）接地可利用自然接地体，但应保证其电气连接和热稳定。

（七）工地临时用电计算实例

【例 5-3】　某高层建筑施工工地，在结构施工阶段主要施工机械配备为：QT100 附着式塔式起重机 1 台，电动机总功率为 63kW；SCD100/100A 建筑施工外用电梯 1 台，电动机功率为 11kW；HB-15 型混凝土输送泵 1 台，电动机功率为 32.2kW；ZX50 型插入式振动器 4 台，电动机功率为 1.1×4kW；GT3/9 钢筋调直机、QJ40 钢筋切断机、GW40 钢筋弯曲机各 1 台，电动机功率分别为 7.5kW、5.5kW 和 3kW；UN-100 钢筋对焊机 1 台，额定容量为 100kV·A；BX3-300 电焊机 3 台，额定持续功率为 23.4×3kV·A；高压水泵 1 台，电动机功率为 55kW。试估算该工地用电总量，并选择配电变压器。

【解】　施工现场所用全部电动机总功率：

$$\Sigma P_1 = 63+11+32.2+1.1 \times 4+7.5+5.5+3+55 = 181.6 \text{kW}$$

电焊机和对焊机的额定容量：

$$\Sigma P_2 = 23.4 \times 3+100 = 170.2 \text{kV} \cdot \text{A}$$

查表 5-14，取 $K_1 = 0.6$，$K_2 = 0.6$，并取 $\cos\varphi = 0.75$。

考虑室内、外照明用电后，按式（5-12）得：

$$P = 1.24 \left(K_1 \frac{\Sigma P_1}{\cos\varphi} + K_2 \Sigma P_2 \right)$$

$$= 1.24(0.6 \times \frac{181.6}{0.75} + 0.6 \times 170.2) = 1.24 \times 247.4 = 306.8 \text{kW}$$

变压器功率按式（5-13）得：

$$P_变 = K \left(\frac{\Sigma P_{max}}{\cos\varphi} \right) = 1.05 \times \frac{306.8}{0.75} = 429.52 (\text{kV} \cdot \text{A})$$

当地高压供电 10kV，施工动力用电需三相 380V 电源，照明需单相 220V 电源，按上述要求查变压器设备产品类型，选择 SL_7-500/10 型三相降压变压器，其主要技术数据为：额定容量 500kV·A，高压额定线电压 10kV，低压额定线电压 0.4kV，作 Y 接使用。

第五节　施工总平面图布置

施工总平面图是拟建项目在施工现场的总布置图，是按照施工部署、施工方案和施工总进度计划的要求，将施工现场的交通道路与施工现场以外道路衔接规划、施工现场内材料仓库布置规划、附属生产或加工企业设置规划、临时建筑和临时水、电管线布置规划等综合内容通过图纸的形式表达出来的技术文件。通过施工现场的合理规划，达到正确处理全工地施工期间所需各项资源、设施与拟建工程之间的空间、时间关系。

一、施工总平面图的设计依据

施工总平面图的设计，应力求真实、详细地反映施工现场情况，以期达到对施工现场科学控制的目的，为此，掌握以下资料是十分必要的。

（1）各种设计资料，包括建筑总平面图、地形地貌图、区域规划图及建筑项目范围内已有和拟建的各种设施位置；

（2）建设地区的自然条件和技术经济条件；

（3）建设项目的建筑概况、施工部署、施工总进度计划；

（4）各种建筑材料、构件、半成品、施工机械及运输工具需要量一览表；

（5）各构件加工厂、仓库及其他临时设施的数量和外廓尺寸；

（6）工地内部的储放场地和运输线路规划；

（7）其他施工组织设计参考资料。

二、施工总平面图的设计原则

（1）在保证顺利施工的前提下，尽量使平面布置紧凑合理，不占或少占农田，不挤占道路。

（2）施工现场出入口应标有企业名称或企业标识。主要出入口明显处应设置工程概况牌，大门内应有施工现场总平面图和安全生产、消防保卫、环境保护、文明施工等制度牌。

（3）施工区域的划分和场地确定要符合施工流程要求，尽量减少各专业工种和各分包单位之间的干扰。

（4）施工现场的施工区域应办公、生活区划分清晰，并应采取相应的隔离措施。

（5）施工现场必须采用封闭围挡，市区主要路段的工地应设置高度不小于 2.5m 的封闭围挡，一般路段的工地应设置高度不小于 1.8m 的封闭围挡。

（6）施工现场临时用房应选址合理，并应符合安全、消防要求和国家有关规定。各种临时设施的布置应有利于生产和方便生活。

（7）应满足劳动保护、安全防火、防洪及环境保护的要求，符合国家有关的规程和规范。❶

三、施工总平面图设计内容

1.《建筑施工组织设计规范》GB/T 50502—2009 规定，施工总平面布置图包括：

（1）项目施工用地范围内的地形状况；

（2）全部拟建的建（构）筑物和其他基础设施的位置；

（3）项目施工用地范围内的加工设施、运输设施、存贮设施、供电设施、供水供热设施、排水排污设施、临时施工道路和办公、生活用房等；

（4）施工现场必备的安全、消防、保卫和环境保护等设施；

（5）相邻的地上、地下既有建（构）筑物及相关环境。

2. 布置施工总平面注意的问题

由于大型工程的建设工期较长，随着工程的不断进展，施工现场布置也将不断发生变化。因此，需要按照不同阶段动态绘制施工总平面图，以满足不同时期施工需要。在布置时重点考虑：

（1）必须摸清整个建设项目施工用地范围内一切地上和地下已有和拟建的建筑物、构筑物、道路、管线以及其他设施的位置和尺寸，防止基础施工时事故的发生。

（2）必须保护好永久性测量及半永久性测量放线桩位置，防止扰动桩位。

（3）为全工地施工服务的临时设施的布置必须经济、适用、合理。

1）合理布置各种仓库、加工厂、制备站、道路及有关机械的位置，各种建筑材料、半成品、构件的仓库和主要堆场，取土及弃土位置，行政管理用房、宿舍、文化生活和福利建筑等。减少场内运输距离，尽可能避免二次搬运，减少运输费用，保证运输方便、通畅；

2）水源、电源、临时给排水管线和供电、动力线路及设施必须进行专项设计，杜绝高估冒算和二次增容；

3）安全防火设施的设置必须满足规范要求等。

（4）充分利用各种永久性建筑物、构筑物和原有设施为施工服务，降低临时设施的费用，临时建筑尽量采用可拆移式结构。

---

❶ 《建筑施工现场环境与卫生标准》JGJ 146—2004 规定：

2.0.5 在工程的施工组织设计中应有防治大气、水土、噪声污染和改善环境卫生的有效措施。

2.0.6 施工企业应采取有效的职业病防护措施，为作业人员提供必备的防护用品，对从事职业病危害作业的人员应定期进行体检和培训。

2.0.7 施工企业应结合季节特点，做好作业人员的饮食卫生和防暑降温、防寒保暖、防煤气中毒、防疫等工作。

2.0.8 施工现场必须建立环境保护、环境卫生管理和检查制度，并应做好检查记录。

2.0.9 对施工现场作业人员的教育培训、考核应包括环境保护、环境卫生等有关法律、法规的内容。

2.0.10 施工企业应根据法律、法规的规定，制定施工现场的公共卫生突发事件应急预案。

（5）特殊图例、方向标志和比例尺必须满足相关规定等。

四、施工总平面图的设计步骤

施工总平面图的设计步骤为：引入场外交通道路→布置仓库与材料堆场→布置加工厂和混凝土搅拌站→布置工地内部运输道路→布置临时设施→布置临时水、电管网和其他动力设施→布置消防、安保及文明施工设施→绘制正式施工总平面布置图。

1. 引入场外交通道路

设计全工地性施工总平面图时，首先应从考虑大宗材料、成品、半成品、设备等进入工地的运输方式入手。当大批材料由铁路运输时，要解决铁路的引入问题；当大批材料是由水路运输时，应考虑原有码头的运用和是否增设专用码头问题；当大批材料是由公路运输时，一般先布置场内仓库和加工厂，然后再引入场外交通道路。

2. 仓库与材料堆场的布置❶

通常考虑将仓库与材料堆场设置在运输方便、运距较短、安全、防火的位置。

（1）当采用铁路运输时，仓库通常沿铁路线布置，并且要留有足够的装卸前线。如果没有足够的装卸前线，必须在附近设置转运仓库。布置铁路沿线仓库时，应将仓库设置在靠近工地一侧，以免内部运输跨越铁路。同时仓库不宜设置在弯道处或坡道上。

（2）当采用水路运输时，一般应在码头附近设置转运仓库，以缩短船只的停留时间。

（3）当采用公路运输时，中心仓库布置在工地中央或靠近使用的地方，也可以布置在靠近外部交通连接处。砂、石、水泥、石灰、木材等仓库或堆场，应考虑取用的方便，宜布置在搅拌站、预制构件场和木材加工厂附近。对于砖、瓦和预制构件等直接使用的材料，应该直接布置在施工对象附近，以免二次搬运。工具库应布置在加工区与施工区之间交通方便处，零星、小件、专用工具库可分设于各施工区段。车库、机械站应布置在现场的入口处。油料、氧气、电石、炸药库布置在安全地点，易燃、有毒材料库建在工程的下风方向。

对工业建筑工地，尚需考虑主要设备的仓库或堆场，一般大、重型设备应尽可能放在车间附近，其他设备仓库可布置在外围。

3. 场内运输道路的布置❷

工地内部运输道路，应根据各加工厂、仓库、施工对象的相对位置、消防要求来布置。规划道路时要区分主要道路和次要道路，在规划时，还应考虑充分利用拟建的永久性

---

❶ 《建设工程施工现场消防安全技术规范》GB 50720—2011 规定：

3.1.5 固定动火作业场应布置在可燃材料堆场及其加工场、易燃易爆危险品库房等全年最小频率风向的上风侧；宜布置在临时办公用房、宿舍、可燃材料库房、在建工程等全年最小频率风向的上风侧。

3.1.6 易燃易爆危险品库房应远离明火作业区、人员集中区和建筑物相对集中区。

3.1.7 可燃材料堆场及其加工场、易燃易爆危险品库房不应布置在架空电力线下。

3.2.1 易燃易爆危险品库房与在建工程的防火间距不应小于 15m，可燃材料堆场及其加工场、固定动火作业场与在建工程的防火间距不应小于 10m，其他临时用房、临时设施与在建工程的防火间距不应小于 6m。

❷ 《建设工程施工现场消防安全技术规范》GB 50720—2011 规定：

3.1.3 施工现场出入口的设置应满足消防车通行的要求，并宜布置在不同方向，其数量不宜少于 2 个。当确有困难只能设置 1 个出入口时，应在施工现场内设置满足消防车通行的环形道路。

3.3.1 施工现场内应设置临时消防车道，临时消防车道与在建工程、临时用房、可燃材料堆场及其加工场的距离，不宜小于 5m，且不宜大于 40m；施工现场周边道路满足消防车通行及灭火救援要求时，施工现场内可不设置临时消防车道。

道路系统，提前修永久性道路路基，其上做简易路面，作为施工临时道路。

道路应有足够的宽度和转弯半径，现场内道路干线应采用环形布置，主要道路宜采用双车道，次要道路可为单车道（其末端要设置回车场地）。临时道路的路面结构，也应根据运输情况、运输工具和使用条件的不同，采用不同的结构。一般场区内的干线，宜采用级配碎石路面；场内支线一般为砂石路。

4. 加工厂和搅拌站的布置

各种加工厂布置，应以方便使用、安全、防火、运输费用少、不影响建筑安装工程施工为原则。加工厂与相应的仓库或材料堆场要布置在同一区域，且与外界交通衔接方便。在生产区域内布置各加工厂位置时，要注意各加工厂之间的生产流程。

（1）预制构件加工厂尽量利用建设地区永久性加工厂。

（2）钢筋加工厂可集中或分散布置，对于需冷加工、对焊、点焊的钢筋骨架和大片钢筋网，宜集中布置在中心加工厂；对于小型加工、小批量生产和利用简单机具就能成型的钢筋加工，采用就近的钢筋加工棚进行。钢筋宜布置在地势较高处或架空布置，避免雨季积水污染、锈蚀钢筋。

（3）木材加工一般在木材加工厂加工。对于非标准件的加工与模板修理工作等，可分散在工地临时木工加工棚进行加工。锯木、成材、粗木加工车间、细木加工车间和成品堆场要按工艺流程布置，且宜设置在土建施工区边缘的下风向位置。

（4）一般的工程项目，大多使用预拌混凝土，现场不设搅拌站，当城市预拌混凝土厂家的供应能力和输送设备不能满足时，才考虑在建设场地内设置集中混凝土搅拌站。

（5）产生有害气体和污染空气的临时加工场，如沥青熬制、生石灰熟化、石棉加工场等应位于下风处。

5. 临时设施的布置❶

对于各种生活与行政管理用房应尽量利用建设单位的生活基地或现场附近的其他永久性建筑，不足部分再修建临时建筑物。临时建筑物的设计，应遵循经济、适用、装拆方便的原则，并根据当地的气候条件、工期长短确定其建筑与结构形式。

施工现场主要临时用房、临时设施的防火间距不应小于现行规范规定，当办公用房、宿舍成组布置时，其防火间距可适当减小，但应符合以下要求：

（1）每组临时用房的栋数不应超过 10 栋，组与组之间的防火间距不应小于 8m；

---

❶ 《建设工程施工现场消防安全技术规范》GB 50720—2011 规定：

4.2.1 宿舍、办公用房的防火设计应符合下列规定：

1. 建筑构件的燃烧性能等级应为 A 级。当采用金属夹芯板材时，其芯材的燃烧性能等级应为 A 级；2. 建筑层数不应超过 3 层，每层建筑面积不应大于 300m²；3. 层数为 3 层或每层建筑面积大于 200m² 时，应设置不少于 2 部疏散楼梯，房间疏散门至疏散楼梯的最大距离不应大于 25m；4. 单面布置用房时，疏散走道的净宽度不应小于 1.0m；双面布置用房时，疏散走道的净宽度不应小于 1.5m；5. 疏散楼梯的净宽度不应小于疏散走道的净宽度；6. 宿舍房间的建筑面积不应大于 30m²，其他房间的建筑面积不宜大于 100m²；7. 房间内任一点至最近疏散门的距离不应大于 15m，房门的净宽度不应小于 0.8m，房间建筑面积超过 50m² 时，房门的净宽度不应小于 1.2m；8. 隔墙应从楼地面基层隔断至顶板基层底面。

4.2.3 其他防火设计应符合下列规定：

1. 宿舍、办公用房不应与厨房操作间、锅炉房、变配电房等组合建造；2. 会议室、娱乐室等人员密集房间应设置在临时用房的一层，其疏散门应向疏散方向开启。

（2）组内临时用房之间的防火间距不应小于 3.5m；当建筑构件燃烧性能等级为 A 级时，其防火间距可减少到 3m。

一般全工地性行政管理用房宜设在全工地入口处，以便对外联系。工地福利设施应设置在工人较集中的地方或工人必经之路。生活基地应设在场外，距工地 500～1000m 为宜（图 5-8），并避免设在低洼潮湿、有烟尘和有害健康的地方。食堂宜设在生活区，也可布置在工地与生活区之间。

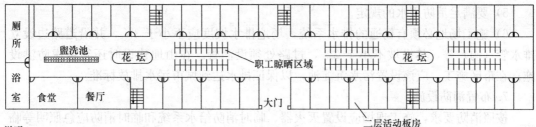

说明：
1. 为防止雨季受涝，每幢活动板房周边均应设置排水沟，便于雨水、污水疏排。
2. 场外职工生活区设置院门，实行全封闭管理，并设专人负责门岗和保洁工作。
3. 生活区临时房屋为活动式板房。
4. 生活区食堂、餐厅、浴室、厕所采用单层砖混房，以满足灵活分隔布置需要。
5. 食堂、厕所设置暗埋式隔油沉淀池和化粪池，排水管线应设置过滤网，所有生活污水经隔油沉淀后统一排入业主指定的城市排污管网

图 5-8　某施工单位现场生活区布置图

6. 临时水、电管网的布置

（1）临时用电

1）临时总变电站应设在高压线进入工地处，避免高压线穿过工地。

2）临时自备发电设备应在现场中心，或靠近主要用电区域。

3）施工现场的消火栓泵应采用专用消防配电线路。专用消防配电线路应自施工现场总配电箱的总断路器上端接入，且应保持不间断供电。

临时用电示例见第七章临时用电专项方案。

（2）临时水网❶

---

❶　《建设工程施工现场消防安全技术规范》GB 50720—2011 规定：

5.3.10　在建工程临时室内消防竖管的设置应符合下列规定：1. 消防竖管的设置位置应便于消防人员操作，其数量不应少于 2 根，当结构封顶时，应将消防竖管设置成环状；2. 消防竖管的管径应根据室内消防用水量、竖管给水压力或流速进行计算确定，且管径不应小于 DN100。

5.3.11　设置室内消防给水系统的在建工程，应设置消防水泵接合器。消防水泵接合器应设置在室外便于消防车取水的部位，与室外消火栓或消防水池取水口的距离宜为 15～40m。

5.3.14　建筑高度超过 100m 的在建工程，应在适当楼层增设临时中转水池及加压水泵。中转水池的有效容积不应少于 10m³，上下两个中转水池的高差不应超过 100m。

5.3.15　临时消防给水系统的给水压力应满足消防水枪充实水柱长度不小于 10m 的要求；给水压力不能满足现场消防给水系统的给水压力要求时，应设置加压水泵。加压水泵应按照一用一备的要求进行配置，消火栓泵宜设置自动启动装置。

5.3.16　当外部消防水源不能满足施工现场的临时消防用水量要求时，应在施工现场设置临时贮水池。临时贮水池宜设置在便于消防车取水的部位，其有效容积不应小于施工现场火灾延续时间内一次灭火的全部消防用水量。

5.3.17　施工现场临时消防给水系统可与施工现场生产、生活给水系统合并设置，但应设置将生产、生活用水转为消防用水的应急阀门。应急阀门不应超过 2 个，阀门应设置在易于操作的场所，并应有明显标识。

5.3.18　寒冷和严寒地区的现场临时消防给水系统应有防冻措施。

1）临时水池、水塔应设在用水中心和地势较高处。

2）管网一般沿道路布置，供电线路应避免与其他管道设在同一侧，主要供水、供电管线采用环状，孤立点可用枝状。

3）管线穿过道路处均要套钢管，例如一般电线套用直径 50～80mm 钢管，电缆套用直径 100mm 钢管，并埋入地下 0.6m 处。

4）过冬的临时水管须埋在冰冻线以下，或采取保温措施。

5）要满足消防用水的规定。

6）施工场地必须有畅通的排水系统，场地排水坡度应不小于 3‰，并沿道路边设立排水管（沟）等，其纵坡不小于 2‰，过路处须设涵管。在山地建设时还须考虑防洪设施；在市区施工，应该设置污水沉淀池，以保证排水达到城市污水排放标准。

7. 布置消防设施

按照消防要求，施工现场应设置灭火器、临时消防给水系统和临时消防应急照明等临时消防设施。临时消防设施应与在建工程的施工同步设置。房屋建筑工程中，临时消防设施的设置与在建工程主体结构施工进度的差距不应超过 3 层。施工现场在建工程可利用已具备使用条件的永久性消防设施作为临时消防设施。当永久性消防设施无法满足使用要求时，应增设临时消防设施。施工现场的消火栓泵应采用专用消防配电线路。专用消防配电线路应自施工现场总配电箱的总断路器上端接入，且应保持不间断供电。

施工现场的出入口必须畅通，现场内应设置临时消防车道，临时消防车道与在建工程、临时用房、可燃材料堆场及其加工场的距离不宜小于 5m，且不宜大于 40m。

临时消防车道的净宽度和净空高度均不应小于 4m，宜设置环形临时消防车道，设置环形临时消防车道确有困难时，要设置临时消防救援场地，场地宽度应满足消防车正常操作要求且不应小于 6m，与在建工程外脚手架的净距不宜小于 2m，且不宜超过 6m。同时沿临时消防车道设置消火栓，一般要求消火栓距建筑物不应小于 5m，距离邻近道路边缘不应大于 2m，消火栓间距不大于 120m，见图 5-9。

应当指出，上述各设计步骤不是截然分开，各自孤立进行的，而是需要全面分析，综合考虑，正确处理各项设计内容间的相互联系和相互制约关系，进行多方案比较，反复修正，最后才能得出合理可行的方案。

五、施工现场环境与卫生

为保障作业人员的身体健康和生命安全，改善作业人员的工作环境与生活条件，保护生态环境，防治施工过程对环境造成污染和各类疾病的发生，施工区、办公区和生活区需要进行施工现场环境与卫生管理和规划。

（一）临时设施环境卫生

（1）施工现场应设置办公室、宿舍、食堂、厕所、淋浴间、开水房、文体活动室、密闭式垃圾站（或容器）及盥洗设施等临时设施。临时设施所用建筑材料应符合环保、消防要求。

（2）办公区和生活区应设密闭式垃圾容器。

（3）办公室内布局应合理，文件资料宜归类存放，并应保持室内清洁卫生。

（4）施工现场应配备常用药及绷带、止血带、颈托、担架等急救器材。

（5）宿舍内应保证有必要的生活空间，室内净高不得小于 2.4m，通道宽度不得小于

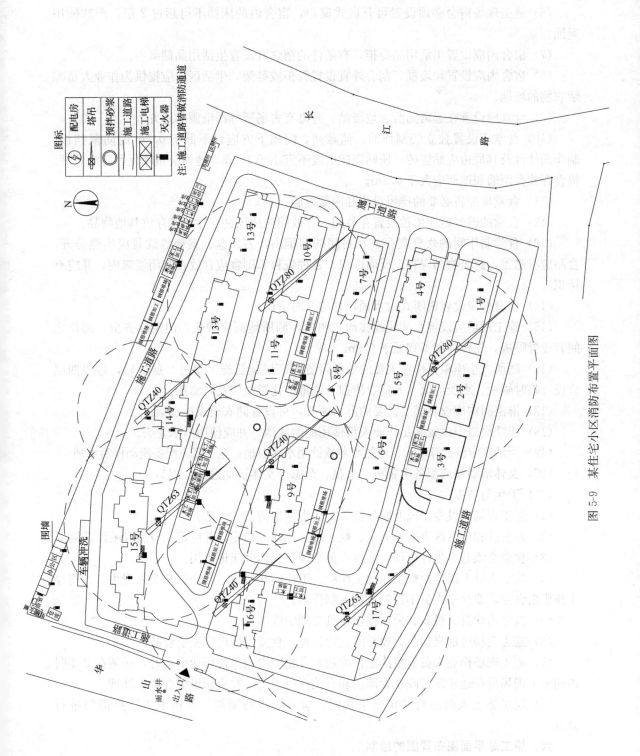

图 5-9　某住宅小区消防布置平面图

0.9m，每间宿舍居住人员不得超过 16 人。

（6）施工现场宿舍必须设置可开启式窗户，宿舍内的床铺不得超过 2 层，严禁使用通铺。

（7）宿舍内应设置生活用品专柜，有条件的宿舍宜设置生活用品储藏室。

（8）宿舍内应设置垃圾桶，宿舍外宜设置鞋柜或鞋架，生活区内应提供为作业人员晾晒衣物的场地。

（9）食堂应设置在远离厕所、垃圾站、有毒有害场所等污染源的地方。

（10）食堂应设置独立的制作间、储藏间，门扇下方应设不低于 0.2m 的防鼠挡板。制作间灶台及其周边应贴瓷砖，所贴瓷砖高度不宜小于 1.5m，地面应做硬化和防滑处理。粮食存放台距墙和地面应大于 0.2m。

（11）食堂应配备必要的排风设施和冷藏设施。

（12）食堂的燃气罐应单独设置存放间，存放间应通风良好并严禁存放其他物品。

（13）食堂制作间的炊具宜存放在封闭的橱柜内，刀、盆、案板等炊具应生熟分开。食品应有遮盖，遮盖物品应有正反面标识。各种佐料和副食应存放在密闭器皿内，并应有标识。

（14）食堂外应设置密闭式泔水桶，并应及时清运。

（15）施工现场应设置水冲式或移动式厕所，厕所地面应硬化，门窗应齐全。蹲位之间宜设置隔板，隔板高度不宜低于 0.9m。

（16）厕所大小应根据作业人员的数量设置。高层建筑施工超过 8 层以后，每隔四层宜设置临时厕所。厕所应设专人负责清扫、消毒，化粪池应及时清掏。

（17）淋浴间内应设置满足需要的淋浴喷头，可设置储衣柜或挂衣架。

（18）盥洗设施应设置满足作业人员使用的盥洗池，并应使用节水龙头。

（19）生活区应设置开水炉、电热水器或饮用水保温桶；施工区应配备流动保温水桶。

（20）文体活动室应配备电视机、书报、杂志等文体活动设施、用品。

（二）卫生与防疫

（1）施工现场应设专职或兼职保洁员，负责卫生清扫和保洁。

（2）办公区和生活区应采取灭鼠、蚊、蝇、蟑螂等措施，并应定期投放和喷洒药物。

（3）食堂必须有卫生许可证，炊事人员必须持身体健康证上岗。

（4）炊事人员上岗应穿戴洁净的工作服、工作帽和口罩，并应保持个人卫生。不得穿工作服出食堂，非炊事人员不得随意进入制作间。

（5）食堂的炊具、餐具和公用饮水器具必须清洗消毒。

（6）施工现场应加强食品、原料的进货管理，食堂严禁出售变质食品。

（7）施工现场作业人员发生法定传染病、食物中毒或急性职业中毒时，必须在 2 小时内向施工现场所在地建设行政主管部门和有关部门报告，并应积极配合调查处理。

（8）现场施工人员患有法定传染病时，应及时进行隔离，并由卫生防疫部门进行处置。

六、施工总平面图布置图的绘制

施工总平面图是施工组织总设计的重要内容，是要归入档案的技术文件之一。因此，要求精心设计，认真绘制，见图 5-10。

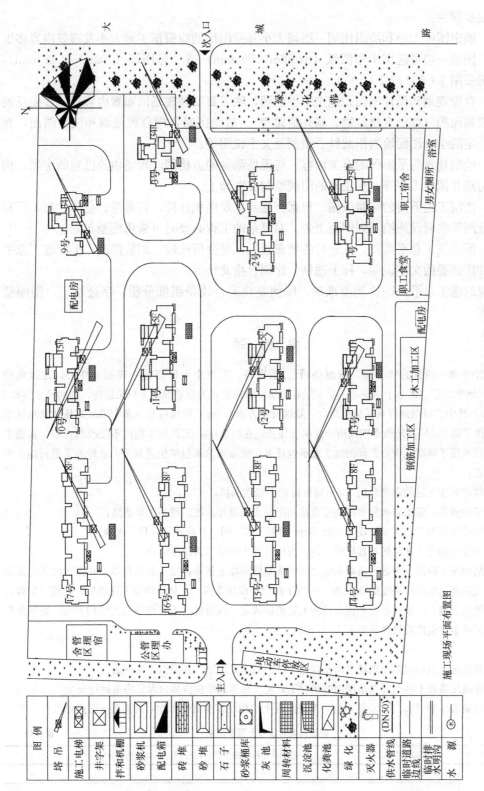

图 5-10 某项目施工总平面图布置图

施工现场平面布置图

图 例	
塔 吊	<svg>
施工电梯	⊠
井字架	⊠
拌和机棚	←
砂浆机	◆
配电箱	▰
砖 堆	▦
砂 堆	▨
石 子	▤
砂浆桶群	⊙
灰 池	◣
周转材料	▦
沉淀池	▦
化粪池	⊠
绿 化	❀
灭火器	(DN50)
供水管线	——
临时道路 边线	= =
临时排 水明沟	———
水 源	⊛

绘制步骤为：

(1) 确定图幅大小和绘图比例。图幅大小和绘图比例应根据工地大小及布置内容多少来确定。图幅一般可选用 1 号图纸（840mm×594mm）或 2 号图纸（594mm×420mm），比例一般采用 1:500 或 1:1000。

(2) 合理规划和设计图面。施工总平面图，除了要反映现场的布置内容外，还要反映周围环境和面貌（如已有建筑物、场外道路等）。故绘图时，应合理规划和设计图面，并应留出一定的空余图面绘制指北针、图例及文字说明等。

(3) 绘制建筑总平面图的有关内容。将现场测量的方格网、现场内外已建的房屋、构筑物、道路和拟建工程等，按正确的图例绘制在图面上。

(4) 绘制工地需要的临时设施。根据布置要求及面积计算，将道路、仓库、加工厂和水、电管网等临时设施绘制到图面上去。对复杂的工程必要时可采用模型布置。

(5) 形成施工总平面图。在进行各项布置后，经分析比较、调整修改，形成施工总平面图，并作必要的文字说明，标上图例、比例、指北针。

完成的施工总平面图比例要准确，图例要规范，线条粗细分明，字迹端正，图面整洁、美观。

案 例 题

1.【2009 年一级建造师考题（有改动）】背景资料：某市中心区新建一座商业中心，建筑面积 26000m²，地下二层。地上十六层，一至三层有裙房，结构形式为钢筋混凝土框架结构，柱网尺寸为 8.4 m×7.2 m，其中二层南侧有通长悬挑露台，悬挑长度为 3m。施工现场内有一条 10 kV 高压线从场区东侧穿过，由于该 10kV 高压线承担周边小区供电任务，在商业中心工程施工期间不能改线迁移。某施工总承包单位承接了该商业中心工程的施工总承包任务。该施工总承包单位进场后，立即着手进行施工现场平面布置：

①在临市区主干道的南侧采用 1.6m 高的砖砌围墙作围挡；

②为节约成本，施工总承包单位决定直接利用原土便道作为施工现场主要道路；

③为满足模板加工的需要搭设了一间 50m² 的木工加工间，并配置了一只灭火器；

④受场地限制在工地北侧布置塔吊一台，高压线处于塔吊覆盖范围以内。

主体结构施工阶段，为赶在雨季来临之前完成基槽回填土任务，施工总承包单位在露台同条件混凝土试块抗压强度达到设计强度的 80% 时，拆除了露台下模板支撑。主体结构施工完毕后，发现二层露台根部出现通长裂缝，经设计单位和相关检测鉴定单位认定，该裂缝严重影响露台的结构安全，必须进行处理，该裂缝事件造成直接经济损失 18 万元。

问题：

(1) 指出施工总承包单位现场平面布置①~③中的不妥之处。并说明正确做法。

(2) 在高压线处于塔吊覆盖范围内的情况下，施工总承包单位应如何保证塔吊运行安全？

(3) 完成表 5-19 中 a、b、c 的内容，现浇混凝土结构底模及支架拆除时的混凝土强度要求？

模板拆梁时混凝土强度要求   表 5-19

构件类型	构件跨度	达到设计的混凝土立方体抗压强度标准值的百分率（%）
梁	7.2m	a
	8.4m	b
悬挑露台	悬挑 3m	c

（4）根据《关于做好房屋建筑和市政基础设施工程质量事故报告和调查处理工作的通知》（建质〔2010〕111号）规定，事故等级划分为哪几类？本工程露台结构质量问题是否属于质量事故？说明理由。

2. 市中心区新建一座商业中心，建筑面积26000m²，地下2层，地上16层，1～3层有裙房，结构形式为钢筋混凝土框架结构。某施工总承包单位承接了该商业中心工程的施工总承包任务。该施工总承包单位进场后，立即着手进行施工现场平面布置：

①施工场内主干道的宽度不小于3m。

②为了降低成本，现场只设置一条3m宽的施工道路兼作消防通道。现场平面呈长方形，在其正对角布置了两个临时消火栓，两者之间相距86m，其中一个距拟建建筑物3m，另一个距路边3m。

③为节约成本，施工总承包单位决定直接利用原土便道作为施工现场主要道路。

④为满足模板加工的需要，搭设了一间50m²的木工加工间，并配置了一只灭火器。

⑤施工临时用电要编制施工组织设计。

⑥特别潮湿场所，电源电压不得大于12V。

⑦为了迎接上级单位的检查，施工单位临时在工地大门入口处的临时围墙上悬挂了"五牌"、"二图"，检查小组离开后，项目经理立即派人将之拆下运至工地仓库保管，以备再查时用。

问题：

（1）施工现场平面布置中，对运输道路布置的要求是什么？

（2）该工程设置的消防通道和消防栓的布置是否合理？请说明理由。

（3）指出③中施工道路的处理的不妥之处，说明理由。

（4）施工现场消防器材如何配备？

（5）什么情况下应编制临时用电施工组织设计？

（6）什么场所应使用安全特低电压照明器？

（7）何谓"五牌"、"二图"？该工程对现场"五牌"、"二图"的管理是否合理？请说明理由。

第六章　单位工程施工组织设计

单位工程施工组织设计是以单位（子单位）工程为主要对象编制的技术经济文件，对单位（子单位）工程的施工过程起指导和制约作用，是施工组织总设计的进一步具体化，直接指导单位工程的施工管理和技术经济活动。

第一节　单位工程施工组织设计概述

一、单位工程施工组织设计的任务

（1）贯彻施工组织总设计对该工程的规划精神。

（2）选择施工方法、施工机械，确定施工顺序。

（3）编制施工进度计划，确定各分部、分项工程间的时间关系，保证工期目标的实现。

（4）确定各种物资、劳动力、机械的需要量计划，为施工准备、调度安排及布置现场提供依据。

（5）合理布置施工现场，充分利用空间，减少运输和暂设费用，保证施工顺利、安全地进行。

（6）制定实现质量、进度、成本和安全目标的具体措施。

二、单位工程施工组织设计的编制程序

单位工程施工组织设计的编制程序如图 6-1 所示。

图 6-1　单位工程施工组织设计的编制程序

三、单位工程施工组织的内容

单位工程施工组织设计根据工程性质、规模、技术复杂难易程度不同，其编制内容的深度和广度也不尽相同。一般应包括编制依据、工程概况、施工部署、施工进度计划、施工准备与资源配置计划、主要施工方法、施工现场平面布置及主要施工管理计划与措施等基本内容。

（一）工程概况

工程概况包括工程主要情况、各专业设计简介和工程施工条件等。在编制工程概况时，为了清晰易读，宜采用图表说明。

（1）工程主要情况应包括下列内容

1）工程名称、性质、规模和地理位置；工程性质可分为工业和民用两大类，应简要介绍项目的使用功能；建设规模可包括项目的占地总面积、投资规模（产量）等；

2）工程的建设、勘察、设计、监理和总承包等相关单位的情况；

3）项目设计概况：简要介绍项目的建筑面积、建筑高度、建筑层数、结构形式、建筑结构及装饰用料、建筑抗震设防烈度、安装工程和机电设备的配置等情况；

4）工程承包范围和分包工程范围；

5）施工合同、招标文件或总承包单位对工程施工的重点要求；

6）其他应说明的情况。

（2）各专业设计简介应包括下列内容

1）建筑设计简介应依据建设单位提供的建筑设计文件进行描述，包括建筑规模、建筑功能、建筑特点、建筑耐火、防水及节能要求等，并应简单描述工程的主要装修做法；

2）结构设计简介应依据建设单位提供的结构设计文件进行描述，包括结构形式、地基基础形式、结构安全等级、抗震设防类别、主要结构构件类型及要求等；

3）机电及设备安装专业设计简介应依据建设单位提供的各相关专业设计文件进行描述，包括给水、排水及采暖系统、通风与空调系统、电气系统、智能化系统、电梯等各个专业系统的做法要求。

（3）工程施工条件

1）项目建设地点气象状况：简要介绍项目建设地点的气温、雨、雪、风和雷电等气象变化情况以及冬、雨期的期限和冬季土的冻结深度等情况；

2）项目施工区域地形和工程水文地质状况：简要介绍项目施工区域地形变化和绝对标高，地质构造、土的性质和类别、地基土的承载力，河流流量和水质、最高洪水和枯水期的水位，地下水位的高低变化、含水层的厚度、流向和水质等情况；

3）项目施工区域地上、地下管线及相邻的地上、地下建（构）筑物情况；

4）与项目施工有关的道路、河流等状况；

5）当地建筑材料、设备供应和交通运输等服务能力状况；

6）当地供电、供水、供热和通信能力状况；

7）其他与施工有关的主要因素。

（二）施工部署

施工部署是施工组织设计的纲领性内容，它是对项目实施过程做出的统筹规划和全面安排，包括项目施工主要目标、施工顺序及空间组织、施工组织安排等。

（1）单位工程施工组织设计目标应根据施工合同、招标文件以及本单位对工程管理目标的要求确定，包括进度、质量、安全、环境和成本等目标。各项目标应满足施工组织总设计中确定的总体目标。

（2）施工部署中的进度安排和空间组织应符合下列规定：

1）施工部署应对本单位工程的主要分部（分项）工程和专项工程的施工做出统筹安排，对施工过程的里程碑节点进行说明。

2）施工流水段应结合工程特点及工程量进行合理划分，并应说明划分依据及流水方向，确保均衡流水施工。单位工程施工阶段的划分一般包括地基基础、主体结构、装修装饰和机电设备安装三个阶段。

3）对于工程施工的重点和难点应进行分析，如工程量大、施工技术复杂或对工程质量起关键作用的分部（分项）工程。分析包括组织管理和施工技术两个方面内容。

4）工程管理的组织机构形式应根据施工项目的规模、复杂程度、专业特点、人员素质和地域范围确定。大中型项目宜设置矩阵式项目管理组织，远离企业管理层的大中型项目宜设置事业部式项目管理组织，小型项目宜设置直线职能式项目管理组织。并确定项目经理部的工作岗位设置及其职责划分，见〔例6-1〕。

5）对于工程施工中开发和使用的新技术、新工艺应做出部署，对新材料和新设备的使用应提出技术及管理要求。

6）对主要分包工程施工单位的选择要求及管理方式应进行简要说明。

【例6-1】 某项目施工组织机构。

1. 施工组织机构网络（图6-2）

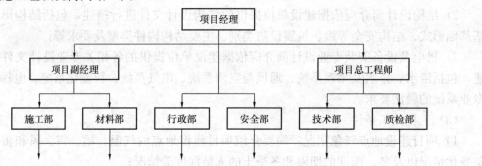

图6-2 施工组织机构网络图

2. 项目经理部的组成、分工及各职能部门的权限

（1）项目经理：负责项目经理部的行政领导工作，并对整个项目的施工计划、生产进度、质量安全、经济效益全面负责，分管行政科和安全科。

（2）项目副经理：是项目经理的助手，负责项目施工中的各项生产工作，对进度、质量、安全负直接责任，分管施工科和材料科。

（3）项目总工程师：负责项目施工中的全部技术管理、质量控制和安全监督工作，分管技术科和质检科。

（4）施工科：负责定额核算、计划统计和预决算的编制工作；负责施工现场平面管理、施工调度及内外协调；负责施工测量、放线，负责机械设备管理和安全管理工作。

（5）技术科：负责施工组织设计、专项施工方案和技术交底卡的编制；负责钢筋翻样、木工放样，构配件加工订货和现场施工技术问题的处理；负责发放施工图纸、设计变更和有关技术文件；负责做好隐蔽工程的验收记录和各项工程技术资料的收集整理工作。

（6）质检科：负责工程质量的检查、监督，进行分部分项工程的自检评定，开展全面质量管理和 QC 小组的活动。

（7）安全科：负责做好经常性的安全生产宣传工作，贯彻"安全第一，预防为主"的方针，组织日常的安全生产检查、监督工作，帮助班组消除事故隐患，促进安全生产。

（8）材料科：负责编制材料供应计划，根据施工进度分批组织材料供应；负责材料的发放和物资保管，进行原材料的检验、化验、抽检，提供有关材料的技术文件。

（9）行政科：负责政治宣传、职工教育、生活后勤、安全保卫、环境卫生、文明施工及接待工作。

（三）施工进度计划

（1）施工进度计划是施工部署在时间上的体现，反映了施工顺序和各个阶段工程进展情况，应均衡协调、科学安排。

（2）施工进度计划可采用网络图或横道图表示，并附必要说明；对工程规模较大、工序比较复杂的工程宜采用网络图表示，通过对各类参数的计算，找出关键线路，选择最优方案。

（四）施工准备与资源配置计划

（1）施工准备应包括技术准备、现场准备和资金准备等。

1）技术准备应包括施工所需技术资料的准备、施工方案编制计划、试验检验及设备调试工作计划、样板制作计划等。

① 主要分部（分项）工程和专项工程在施工前应单独编制施工方案，施工方案可根据工程进展情况，分阶段编制完成；对需要编制的主要施工方案应制定编制计划；

② 试验检验及设备调试工作计划应根据现行规范、标准中的有关要求及工程规模、进度等实际情况制定；

③ 样板制作计划应根据施工合同或招标文件的要求并结合工程特点制定。

2）现场准备应根据现场施工条件和实际需要，准备现场生产、生活等临时设施。

3）资金准备应根据施工进度计划编制资金使用计划。

（2）资源配置计划应包括劳动力计划和物资配置计划等。

1）劳动力配置计划应包括下列内容：

① 确定各施工阶段用工量；

② 根据施工进度计划确定各施工阶段劳动力配置计划。

【例 6-2】 劳动力配置

劳动组织按基础、主体结构、装饰装修等不同阶段，分别考虑和安排。为保证施工质量，提高效率，便于核算，作业班组应保持相对稳定，并隶属于项目经理部统一安排，统筹调度。以一个施工区段，即两幢一个组合为例，其劳动力组织安排如下：

（1）基础施工：针对地下室基础底板、墙板和顶板的混凝土体量大，施工环境易受自然气候影响，工作面大的特点，劳动组织为：混凝土工 50 人，木工 80 人，钢筋工 60 人，架子工 15 人，机电操作工 10 人，在浇筑混凝土时，打破工种界限，分成两班，昼夜连续施工。

（2）主体结构施工：各工种按幢号，定轴线、定区位、定岗位组成流水施工作业。安排木工 90 人，钢筋工 45 人，混凝土工 50 人，架子工 20 人，机电操作工 15 人。当主体结构施工至 10 层后，增加瓦工 90 人，开始进行二次结构施工。

（3）装饰装修施工：当主体结构封顶，全面进入装修施工时，高峰期安排瓦工 280 人，木工 50 人，架子工 20 人，机电操作工 10 人，电焊工 4 人，油漆工 40 人，随着工程的进展，统一调配，逐步适当递减。

2）物资配置计划应包括下列内容：

①主要工程材料和设备的配置计划应根据施工进度计划确定，包括各施工阶段所需主要工程材料、设备的种类和数量；

②工程施工主要周转材料和施工机具的配置计划应根据施工部署和施工进度计划确定，包括各施工阶段所需主要周转材料、施工机具的种类和数量。

【例 6-3】 机械设备配备计划

根据该工程每个施工区段的平面布置形式，基本上是两幢高层作为一个组合，垂直运输机械按 1∶1∶2 的施工方法配备，即每区段安装一台 FO23B 型附着式塔吊，每幢楼各配备一台双笼人货电梯，两部 120m 高层快速井架，其具体机械装备情况见表 6-1。

施 工 机 具 计 划 表

表 6-1

项目	机具名称	型 号	功率 (kW)	数量 (台)	项目	机具名称	型 号	功率 (kW)	数量 (台)
垂直运输	塔式起重机	FO23B	60	1	混凝土施工	混凝土搅拌机	JD400	15	4
	双笼施工电梯	SCD120	28	2		自动配料机	HP560	10	4
	高层井架	1t/120m	15	4		振动棒	HZX-60	1.7	10
	电梯井吊篮	1t	7.5	4		平板振动器	N-7	3.3	2
钢筋加工	切断机	GJ-40	4.5	1		高压水泵		7.5	2
	切断机	GJ-50	5.5	1		装载机	ZLM3030 马力		2
	弯曲机	WJ-40	3.5	1		机动翻斗车	12 马力		2
	弯曲机	WJ-50	4	1		砂浆搅拌机	UJZ200	3.3	2
	对焊机	UN-75	75	1		翻斗车			20
	电渣压力焊机	BX2-500	50	2	运输	五十铃人货车	1t		2
	冷拉调直	GTG3-10	5	1		东风自卸车	5t		1
	交流电焊机	BX2-300	25	1		黄河自卸车	8t		2
木工制作	圆盘机	MJ109	3	1	其他	发电机组	TZH-280 200kV·A		1
	平刨机	MB504	5	2		潜水泵		2.2	3
	压刨机	MB104	4	2		小型水泵		1.1	2
	电钻		1	2		空压机		7.5	

注：以上机具计划仅是指一个施工段的装备，功率是指单位设备的最大功率。

（五）主要施工方案

（1）单位工程应按照《建筑工程施工质量验收统一标准》GB 50300—2013 中分部、分项工程的划分原则，对主要分部、分项工程制定施工方案。

（2）对脚手架工程、起重吊装工程、临时用水用电工程、季节性施工等专项工程所采用的施工方案应进行必要的验算和说明。

【例 6-4】 某工程钢筋混凝土分项主要施工方法。

1. 模板工程

（1）材料：主要采用钢木组合式模板体系，板材采用 18mm 厚九层胶合板；龙骨背枋采用 50mm×100mm 方木；紧固件采用 φ12 或 φ14 螺栓，配套用 φ20PVC 塑料管；支撑系统及包箍采用如 φ48 钢管脚手架及活动钢管顶撑。

（2）数量：地下室及裙房各配备一层成套模板，周转后改制成标准层模板，其竖向结构配备一层，水平梁板结构配备二层成套模板，投入三层模板的钢管支撑系统材料。

（3）注意事项

1）模板边沿要求顺直方正，拼缝严密，板缝应不大于 1.5mm。立模前，模板表面应清理干净，并刷一道隔离剂。

2）木方的小面要作刨平处理，以保证与胶合板紧密配合，大面不得弯曲变形，无死节、无断裂。

3）所有柱和剪力墙模板，应在根部开 200mm×200mm 的检查口，以便在混凝土浇筑前检查模内是否有杂物，确保无杂物，无积水，方可封闭检查口。

4）为提高模板周转和安装效率，事先应按工程轴线位置、尺寸将模板编号，以便定位使用。拆除后的模板，应按区段编号整理、堆放，安装操作人员也相应执行定区段、定编号的岗位负责制。

（4）模板构造详见节点大样图（图 6-3）。

2. 钢筋工程

本工程钢筋总用量共 35900t，在现场集中加工，统一管理，运到作业面安装绑扎成型，具体施工质量措施如下：

（1）采购钢筋时，必须具有生产厂家的出厂合格证，经现场随机抽样送试验室，进行物理力学性能和可焊性试验，合格后方可投入使用。

（2）现场加工时，所有接头采用直螺纹机械连接。机械接头必须经随机抽样检验合格后，才能进行下道工序。

（3）按抗震要求弯成 135°弯钩的箍筋，为方便施工，制作时一边弯钩先弯成 90°，另一边弯成 135°，当安装绑扎成型后，再用小扳手把 90°的弯钩弯到 135°。

（4）为保证竖向钢筋不移位，可在柱和剪力墙的根部套上一个箍筋并绑扎一排水平钢筋作为限位筋，校正后，将限位筋与梁和暗柱钢筋点焊固定，并逐根将竖向钢筋绑扎牢固。

3. 混凝土工程

现浇混凝土量计有 16.14 万 m³，除地下室底墙板为 C30、P8 自防水混凝土外，其他均为 C25～C60 普通混凝土。主要施工方法如下：

（1）原材料及配合比：C30、P8 抗渗混凝土选用 P.F42.5 水泥，内掺 14％UEA 膨胀剂，另加 0.6％的 MG 木钙缓凝减水剂。C60 混凝土选用 P.O52.5 水泥，掺 15％Ⅰ级磨细粉煤灰和 0.4％FDN-440 缓凝高效减水剂，碎石粒径 10～25mm，压碎指标不得大于10％，含泥量要小于 1％，中砂含泥量不大于 2％。C25～C40 混凝土可选用 52.5～42.5

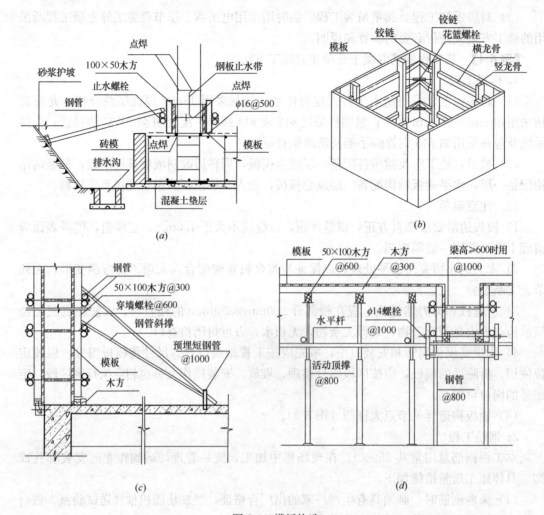

图 6-3 模板构造

(a) 基础模板；(b) 电梯内模；(c) 剪力墙模板图；(d) 梁板模板图

级普通硅酸盐或矿渣水泥，掺 10% II 级粉煤灰和 0.6‰MG 木钙缓凝减水剂。

（2）混凝土配制与搅拌：粗、细骨料用装载机转运到储料斗，采用自动配料机控制计量，水泥、粉煤灰和 UEA 采用人工计量，FDN 和 MG 外加剂先用水稀释成设定浓度，再用量杯按配比要求，与拌和水一齐投入搅拌机，称量精度要求偏差全部不大于±2%，搅拌时间不得少于 120S，坍落度控制在 7～9cm。

（3）混凝土运输：垂直运输主要以混凝土泵为主，塔吊辅助，当浇筑自由高度大于 2m 时，应采用串筒或溜槽投料。

（4）混凝土浇筑：为保证混凝土的整体性、连续性，除按设计要求留置的后浇带和允许留置的水平施工缝外，全部采用连续作业施工，浇筑路线一般沿长边方向，从短边开始浇筑，退浇至井架的上料口。

（5）混凝土养护：混凝土浇筑完毕终凝后的 12h 以内，要加以覆盖和浇水，地下室底板混凝土采用蓄水法养护。后浇带混凝土补浇后，要用湿麻袋覆盖，其他部位均用人工浇水自然养护，保持湿润时间不得少于 14 昼夜。

（六）施工现场平面布置

施工平面布置原则及要求见施工组织总设计章节，单位工程施工组织设计平面布置图的内容一般包括以下内容：

（1）工程施工场地状况；

（2）拟建建（构）筑物的位置、轮廓尺寸、层数等；

（3）工程施工现场的加工设施、存贮设施、办公和生活用房等的位置和面积；

（4）布置在工程施工现场的垂直运输设施、供电设施、供水供热设施、排水排污设施和临时施工道路等；

（5）施工现场必备的安全、消防、保卫和环境保护等设施；

（6）相邻的地上、地下既有建（构）筑物及相关环境。

第二节　单位工程施工进度计划

单位工程施工进度计划是根据单位工程设定的工期目标，对各项施工过程的施工顺序、起止时间和相互衔接关系所作的统筹策划和安排。

一、单位工程施工进度计划的作用

施工进度计划是施工部署在时间上的体现，反映了施工顺序和各个阶段工程进展情况。单位工程施工进度计划的作用有如下几点：

（1）控制单位工程的施工进度，保证在规定工期内完成符合质量要求的工程任务；

（2）确定单位工程的各个施工过程的施工持续时间、施工顺序、相互衔接和平行搭接协作配合关系；

（3）为编制季度、月度生产作业计划提供依据；

（4）是编制各项资源需用量计划和施工准备工作计划的依据。

二、单位工程施工进度计划的编制

单位工程施工进度计划的编制是在确定了施工部署和施工方案的基础上，根据规定工期和各种资源供应条件，按照施工过程的合理施工顺序及组织施工的原则，用图表的形式，确定一个工程从开始到竣工的各个施工过程在时间上的安排和相互间的搭接关系。

1. 单位工程施工进度计划的编制依据

（1）经过审批的建筑总平面图、单位工程全套施工图、地质地形图、工艺设计图、设备及其基础图，采用的各种标准图等技术资料；

（2）施工组织总设计的有关规定；

（3）施工工期要求及开、竣工日期；

（4）施工条件、资源供应条件及分包单位情况等；

（5）主要分部（分项）工程的施工方案；

（6）施工工期定额；

（7）其他有关要求和资料，如工程合同等。

2. 施工进度计划的表示方法

一般工程施工进度计划画横道图即可，对工程规模较大、工序比较复杂的工程宜采用网络图表示。

（1）横道图：用横道图表示的施工进度计划如表 6-2 所示。

单位工程施工进度计划 表 6-2

序号	施工过程		工程量		劳动定额	劳动量(工日)		机械(台班)		工作班制	每班人数	持续时间(天)	施工进度 ××××年											
	分部工程名称	分项工程名称	单位	数量		计算	实际	机械名称	台班数				××××年×月						××××年×月					
													2	4	6	8	10	12	2	4	6	8	10	12
1																								
2																								
3																								
...																								

从表 6-2 中可以看出，它由左、右两部分组成。左边部分列出分部（分项）工程名称、工程量、劳动定额、劳动量或机械台班量、每天工作班次、每班工人（台）数及工作持续时间等；右边部分是从规定的开工之日起到竣工之日止的进度指示图表，用横道表示各分部（分项）工程的起止时间和相互间的搭接配合关系，其下面汇总每天的资源需要量，绘出资源需要量的动态曲线，其中的方格根据需要可以是一格表示一天或表示若干天。

多年来，由于横道图的编制比较简单，使用直观，因此，我国施工单位大多习惯于横道图表示施工进度计划，用它来控制进度。但是，当工程项目分项较多时，工序、工种搭接关系较复杂时，横道图就难以体现主要矛盾，尤其是在执行计划过程中，某个项目由于某种原因提前或拖后，对其他项目所产生的影响难以分清，不能及时抓主要矛盾。而网络图则可以克服其缺点。

（2）网络图：网络图表示的施工进度（图 6-4），可以通过对各类参数的计算，找出关键线路，选择最优方案，而且各工序间的逻辑关系明确，有利于进度计划的控制及调整。

单位工程施工进度计划网络图的绘制：

①根据各工序之间的逻辑关系，先绘制无时标的网络计划图，经调整修改后，绘制时标网络计划，以便于施工进度计划的检查及调整。

②对较复杂的工程可先安排各分部工程的计划，然后再组合成单位工程的进度计划。

③安排分部工程进度计划时应先确定其主导施工过程，并以它为主导，尽量组织有节奏流水。

④施工进度计划图编制后要找出关键线路，计算出工期，并判别其是否满足工期目标要求，如不满足，应进行调整或优化。

⑤优化完成后再绘制出正式的单位工程施工进度计划网络图。

三、单位工程施工进度计划的编制

单位工程施工进度计划的编制步骤如下：

1. 划分施工过程

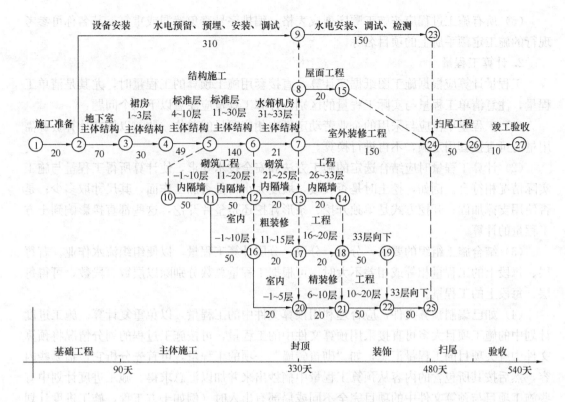

图 6-4　某单位工程总控制性网络进度计划

编制施工进度计划时，首先应按照图纸和施工顺序将拟建单位工程划分为若干个施工过程，并结合施工方法、施工条件、劳动组织等因素，加以适当调整或合并。划分施工过程时，应注意以下几个问题：

（1）施工过程划分的粗细程度。对于控制性施工进度计划，施工过程可以划分得粗一些，通常只列出分部工程，如基础工程、主体工程、屋面工程和装饰工程。而对实施性施工进度计划，施工过程划分就要细一些，应明确到分项工程或更具体，以满足指导施工作业的要求。如屋面工程应划分为找平层、隔汽层、保温层、防水层等分项工程。

（2）施工过程的划分要结合所选择的施工方案。如结构安装工程，若采用分件吊装方法，则施工过程的名称、数量和内容及其吊装顺序应按构件来确定；若采用综合吊装方法，则施工过程应按施工单元（节间或区段）来确定。

（3）适当简化施工进度计划的内容，避免施工过程划分过细，重点不突出。因此，可考虑将某些穿插性分项工程合并到主要分项工程中去。对于在同一时间内由同一施工班组施工的过程可以合并，如工业厂房中的钢窗油漆、钢门油漆、钢支撑油漆、钢梯油漆等可合并为钢构件油漆一个施工过程。对于次要的、零星的分项工程可合并为"其他工程"一项列入；有些虽然重要但工程量不大的施工过程也可与相邻的施工过程合并，如垫层可与挖土合并为一项。

（4）水、暖、电、卫和设备安装等专业工程不必细分具体内容，由各专业施工队自行编制进度计划并负责组织施工，而在单位工程施工进度计划中只要反映出这些工程与土建工程的配合关系即可。

（5）所有施工过程应按施工顺序列成表格，编排序号避免遗漏或重复，其名称可参考现行的施工定额手册上的项目名称。

2. 计算工程量

工程量计算应根据施工图纸据实计算，直接套用施工预算的工程量时，尤其是清单工程量，注意清单工程量与实际工程量的区别。计算工程量应注意以下几个问题：

（1）工程量单位应与采用的企业劳动定额中相应项目的单位一致，以便在计算资源需用量时可直接套用定额，不再进行换算。

（2）计算工程量时应结合选定的施工方法和安全技术要求，使计算所得工程量与施工实际情况相符合。例如，挖土时是否放坡，坡度大小；是否加工作面，其尺寸取多少；是否使用支撑加固；开挖方式是单独开挖、条形开挖还是整片开挖，这些都直接影响到土方工程量的计算。

（3）结合施工组织的要求，分区、分段、分层计算工程量，以便组织流水作业。若每层、每段上的工程量相等或相差不大时，可根据工程量总数分别除以层数、段数，可得每层、每段上的工程量。

（4）如已编制预算文件，应合理利用预算文件中的工程量，以免重复计算。施工进度计划中的施工项目大多可直接采用预算文件中的工程量，可按施工过程的划分情况将预算文件中有关项目的工程量汇总，如"砌筑砖墙"一项的工程量，可首先分析它包括哪些内容，然后按其所包含的内容从预算工程量中摘抄出来并加以汇总求得。施工进度计划中有些施工项目与预算文件中的项目完全不同或局部有出入时（例如土方工程，施工进度计划依据的工程量需要结合施工方案据实计算土方量，而清单工程量的土方计算平面是基础水平投影，不考虑放坡），则应根据施工中的实际情况加以修改、调整或重新计算。

3. 套用企业劳动定额确定劳动量和机械台班量

企业劳动定额有两种形式，即时间定额和产量定额。时间定额是指某种专业、某种技术等级的工人小组或个人在合理的技术组织条件下，完成单位合格的建筑产品所必需的工作时间，一般用符号 H 表示，它的单位有：工日/m³、工日/m²、工日/m、工日/t 等。因为时间定额是以劳动工日数为单位，便于综合计算，故在劳动量统计中用得比较普遍。产量定额是指在合理的技术组织条件下，某种专业、某种技术等级的工人小组或个人在单位时间内所应完成合格的建筑产品的数量，一般用符号 S_i 表示，它的单位有 m³/工日、m²/工日、m/工日、t/工日等。因为产量定额是由建筑产品的数量来表示，具有形象化的特点，故在分配施工任务时用得比较普遍。时间定额和产量定额互为倒数。

套用国家或地方颁发的定额，必须注意结合本单位工人的技术等级、实际施工操作水平、施工机械情况和施工现场条件等因素，确定企业劳动定额的实际水平，使计算出来的劳动量、机械台班量符合实际需要，为准确编制施工进度计划打下基础。

有些采用新技术、新材料、新工艺或特殊施工方法的项目，企业劳动定额中尚未编入。这时可参考类似项目的定额、经验资料或按实际情况确定。

4. 确定施工过程的持续时间（见第二章）

5. 初排施工进度

上述各项计算内容确定之后，即可编制施工进度计划的初始方案。其一般步骤是：先安排主导施工过程的施工进度，然后再安排其余施工过程，且应尽可能配合主导施工过程并最大限度地搭接，形成施工进度计划的初步方案。每个施工过程的施工起止时间应根据施工工艺顺序及组织顺序确定，总的原则是应使每个施工过程尽可能早地投入施工。为了能够指导施工，一般根据工程特点需要先编制分部工程施工进度计划，然后根据分部工程施工进度计划再编制单位工程施工进度计划。建筑工程的土建分部工程施工进度计划有基础工程、主体工程、屋面工程和装饰工程，见第三章第七节网络计划应用实例。

6. 施工进度计划的调整

施工进度计划的初始方案编完之后，需进行若干次的平衡调整工作，一般方法是：将某些分部工程适当提前或后延，适当增加资源投入，调整作业时间，必要时组织多班作业，直至达到符合要求、比较合理的施工进度计划。调整施工进度计划应注意以下几方面因素：

（1）整体进度是否满足工期要求；持续时间、起止时间是否合理。

（2）技术、工艺、组织上是否合理；各施工过程之间的相互衔接穿插是否符合施工工艺和安全生产的要求；技术与组织上的停歇时间是否考虑；有立体交叉或平行搭接者在工艺、质量、安全上是否正确。

（3）各主要资源的需求关系是否与供给相协调；劳动力的安排是否均衡；有无劳动力、材料、机械使用过分集中或冲突现象。

（4）修改或调整某一项工作可能影响若干项，故其他工作也需调整。

应当指出，编制施工进度计划的步骤不是孤立的；而是相互依赖、相互联系的。土木工程施工是一个复杂的生产过程，受到周围客观条件影响的因素很多，因此在编制施工进度计划时，应尽可能地分析施工条件，对可能出现的困难要有预见性，使计划既符合客观实际，又留有适当余地，以免计划安排不合理而使实际难以执行。总的要求是：在合理的工期下尽可能地使施工过程连续施工，这样便于资源的合理安排。

【例6-5】 某五层四单元砖混结构的住宅楼工程，建筑面积5290m²，基础形式为钢筋混凝土条形基础；主体工程为砖混结构，楼板、楼梯均为现浇钢筋混凝土；屋面保温层选用珍珠岩保温，SBS卷材防水层；外墙为灰色墙砖贴面，内墙为中级抹灰，楼地面为普通水泥砂浆面层，中空玻璃塑钢窗，木门。工程中主要施工过程的劳动量及施工班组人数见表6-3。

主要施工过程劳动量 表6-3

分部工程名称	分项施工过程名称	劳动量（工日）	施工班组人数	流水节拍（天）
基础分部	挖土	8（机械台班）	1台挖土机	8
	铺垫层	28	20	2
	基础绑筋	60	15	2
	浇筑基础混凝土	160	20	4
	回填土	80	20	2
主体工程	构造柱钢筋	142	15	1
	砌筑砖墙	2400	20	12
	浇筑构造柱	410	20	2
	梁板支模	920	20	5
	梁板绑筋	360	20	2
	浇筑梁板混凝土	980	20	5

分部工程名称	分项施工过程名称	劳动量（工日）	施工班组人数	流水节拍（天）
屋面工程	保温层	80	20	4
	找平层	42	20	2
	防水层	60	10	6
装饰装修工程	楼地面抹灰	300	20	3
	内墙抹灰	580	20	6
	门窗安装	90	6	3
	外墙面砖	480	20	5
	楼梯间粉刷	16	4	4

（1）分部工程计划（土建部分）

本工程以基础工程、主体工程、屋面工程、装饰装修工程为主要分部工程控制整个工程的流水施工。首先组织分部工程流水施工，然后组织各分部工程合理搭接，最后合并成单位工程的流水施工。具体组织如下：

1）基础工程。基础工程包括挖土、混凝土垫层、基础绑筋、基础混凝土、回填土等五个施工过程。土方工程采用机械挖土，用一台挖土机 8 天即可完成。混凝土垫层工程量较少，不对其划分施工段。基础工程的其余三个施工过程组织流水施工，根据结构特点以两个单元作为一个施工段，则共划分两个施工段。基础混凝土浇筑后 2 天方可进行土方回填。

2）主体工程。主体工程包括构造柱绑筋、砌筑砖墙、浇筑构造柱、支设梁板模板、绑梁板钢筋，浇筑梁板混凝土等工程，其中主导施工过程为砌筑砖墙过程。在平面上以两个单元作为一个施工段，共划分两个施工段。本工程由于有层间关系，而施工过程数大于施工段数，施工班组会出现窝工现象。因此只能保证主导施工过程连续施工，其他施工过程的施工班组与其他工地统一调度安排，以解决窝工问题。

3）屋面工程。屋面工程包括保温层、找平层、防水层等施工过程。由于防水工程的技术要求，因此不划分施工段。

4）装饰装修工程。装饰装修工程包括外墙贴面砖、楼地面抹灰、内墙抹灰、门窗安装、楼梯间粉刷等施工过程。装修工程采用自上而下的施工顺序，每层视为一个施工段，共五个施工段。

（2）单位工程土建部分进度计划

该工程施工进度横道图计划见图 6-5。

【例 6-6】 某工程主体为 17 层现浇钢筋混凝土框架结构，采用筏板基础。按建设单位的要求，该工程的施工工期 2006 年 3 月 15 日~2007 年 11 月 30 日，经公司结合现有的先进施工技术和项目管理水平，确定工期目标为：于 2007 年 9 月 30 日前交付使用。施工过程中，按照先基础，后主体，中间穿插电气、暖卫预留、预埋工作的原则，然后是装饰装修，最后是水电、通风以及消防安装调试工作，对工程施工进度计划进行详细的编制，见图 6-6 所示施工进度计划。

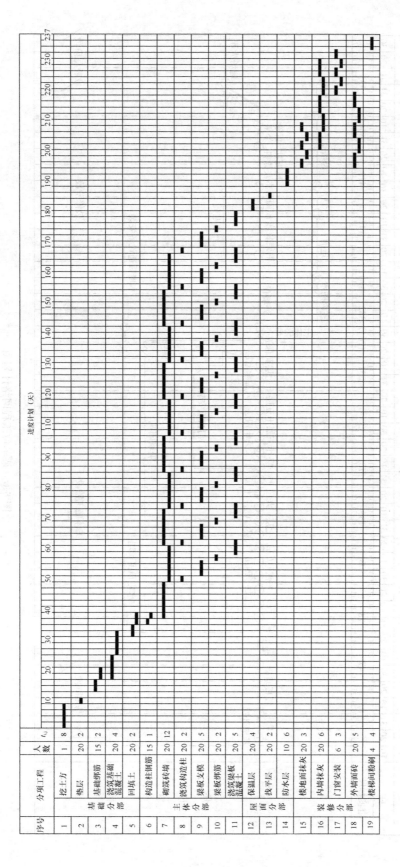

图 6-5 住宅楼流水施工进度图

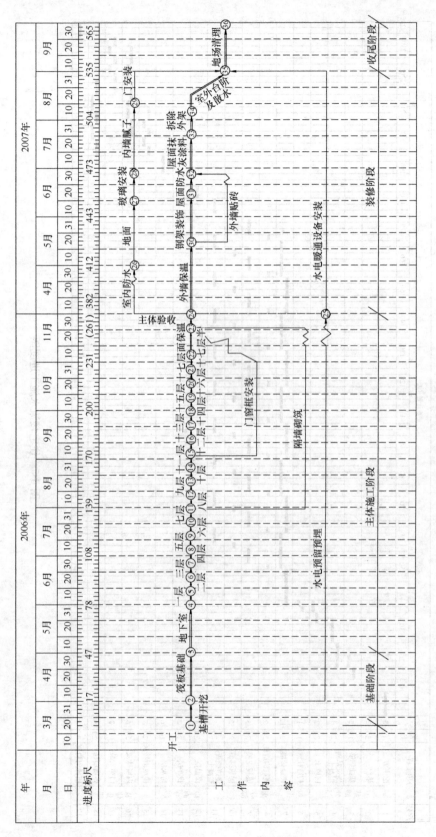

图 6-6 某单位工程网络计划图

在土方开挖 11 天后，发现地基与原地勘报告不一致，经设计和地勘部门验槽，认为地质条件不能满足地基设计承载力要求，通过设计和地勘部门研究确定，拟采用 CFG 桩处理地基。施工单位需要对原施工进度计划进行工期变更（索赔），增加地基处理的工期，重新编制施工进度计划。

变更后各施工过程持续时间计算见表 6-4。

某工程基础和主体工程流水节拍计算表　　　　　　　　表 6-4

序号	施工过程	单位	劳动量 P（工日或台班）	班制 b	施工段数 m	流水节拍（天）	人或机械数（n）	计算过程	备注
基 础 工 程								
1	机械挖土方	台班	10	2	1	5	1		不参与流水
2	CFG 桩处理地基	工日	79	2	1	4	10	$t=\dfrac{P}{mnb}$	不参与流水
3	褥垫层施工	工日	30	1	1	2	15		不参与流水
4	绑扎筏板钢筋	工日	109	3	3	3	12		
5	基础模板	工日	82	1	3	3	9		
6	基础混凝土	工日	98	3	3	3	11	$n=\dfrac{P}{mtb}$	
7	回填土	工日	149	1	3	3	17		
主 体 工 程								
8	脚手架	工日	310	2	3	3	20		不参与流水
9	柱筋	工日	140	1	3	4	12		
10	柱、梁、板模板	工日	1300	2	3	9	25		
11	柱混凝土	工日	210	2	3	1	50	$t=\dfrac{P}{mnb}$	
12	梁、板钢筋	工日	743	2	3	5	25		
13	梁、板混凝土	工日	942	2	3	3	50		
14	拆模	工日	370	1	3	5	25		不参与流水
15	砌墙	工日	1200	1	3	8	50		不参与流水

（1）施工方案

本工程遵循施工顺序为：先地下后地上，先主体后围护，先土建后设备安装，先结构后装饰。主体结构自下而上逐层分段流水施工。根据工程的施工条件，全工程分三个阶段进行施工：第一阶段，基础工程；第二阶段，结构工程；第三阶段，装饰工程。

1）基础阶段：分为放线、机械挖土、地基处理、褥垫层施工、绑扎筏板基础钢筋、支设筏板基础模板、浇筑筏板基础混凝土、回填土八个施工过程。

其中放线、挖土方工作已按原计划完成了一部分，根据原计划挖土方还需要 5 天完成。增加 CFG 桩处理地基、褥垫层两个施工过程，不参与流水（由于考虑处理地基后的静载试验的要求及褥垫层施工的特点，不能分段施工，也不能搭接施工），只能进行依次施工。

所以八个施工过程只有绑扎筏板基础钢筋、支设筏板基础模板、浇筑筏板基础混凝土、回填土四个施工过程参与流水，即 $n=4$。由于基础施工不存在分施工层问题，所以 m、n 的关系不限制，这里取 $m=3$；组织等节拍流水，根据表 6—4：$K=t=3$。

调整后，基础工程流水工期为：$T=(m+n-1)k+t_{挖土}+t_{CFG桩}+t_{褥垫层}=(3+4-1)\times3+5+4+2=29$ 天。

调整后，基础工程流水施工进度计划如图 6-7 所示。

2）结构工程阶段：包括搭设脚手架、绑扎柱钢筋、支设柱模板、浇筑柱混凝土、支设梁（板）模板、绑扎梁（板）钢筋、浇筑梁（板）混凝土、拆模板、砌筑墙体和门窗安装。其中搭设脚手架、拆模板、砌筑墙体和门窗安装四个施工过程，只根据工艺要求进行有效的穿插或搭接施工即可，不纳入流水。

所以十个施工过程只有绑扎柱钢筋、支柱模板、浇筑柱混凝土、支梁（板）模板、绑扎梁（板）钢筋、浇筑梁（板）混凝土六个施工过程参与流水，由于主体工程存在层间关系，所以要求 $m\geq n$，如果 $m\geq6$ 将导致工作面太小，不利于提高劳动生产率，所以上述六个施工过程需要根据工艺特点进行施工过程的合并，绑扎柱钢筋和绑扎梁（板）钢筋实际是一个施工队，支柱模板和支梁（板）模板实际是一个施工队，现浇混凝土实际上也是一个施工队，现在我们就对绑钢筋、支模板、浇混凝土三个施工过程组织流水施工即可。但是由于框架柱施工工艺是：绑钢筋→支模板→浇筑混凝土；而梁板的施工工艺是：支模板→绑钢筋→浇筑混凝土；存在顺序的不一致。经过分析，可按图 6-8 所示的方法组织。

3）装饰工程阶段：按自上而下的施工顺序进行，要求工序搭接合理，并尽可能与主体结构工程安排交叉作业，以缩短工期，该装饰工程划分为 3 个施工段，17 个施工层，以保证相应的工作队在施工段与施工层间组织有节奏、连续、均衡地施工。其中第一施工段为①～⑤轴，第二施工段为⑤～⑩轴；第三施工段为⑪～⑮轴（具体安排略）。

（2）施工顺序

1）基础工程，放线→挖土→地基处理→褥垫层→筏板基础→回填土。

2）主体工程，主体结构工程阶段的工作，包括搭脚手架、绑扎钢筋、支模板、浇筑混凝土、墙体砌筑和门窗安装。主导工序为绑扎柱钢筋→支柱、梁、板模板→绑梁、板钢筋→浇柱、梁、板、楼梯混凝土。

3）屋面及装饰工程。该阶段具有施工内容多、劳动量消耗大且手工操作多、需要时间长等特点。屋面工程施工顺序为：保温层施工并找坡→找平层→卷材防水层。由于受劳动力的限制，装饰工程和屋面工程应搭接施工。遵循先湿后干的施工程序，为了保证装饰工程的施工质量，在主体完成至第五层时，楼地面、顶棚抹灰、内墙抹灰从第 6 层至第 1 层穿插进行立体交叉搭接流水施工，顺序为楼面→天棚抹灰→内墙抹灰，主体全部完成后开始施工外墙贴瓷砖并穿插进行 17～7 层的楼地面、顶棚抹灰、内墙抹灰施工，其中在抹灰前平行搭接门窗安装。完成了楼梯瓷砖面层后进行玻璃油漆、全部喷白工程。水电安装在装饰工程之间穿插进行。

（3）调整后，单位工程网络计划图略。

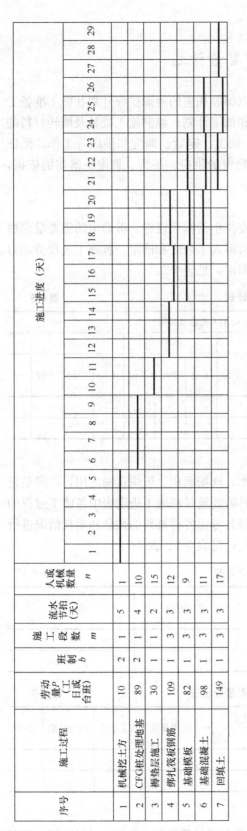

图 6-7 基础工程流水施工进度计划

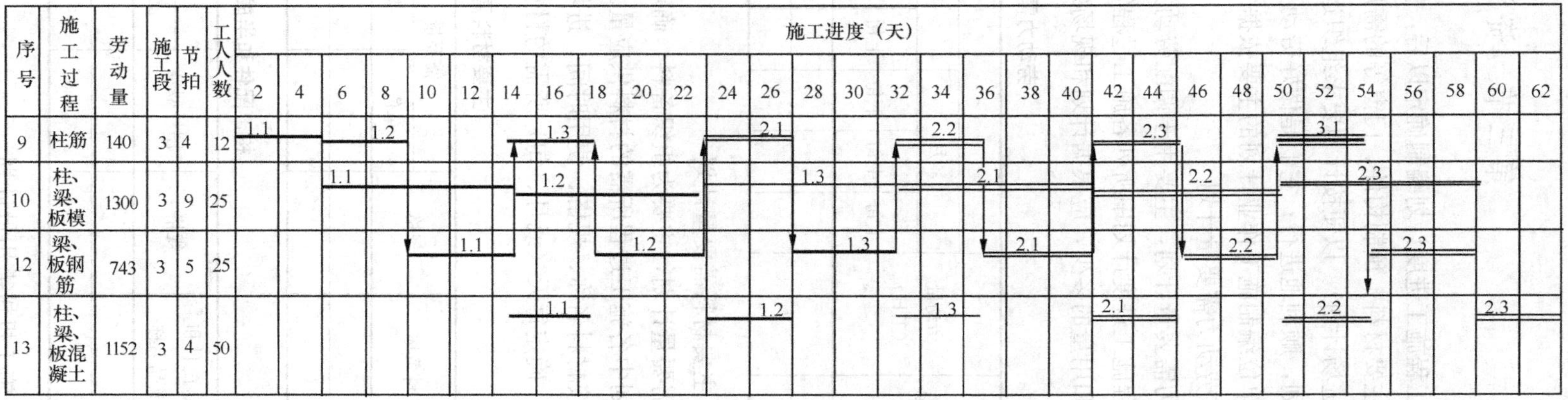

图 6-8 某框架结构工程主体阶段施工进度计划

第三节 资源需要量计划

单位工程施工进度计划编制确定以后，便可以编制相应的资源供应计划和施工准备工作计划（主要材料、预制构件、门窗等的需用量和加工计划；编制施工机具及周转材料的需用量和进场计划）。以便按计划要求组织运输、加工、定货、调配和供应等工作，保证施工按计划，顺利地进行；它们是做好劳动力与物资的供应、平衡、调度、落实的依据，也是施工单位编制施工作业计划的主要依据之一。

（一）劳动力需要量计划

劳动力需要量计划，主要用于调配劳动力，安排生活福利设施。劳动力的需要量是根据单位工程施工进度计划中所列各施工过程每天所需人工数之和确定。各施工过程劳动力进场时间和用量的多少，应根据计划和现场条件而定，见表 6-5。

劳动力需要量计划　　　　　　　　　　　表 6-5

序号	工种名称	劳动量（工日）	需要工人人数及时间											
			×月			×月			×月			×月		…
			上旬	中旬	下旬	上旬	中旬	下旬	上旬	中旬	下旬	上旬	中旬	下旬	…

（二）主要材料需要量计划

材料需要量计划，主要为组织备料，确定仓库、堆场面积、组织运输之用，以满足施工组织计划中各施工过程所需的材料供应量。材料需要量是将施工进度表中各施工过程的工程量，按材料名称、规格、使用时间、进场量等并考虑各种材料的贮备和消耗情况进行计算汇总，确定每天（或月、旬）所需的材料数量，见表 6-6、表 6-7。

主要材料需要量计划表　　　　　　　　表 6-6

序号	材料名称	规格	需要量		供应时间	备注
			单位	数量		

构、配件和半成品需要量计划表　　　　表 6-7

序号	构、配件和半成品名称	规格	图号型号	需要量		使用部位	加工单位	供应日期	备注
				单位	数量				

（三）施工机械需用量计划

根据采用的施工方案和安排的施工进度来确定施工机械的类型、数量、进场时间。施工机械需用量是把单位工程施工进度中的每一个施工过程，每天所需的机械类型、数量和施工日期进行汇总。对于机械设备的进场时间，应该考虑设备安装和调试所需的时间，见表6-8。

施工机械需用量计划

表6-8

序号	机械、设备名称	规格型号	需用量		货源	进场日期	使用起止时间	备注
			单位	数量				

第四节　单位工程施工平面图布置

单位工程施工平面图是对一个建筑物或构筑物施工现场的平面规划和空间布置图。它是根据工程规模、特点和施工现场的条件，按照一定的设计原则，正确地解决施工期间所需的各种暂设工程和其他设施与永久性建筑物和拟建建筑物之间的合理位置关系。

一、单位工程施工平面图的设计内容

单位工程施工平面图通常用1∶200～1∶500的比例绘制，一般应在图上标明下列内容：

（1）施工区域范围内一切已建和拟建的地上、地下建筑物、构筑物和各种管线及其他设施的位置和尺寸，并标注出道路、河流、湖泊等位置和尺寸以及指北针、风向玫瑰图等；

（2）测量放线标桩位置、地形等高线和取弃土方场地；

（3）自行式起重机开行路线，垂直运输机械的位置；

（4）材料、构件、半成品和机具的仓库或堆场；

（5）生产、办公和生活用临时设施的布置，如搅拌站、泵站、办公室、工人休息室以及其他需搭建的临时设施；

（6）场内施工道路的布置及其与场外交通的联系；

（7）临时给排水管线、供电线路、供气、供热管道及通信线路的布置，水源、电源、变压器位置确定，现场排水沟渠及排水方向的考虑；

（8）脚手架、封闭式安全网、围挡、安全及防火设施的位置；

（9）劳动保护、安全、防火及防洪设施布置以及其他需要布置的内容。

二、设计依据

布置施工平面图，首先应对现场情况进行深入细致地调查研究，对原始资料进行详细地分析，确保施工平面图的设计与现场相一致，尤其是地下设施资料要进行认真地了解。单位工程施工平面图设计的主要依据是：

1. 施工现场的自然资料和技术经济资料

（1）自然条件资料包括：气象、地形、地质、水文等。主要用于排水、易燃易爆有毒品的布置以及冬雨期施工安排；

（2）技术经济条件包括：交通运输、水电源、当地材料供应、构配件的生产能力和供应能力、生产生活基地状况等。

2. 项目整体建筑规划平面图

项目整体规划平面图是设计施工平面图的主要依据。

(1) 项目整体建筑规划平面图中一切地上、地下拟建和已建的建筑物和构筑物，是确定临时设施位置的依据，也是修建工地内运输道路和解决排水问题的依据；

(2) 项目整体建筑规划平面图中的管道综合布置图中已有和拟建的管道位置，是施工准备工作的重要依据，如已有管线是否影响施工，是否需要利用或拆除；临时性建筑应避开拟建综合管道位置等；

(3) 拟建工程的其他施工图资料。

3. 施工方面的资料

(1) 施工方案确定的垂直运输机械、起重机械和其他施工机具位置、数量、加工场的规模及场地规划；

(2) 施工进度计划中各施工过程的施工顺序，分阶段施工现场布置要求；

(3) 资源需要量计划确定的材料堆场和仓库面积及位置；

(4) 尽量利用建设单位提供的已有设施，减少现场临时设施的搭设数量。

三、设计原则

根据工程规模和现场条件，单位工程施工平面图的布置方案是不相同的，一般应遵循以下原则：

(1) 在满足施工的条件下，场地布置要紧凑，施工占用场地要尽量小，以不占或少占农田为原则。

(2) 最大限度地缩小场地内运输量，尽可能减少二次搬运，各种主要材料、构配件堆场宜布置在塔吊有效服务范围之内，大宗材料和构件应靠近使用地点布置；在满足连续施工的条件下，各种材料应按计划分批进场，充分利用场地。

(3) 最大限度地减少暂设工程的费用，尽可能利用已有或拟建工程。如利用原有水、电管线、道路、原有房屋等为施工服务；利用可装拆式活动房屋，利用当地市政设施等。

(4) 在保证施工顺利进行的情况下，要满足劳动保护，安全生产和防火要求。对于易燃、易爆、有毒设施，要注意布置在下风向，保持安全距离；对于电缆等架设要有一定高度；注意布置消防设施，雨期施工应考虑防洪、排涝措施等。

四、单位工程施工平面图设计步骤

在整个施工过程中，各种施工机械、材料、构件在工地上的实际布置情况是随时改变的，所以在布置各阶段的施工平面图时，就需要按不同施工阶段分别设计几张施工平面图，以便能把不同施工阶段的合理布置具体反映出来。但对整个施工时期使用的主要道路、水电管线和临时房屋等，不要轻易变动，以节省费用。

布置重型工业厂房的施工平面图，还应该考虑到一般土建工程同其他设备安装等专业工程的配合问题，一般以土建施工单位为主会同各专业施工单位，共同编制综合施工平面图。在综合施工平面图中，尤其要根据各专业工程在各施工阶段中的要求将现场平面统筹规划，合理划分，以满足所有专业施工的要求。对于一般工程，只需要对主体结构阶段设计施工平面图，同时考虑其他施工阶段如何周转使用施工场地。

一般情况下，单位工程施工平面图布置步骤为：确定起重机的位置→确定搅拌站、仓库、材料和构件堆场、加工厂的位置→确定运输道路的布置→布置行政、文化、生活、福利用地等临时设施→布置水电管线。

1. 确定垂直运输机械位置

垂直运输机械的位置直接影响仓库、料堆、砂浆和混凝土搅拌站的位置及道路和水、电线路的布置等，因此要首先予以考虑。

(1) 塔式起重机布置

1) 附着式塔式起重机

建筑施工中多用附着式塔式起重机，其布置要结合建筑物的平面形状、尺寸和四周的施工场地条件而定，应使拟建建筑物平面尽量处于塔吊的工作半径回转范围之内，避免出现"死角"；要使构件、成品和半成品堆放位置及搅拌站前台尽量处于塔臂的活动范围之内。布置塔式起重机时应考虑其起重量、起重高度和起重半径等参数，同时还应考虑装、拆塔吊时场地条件及施工安全等方面的要求，如塔基是否坚实，多塔工作时是否有塔臂碰撞的可能性，塔臂范围内是否有需要防护的高压电线等问题。

在高层建筑施工中，往往还需配备若干台固定式升降机（人货两用电梯）在主体结构施工阶段作为塔吊的辅助设备，在装饰工程插入施工时，作为主要垂运设备，主体结构施工完毕，塔吊可提前拆除转移到其他工程。

2) 轨道式塔式起重机

有轨式塔式起重机通常沿建筑物一侧或两侧布置，必要时还需增加转弯设备，尽量使轨道长度最短，轨道的路基要坚实，并做好路基四周的排水处理。此种起重机由于稳定性差，很少使用。

(2) 固定式垂运机械的布置

固定式垂运机具（如井架、龙门架、桅杆、施工电梯等）的布置，主要根据其机械性能、建（构）筑物的平面形状和大小、施工段的划分情况、起重高度、材料和构件的重量及垂直运输量、运输道路等情况而定。其目的是充分发挥起重机械的能力，做到使用安全、方便，便于组织流水施工，并使地面与楼面上的水平运输距离最短。布置时应考虑以下几个方面：

1) 当建筑物各部位高度相同时，应布置在施工段的分界线附近；当建筑物各部位高度不同时，应布置在高低分界线较高部位一侧，以使楼面上各施工段的水平运输互不干扰。

2) 若有可能，应尽量布置在窗口处，以避免砌墙留槎，减少井架拆除后的修补工作。

3) 垂直运输设备的数量要根据施工进度、垂直提升构件和材料的数量、台班工作效率等因素确定，其服务范围一般为30～40m。井架应立在外脚手架之外，并有一定安全距离，一般为3m以上，同时做好井架周围的排水工作。

4) 卷扬机的位置不应距起重机械过近，以便司机的视线能看到整个升降过程，一般要求卷扬机距起重机械距离大于建筑物的高度。

2. 确定搅拌站、加工厂、仓库及各种材料、构件堆场的位置

考虑到运输和装卸料的方便，搅拌站、仓库和材料、构件堆场的位置应尽量靠近使用地点或在起重机服务范围以内，以缩短运距，避免二次搬运。根据施工阶段、施工部位和起重机械的类型不同，材料、构件等堆场位置一般应遵循以下几点要求：

(1) 建筑物基础和第一层施工所用的材料，应该布置在建筑物的四周。其堆放位置应根据基坑（槽）的深度、宽度及其坡度或支护形式确定，并与基坑边缘保持一定安全距离

（至少 1m），以免造成基坑土壁坍方。第二层以上施工材料，布置在起重机附近，砂、石等大宗材料，尽量布置在搅拌站附近。

（2）当采用固定式垂运机械时，其材料堆场、仓库以及搅拌站位置应尽可能靠近垂直运输设备布置，减少二次搬运；当采用塔式起重机进行垂直运输时，应布置在塔式起重机有效起重幅度范围内。

（3）多种材料同时布置时，对大宗的、重量大的和先期使用的材料尽可能靠近使用地点或起重机附近布置；而少量的、轻的、后期使用的材料则可布置得稍远一些。搅拌站出料口一般设在起重机半径内，砂、石、水泥等大宗材料的布置，可尽量布置在搅拌站附近，使搅拌材料运至搅拌机的运距尽量短。石灰仓库和淋灰池的位置要接近砂浆搅拌站并在下风处。沥青堆场及熬制锅的位置要离开易燃仓库或堆场，也应布置在下风处。

（4）要考虑不同施工阶段、施工部位和使用时间，材料、构件堆场的位置要分区域设置或分阶段设置。按不同施工阶段、不同材料的特点，在同一位置上可先后布置几种不同的材料，让材料分批进场，在不影响施工进度的前提下，尽量少占工地面积。

（5）模板、脚手架等周转性材料，应选择在装卸、取用、整理方便和靠近拟建工程的地方布置。

3. 现场运输道路的布置

现场运输道路的布置必须满足材料、构件等物品的运输及消防的要求，一般沿着仓库和堆场进行布置。现场的主要道路应尽可能利用拟建工程的永久性道路，可先做好永久性道路的路基，在交工之前再铺路面，以减少投资。现场道路布置时，单行道路宽不小于3.5m，双行道路宽不小于6m。为使运输工具有回转的可能性，主要道路宜围绕单位工程环型布置，转弯半径要满足最长车辆拐弯的要求，单行道不小于 9~12m，双行道不小于7~12m。路基要坚实，做到雨期不泥泞不翻浆，路面材料要选择透水性好的材料，保证雨后 2h 车辆能够通行。道路两侧要设有排水沟，以利雨期排水，排水沟深度不小于0.4m，底宽不小于 0.3m。

4. 临时设施的布置

临时设施分为生产性临时设施（如钢筋加工棚、水泵房、木工加工房）和非生产性临时设施（如办公室、工人休息室、警卫室、食堂、厕所等）。主要考虑以下几方面：

（1）木工和钢筋加工车间的位置可考虑布置在建筑物四周较远的地方，但应有一定的场地堆放木材、钢筋和成品。

（2）易燃易爆品仓库应远离锅炉房等。

（3）现场的非生产性临时设施，应尽量少设，尽量利用原有房屋，必须修建时要经过计算，合理确定面积，努力节约临时设施费用。必须设置的临时设施应考虑使用方便，但又不妨碍施工，并要符合安全、卫生、防火的规定。通常，办公室的布置应靠近施工现场，宜设在工地出入口处；工人临时休息室应设在工人作业区，宿舍、生活区与生产区分开设置，且应布置在安全的上风向；门卫、收发室宜布置在工地出入口处。

5. 水、电管网的布置

（1）临时用水管网的布置

施工现场用水包括生产、生活、消防用水三大类。在可能的条件下，单位工程施工用水及消防用水要尽量利用工程永久性供水系统，以便节约临时供水设施费用。

施工用的临时给水管，一般由建设单位的干管或施工单位自行布置的干管接到用水地点，有枝状、环状和混合状等布置方式。布置时应力求管网长度最短，管径大小、取水点的位置与数量视工程规模大小通过计算确定。管道应埋入地下，尤其是寒冷地区，给水管要埋置在冰冻层以下，避免冬期施工时水管冻裂，也防止汽车及其他机械在上面行走压坏水管。临时管线不要布置在二期将要修建的建（构）筑物或室外管沟处，以免这些项目开工时，切断了水源影响施工用水。

同时应按防火要求，设置室外消防栓，其设置要求见第五章中施工总平面图设计。高层建筑施工一般要设置高压水泵和楼层临时消火栓，消火栓作用半径为50m，其位置在楼梯通道处或外架子、垂直运输井架附近，冬期施工还要采取防冻保温措施。条件允许时，可利用城市或建筑单位的永久消防设施。为防止供水的意外中断，可在建筑物附近设置简易蓄水池。

为便于排除地面水和地下水，要及时修通永久性下水道，并结合现场地形，在建筑物四周设置排泄地面水和地下水的沟渠，如排入城市下水系统，还应设置沉淀池。

（2）临时用电管网的布置

单位工程施工用电应在全工地施工总平面图中一并考虑。一般施工中的临时供电应根据计算出的各个施工阶段所需最大用电量，选择变压器和配电设备。根据用电设备的位置及容量，确定动力和照明供电线路。变压器（站）的位置应布置在现场边缘高压线接入处，四周用铁丝网围住，不宜布置在交通要道口。临时变压器设置，应距地面不小于30cm，并应在2m以外处设置高度大于1.7m的保护栏杆。

架空线路应尽量设在道路一侧，不得妨碍交通和施工机械运转，塔吊工作区和交通频繁的道路的电缆应埋在地下，架空线路距在建建（构）筑物的水平距离应大于1.5m，架空线路应尽量保持线路水平，以免电杆受力不均。低压线路的架空线与施工建（构）筑物水平距离不小于1.0m，与地面距离不小于6m；架空线跨越建（构）筑物或临时设施时，垂直距离不小于2.5m。

各用电点必须配备与用电设备功率相匹配的、由闸刀开关、熔断保险、漏电保护器和插座等组成的配电箱，其高度与安装位置应以操作方便、安全为准；每台用电机械或设备均应分设闸刀开关和熔断器，实行单机单闸，严禁一闸多机。设置在室外的配电箱应有防雨措施，严禁漏电、短路及触电事故的发生。

6. 施工现场平面布置图

见第十章施工组织设计实例配图。

第五节　文明施工与季节性施工措施

一、文明施工❶

文明施工是指在施工现场管理中，要按现代化施工的要求，使施工现场保持良好的施

---

❶ 《建设工程项目管理规范》GB/T 50326—2006 规定：

12.2.1　文明施工应包括下列工作：

1. 进行现场文化建设；2. 规范场容，保持作业环境整洁卫生；3. 创造有序生产的条件；4. 减少对居民和环境的不利影响。

12.2.2　项目经理部应通过对现场人员进行培训教育，提高其文明意识和素质，树立良好的形象。

12.2.3　项目经理部应按照文明施工标准，定期进行评定、考核和总结。

工环境和施工秩序。它是施工现场一项重要的基础工作，也是施工企业对外的一个窗口。实现文明施工，不仅要着重做好现场的场容管理工作，而且还要相应做好现场材料、机械、安全、技术、保卫、消防和生活卫生等方面的管理工作。一个施工企业的文明施工创建活动可充分体现该企业的管理水平。

（一）文明施工基本条件

（1）有整套的施工项目管理实施规划或施工组织设计、施工方案。

（2）有健全的施工指挥系统和岗位责任制度。

（3）工序衔接交叉合理，交接责任明确。

（4）有严格的成品保护措施和制度。

（5）各类临时设施和各种材料、构件、半成品按平面布置堆放整齐。

（6）施工场地平整，道路畅通，排水设施得当，水电线路整齐。

（7）机具设备状况良好，使用合理，施工作业符合消防和安全要求。

（二）文明施工的基本要求

文明施工检查评定应符合《建设工程施工现场消防安全技术规范》GB 50720 和《建筑施工现场环境与卫生标准》JGJ 146、《施工现场临时建筑物技术规范》JGJ/T 188 的规定。文明施工检查评定保证项目应包括：现场围挡、封闭管理、施工场地、材料管理、现场办公与住宿、现场防火。一般项目应包括：综合治理、公示标牌、生活设施、社区服务。《建筑施工安全检查标准》JGJ 59—2011 规定：

1. 文明施工保证项目的检查评定

（1）现场围挡

1）市区主要路段的工地应设置高度不小于 2.5m 的封闭围挡；

2）一般路段的工地应设置高度不小于 1.8m 的封闭围挡；

3）围挡应坚固、稳定、整洁、美观。

（2）封闭管理

1）施工现场进出口应设置大门，并应设置门卫值班室；

2）应建立门卫职守管理制度，并应配备门卫职守人员；

3）施工人员进入施工现场应佩戴工作卡；

4）施工现场出入口应标有企业名称或标识，并应设置车辆冲洗设施。

（3）施工场地

1）施工现场的主要道路及材料加工区地面应进行硬化处理；

2）施工现场道路应畅通，路面应平整坚实；

3）施工现场应有防止扬尘措施；

4）施工现场应设置排水设施，且排水通畅无积水；

5）施工现场应有防止泥浆、污水、废水污染环境的措施；

6）施工现场应设置专门的吸烟处，严禁随意吸烟；

7）温暖季节应有绿化布置。

（4）材料管理

1）建筑材料、构件、料具应按总平面布局进行码放；

2）材料应码放整齐，并应标明名称、规格等；

3）施工现场材料码放应采取防火、防锈蚀、防雨等措施；

4）建筑物内施工垃圾的清运，应采用器具或管道运输，严禁随意抛掷；

5）易燃易爆物品应分类储藏在专用库房内，并应制定防火措施。

（5）现场办公与住宿

1）施工作业、材料存放区与办公、生活区应划分清晰，并应采取相应的隔离措施；

2）在施工程、伙房、库房不得兼做宿舍；

3）宿舍、办公用房的防火等级应符合规范要求；

4）宿舍应设置可开启式窗户，床铺不得超过 2 层，通道宽度不应小于 0.9m；

5）宿舍内住宿人员人均面积不应小于 2.5m^2，且不得超过 16 人；

6）冬季宿舍内应有采暖和防一氧化碳中毒措施；

7）夏季宿舍内应有防暑降温和防蚊蝇措施；

8）生活用品应摆放整齐，环境卫生应良好。

（6）现场防火

1）施工现场应建立消防安全管理制度、制定消防措施；

2）施工现场临时用房和作业场所的防火设计应符合规范要求；

3）施工现场应设置消防通道、消防水源，并应符合规范要求；

4）施工现场灭火器材应保证可靠有效，布局配置应符合规范要求；

5）明火作业应履行动火审批手续，配备动火监护人员。

2．文明施工一般项目的检查评定

（1）综合治理

1）生活区内应设置供作业人员学习和娱乐的场所；

2）施工现场应建立治安保卫制度、责任分解落实到人；

3）施工现场应制定治安防范措施。

（2）公示标牌

1）大门口处应设置公示标牌，主要内容应包括：工程概况牌、消防保卫牌、安全生产牌、文明施工牌、管理人员名单及监督电话牌、施工现场总平面图；

2）标牌应规范、整齐、统一；

3）施工现场应有安全标语；

4）应有宣传栏、读报栏、黑板报。

（3）生活设施

1）应建立卫生责任制度并落实到人；

2）食堂与厕所、垃圾站、有毒有害场所等污染源的距离应符合规范要求；

3）食堂必须有卫生许可证，炊事人员必须持身体健康证上岗；

4）食堂使用的燃气罐应单独设置存放间，存放间应通风良好，并严禁存放其他物品；

5）食堂的卫生环境应良好，且应配备必要的排风、冷藏、消毒、防鼠、防蚊蝇等设施；

6）厕所内的设施数量和布局应符合规范要求；

7）厕所必须符合卫生要求；

8）必须保证现场人员卫生饮水；

9）应设置淋浴室，且能满足现场人员需求；

10）生活垃圾应装入密闭式容器内，并应及时清理。

（4）社区服务

1）夜间施工前，必须经批准后方可进行施工；

2）施工现场严禁焚烧各类废弃物；

3）施工现场应制定防粉尘、防噪声、防光污染等措施；

4）应制定施工不扰民措施。

二、季节性施工措施

1. 雨期施工措施

（1）工程施工前，在基坑边设集水井和排水沟，及时排除雨水和地下水，把地下水的水位降至施工作业面以下。

（2）做好施工现场排水工作，将地面水及时排出场外，确保主要运输道路畅通，必要时路面要加铺防滑材料。

（3）现场的机电设备应做好防雨、防漏电措施。

（4）混凝土连续浇筑，若遇雨天，用篷布将已浇筑但尚未初凝的混凝土和继续浇筑的混凝土部位加以覆盖，以保证混凝土的质量。

2. 冬期施工措施

（1）加强冬期施工安全教育，落实安全、消防措施。

（2）及时清除道路冰雪，确保道路畅通。

（3）搅拌混凝土或砂浆时，禁止用有雪或冰块的水拌合。

（4）钢筋焊接应在室内进行，焊后的接头严禁立刻碰到水、冰、雪。

（5）做好砂浆、混凝土的各项测温工作及完工部位的防冻保护工作等。

3. 夏季施工措施

（1）编制夏季施工方案及采取的技术措施。

（2）做好防雷、避雷工作。

（3）做好施工人员的防暑降温工作。

案 例 题

1.【2013年一级建造师考题改】背景资料：某新建工程，建筑面积2800m²，地下一层，地上六层，框架结构，建筑总高28.5m，建设单位与某施工单位签订了施工合同，合同约定项目施工创省级安全文明工地。在施工过程中，发生了如下事件：

事件一：建设单位组织监理单位、施工单位对工程施工安全进行检查，检查内容包括：安全思想、安全责任、安全制度、安全措施。

事件二：施工单位编制的项目安全措施计划的内容包括有：管理目标、规章制度、应急准备与响应、教育培训。检查组认为安全措施计划主要内容不全，要求补充。

事件三：施工现场入口仅设置了企业标识牌、工程概况牌，检查组认为制度牌设置不完整，要求补充。工人宿舍室内净高2.3m，封闭式窗户，每个房间住20个工人，检查组认为不符合相关要求，对此下发了整改通知单。

事件四：检查组按照《建筑施工安全检查标准》JGJ 59对本次安全检查进行了评价，汇总表得分68分。

问题：

（1）除事件一所述检查内容外，施工安全检查还应检查哪些内容？

（2）事件二中，安全措施计划中还应补充哪些内容？

（3）事件三中，施工现场入口还应设置哪些制度牌？现场工人宿舍应如何整改？

（4）事件四中，建筑施工安全检查评定结论有哪些等级？本次检查应评定为哪个等级？

2. 背景材料：某住宅小区，其占地东西长 400m，南北宽 200m。其中，有一栋高层宿舍，是结构为 25 层大模板全现浇钢筋混凝土塔楼结构，使用两台塔式起重机。设环行道路，沿路布置临时用水和临时用电，不设生活区，不设搅拌站，不熬制沥青。

问题：（1）施工平面图的设计原则是什么？

（2）进行塔楼施工平面图设计时，以上设施布置的先后顺序是什么？

（3）如果布置供水，需要考虑哪些用水？如果按消防用水的低限（10L/s）作为总用水量，流速为 1.5m/s，管径选多大的？

（4）布置道路的宽度应如何布设？

（5）如何设置消火栓？消火栓与路边距离应是多少？

（6）按现场的环境保护要求，提出对噪声施工的限制，停水、停电、封路的办理，垃圾渣土处理办法。

（7）电线、电缆穿路的要求有哪些？

第七章 施 工 方 案

施工方案是以分部（分项）工程或专项工程为主要对象编制的施工技术与组织方案，用以具体指导其施工过程。对达到一定规模的危险性较大的分部（分项）工程，必须编制专项施工方案或专项施工组织设计。

第一节 施 工 方 案 内 容

一、施工方案的内容

1. 工程概况❶

施工方案的工程概况包括工程主要情况、设计简介、工程施工条件三个方面。分部（分项）工程或专项工程施工方案，在施工组织设计中已包含的内容可省略。

2. 编制依据

相关法律、法规、规范性文件、标准、规范及图纸（国标图集）、施工组织设计等。

3. 施工安排❷

（1）工程施工目标包括进度、质量、安全、环境和成本等目标，各项目标应满足施工合同、招标文件和总承包单位对工程施工的要求。

（2）工程施工顺序及施工流水段划分。

（3）针对工程的重点和难点安排施工，并简述主要管理和技术措施。

（4）根据分部（分项）工程或专项工程的规模、特点、复杂程度、目标控制和总承包单位的要求设置项目管理机构，该机构各种专业人员配备齐全，完善项目管理网络，建立健全岗位责任制。

4. 施工进度计划

分部（分项）工程或专项工程施工进度计划应按照施工安排，并结合总承包单位的施工进度计划进行编制。其编制应内容全面、安排合理、科学实用，反映出各施工区段或各

---

❶ 《建筑施工组织设计规范》GB/T 50502—2009 规定：

6.1.1 工程概况应包括工程主要情况、设计简介和工程施工条件等。

6.1.2 工程主要情况应包括：分部（分项）工程或专项工程名称，工程参建单位的相关情况，工程的施工范围，施工合同、招标文件或总承包单位对工程施工的重点要求等。

6.1.3 设计简介应主要介绍施工范围内的工程设计内容和相关要求。

6.1.4 工程施工条件应重点说明与分部（分项）工程或专项工程相关的内容。

❷ 《建筑施工组织设计规范》GB/T 50502—2009 规定：

6.2.1 工程施工目标包括进度、质量、安全、环境和成本等目标，各项目标应满足施工合同、招标文件和总承包单位对工程施工的要求。

6.2.2 工程施工顺序及施工流水段应在施工安排中确定。

6.2.3 针对工程的重点和难点，进行施工安排并简述主要管理和技术措施。

6.2.4 工程管理的组织机构及岗位职责应在施工安排中确定，并应符合总承包单位的要求。

工序之间的搭接关系、施工期限和开始、结束时间。

5. 施工准备与资源配置计划

施工方案的施工准备与资源配置计划的主要内容同单位工程施工组织设计，只是施工方案针对的是分部（分项）工程或专项工程，在施工准备阶段，除了要完成本项工程的施工准备外，还需注重与前后工序的相互衔接。

（1）施工准备应包括下列内容

1）技术准备：包括施工所需技术资料的准备、图纸深化和技术交底的要求、试验检验和测试工作计划、施工要求和技术保证条件、样板制作计划以及与相关单位的技术交接计划等；

2）现场准备：包括生产、生活等临时设施的准备以及施工平面布置，与相关单位进行现场交接的计划等；

3）资金准备：编制资金使用计划等。

（2）资源配置计划应包括下列内容

1）劳动力配置计划：确定工程用工量并编制专业工种劳动力计划表；

2）物资配置计划：包括工程材料和设备配置计划、周转材料和施工机具配置计划以及计量、测量和检验仪器配置计划等。

6. 施工方法及工艺要求

施工方法是工程施工期间所采用的技术方案、工艺流程、组织措施、检验手段等。它直接影响施工进度、质量、安全以及工程成本。其内容应比施工组织总设计和单位工程施工组织设计的相关内容更细化。

（1）明确分部（分项）工程施工方法，施工工艺的技术参数、工艺流程、施工方法、检查验收等要求。涉及结构安全的专项方案或专项工程施工方法必须进行施工力学计算，并在方案中附相关计算书及相关图纸。

（2）对易发生质量通病、易出现安全问题、施工难度大、技术含量高的分项工程（工序）等应编制相关施工工法。

（3）对开发和使用的新技术、新工艺以及采用的新材料、新设备应通过必要的试验或论证并制定计划。对于工程中推广应用的新技术、新工艺、新材料和新设备，尽量采用目前国家和地方推广的。当然也可以根据工程具体情况由企业自主创新，对于企业创新的技术和工艺，要制定理论和试验研究实施方案，并组织鉴定评价。

（4）对季节性施工方案应提出具体要求。根据施工地点的实际气候特点，提出具有针对性的施工措施，在施工过程中，还应根据气象部门的预报资料，对具体措施进行细化。

7. 施工安全保证措施

包括组织保障（例如专职安全生产管理人员、特种作业人员）、技术措施、应急预案、监测监控等。

二、危险性较大的分部（分项）工程施工方案❶

1. 危险性较大的分部（分项）工程范围

根据《建设工程安全生产管理条例》（国务院第 393 号令）及《危险性较大的分部分项工程安全管理办法》（建质〔2009〕87 号文）规定，危险性较大的分部（分项）工程范围包括：

（1）基坑支护、土方开挖工程与降水工程

危险性较大：开挖深度超过 3m（含 3m）或虽未超过 3m 但地质条件和周边环境复杂的基坑（槽）支护、土方开挖工程、降水工程。

超过一定规模的危险性较大：开挖深度超过 5m（含 5m）的基坑（槽）的土方开挖、支护、降水工程；开挖深度虽未超过 5m，但地质条件、周围环境和地下管线复杂，或影响毗邻建筑（构筑）物安全的基坑（槽）的土方开挖、支护、降水工程。

（2）模板工程

危险性较大：各类工具式模板工程，包括大模板、滑模、爬模、飞模等工程；混凝土模板支撑工程，搭设高度 5m 及以上，搭设跨度 10m 及以上，施工总荷载 10kN/m² 及以上，集中线荷载 15kN/m² 及以上，高度大于支撑水平投影宽度且相对独立无联系构件的混凝土模板支撑工程；承重支撑体系，用于钢结构安装等满堂支撑体系。

超过一定规模的危险性较大：工具式模板工程，包括滑模、爬模、飞模工程；混凝土模板支撑工程，搭设高度 8m 及以上，搭设跨度 18m 及以上，施工总荷载 15kN/m² 及以上，集中线荷载 20kN/m² 及以上；承重支撑体系，用于钢结构安装等满堂支撑体系，承受单点集中荷载 700kg 以上。

（3）起重吊装工程

危险性较大：采用非常规起重设备、方法，且单件起吊重量在 10kN 及以上的起重吊装工程；采用起重机械进行安装的工程；起重机械设备自身的安装、拆卸。

超过一定规模的危险性较大：采用非常规起重设备、方法，且单件起吊重量在 100kN 及以上的起重吊装工程；起重量 300kN 及以上的起重设备安装工程；高度 200m 及以上内爬起重设备的拆除工程。

（4）脚手架工程

危险性较大：搭设高度 24m 及以上的落地式钢管脚手架工程；附着式整体和分片提升脚手架工程；悬挑式脚手架工程；吊篮脚手架工程；自制卸料平台、移动操作平台工

---

❶ 《危险性较大的分部分项工程安全管理办法》（建质〔2009〕87 号）规定：

第六条建筑工程实行施工总承包的，专项方案应当由施工总承包单位组织编制。其中，起重机械安装拆卸工程、深基坑工程、附着式升降脚手架等专业工程实行分包的，其专项方案可由专业承包单位组织编制。第八条专项方案应当由施工单位技术部门组织本单位施工技术、安全、质量等部门的专业技术人员进行审核。经审核合格的，由施工单位技术负责人签字。实行施工总承包的，专项方案应当由总承包单位技术负责人及相关专业承包单位技术负责人签字。不需专家论证的专项方案，经施工单位审核合格后报监理单位，由项目总监理工程师审核签字。

第九条超过一定规模的危险性较大的分部分项工程专项方案应当由施工单位组织召开专家论证会。实行施工总承包的，由施工总承包单位组织召开专家论证会。

第十二条施工单位应当根据论证报告修改完善专项方案，并经施工单位技术负责人、项目总监理工程师、建设单位项目负责人签字后，方可组织实施。实行施工总承包的，应当由施工总承包单位、相关专业承包单位技术负责人签字。

程；新型及异型脚手架工程。

超过一定规模的危险性较大：搭设高度 50m 及以上落地式钢管脚手架工程；提升高度 150m 及以上附着式整体和分片提升脚手架工程；架体高度 20m 及以上悬挑式脚手架工程。

（5）拆除爆破工程（略）

（6）国务院建设行政主管部门或者其他有关部门规定的其他危险性较大的工程

1）危险性较大：建筑幕墙安装工程；钢结构、网架和索膜结构安装工程；人工挖扩孔桩工程；地下暗挖、顶管及水下作业工程；预应力工程；采用新技术、新工艺、新材料、新设备及尚无相关技术标准的危险性较大的分部分项工程。

2）超过一定规模的危险性较大：施工高度 50m 及以上的建筑幕墙安装工程；跨度大于 36m 及以上的钢结构安装工程；跨度大于 60m 及以上的网架和索膜结构安装工程；开挖深度超过 16m 的人工挖孔桩工程；地下暗挖工程、顶管工程、水下作业工程；采用新技术、新工艺、新材料、新设备及尚无相关技术标准的危险性较大的分部分项工程。

2. 专项方案与论证

施工单位应当在危险性较大的分部（分项）工程施工前编制专项方案，并附具安全验算结果，经施工单位技术负责人、总监理工程师签字后实施；对于超过一定规模的危险性较大的分部分项工程，施工单位应当组织专家对专项方案进行论证。除《建设工程安全生产管理条例》中规定的分部（分项）工程外，施工单位还应根据项目特点和地方政府部门有关规定，对具有一定规模的重点、难点分部（分项）工程进行相关论证，例如施工临时用电专项方案。

第二节 施 工 安 排

一、施工开展程序的确定

1. 开工前后的开展程序

施工准备→开工报告及审批→开始施工。

2. 施工先后顺序与相互关系

（1）民用建筑

按照常规施工方法时的施工程序应遵循"先地下后地上，先主体后围护，先结构后装饰，先土建后设备安装"的原则来确定。

1）先地下后地上。指的是在地上工程施工之前，把管道、线路等地下设施和土方工程、基础工程全部完成或基本完成，以免对地上部分产生干扰。

2）先主体后围护。主要指结构中主体与围护的关系，一般来说，多层建筑主体结构与围护结构以少搭接为宜，而高层建筑则应尽量交叉搭接施工，以便有效地缩短工期。

3）先结构后装饰。主要指先进行主体结构施工，后进行装饰工程施工。就一般情况而言，高层建筑则应交叉搭接施工缩短工期。

4）先土建后设备安装。指的是处理好土建与水、暖、电、卫等设备安装的施工顺序。

上述施工程序并不是一成不变的，随着我国施工技术的发展以及企业经营管理水平的提高，特别是随着建筑工业化的不断发展，有些施工程序也将发生变化。例如，采用逆作法施工的工程，地下、地上同时施工，大大缩短了工期；又如装配式结构施工，已由工地生产逐渐转向工厂生产，结构与装饰可在工厂内同时完成。

（2）工业厂房

1）先土建，后设备（封闭式施工）。工业建筑的土建与设备安装的施工顺序与厂房的性质有关，如精密工业厂房，一般要求土建、装饰工程完工之后安装工艺设备；重型工业厂房则有可能先安装设备，后建厂房或设备安装与土建同时进行，这样的厂房设备一般体积很大，若厂房建好以后，设备无法进入，如发电厂的主厂房。

"封闭式"施工方案的优点是厂房基础施工和构件预制的工作面较宽敞，便于布置起重机开行路线，可加快主体结构的施工进度；设备基础在室内施工，不受气候的影响，可提前安装厂房内的桥式吊车为设备基础施工服务。其主要缺点是设备基础的土方工程施工条件较差，不利于采用机械化施工；不能提前为设备安装提供条件，因而工期较长；出现某些重复性工作，例如厂房内部回填土的重复挖填和临时运输道路的重复铺设等。

2）先设备，后土建（开敞式施工）。该方案的优缺点与"封闭式"施工正好相反。

确定单层工业厂房的施工方案时，应根据具体情况进行分析。一般而言，当设备基础较浅或其底部标高不低于柱基且不靠近柱基时，宜采用"封闭式"施工方案；而当设备基础体积较大、埋置较深，采用"封闭式"施工对主体结构的稳定性有影响时，则应采用"开敞式"施工方案。对某些大而深的设备基础，若采用特殊的施工方法（如沉井），仍可采用"封闭式"。当土建工程为设备安装创造了条件，同时又采取防止设备被砂浆、垃圾等污染损坏的措施时，主体结构与设备安装工程可以同时进行。

二、流水施工组织

1. 划分施工段

施工段划分的原则详见第二章，这里主要介绍一般住宅工程的施工段划分方法。

（1）基础工程：少分段或不分段，便于不均匀地基的统一处理。当结构平面较大时，可以考虑 2～3 个单元为一段；

（2）主体工程：2～3 个单元为一段，小面积的栋号平面内不分段，可以进行栋号间的流水；

（3）屋面工程：一般不分段，也可在高低层或伸缩缝处分段；

（4）装饰工程：外装饰以层分段或每层再分 2～3 段；内装饰每单元为一段或每层分2～3 段。

2. 流水施工的组织方式

建筑物（或构筑物）在组织流水施工时，应根据工程特点、性质和施工条件组织全等节拍、成倍节拍和分别流水等施工方式。例如：一般多层框架结构在竖向上需划分施工层，在平面上划分成若干施工段，组织平面和竖向上的流水施工。

三、施工起点流向的确定

施工流向是指施工活动在空间上的展开顺序。单层建筑需确定平面上的流向，多层建筑除确定平面流向外，还需确定竖向流向。也就是说，多层建筑施工项目在平面上和竖向上各划分为若干施工段，施工流向就是确定各施工段施工的先后顺序。例如，图 7-1 所示为多层建筑物层数不等时的施工流向示意图，其中图 7-1（a）为从层数多的第Ⅱ段开始施工，再进入较少层数的施工段Ⅰ（或Ⅲ）进行施工，然后再依次进入第二层、第三层顺

序施工；图 7-1 (b) 为从有地下室的第Ⅱ
段开始施工，接着进入一层的第Ⅲ段施工，
继而又从第一层的第Ⅰ段开始，由下至上
逐层逐段依此顺序进行施工。采取这两种
施工顺序组织施工时，能使各施工过程的
工作队在各施工段上（包括各层的施工段）
连续施工。

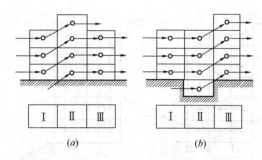

图 7-1　层数不等的多层房屋施工流向图

（一）确定施工起点流向应考虑的因素

（1）从生产工艺流程考虑，应对先投
产的部位先施工。拟建项目的工艺流程，往往是确定施工流向的关键因素，首先施工影响
后续生产工艺试车投产的部位。这样可以提前发挥基本建设投资的效果。

（2）从施工技术考虑，应对技术复杂、工程量大、工期长的部位先施工。一般技术复
杂、施工进度较慢、工期较长的区段和部位应先施工。一旦前导施工过程的起点流向确定
了，后续施工过程也就随之而定了。如单层工业厂房的土方挖土工程的起点流向决定柱基
础施工起点流向和预制、吊装施工过程的起点流向。

（3）根据施工条件，现场环境情况，对条件具备的（如材料、图纸、设备供应等）先
行施工。工程现场条件和施工方案，施工场地的大小，道路布置和施工方案中采用的施工
方法和机械也是确定施工起点和流向的主要因素。如土方工程边开挖边余土外运，则施工
起点应由离道路远到近的方向进展。

（4）从沉降等因素考虑，应先高后低，先深后浅进行施工。如基础有深浅之分时，应
按先深后浅的顺序进行施工。

（5）从分部分项工程的特点及其相互关系考虑。例如卷材屋面防水工程施工前，必须
在保温层与找平层施工完成，且必须干燥后方可铺贴卷材防水；在大面积铺贴前，需要先
施工细部附加层，后大面积施工；考虑每幅卷材长向搭接翘起渗漏隐患，卷材搭接必须顺
着水流方向，即由檐口到屋脊方向逆着水流方向铺贴卷材。

（二）工程施工流向举例——多层建筑的室内装饰工程起点和流向

根据装饰工程的工期、质量、安全、使用要求以及施工条件，其施工起点流向一般分
为：自上而下、自下而上以及自中而下再自上而中三种。

（1）室内装饰工程自上而下的施工起点流向，通常是指主体结构工程封顶，做好屋面
防水层后，从顶层开始，逐层往下进行。图 7-2 (a) 所示为水平向下的流向，这种起点
流向是在主体结构完成，并做好屋面防水层后进行施工，所以不担心沉降、雨季渗漏影
响，并且各工序之间交叉少，便于组织安全施工；其缺点是不能与主体施工搭接，因而工
期较长。图 7-2 (b) 所示为垂直向下的流向，其优点除上述外，还减少了装饰后期同层施
工洞口堵砌的工序，消除了施工洞口后期装饰色差、接茬、裂缝等质量缺陷，缺点是工作
面小，不利于提高工作效率，工期较长。

（2）室内装饰工程自下而上的起点流向，是指当主体结构工程施工到 3 层以上时，装
饰工程从一层开始，逐层向上进行，其施工流向如图 7-3 所示，有水平向上和垂直向上两
种情况。此种起点流向的优点是可以和主体砌墙工程进行交叉施工，使工期缩短。其缺点
是工序之间交叉多，需要预防影响装饰工程质量的施工用水渗漏和雨水问题。

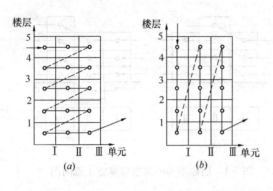

图 7-2　室内装饰工程自上而下的施工起点流向　　　图 7-3　室内装饰工程自下而上的施工起点流向
(a) 水平向下的流向；(b) 垂直向下的流向　　　　　　(a) 水平向上的流向；(b) 垂直向上的流向

（3）自中而下再自上而中的起点流向，综合了上述两者的优缺点，适用于中、高层建筑的装饰工程，见图7-4。

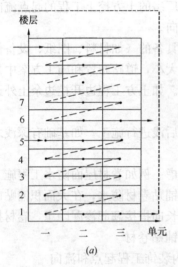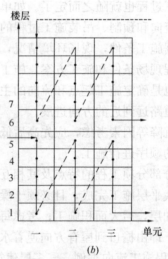

图 7-4　室内装饰工程自中而下再自上而中的起点流向
(a) 水平向下的流向；(b) 垂直向下的流向

四、分部分项工程的施工顺序

施工顺序是确定各分部分项工程施工的先后关系，可以解决各工种之间在时间上的搭接、施工空间充分利用，保证质量和安全生产、缩短工期、减少成本。

确定各施工过程的施工顺序，必须符合工艺顺序，还应与所选用的施工方法和施工机械协调一致，同时还要考虑施工组织、施工质量、安全技术的要求，以及当地气候条件等因素。其目的是为了更好地按照施工的客观规律组织施工，使各施工过程的工作队紧密配合，进行平行、搭接、穿插施工。

（一）确定施工顺序的原则

（1）必须符合施工工艺的要求。建筑物在建造过程中，各分部分项工程之间存在着一定的工艺顺序关系，它随着建筑物结构和构造的不同而变化，应在分析建筑物各分部分项工程之间的工艺关系的基础上确定施工顺序。例如：基础工程未做完，其上部结构就不能进行，垫层需在土方开挖验槽后才能施工。

（2）必须与施工方法协调一致。例如：在装配式单层工业厂房施工中，采用分件吊装法，则施工顺序是先吊装柱、再吊装梁、最后吊装各个节间的屋架及屋面板等；采用综合吊装法，则施工顺序为一个节间全部构件吊装完成后，再依次吊装下一个节间。

（3）必须考虑施工组织的要求。例如：有地下室的建筑，其地下室地面可以安排在地下室顶板施工前进行，也可以安排在地下室顶板施工后进行。从施工组织方面考虑，前者施工较方便，上部空间宽敞，可以利用吊装机械直接将地面施工用的材料运送到地下室。而后者材料运输就比较困难，但前者地面成品保护比较困难。

（4）必须考虑施工质量的要求。在安排施工顺序时，要以保证和提高工程质量为前提，影响工程质量时，要重新安排施工顺序或采取必要的技术措施。例如：建筑电气的灯具、开关插头面板安排在室内涂料粉刷完成后进行，否则容易造成电气设备的污染。

（5）必须考虑当地的气候条件。例如：在雨期施工到来之前，应尽量先做基础工程、室外工程、门窗玻璃工程，为地上和室内工程施工创造条件，改善工人的劳动环境，有利于保证工程质量。

（6）必须考虑安全施工的要求。尤其立体交叉、平行搭接施工的安全问题。

（二）施工顺序举例

1. 现浇钢筋混凝土结构房屋

现浇钢筋混凝土结构房屋一般可划分为地下工程（包括基础工程）、主体结构工程、围护工程和装饰工程等。

（1）地下工程的施工顺序（±0.000 以下）

地下工程一般指设计标高（±0.000）以下的所有工序项目，一般的浅基础的施工顺序为：放线→挖土（基础开挖深度较大、地下水位较高，则在挖土前尚应进行降水及土壁支护工作）→清除地下障碍物→打钎验槽→软弱地基处理（需要时）→垫层→地下室底板防水施工（需要时）→基础施工（钢筋混凝土基础施工包括绑扎钢筋→支撑模板→浇筑混凝土→养护→拆模）→一次回填土→地下室施工→地下室外墙防水施工→二次回填土及地面垫层。

（2）主体结构工程的施工顺序

全现浇钢筋混凝土框架的施工顺序一般为：绑扎柱钢筋→支设柱模→浇筑柱混凝土→支设梁、板模板→绑扎梁、板钢筋→浇筑梁、板混凝土。

（3）围护工程的施工顺序

围护工程的施工包括砌体工程、门窗安装。砌体工程包括搭设砌筑用脚手架、砌筑等分项工程。不同的分项工程之间可组织平行、搭接、立体交叉流水施工，脚手架应配合砌筑工程搭设，在室外装饰之后做散水之前拆除。

（4）屋面工程

屋面工程目前大多数采用卷材防水屋面，其施工顺序总是按照屋面构造的层次，由下向上逐层施工。一般依次施工隔气层→保温层→找坡→找平层→涂刷基层处理剂→细部的加强层（例如：突出屋面设施的根部、排气道、分格缝等）→卷材防水层→保护层。屋面工程在主体结构完成后开始，并应尽快完成，为顺利进行室内装饰工程创造条件。

（5）装饰工程的施工顺序

一般的装饰包括抹灰、勾缝、饰面、喷浆、门窗扇安装、玻璃安装、油漆等。其中抹灰是主导工程。装饰工程没有一定严格的顺序，但须考虑装饰工程与主体结构、各装饰工艺的先后顺序关系。

1）主体结构工程与装饰工程的施工顺序关系，在工程施工流向中已经阐述。

2）室内与室外装饰工程的先后顺序关系：

室内与室外装饰工程的先后顺序与施工条件和气候条件有关。可以先室外后室内，也可以先室内后室外或室外室内同时平行施工。但当采用单排脚手架砌墙时，由于脚手架拉墙杆的脚手眼需要填补，所以至少在同一层须做完室外墙面粉刷后再做内墙粉刷。

3）顶棚、墙面与楼地面抹灰的顺序关系：

在同一层内抹灰工作不宜交叉进行，顶棚、墙面与地面抹灰的顺序可灵活安排。一般有两种方式：

①楼地面抹灰→顶棚抹灰→墙面抹灰。

②顶棚抹灰→墙面抹灰→楼地面抹灰。

第①种方法，先楼地面后顶棚、墙面，有利于收集落地灰以节约材料，但顶棚、墙面抹灰脚手架易损坏地面，应做好成品保护；第②种方法，先顶棚、墙面后楼地面，则必须将结构层上的落地灰清扫干净再做楼地面，以保证楼地面面层的质量。

另外，为了保证和提高施工质量，楼梯间的抹灰和踏步抹面通常在其他抹灰工作完工以后，自上而下地进行，内墙涂料必须待顶棚、墙面抹灰干燥后方可进行。

4）室内精装饰工程的施工顺序

室内精装饰工程的施工顺序一般为：砌隔墙→安装门窗框→防水房间防水施工→楼（地）面抹灰→天棚抹灰→墙面抹灰→楼梯间及踏步抹灰→墙、地贴面砖→安门窗扇→木装饰→天棚、墙体涂料→木制品油漆→铺装木地板→检查整修。

（6）水、电、暖、卫、燃等与土建的关系

水、电、暖、卫、燃等工程需与土建工程中有关分部分项工程交叉施工，且应紧密配合。

①在基础工程施工时，应将上下水管沟和暖气管沟的垫层、墙体做好后再回填土。不具备条件时应预留位置；

②在主体结构施工时，应在砌墙和现浇钢筋混凝土楼板的同时，预留上下水、燃气、暖气立管的孔洞及配电箱等设备的孔洞，预埋电线管、接线盒及其他预埋件；

③在装饰装修施工前，应完成各种管道、水暖、卫的预埋件，设备箱体的安装等，应敷设好电气照明的墙内暗管、接线盒及电线管的穿线；

④室外上下水及暖燃等管道工程可安排在基础工程之前或主体结构完工之后进行。

2. 装配式单层工业厂房

装配式单层工业厂房的施工，一般分为基础工程、预制工程、吊装工程、围护装饰工程和设备安装工程等施工阶段。

（1）基础工程阶段

1）厂房基础：挖土→混凝土垫层→杯基扎筋→支模→浇混凝土→养护→拆模→回填土。

2）设备基础：采用开敞式施工方案时，设备基础与杯基同时施工；采用封闭式施工方案时，设备基础在结构完工后施工。

（2）预制构件工程阶段

1）柱：地胎模→扎筋→支侧模→浇混凝土（安木芯模）→养护→拆模→翻身吊装；

2）屋架：砖底模→扎筋、埋管→支模（安预制腹杆）→浇混凝土→抽芯→养护→穿预应力筋、张拉、锚固→灌浆→养护→翻身吊装。

（3）吊装工程阶段

1）单件法吊装：准备→吊装柱子→吊装基础梁、吊车梁、连系梁→吊装屋盖系统；

2）综合法吊装：准备→吊装第一节间柱子→吊装第一节间基础梁、吊车梁、连系梁→吊装第一节间屋盖系统→吊装第二节间柱子→……→结构安装工程完成。

（4）围护、屋面、装饰工程阶段

围护：砌墙（搭脚手架）、浇筑圈梁、安门窗框；

装饰：安门窗扇→内外墙勾缝→顶墙喷浆→门窗油漆玻璃→地面、勒脚、散水。

（5）设备安装阶段

设备安装，由于专业性强、技术要求高等，一般由专业公司分包安装。

上面所述现浇钢筋混凝土结构和装配式单层工业厂房的施工顺序，仅适用于一般情况。建筑施工顺序的确定既是一个复杂的过程，因此，必须针对每一个工程施工特点和具体情况，合理确定施工顺序。

第三节 施工方法和施工机械的选择

施工方法和施工机械的选择是制定施工方案的关键，必须从先进、经济、合理的角度出发选择施工方法和施工机械，以达到提高工程质量、降低工程成本、提高劳动生产率和加快工程进度的预期效果。

一、施工方法和施工机械的选择

施工方法和施工机械的选择主要应根据工程建筑结构特点、质量要求、工期长短、资源供应条件、现场施工条件、施工单位的技术装备水平和管理水平等因素综合考虑。

（一）选择施工方法和施工机械的基本要求

（1）以主要分部分项工程为主；

（2）符合施工组织设计的要求；

（3）满足施工工艺及技术要求；

（4）能够提高工厂化、机械化程度；

（5）满足先进、合理、可行、经济的要求；

（6）满足工期、质量、成本和安全要求。

（二）施工方法的选择

施工方法是针对拟建工程的主要分部、分项工程而言的，其内容应简明扼要，重点突出。应着重研究那些影响施工全局的重要分部工程，凡新技术、新工艺和对拟建工程起关键作用的项目，应详细而具体地拟定该项目的操作过程、方法、质量、技术、安全措施。一般情况下，土木工程主要项目的施工方法有以下内容：

1. 测量放线

说明测量工作的总要求；说明建筑物平面位置的测定方法，首层及各层轴线的定位、放线方法及轴线控制要求；说明建筑物垂直度控制的方法，包括外围垂直度和内部每层垂直度的控制方法，并说明确保控制质量的措施；说明沉降观测的方法、步骤和要求。

操作人员必须按照操作程序、规程进行操作，经常进行仪器检查验证，配合好各工序的穿插和检查验收工作。

2. 土石方工程

计算土方量，选择挖土方法、施工机械；确定施工流向、放坡坡度和边坡支护方法；选择地下水和地表水排除方法，确定排水沟渠、集水井、井点的布置及所需设备的型号、数量；确定土方回填压实的方法及机具。对于大型土石方、打桩、构件吊装等项目，一般均需单独编制施工方案。

3. 地基与基础工程

地基处理的方法及相应的材料、机具、设备；浅基础中垫层、钢筋混凝土基础施工的技术要求；深基础中的施工方法及技术要求；地下工程防水方法及相关技术措施等。

4. 主体结构工程

（1）确定模板类型、支模方法、模板设计及绘制模板放样图。推广"工具式模板"和"早拆模板体系"，提高周转利用率。采取分段流水工艺，减少模板一次投入量。

（2）选择钢筋的加工、运输、连接方法，明确相应机具设备型号、数量；对梁柱节点钢筋密集区的处理措施，应力集中处的加筋处理；高强钢筋、预应力钢筋张拉与锚固等。

（3）确定混凝土搅拌和运输方法；进行配合比设计，确定掺合料、外加剂的品种数量；确定砂石计量和后台上料方法；确定混凝土浇筑顺序、施工缝位置、后浇带位置、工作班制、浇捣方法、养护制度、质量评定及相应机械工具的型号、数量。

在选择施工方法时，应特别注意大体积混凝土、特殊混凝土、高强度混凝土的施工方法；注重模板工具化、早拆化；钢筋加工中的联动化、机械化；混凝土运输车、泵送等。

5. 砌筑工程

砌筑砂浆的拌制和使用要求；砌体的组砌方法和质量要求，皮数杆的控制要求；砌体与钢筋混凝土构造柱、梁、圈梁、楼板、阳台、楼梯等构件的连接要求；配筋砌体工程的施工要求等。

6. 结构安装工程

确定结构安装方法、吊装顺序、起重机械选择、开行路线；确定构件运输、装卸、堆放办法；吊装机具设备型号、数量和对运输道路的要求。

7. 屋面工程

确定屋面各层材料及其质量要求；屋面各个分项工程的施工操作要求，特别是各种节点部位及各种接缝的密封防水施工。

8. 装饰装修工程

（1）明确装修工程进入现场施工的时间、施工顺序和成品保护等具体要求；安排结构、装修及安装穿插施工时间。

（2）较高级的室内装修应先做样板间，通过设计、业主、监理等单位联合认定后，再全面开展工作。

（3）对于民用建筑需提出室内装饰环境污染控制办法。

（4）室外装修工程应明确脚手架设置，饰面材料应有防止渗水、防止坠落及金属材料防锈蚀的措施。

（5）确定分项工程的施工方法和要求，提出所需的机具设备的型号、数量。

（6）提出各种装饰装修材料的品种、规格、外观、尺寸、质量等要求。

（7）确定装修材料逐层配套堆放的数量和平面位置，提出材料储存要求。

（8）保证装饰工程施工防火安全的方法。

9. 脚手架工程

（1）明确内外脚手架的用料、搭设、使用、拆除方法及安全措施，落地式外墙脚手架应有防止脚手架不均匀下沉的措施。采用工字钢或槽钢外挑脚手架，应分段搭设，一般每段 5～8 层，且应沿架高与主体结构作拉结固定。

（2）应明确特殊部位（如施工现场的主要出入口处）脚手架的搭设方案。

（3）室内施工脚手架宜采用轻型的工具式脚手架；高度较高、跨度较大的厂房顶棚喷刷工程宜采用移动式脚手架。

（4）脚手架工程还需确定安全网挂设方法、四口五临边防护方案。

（三）施工机械选择

1. 选择施工机械原则

（1）首先选择主导工程的施工机械，如地下工程的土方机械，主体结构工程的垂直、水平运输机械，结构吊装工程的起重机械等。垂直运输机械的选择是一项重要内容，它直接影响工程的施工进度，一般根据标准层垂直运输量来编制垂直运输量表，然后据此选择垂直运输方式和机械数量，再确定水平运输方式和机械数量。

（2）各种辅助机械或运输工具应与主导机械的生产能力协调配套，以充分发挥主导机械的效率。例如在土方工程中，运土汽车容量应是挖土机斗容量的倍数；结构安装工程中，运输工具的数量和运输量，应能保证结构安装的起重机连续工作。

（3）在同一工地上，应力求减少施工机械的种类和型号，既便于工地管理，也可减少机械转移的工时消耗。例如，对于工程量小而分散的工程，则应尽量采用多用途机械，如挖土机既可用于挖土，又可用于装卸。

（4）充分发挥施工单位现有机械的能力。当本单位的机械能力不能满足工程施工需要时才通过工程经济分析决定购置还是租赁新型机械。

2. 现场垂直运输的选择

（1）现场垂直和水平运输方案一般包括下列内容：

1）确定标准层垂直运输量。如模板、钢筋、混凝土、各种预制构件、砖、砌块、砂浆、门窗和各种装修用料、水电材料、工具和脚手架等。

2）选定水平运输方式，如各种运输车（小推车，机动小翻斗车，架子车，构件安装小车、钢筋小车等）和输送泵及其型号和数量。

3）确定和上述配套使用的工具和设备，如砖车、砖笼、混凝土罐车、砂浆罐车等。

4）确定地面和楼层水平运输的行驶路线。

5）合理布置垂直运输机械位置，综合安排各种垂直运输设施的任务的服务范围。如划分运送砖、砌块、构件、砂浆、混凝土的时间和工作班次。

6）确定搅拌混凝土、砂浆后台上料所需机具，如皮带运输机、提升料斗、铲车、装载机或流槽的型号和数量。

（2）垂直运输机械

在确定垂直运输机械时，一般是几种垂直运输机械组合。例如：塔式起重机与施工电梯组合；塔式起重机、混凝土泵和施工电梯组合；塔式起重机、井架和施工电梯组合；井架和施工电梯组合；井架、快速提升机和施工电梯组合。

1）塔式起重机的选择

塔式起重机类型的选择应根据建筑物的结构平面尺寸、层数、高度、施工条件及场地周围的环境等因素综合考虑。对于中高层建筑，可选用附着自升式塔式起重机或爬升式塔式起重机，其起重高度随建筑物的施工高度而增加，如 QT4-10 型、QT5-4/40 型、QT5-4/60 型等；如果建筑物体积庞大、建筑结构内部又有足够的空间（电梯间、设备间），可选择内爬式塔式起重机。

2）混凝土输送泵的选择

输送泵有泵车和固定泵两种，多层结构一般不在现场设地泵，混凝土浇筑时，将泵车开到现场进行混凝土水平和垂直运输，高层结构一般在现场设固定泵。在选用泵送混凝土的同时，对于浇筑零星混凝土通常需要采用塔吊运输方式配合补充。

第四节　施工方案的技术经济评价

施工方案是在对工程概况和特点进行分析的基础上，确定施工顺序和施工流向，选择施工方法和施工机械。前两项属于施工组织方面的，后两项属于施工技术方面的。然而，在施工方法中有施工顺序问题（如单层工业厂房施工中，柱和屋架的预制排列方法与吊装顺序和开行路线有关），施工机械选择中也有组织问题（如挖掘机与汽车的配套计算）。施工技术是施工方案的基础，同时又需满足施工组织方面的要求。而施工组织将施工技术从时间和空间上联系起来，从而反映对施工方案的指导作用，两者相互联系，又互相制约。

施工方案进行技术经济评价是选择最优施工方案的重要途径。因为任何一个分部分项工程，一般都会有几个可行的施工方案，而施工方案的技术经济评价的目的就是在它们之间进行优选，选出一个工期短、质量好、材料省、劳动力安排合理、成本低的最优方案。常用的施工方案技术经济分析方法有定性分析和定量分析两种。

1. 定性分析

这种方法是根据经验对施工方案的优劣进行分析和评价。如工期是否合理，可按工期定额进行分析；流水段的划分是否适当，要看它是否给流水施工组织带来方便等。定性评价方法比较方便，但不精确，决策易受主观因素影响。定性分析通常主要从以下几个指标来评价：

（1）工人在施工操作上的难易程度和安全可靠性；

（2）保证质量措施的可靠性；

（3）为后续工程创造有利施工条件的可能性；

（4）利用现有或取得施工机械设备的可能性；

（5）为现场文明施工创造有利条件的可能性；

（6）施工方案对冬雨期施工的适应性。

2. 定量分析

施工方案的定量分析是通过计算主要的技术经济指标，进行综合分析比较，选择出各项指标较好的施工方案。这种方法比较客观，但指标的确定和计算比较复杂。定量评价的一般方法有：

（1）指标比较法

指标比较法分为单指标指标比较法和多指标指标比较法，指标比较法主要用于在待比较的方案中，有一个方案的某项或多项指标均优于其他的方案、优劣对比明显时的情况。在应用时要注意应选用适当的指标，以保证指标的可比性。如果各个方案的指标优劣不同，则不应该采用该方法。主要的评价指标有以下几种：

1）工期指标。当要求工程尽快完成以便尽早投入生产或使用时，选择施工方案就要在确保工程质量、安全和成本较低的条件下，优先考虑缩短工期。例如在钢筋混凝土工程主体施工时，采用增加模板的套数来缩短主体工程的施工工期。

2）机械化程度指标。在考虑施工方案时应尽量提高施工机械化程度，降低工人的劳动强度。积极扩大机械化施工的范围，把机械化施工程度的高低，作为衡量施工方案优劣的重要指标。

$$施工机械化程度 = \frac{机械完成的实物工程量}{全部实物工程量} \times 100\% \tag{7-1}$$

3）主要材料消耗指标。反映若干施工方案的主要材料节约情况。

4）降低成本指标。可以综合反映不同施工方案的经济效果，一般可以降低成本额和降低成本率，常采用降低成本率的方法，即：

$$\gamma_c = \frac{C_0 - C}{C_0} \tag{7-2}$$

式中　γ_c——降低成本率；

　　　C_0——预算成本；

　　　C——计划成本。

5）投资额指标。拟定的施工方案需要增加新的投资时，如购买新的施工机械或设备，则需要增加投资额指标进行比较，其中以投资额指标低的方案为好。

【例 7-1】　某涵洞工程混凝土总需要量为 5000m^3，混凝土工程施工有两种方案可供选择。A 方案为现场制作，B 方案为购买商品混凝土。已知商品混凝土的平均单价为 410 元/m^3，现场混凝土的单价计算公式为：

$$C = C_1/Q + C_2 \times T/Q + C_3$$

式中　C——现场制作混凝土的单价（元/m^3）；

　　　C_1——现场搅拌站一次性投资，本工程为 200000 元；

　　　C_2——搅拌站设备的租金及维修费（与工期有关的费用）（元/月），本工程为 15000 元/月；

　　　C_3——现场搅拌混凝土所需的费用（与混凝土数量有关的费用），本工程为 320 元/m^3；

　　　Q——现场搅拌混凝土的数量（m^3）；

　　　T——工期（月）。

问题：（1）若混凝土浇筑工期不同时，A、B 两个方案哪一个较经济？

（2）当混凝土浇筑工期为 12 个月时，现场制作混凝土的数量最少为多少立方米才比购商品混凝土经济？

（3）假设现场临时道路需架设一根 9.9 m 长的现浇钢筋混凝土梁跨越一个河道，可采用三种设计方案。该三种方案分别采用 A、B、C 三种不同的现场制作混凝土，有关数据见表 7-1。试选择一种最经济的方案。

各方案基础数据 表 7-1

方案	断面尺寸（mm）	钢筋含量（kg/m³）	不同种类混凝土费用（元/m³）	模板费用	钢筋费用
1	300×900	95	220	梁侧模 21.4 元/m²，梁底模 24.8 元/m²	钢筋及制作绑扎为 3390 元/t
2	500×600	80	230		
3	300×800	105	225		

【解】 这道题第（1）、（2）问选择的是工期、成本指标；第（3）问选择的是费用指标。

（1）采用的方案与工期的关系，当 A、B 两个方案的成本相同时，工期 T 满足：

$200000/5000＋15000×T/5000＋320＝410$，即 $T＝16.67$ 月时，A、B 两个方案成本相同；当工期 $T＜16.67$ 月时，A 方案比 B 方案经济；当工期 $T＞16.67$ 月时，B 方案比 A 方案经济。

（2）当工期为 12 个月时，现场制作混凝土的最少数量 x 满足：

$200000/x＋15000×12/x＋320＝410$，即 $x＝4222.22 m^3$；即当 $T＝12$ 个月时，现场制作混凝土的数量必须大于 $4222.22 m^3$ 才比购买商品混凝土经济。

（3）三种方案的费用计算见表 7-2。

三种方案费用计算表 表 7-2

分项工程组成		方案一	方案二	方案三
混凝土	工程量（m³）	2.673	2.970	2.376
	单价（元/m³）	220	230	225
	费用小计（元）	588.06	683.10	534.60
钢筋	工程量（kg）	253.94	237.60	249.48
	单价（元/kg）		3.39	
	费用小计（元）	860.86	805.46	845.74
梁侧模板	工程量（m²）	17.82	11.88	15.84
	单价（元/m²）		21.4	
	费用小计（元）	381.35	254.23	338.98
梁底模板	工程量（m²）	2.97	4.95	2.97
	单价（元/m²）		24.8	
	费用小计（元）	73.66	122.76	73.66
费用合计（元）		1903.93	1865.55	1792.98

由表 7-2 的计算结果可知，第三种方案的费用最低，为最经济的方案。

（2）综合指标分析法

综合指标分析法是用一个综合指标作为评价方案优劣的标准。综合指标是以多指标为基础，将各指标按照一定的计算方法进行综合后得到的。

综合指标的计算方法有多种，常用的计算方法是：首先根据多指标中各个指标在评价中重要性的相对程度，分别定出它们的"权值"（W_i），最重要者"权值"最大，再用同一指标依据其在各方案中的优劣程度定出其相应的"指数"（C_{ij}），指标越优其"指数"就越大。设有 m 个方案和 n 种指标，则第 j 方案的综合指标值为：

$$A_j = \sum C_{ij} W_i \tag{7-3}$$

式中　$j=1, 2, 3, \cdots, m$；$i=1, 2, 3, \cdots, n$。

综合指标 A_j 值最大者为最优方案。综合指标提供了方案综合效果的定量值，为最后决策提供了科学的依据。但是，由于权值 W_i 和指数 C_{ij} 的确定涉及因素较多，特别是受人的认识程度的影响很大，有时亦会掩盖某些不利因素。尤其当不同方案的综合指标相近时，应以单指标为主，把单指标与多指标分析结合起来进行方案评价，并应考虑社会影响、技术进步和环境因素等实际条件，实事求是地选择较优方案。见例题 7-2。

（3）评分法

这种方法是组织专家对施工方案进行评分，采用加权计算法计算各方案的总分，以总分高者为优。常用的有：0-1 评分法、0-4 评分法、环比评分法。见例题 7-2，0-1 评分法的应用。

（4）价值指数方法

价值指数方法是以方案的功能分析为研究方法，通过技术与经济相结合的方式，评价并优化、改进方案，从而达到提高方案价值的目的。价值分析并不是单纯以追求降低成本为唯一的目的，也不片面追求提高功能，而是力求正确处理好功能与成本的对立统一关系，提高他们之间的比值，研究功能与成本的最佳配置。

在价值指数方法中，价值是一个核心的概念。价值是指研究对象所具有的功能与获得这些功能的全部费用之比，用公式可表示为：价值＝功能/费用。下面结合例题 7-2 阐述价值指数方法的应用。

【例 7-2】 背景：承包商 B 在某高层住宅楼的现浇楼板施工中，拟采用钢木组合模板体系或小钢模体系施工。经专家讨论，决定从模板总摊销费用（F_1）、楼板浇筑质量（F_2）、模板人工费（F_3）、模板周转时间（F_4）、模板装拆便利性（F_5）五个技术经济指标对两个方案进行评价，并采用 0-1 评分法对各技术经济指标的重要程度进行评分，其部分结果见表 7-3，两方案各技术经济指标的得分见表 7-4。

指标重要程度评分表　　　　　　　　　　　　　　　　　表 7-3

	F_1	F_2	F_3	F_4	F_5
总摊销费用 F_1	×	0	1	1	1
楼板浇筑质量 F_2		×	1	1	1
模板人工费 F_3			×	0	1
模板周转时间 F_4				×	1
模板装拆便利性 F_5					×

经造价工程师估算，钢木组合模板在该工程的总摊销费用为 40 万元，每平方米楼板的模板人工费为 8.5 元；小钢模在该工程的总摊销费用为 50 万元，每平方米楼板的模板人工费为 6.8 元。该住宅楼的楼板工程量为 2.5 万 m^2。

技术经济指标得分表　　　　　　表 7-4

指标＼方案	钢木组合模板	小钢模体系
总摊销费用 F_1	10	8
楼板浇筑质量 F_2	8	10
模板人工费 F_3	8	10
模板周转时间 F_4	10	7
模板装拆便利性 F_5	10	9

问题：（1）试确定各技术经济指标的权重（计算结果保留三位小数）。

（2）若以楼板工程的单方模板费用作为成本比较对象，试用价值指数法选择较经济的模板体系（功能指数、成本指数、价值指数的计算结果均保留三位小数）。

（3）若该承包商准备参加另一幢高层办公楼的投标，为提高竞争能力，公司决定模板总摊销费用仍按本住宅楼考虑，其他条件均不变。该办公楼的现浇楼板工程量至少要达到多少平方米才应采用小钢模体系（计算结果保留两位小数）？

【解】　（1）根据 0-1 评分法的计分办法，将空缺部分补齐后再计算各技术经济指标得分，进而确定其权重，见表 7-5。0-1 评分法的特点是：两指标（或功能）相比较时，较重要的指标得 1 分，另一较不重要的指标得 0 分。在应用 0-1 评分法时还需注意，采用 0-1 评分法确定指标重要程度得分时，会出现合计得分为零的指标（或功能），需要将各指标合计得分分别加 1 进行修正后再计算其权重。根据 0-1 评分法的计分办法，两指标（或功能）相比较时，较重要的指标得 1 分，另一较不重要的指标得 0 分。例如，在表 7-3 中，F_1 相对于 F_2 较不重要，得 0 分（已给出），而 F_2 相对于 F_1 较重要，故应得 1 分，填入表 7-5。各技术经济指标得分和权重的计算结果见表 7-5。

重要程度指标权重计算表　　　　　　表 7-5

	F_1	F_2	F_3	F_4	F_5	得分	修正得分	权重
总摊销费用 F_1	×	0	1	1	1	3	4	4/15＝0.267
楼板浇筑质量 F_2	1	×	1	1	1	4	5	5/15＝0.333
模板人工费 F_3	0	0	×	0	1	1	2	2/15＝0.133
模板周转时间 F_4	0	0	1	×	1	2	3	3/15＝0.200
模板装拆便利性 F_5	0	0	0	0	×	0	1	1/15＝0.067
合计						10	15	1

（2）价值指数法选择经济模板体系

1）计算两方案的功能指数，结果见表 7-6。

2）计算两方案的成本指数：

①钢木组合模板的单方模板费用为：$40/2.5＋8.5＝24.5$ 元/m^2；小钢模的单方模板费用为：$50/2.5＋6.8＝26.8$ 元/m^2；

技术经济指标	权重	钢木组合模板	小钢模体系
总摊销费用 F_1	0.267	$10 \times 0.267 = 2.67$	$8 \times 0.267 = 2.14$
楼板浇筑质量 F_2	0.333	$8 \times 0.333 = 2.66$	$10 \times 0.333 = 3.33$
模板人工费 F_3	0.133	$8 \times 0.133 = 1.06$	$10 \times 0.133 = 1.33$
模板周转时间 F_4	0.200	$10 \times 0.200 = 2$	$7 \times 0.200 = 1.4$
模板装拆便利性 F_5	0.067	$10 \times 0.067 = 0.67$	$9 \times 0.067 = 0.60$
合计	1	9.06	8.80
功能指数		$9.06/(9.06+8.8) = 0.507$	$8.8/(9.06+8.8) = 0.493$

②钢木组合模板的成本指数为：$24.5/(24.5+26.8) = 0.478$；小钢模的成本指数为：$26.8/(24.5+26.8) = 0.522$。

3）计算两方案的价值指数：

钢木组合模板的价值指数为：价值＝功能/费用＝$0.507/0.478 = 1.061$；小钢模的价值指数为：价值＝功能/费用＝$0.493/0.522 = 0.944$。因为钢木组合模板的价值指数高于小钢模的价值指数，故应选用钢木组合模板体系。

（3）单方模板费用函数为：

$$C = C_1/Q + C_2$$

式中　C——单方模板费用（元/m^2）；

$\quad C_1$——模板总摊销费用（万元）；

$\quad C_2$——平方米楼板的模板人工费（元/m^2）；

$\quad Q$——现浇楼板工程量（万 m^2）。

则：钢木组合模板的单方模板费用为：$C_{钢木} = 40/Q + 8.5$；小钢模的单方模板费用为：$C_{小钢模} = 50/Q + 6.8$。令该两模板体系的单方模板费用之比（即成本指数之比）等于其功能指数之比：

$$(40/Q + 8.5)/(50/Q + 6.8) = 0.507/0.493;$$

即 $0.507(50 + 6.8Q) - 0.493(40 + 8.5Q) = 0$，$Q = 7.58$ 万 m^2。

因此，该办公楼的现浇楼板工程量至少达到 7.58 万 m^2 才应采用小钢模体系。

第五节　专项施工方案案例❶

为了便于熟悉和掌握施工方案的编制，在本节中节选了两个实际工程的施工专项方案，

---

❶《建筑施工安全检查标准》JGJ 59—2011 规定：

3.1.3　安全管理保证项目的检查评定应符合下列规定：

2 施工组织设计及专项施工方案

1）工程项目部在施工前应编制施工组织设计，施工组织设计应针对工程特点、施工工艺制定安全技术措施；

2）危险性较大的分部分项工程应按规定编制安全专项施工方案，专项施工方案应有针对性，并按有关规定进行设计计算；

3）超过一定规模危险性较大的分部分项工程，施工单位应组织专家对专项施工方案进行论证；

4）施工组织设计、安全专项施工方案，应由有关部门审核，施工单位技术负责人、监理单位项目总监批准；

5）工程项目部应按施工组织设计、专项施工方案组织实施。

由于一个完整的专项方案内容比较多，为了节省篇幅，对其中的部分内容进行了删减。

【例 7-3】 某住宅小区 60 号楼脚手架施工方案中型钢悬挑脚手架专项方案节选。

1. 工程概况

某工程为高层商住两用楼，地下一层，地上十四层，地下一层为停车场，层高 4.6m，地上一、二、三层为商场，层高均为 5m，四层以上为住宅，层高 2.9m。建筑物总高 48.6m。

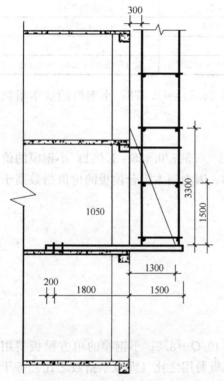

图 7-5　型钢悬挑梁搭设示意图

2. 脚手架方案设计

根据工程实际情况，确定本工程脚手架方案如下：地下一层至地上三层采用双排落地式脚手架，四层以上采用型钢悬挑脚手架，分两次悬挑，分别在三层、九层顶板上设置工字钢挑梁，四～九层悬挑架高度为 18m，十层以上悬挑架高度为 16.5m。

（1）脚手架参数

悬挑水平钢梁采用 20a 号工字钢，其中建筑物外悬挑段长度 1.5m，建筑物内锚固段长度 2m。锚固压点压环钢筋直径 20mm；楼板混凝土标号为 C35。悬挑水平钢梁采用钢丝绳与建筑物拉结（图 7-5），钢丝绳与悬挑梁连接点距离建筑物 1.3m，钢丝绳垂直高度为 3.3m；钢丝绳安全系数为 6.0。

双排脚手架计算高度按最大搭设高度取为 18m，立杆采用单立杆。搭设尺寸为：立杆的纵距为 1.5m，立杆的横距为 1.05m，立杆的步距为 1.5m；内排架距离墙长度为 0.30m；横向水平杆在上，搭接在纵向水平杆上的横向水平杆根数为 1 根；采用的钢管类型为 Φ48.3×3.6；纵向水平杆与立杆连接方式为单扣件；连墙件布置取两步三跨，竖向间距 3m，水平间距 4.5m，采用双扣件连接。

（2）脚手架各受力杆件计算

脚手架各受力杆件计算根据《建筑施工扣件式钢管脚手架安全技术规范》JGJ 130—2011 进行计算，详细计算过程见光盘。

3. 构造要求

（1）型钢悬挑脚手架构造示意图见图 7-6。

（2）U 形钢筋拉环采用冷弯成型。U 形钢筋拉环与型钢间隙应用钢楔或硬木楔楔紧，见图 7-7。型钢悬挑梁固定端应采用 2 个（对）及以上 U 形钢筋拉环与梁板固定，U 形钢筋拉环预埋至混凝土梁、板底层钢筋位置，并应与混凝土梁、板底层钢筋焊接或绑扎牢固，并保证 U 形钢筋拉环两侧 30cm 以上锚固长度。其锚固长度应符合现行国家标准《混凝土结构设计规范》GB 50010 中钢筋锚固的规定。U 形钢筋拉环与钢梁间隙应用钢楔或硬木楔楔紧。

（3）悬挑梁间距应按悬挑架架体立杆纵距设置，每一纵距设置一根。

（4）悬挑架的外立面剪刀撑应自下而上连续设置。

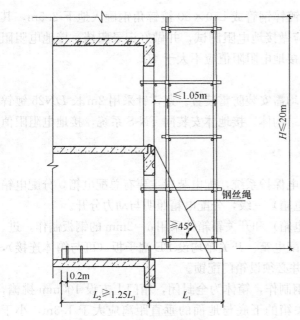

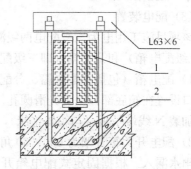

图 7-6　型钢悬挑脚手架构造示意图　　　　图 7-7　U 形钢筋拉环预埋

1—钢楔或硬木楔；2—楼板下层钢筋

（5）锚固悬挑梁的主体结构混凝土实测强度等级不得低于 C20。

【例 7-4】 某项目临时用电专项方案节选

1. 工程概况

某住宅小区有 15 栋高层住宅及附属商业及公共建筑组成，总建筑面积约 389328m²，建筑总高约 95.5m，层高 2.5m、3.0m、3.6m、4.5m 不等，该小区施工用电总电源在施工现场内，供电容量暂定 3 个 630kVA，由建设单位提供，目前，用电回路已基本确定。

现场线路布置采用埋地敷设，整个配电系统采用 TN-S 系统敷设，室外分段用总分配电箱接至用电设备，开关箱由末级分配电箱配电，动力和照明分路设置，各大型用电设备做重复接地。

2. 配电线路及电气装置

（1）配电线路

具体布置见《施工临时用电总平面布置图》，配电线路将严格按照《施工现场临时用电安全技术规范》JGJ 46—2005 设置配电线路及其保护设施，在每个施工用电回路分别设置独立的 TN-S 接零保护系统，在配电室总配电箱处作重复接地，并在配电线路中间处及末端处做重复接地，当部分总箱与分箱间距大于 50m 以上时，应增加一组重复接地。接地线应与保护零线（PE 线）可靠连接，不带电金属外壳的用电设备，均与 PE 线可靠连接。❶

专用保护零线由配电室的零线和第一级漏电保护器电源侧零线引出，单独敷设，材料选用黄绿双色多组铜芯线，其截面要求不小于工作零线，与设备连接的保护零线截面应大

---

❶ 《施工现场临时用电安全技术规范》JGJ 46—2005

1.0.3 建筑施工现场临时用电工程专用的电源中性点直接接地的 220/380V 三相四线制低压电力系统，必须符合下列规定：1. 采用三级配电系统；2. 采用 TN-S 接零保护系统；3. 采用二级漏电保护系统。

于等于 2.5mm²。接地体采用 DN50 的镀锌钢管或 L50×50 镀锌角钢砸入地下 2.5m，其顶部距地 0.8m。接地体安装完毕后，应做接地电阻测试，并做好记录归档，接地电阻阻值应不大于 10Ω，其中配电总配电屏处接地电阻阻值应不大于 4Ω。

（2）防雷系统

在工程施工现场内所有外脚手架，均需安装防雷装置。避雷针采用 2m 长 DN25 镀锌钢管。引下线利用电气连接的设备金属结构体。接地体安装同 TN-S 系统，接地电阻阻值不大于 10Ω。

（3）配电装置

该项目施工用电为三级配电两级漏电保护系统，配电装置主要有总配电箱，分配电箱（即二级配电箱）和开关箱（即三级配电箱）三级，分配电箱照明与动力分开。

1）配电箱（包括总配电箱、分配电箱）和开关箱箱体采用 δ=2mm 的钢板制作，进、出线口设置在箱底部，且为光滑圆孔。配电箱、开关箱均设 PE 端子板（可与箱体连接），以及加装 N 线端子板（与箱体绝缘），并必须设箱门配锁。

2）配电开关箱骨架为 L30×30 角钢制作，箱体为全封闭，箱门上方设 100mm 挑檐，以防雨水漏入。根据固定式配电箱开关箱的下底与地面的垂直距离应大于 1.3m，小于 1.5m，移动式的配电箱、开关箱的下底与地面的垂直高度宜大于 0.6m，小于 1.5m 的规范规定，配电箱与开关箱下方设采用 L50×50 角钢制作的支脚，支腿高度固定式为 1.3m，移动式为 0.6m，箱体内外防腐，且外部统一刷黄色调和漆，并设电气标志。

3）总配电箱的电器配置：设熔断功能总隔离开关 1 个，总漏电保护开关 1 个，下设若干分路，每个分路设熔断功能隔离开关 1 个，漏电开关 1 个，漏电开关具有短路过载、漏电保护功能，其中总路隔离开关和空气开关为三级，分路漏电开关为 4 极（带工作零线），进线为三相四线，出线为三相五线。

4）分配电箱的电器配置与接线：分配电箱分为照明和动力两种，对于动力分配电箱，考虑到三相负荷及单相用电机具的通用性，设置总隔离开关及空气开关 1 个，若干三相四线动力分路，及一个单相二级动力分路，进出线均为三相五线，单相照明分配电箱，设置三相总隔离开关 1 个，三相空气开关 1 个，下设若干分路，每个分路设置隔离开关、空气开关各 1 个，进线为三相五线，出线为单相三线。

5）开关箱的电器配置与接线：开关箱是临时用电工程的末级配电装置，根据其负载的不同，其配置分为两种形式，即：三相负载型，单相负载型，均设置隔离开关 1 个和具备短路、过载及漏电保护功能的漏电开关 1 个，进出线分别为三相五线和单相三线。

6）该项目采用二级漏电保护，一级为总配电箱漏电保护，另一级为开关箱漏电保护，根据规范规定，开关箱选用额定漏电动作电流不大于 30mA 漏电开关，对于在特别潮湿场所使用的开关箱，应选用额定漏电动作电流不超过 15mA 的漏电开关，漏电动作时间不超过 0.1s。

根据"二级漏电开关的额定漏电动作电流和漏电动作时间，应作合理配合，使之具有分级分段保护能力"以免出现错误动作的原则，总配电箱内漏电开关，宜选用额定漏电动作电流为 50mA（或 100mA）、动作时间小于 0.2s 的漏电开关。

（4）负荷计算（详细计算过程见光盘）。

（5）项目现场临时用电平面布置见图 7-8。

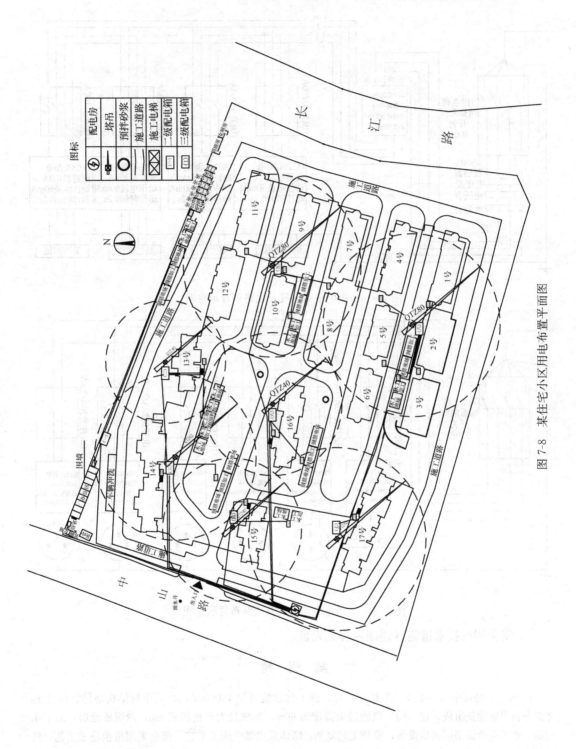

图 7-8　某住宅小区用电布置平面图

（6）总路及分路配电箱详见图 7-9、图 7-10。

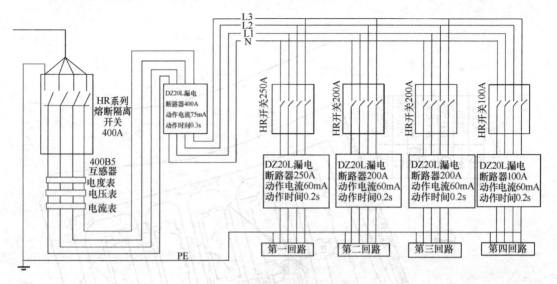

图 7-9 一级配电箱电气及线路布置示意图

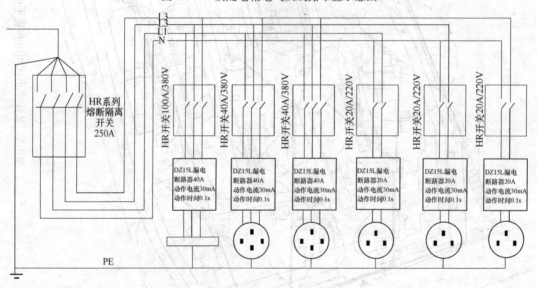

图 7-10 二级配电箱电气及线路布置示意图

3. 安全用电技术措施（详细内容见光盘）

案 例 题

1. 某建筑公司中标一工业厂房扩建工程，该工程建筑面积 16000m²，由筒中筒结构塔体、13 个连体筒仓和附属建筑组成，建（构）筑物最大高度为 60m，基坑最大开挖深度 6m，淤泥质地层，地下水较高；本工程全部采用进口设备，安装工艺复杂；塔体采用爬模施工工艺，筒仓采用滑模施工工艺；外防护脚手架为双排落地式；使用 3 台塔吊做施工运输用。签约开工后，项目经理安排安全员主持编制总体安全措施计划，编制完成后交项目总工程师审批后，即组织实施；项目监理工程师向项目经理部发出通知，要求项目部编制的总体安全措施计划应交监理部审批，并指出深基坑工程应编制安全专项施工方案，且要求进行专家论证。工程施工1个月后，项目安全部门向项目管理人员进行了安全教育，安全教育的内容为国家和地方有关安全生产的方针、政策、法规、标准、规范、规程和企业的安全生产规章制度等。

问题：

(1) 本工程需单独编制哪些安全专项施工方案?

(2) 项目经理安排的编制总体安全措施计划程序有何不妥，请写出正确的做法。

(3) 项目安全部门所进行的安全教育有哪些不妥之处? 正确的做法是什么?

2.【2010年一级建造师考题】某办公楼工程，建筑面积35000m²，地下二层，地上十五层，框架筒体结构，外装修为单元式玻璃幕墙和局部干挂石材。场区自然地面标高为-2.00m，基础底标高为-6.90m，地下水位标高-7.50m，基础范围内土质为粉质黏土层。在建筑物北侧，距外墙轴线2.5m处有一自东向西管径为600mm的供水管线，埋深1.80m。施工单位进场后，项目经理召集项目相关人员确定了基础及结构施工期间的总体部署和主要施工方法：土方工程依据合同约定采用专业分包；底板施工前，在基坑外侧将塔吊安装调试完成；结构施工至地上八层时安装双笼外用电梯；模板拆至五层时安装悬挑卸料平台；考虑到场区将来回填的需要，主体结构外架采用悬挑式脚手架；楼板及柱板模板采用木胶合板，支撑体系采用碗扣式脚手架；核心筒采用大钢模板施工。会后相关部门开始了施工准备工作。

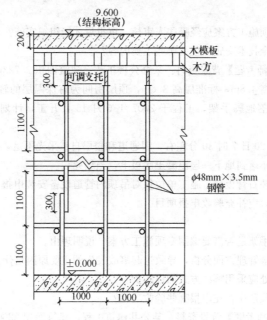

图 7-11 模板及支架示意图

合同履行过程中，发生了如下事件：

事件一：施工单位根据工作的总体安排，首先将工程现场临时用电安全专项方案报送监理工程师，得到了监理工程师的确认。随后施工单位陆续上报了其他安全专项施工方案。

事件二：地下一层核心筒拆模后，发现其中一道墙体的底部有一孔洞（大小为0.30m×0.50m），监理工程师要求修补。

事件三：装修期间，在地上十层，某管道安装工独自对焊工未焊完的管道接口进行施焊，结果引燃了正下方九层用于工程的幕墙保温材料，引起火灾。所幸正在进行幕墙作业的施工人员救火及时，无人员伤亡。

事件四：幕墙施工过程中，施工人员对单元式玻璃幕墙防火构造、变形缝及墙体转角构造节点进行了隐蔽记录，监理工程师提出了质疑。

问题：

（1）工程自开工至结构施工完成，施工单位应陆续上报哪些安全专项方案（至少列出四项）？

（2）事件二中，按步骤说明孔洞修补的做法。

（3）指出事件三中的不妥之处。

（4）事件四中，幕墙还有哪些部位需要做隐蔽记录？

3. 某工程由 A 建筑集团总承包，经业主同意后，将土方工程和基坑支护工程分包给 B 专业分包单位。在土方工程施工中，B 专业公司经仔细地勘察地质情况，认为土质是老黏土，承载力非常高，编制了土方工程和基坑支护工程的安全专项施工方案，并将专项施工方案报 A 公司审核，A 公司项目技术负责人审核同意后交由 B 专业公司组织实施。本工程基础设计有人工挖孔桩，某桩成孔后，放置钢筋笼时，为防止钢筋笼变形，施工人员在钢筋笼下部对称绑了两根 5m 长 ϕ8 钢管进行临时加固。钢筋笼放入桩孔后，1 名工人下到桩孔内拆除临时加固钢管，还未下到孔底时作业人员突然掉入桩孔底部，地面人员先后下井救人，相继掉入孔底。项目经理用空压机向孔内送风，组织人员报警、抢救，但最终仍导致 4 人死亡的事故，造成直接经济损失 84 万元。经调查，此 4 人均为新入场工人，没有进行安全教育，也没有进行人工挖孔桩的技术交底。

问题：（1）关于安全专项施工方案，分包单位、总包单位的做法有哪些不妥之处？正确的做法是什么？

（2）本案例中安全专项施工方案应经哪些人审核、审批后才能组织实施？

（3）建筑工程施工安全技术交底应包括哪些主要内容？

4.【2010 年二级建造师考题】背景资料：某办公楼工程，建筑面积 23723m²，框架剪力墙结构，地下 1 层，地上 2 层，首层高 4.8m，标准层高 3.6m，顶层房间为有保温层的轻钢龙骨纸面石膏板吊顶。工程结构施工采用外双排落地脚手架，工程于 2007 年 6 月 15 日开工，计划竣工日期为 2009 年 5 月 1 日。

事件一：2008 年 5 月 20 日 7 时 30 分左右，因通道和楼层自然采光不足，瓦工陈某不慎从 9 层未设门槛的竖向管道井洞口处坠落到地下一层混凝土底板上，当场死亡。

事件二：顶层吊顶安装石膏板前，施工单位仅对吊顶内管道设备安装申报了隐蔽工程验收，监理工程师提出申报验收有漏项，应补充验收申报项目。

问题：

（1）工程结构施工脚手架是否需要编制专项施工方案？说明理由。

（2）事件一中，从安全管理方面分析，导致这起事故发生的主要原因是什么？

（3）竖向管道井洞口处应采用哪些方式加以防护？

（4）吊顶隐蔽工程验收还应补充申报哪些验收项目？

5.【2011 年一级建造师考题】背景资料：某公共建筑工程，建筑面积 22000m²，地下二层，地上五层，层高 3.2m，钢筋混凝土框架结构，大堂一至三层中空，大堂顶板为钢筋混凝土井字梁结构，屋面为女儿墙，屋面防水材料采用 SBS 卷材，某施工总承包单位承担施工任务。合同履行过程中，发生了下列事件：

事件一：施工总承包单位进场后，采购了 110 吨 HRB335 钢筋，钢筋出厂合格证明材料齐全，施工总承包单位将同一炉罐号的钢筋组批，在监理工程师见证下，取样复试。复试合格后，施工总承包单位在现场采用冷拉方法调直钢筋，冷拉率控制为 3%，监理工程师责令施工总承包单位停止钢筋加工工作。

事件二：施工总承包单位根据《危险性较大的分部分项工程安全管理办法》，会同建设单位、监理单位、勘察设计单位相关人员，聘请了外单位五位专家及本单位总工程师共计六人组成专家组，对《土方及基坑支护工程施工方案》进行论证，专家组提出了口头论证意见后离开，论证会结束。

事件三：施工总承包单位根据《建筑施工模板安全技术规范》，编制了《大堂顶板模板工程施工方案》，并绘制了模板及支架示意图，如图 7-11 所示。监理工程师审查后要求重新绘制。

事件四：屋面进行闭水试验时，发现女儿墙根部漏水，经查，主要原因是转角处卷材开裂，施工总承包单位进行了整改。

问题：

（1）指出事件一中施工总承包单位做法的不妥之处，分别写出正确做法。

（2）指出事件二中的不妥之处，并分别说明理由。

（3）指出事件三中《模板及支架示意图》中不妥之处的正确做法。

（4）按先后顺序说明事件四中女儿墙根部漏水质量问题的治理步骤。

6. 案例：由某公路工程公司承担基坑土方施工，基坑深为 4.0m，土方量为 15000m³，运土距离按平均 5km 计算，计算工期为 10 天，公司现有斗容量 0.5m³、0.75m³、1.00m³ 液压挖掘机各两台及 5t、8t、15t 自卸汽车各 10 台，挖掘机及自卸汽车主要参数如表 7-7 所示：

主 要 参 数 表 7-7

	型 号	WY50	WY75	WY100
挖掘机	斗容量（m³）	0.5	0.75	1.00
	台班产量（m³）	420	558	690
	台班价格（元/台班）	475	530	705
自卸汽车	载重能力	5	8t	15t
	运距 5km 台班产量（m³）	40	62	103
	台班价格（元/台班）	296	411	719

问题：（1）挖掘机与自卸汽车按表中型号只能各取一种，如何组合最经济？其每立方米土方挖、运、卸的直接费为多少元？

（2）若按两班制组织施工，则需要配备几台挖掘机和几台自卸汽车？

（3）按照确定的机械配备，完成基坑土方开挖任务需要多长的时间？

第八章　施 工 管 理 计 划

施工管理计划作为施工组织设计必不可少的内容，多作为管理和技术措施编制在施工组织设计中。根据《建筑施工组织设计规范》GB/T 50502—2009 规定，施工管理计划应包括进度管理计划、质量管理计划、安全管理计划、环境管理计划、成本管理计划以及其他管理计划等内容。在《建设工程项目管理规范》GB/T 50326—2006 中，施工管理计划条目要求得比较具体。

第一节　进 度 管 理 计 划

进度管理计划❶必须根据工程特点，按照施工的技术规律和合理的组织关系，解决各工序在时间和空间上的先后顺序和搭接问题，充分利用空间、时间，实现进度目标。进度管理计划的一般内容：

（1）对项目施工进度计划进行逐级分解，确定分解进度管理目标。通过阶段性目标的实现保证最终工期目标的完成；

（2）建立施工进度管理的组织机构并明确职责，制定相应管理制度；

（3）针对不同施工阶段的特点，制定进度管理的相应措施，包括施工组织措施、技术措施和合同措施等；

（4）建立施工进度动态管理机制，及时纠正施工过程中的进度偏差，并制定特殊情况下的赶工措施；

（5）根据项目周边环境特点，制定相应的协调措施，减少外部因素对施工进度的影响。

一、项目施工进度计划分解

在施工活动中通常是通过对分部（分项）工程的施工进度控制来保证各个单项（单位）工程或阶段工程进度控制目标的完成，进而实现项目施工进度控制总体目标；因而需要将总体进度计划进行一系列从总体到细部的层层分解，一直分解到在施工现场可以直接调度控制的分部（分项）工程或施工作业过程为止。工程项目施工进度控制目标体系如图8-1 所示。

从图中可以看出，工程项目不但要有项目建成交付使用总目标，还要有各单项工程交工动用的分目标以及按承包商、施工阶段和不同计划期划分的分目标，各目标之间相互联

---

❶ 《建设工程项目管理规范》GB/T 50326—2006 规定：

9.1.1　组织应建立项目进度管理制度，制订进度管理目标。

9.1.2　项目进度管理目标应按项目实施过程、专业、阶段或实施周期进行分解。

9.1.3　项目经理部应按下列程序进行进度管理：

1. 制定进度计划；2. 进行计划交底，落实责任；3. 实施进度计划，跟踪检查，对存在的问题分析原因并纠正偏差，必要时对进度计划进行调整；4. 编制进度报告，报送组织管理部门。

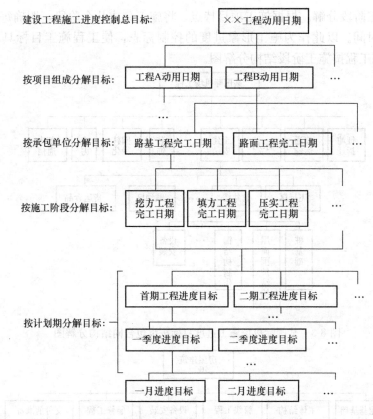

图 8-1 某公路工程施工进度目标分解图

系，共同构成施工阶段控制目标体系。一般施工进度目标体系分解方式有下面三种：

（1）按施工项目组成分解。这种分解方式体现项目的组成结构，反映各个层次上施工项目的开工和竣工时间。通常可按建设项目、单项工程、单位工程、分部工程和分项工程的次序进行分解。例如，某地铁一号线工程将施工进度目标按项目结构分解为四个层次，如图 8-2 所示。

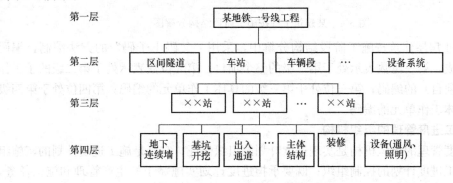

图 8-2 施工进度目标按项目结构分解

（2）按承包合同结构分解。施工进度目标按承包合同结构分解，列出各承包单位的进度目标，明确分工条件，落实承包责任。图 8-3 所示为某国际机场施工进度目标按承包合同结构分解图。

（3）按施工阶段分解。根据施工项目特点，将施工分成几个阶段，明确每一阶段的进度目标和起止时间。以此作为施工形象进度的控制标志，使工程施工目标具体化。如图8-4所示某建筑工程按施工阶段结构分解图。

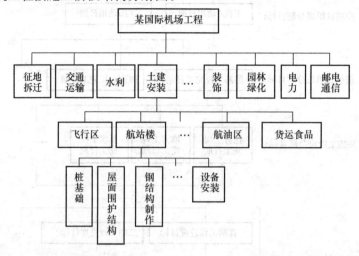

图 8-3　某国际机场施工进度目标按承包合同结构分解图

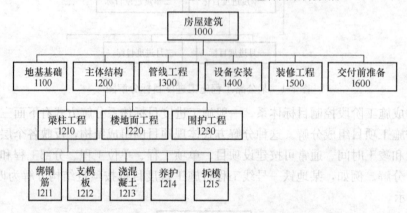

图 8-4　某建筑工程按施工阶段结构分解图

在图 8-4 房屋建筑按施工阶段结构分解中，采用"父码＋子码"的方法编制，编码由四位数组成，第一位数表示处于第一级的整个项目，第二位数表示处于第二级的子工作单元（或子项目）的编码；第三位处于第三级的具体工作单元的编码；第四位处于第四级的更细更具体工作单元的编码。

二、施工进度管理的组织机构

施工进度管理的组织机构是实现进度计划的组织保证；它既是施工进度计划的实施组织，又是施工进度计划的控制组织；既要承担进度计划实施赋予的生产管理和施工任务，又要承担进度控制目标，对进度控制负责，因此需要严格落实有关管理制度和职责。组织形式见第五章。

三、进度管理措施

针对不同施工阶段的特点，制定进度管理的相应措施，包括施工组织措施、技术措施和合同措施等。

1. 组织措施

（1）建立进度控制目标体系，组织精干的、管理方法科学的进度控制班子，落实各层次进度控制人员和工作责任。

（2）建立保证工期的各项管理制度，如检查时间、方法、协调会议时间、参加人员等。

（3）定期召开工程例会，分析影响进度的因素，解决各种问题；对影响工期的风险因素有识别管理手法和防范对策。

（4）组织劳动竞赛，有节奏地掀起几次生产高潮，调动职工生产积极性，保证进度目标实现。

（5）合理安排季节性施工项目，组织流水作业，确保工期按时完成。

2. 技术措施

（1）采用新技术、新方法、新工艺，提高生产效率，加快施工进度。

（2）配备先进的机械设备，降低工人的劳动强度，既保证质量又加快工程进度。

（3）规范操作程序，使施工操作能紧张而有序地进行，避免返工和浪费，以加快施工进度。

（4）采取网络计划技术及科学管理方法，借助电子计算机对进度实施动态控制。一旦发生进度延误，能适时调整工作间的逻辑关系，保证进度目标实现。

四、施工进度动态检测管理

施工过程的客观条件是不断变化的，在工程施工进度计划执行过程中，资金、人力、物资和自然条件等外部环境条件不断发生变化。为此，在进度计划的实施过程中，必须采取有效的控制措施和有效的监测手段来发现问题，并运用行之有效的进度调整方法来解决问题。当发生实际进度比计划进度超前或落后时，控制系统就要做出应有的反应：分析偏差产生的原因，采取相应的措施，调整原来的计划，使施工活动在新的起点上按调整后的计划继续运行，如此循环往复，直至预期计划目标实现。施工进度动态管理的主要内容：

（1）收集和检查实际施工进度情况，并进行跟踪记载；

（2）比较和分析施工进度计划的执行情况，对工期的影响程度，寻找原因；

（3）决定应采取的相应措施和办法；

（4）调整施工进度计划。

（一）施工进度动态管理的程序

施工进度动态管理的程序，见图 8-5。

（二）施工进度动态管理

（1）施工进度数据收集。施工进度计划实施过程中，要注意定期收集施工成果和进度数据。数据收集的频率根据工程的情况确定。例如：开工与准备期间，有些假定条件还不很明确，进度的检查和分析的周期可以短一些；一旦进入正常和稳定状态，许多施工条件已经明朗化，检查分析的周期可以适当放长，可以确定每旬、半个月或者一个月进行一次。若在施工中遇到天气、资源供应等不利因素影响，检查的间隔应临时缩短，次数应频繁，甚至可以每日进行检查，或派人员现场督查。绝对不能等到工程结束再对进度计划的执行情况作出评价。

（2）施工进度跟踪检查。施工进度计划的检查工作是为了检查实际施工进度，收集整

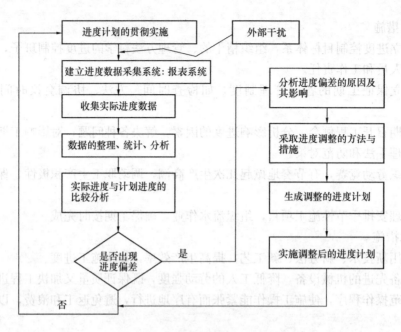

图 8-5　施工进度动态管理的程序图

理有关资料并与计划对比，为进度分析和计划调整提供信息，一般根据需要进行不定期检查。进度计划的检查内容包括：工程量的完成情况；工作时间的执行情况；资源使用及与进度的匹配情况；上次检查提出问题的处理情况。除此之外，还可以根据需要由检查者确定其他检查内容。

进度计划的检查通常采用的比较方法有：横道图比较法、前锋线比较法、S形曲线比较法、"香蕉"形曲线比较法等。

①横道图比较法。横道图比较法，就是在计划图中，把实际进度记录在原横道图上，见图 8-6。图中双细线是计划进度，粗实线是实际进度。通过两条线段对比，检查进度计划的实施状况。

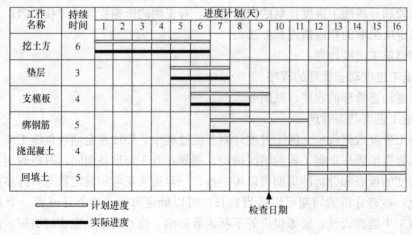

图 8-6　横道图比较法

② 前锋线比较法。前锋线比较法主要适用于时标网络计划以及横道图进度计划。该

226

方法是从检查时刻的时间标点出发，用点划线依次连接各工作任务的实际进度点，最后到计划检查时的坐标点为止，形成前锋线，按前锋线与工作箭线交点的位置判定工程项目实际进度与计划进度偏差（图8-7）。工作实际进展位置点落在检查日期的左侧，表明该工作实际进度拖后，拖后的时间为二者之差；工作实际进展位置点与检查日期重合，表明该工作实际进度与计划进度一致；工作实际进展位置点落在检查日期的右侧，表明该工作实际进度超前，超前的时间为二者之差。

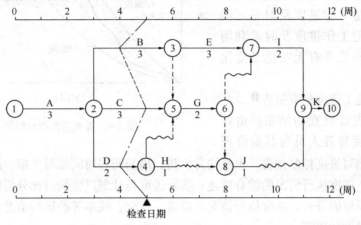

图8-7　前锋线比较法

③ S形曲线比较法。S形曲线是以横坐标表示进度时间，纵坐标表示累计工作任务完成量或累计完成成本量，而绘制出一条按计划时间累计完成任务量或累计完成成本量的曲线（图8-8）。一般情况下，S形曲线中的工程量、成本都是假设在工作任务的持续时间内平均分配。

④ 香蕉形曲线比较法。香蕉形曲线是两种S形曲线组合成的闭合曲线，以网络计划中各工作任务的最早开始时间安排进度而绘制的S形曲线，称为ES曲线；以各项工作的最迟开始时间安排进度而绘制的S形曲线，称为LS曲线。若工程项目实施情况正常，实际进度曲线应落在该香蕉形曲线的区域内，如图8-9所示。

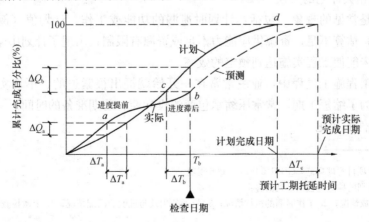

图8-8　S曲线检查

（3）施工进度的比较分析。施工进度计划的比较，主要是针对施工实际进度与计划进度的对比，找出二者之间的偏差，以便分析原因，采取调整措施。施工进度比较分析的主要内容有：是否严格按计划要求执行，工作进度超前或拖延，工期是否发生变化；计划时所分析的主观客观条件是否已发生变化及影响情况；关键工作进度及对总工期的影响；非关键工作进度及时差利用情况；工作逻辑关系有无变化及变化情况。

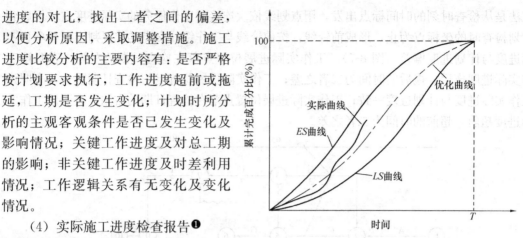

图 8-9　香蕉形曲线比较法

（4）实际施工进度检查报告❶

实际施工进度检查的结果，由计划负责人或进度管理人员与其他管理人员协作即时编写进度控制报告，也可按月、旬、周的间隔时间编写上报。进度控制报告的基本内容有：进度执行情况的综合描述；实际进度与计划进度的对比分析资料；进度计划实施的问题及原因分析；进度执行情况对质量、安全、成本等的影响情况；采取的措施和对未来计划进度的预测。

五、施工进度原因分析及解决措施

（一）建设工程施工进度控制工作流程

建设工程施工进度控制工作流程，如图 8-10 所示。

（二）进度拖延原因分析

项目管理者应按预定的项目计划定期评审实施进度情况，一旦发现进度出现拖延，则应根据进度计划与实际对比的结果，以及相关的实际工程信息，分析并确定拖延的根本原因。进度拖延是工程项目实施过程中经常发生的现象，各层次的项目单元、各个项目阶段都可能出现延误。应从以下几个方面分析进度拖延的原因。

1. 工期及相关计划的失误

计划失误是常见的现象。包括：计划时遗漏的功能或工作；计划值（例如计划工作量、持续时间）估算不足；资源供应能力不足或资源有限制；出现了计划中未能考虑到的风险和状况，未能使工程实施达到预定的效率。

此外，在工程施工过程中，业主常常在一开始就提出很紧迫的、不切实际的工期要求，许多业主为了缩短工期，常常压缩承包商的投标期、前期准备的时间。

2. 边界条件的变化

---

❶ 《建设工程项目管理规范》GB/T 50326—2006 规定：

9.4.3　进度计划的检查应包括下列内容：

1. 工作量的完成情况；2. 工作时间的执行情况；3. 资源使用及与进度的匹配情况；4. 上次检查提出问题的处理情况。

9.4.4　进度计划检查后应按下列内容编制进度报告：

1. 进度执行情况的综合描述；2. 实际进度与计划进度的对比资料；3. 进度计划的实施问题及原因分析；4. 进度执行情况对质量、安全和成本等的影响情况；5. 采取的措施和对未来计划进度的预测。

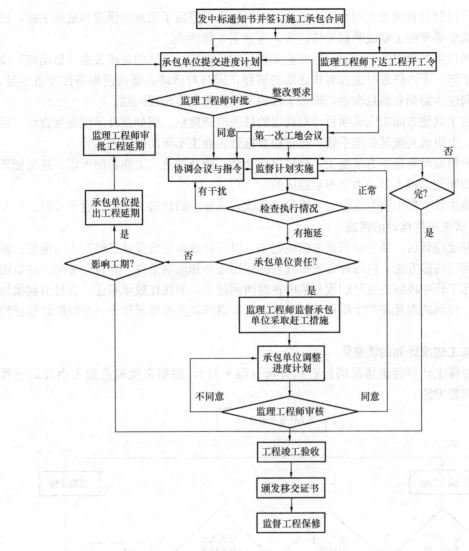

图 8-10 建设工程施工进度控制工作流程

边界条件的变化往往是项目管理者始料不及的，而且也是实际工程中经常出现的。一般边界条件的变化有：

（1）工作量的变化。可能是由于设计的修改变更、设计的错误、质量问题的返工、实施方案的修改、业主新的要求、项目范围的扩展等。

（2）外界对项目的新的要求或限制，设计标准的提高可能造成项目资源的缺乏，使得工程无法及时完成。

（3）环境条件的变化，如不利的施工条件不仅对工程实施过程造成干扰，有时还直接要求调整原来已确定的计划。项目周边环境不可控性大，必须重视诸如环境扰民、交通组织和偶发意外等因素。

（4）发生不可抗力事件，如地震、台风、动乱、战争等。

3. 管理过程中的失误

（1）计划部门与实施者之间，总分包商之间，业主与承包商之间缺少沟通。

（2）项目管理者缺乏工期意识，例如，项目组织者拖延了图纸的供应和批准手续，任务下达时缺少必要的工期说明和责任落实，拖延了工程活动。

（3）项目参加者对各个活动（各专业工程和物资供应）之间的逻辑关系（活动链）没有清楚地了解，下达任务时也没有作详细的解释，同时对活动必要的前提条件准备不足，各单位之间缺少协调和信息沟通，许多工作脱节，资源供应出现问题。

（4）由于其他方面未完成项目计划规定的任务造成拖延。例如设计单位拖延设计、运输不及时、上级机关拖延批准手续、质量检查拖延、业主不果断处理问题等。

（5）承包商没有集中力量施工，材料供应拖延，资金缺乏，工期控制不紧。这可能是由于承包商同期工程太多、力量不足造成的。

（6）业主没有集中资金的供应，拖欠工程款，或业主的材料、设备供应不及时。

（三）解决进度拖延的措施

发现进度拖延后，要采取积极的措施赶工，以弥补或部分地弥补已经产生的拖延。解决进度拖延有许多方法，但每种方法都有它的适用条件和限制条件，并且会带来一些负面影响。实际工作中将解决拖延的重点集中在时间问题上，但往往效果不佳，容易引起增加成本开支、现场的混乱和产生质量问题。所以应该将解决进度拖延作为一个新的计划过程来处理。

六、施工进度计划的调整❶

通过对施工计划实施情况的检查和分析（图 8-11），根据进度偏差的大小及影响程度，采用调整方法。

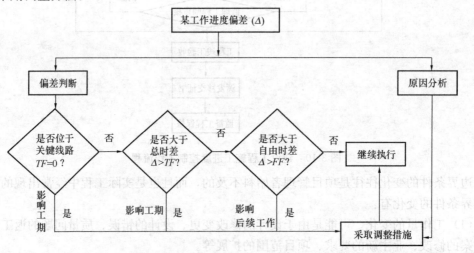

图 8-11　施工进度跟踪检查与偏差分析程序图

（一）分析偏差对后续工作及总工期的影响

根据实际进度与计划进度之间的偏差对工期的影响，及时对施工进度进行调整，以保证预定工期目标的实现。偏差的大小及其所处的位置，对后续工作和总工期的影响程度是

---

❶　《建设工程项目管理规范》GB/T 50326—2006 规定：

9.4.5　进度计划的调整应包括下列内容：

1. 工作量；2. 起止时间；3. 工作关系；4. 资源供应；5. 必要的目标调整。

不同的。分析时主要利用网络计划中总时差和自由时差的概念进行判断。具体分析步骤如下：

（1）分析出现进度偏差的工作是否为关键工作

根据工作所在线路的性质或时间参数的特点，判断其是否为关键工作。若出现偏差的工作为关键工作，则无论偏差大小，都会对后续工作及总工期产生影响，必须采取相应的调整措施。

（2）分析进度偏差是否大于总时差 TF

若工作的进度偏差大于该工作的总时差，说明此偏差必将影响后续工作和总工期，必须采取相应的调整措施；若工作的进度偏差小于或等于该工作的总时差，说明此偏差对总工期无影响，但它对后续工作的影响程度，需要根据此偏差与自由时差的比较情况来确定。

（3）分析进度偏差是否大于自由时差 FF

若工作的进度偏差大于该工作的自由时差，说明此偏差对后续工作产生影响，应根据后续工作允许的影响程度来确定如何调整；若工作的进度偏差小于或等于该工作的自由时差，则说明此偏差对后续工作无影响。

（二）施工进度计划的调整

（1）缩短某些工作的持续时间。这种方法的特点是不改变工作之间的逻辑关系，仅通过缩短网络计划中关键工作的持续时间来达到缩短工期的目的。它一般允许调整的时间幅度有限，且需采取一定的技术组织措施，例如：增加劳动力或增加机械设备的投入，改进施工方法，采用新技术、新材料和新工艺，提高生产效率等。

（2）改变某些工作间的逻辑关系。这种方法的特点是在不改变工作的持续时间和不增加各种资源总量情况下，通过改变工作之间的逻辑关系来完成。工作之间的逻辑关系有三种：依次关系、平行关系和搭接关系。通过调整施工的技术与组织方法，尽可能将依次施工改为平行施工或搭接施工，从而纠正偏差、缩短工期，但单位时间内的资源需求量将会增加。

（3）资源供应的调整。

（4）将部分任务转移等。

【例 8-1】　某工程项目的施工进度计划如图 8-12 所示，图中箭线上方括号内数字为各工作的直接费用率（万元/周），箭线下方为工作的正常持续时间和最短的持续时间（以周为单位）。该计划执行到第 6 周末时进行检查，A、B、C、D 工作均已完成，E 工作完成了 1 周，F 工作完成了 3 周。

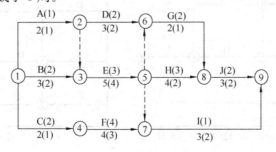

图 8-12　某工程项目网络计划

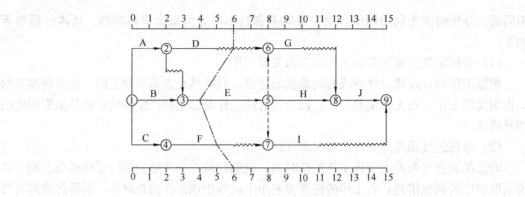

图 8-13　某工程实际进度前锋线

（1）试绘制实际进度前锋线；

（2）如果后续工作按计划进行，试分析 D、E、F 三项工作对后续工作和总工期的影响；

（3）如果工期允许拖延，试绘制检查之后的时标网络计划；

（4）如果工期不允许拖延，应如何选择赶工对象？该网络计划应如何赶工？并计算由于赶工所需增加的费用；

（5）试绘制调整之后的时标网络计划。

【解】　（1）实际进度前锋线如图 8-13 所示。

（2）从图 8-13 中可以看出，工作 D 实际进度正常，既不影响后续工作，也不影响总工期；工作 E 实际进度拖后 2 周，由于是关键工作，故将使总工期延长 2 周，并使后续工作 G、H、I、J 的开始时间推迟 2 周；工作 F 实际进度拖后 1 周，由于其总时差为 6 周，自由时差为 2 周，故工作 F 既不影响后续工作，也不影响总工期。

（3）如果工期允许拖延，检查之后的时标网络计划如图 8-14 所示。

（4）如果工期不允许拖延，选择赶工对象的原则：选择有压缩潜力的、增加赶工费用最少的关键工作。该网络计划只能压缩关键工作 H、J，工作 J 直接费用率较小，但由于其只能压缩 1 周，故工作 H 也需压缩一周，才能使工期保持 15 周不变。赶工增加费用 3＋2＝5 万元。

（5）调整之后的时标网络计划如图 8-15 所示。

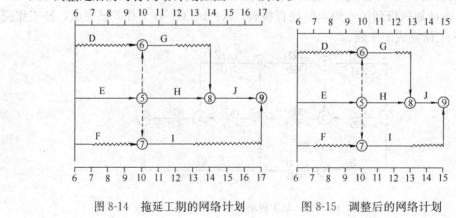

图 8-14　拖延工期的网络计划　　　　图 8-15　调整后的网络计划

第二节　质量管理计划[●]

施工单位应按照《质量管理体系要求》GB/T 19001 建立本单位的质量管理体系文件。可以独立编制质量计划，也可以在施工组织设计中合并编制质量计划的内容。质量管理应按照 PDCA 循环模式，加强过程控制，通过持续改进提高工程质量。

在已经建立质量管理体系的情况下，质量计划的内容必须全面体现和落实企业质量管理体系文件的要求。同时结合本工程的特点，在质量计划中编写专项管理要求。

一、施工质量计划的内容

（1）工程特点及施工条件分析（合同条件、法规条件和现场条件）；

（2）履行施工承包合同所必须达到的工程质量总目标及其分解目标，质量指标应具有可测量性；

（3）质量管理组织机构、人员，并明确职责；

（4）制定符合项目特点的技术保障和资源保障措施，通过可靠的预防控制措施，保证质量目标的实现；

（5）为确保工程质量所采取的施工技术方案、施工程序；

（6）材料设备质量管理及控制措施；

（7）工程检测项目计划及方法等；

（8）建立质量过程检查制度，并对质量事故的处理做出相应规定。

二、质量目标分解

1. 施工质量控制的系统过程

施工阶段的质量控制是一个由对投入的资源和条件的质量控制，进而对生产过程及各环节质量进行控制，直到对所完成的工程产出品的质量检验与控制为止的全过程的系统控制过程。这个过程按工程实体质量形成的时间阶段不同划分为施工准备控制、施工过程控制和竣工验收控制，其所涉及的主要方面如图 8-16 所示。

2. 施工项目质量目标的分解

施工项目质量目标就是为了确保合同、规范所规定的质量标准，所采取的一系列检

[●]　《建设工程项目管理规范》GB/T 50326—2006 规定：

10.1.1　组织应遵照《建设工程质量管理条例》和《质量管理体系》GB/T 19000 族标准的要求，建立持续改进质量管理体系，设立专职管理部门或专职人员。

10.1.2　质量管理应坚持预防为主的原则，按照策划、实施、检查、处置的循环方式进行系统运作。

10.1.3　质量管理应满足发包人及其他相关方的要求以及建设工程技术标准和产品的质量要求。

10.1.4　组织应通过对人员、机具、设备、材料、方法、环境等要素的过程管理，实现过程、产品和服务的质量目标。

10.1.5　项目质量管理应按下列程序实施：

1. 进行质量策划，确定质量目标；2. 编制质量计划；3. 实施质量计划；4. 总结项目质量管理工作，提出持续改进的要求。

10.2.3　质量计划应确定下列内容：

1. 质量目标和要求；2. 质量管理组织和职责；3. 所需的过程、文件和资源；4. 产品（或过程）所要求的评审、验证、确认、监视、检验和试验活动，以及接收准则；5. 记录的要求；6. 所采取的措施。

10.2.4　质量计划应由项目经理部编制后，报组织管理层批准。

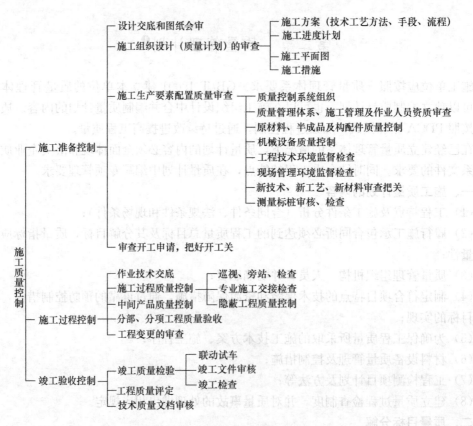

图 8-16 施工阶段质量控制的系统过程

测，监控措施、手段和方法。质量目标的分解同进度管理计划的目标分解，也需要把质量目标分解到在施工现场可以直接控制的分部（分项）工程或施工作业过程，逐层增强其可操作性；相关职能和层次都应把质量目标转化或展开为各自的工作任务，自下而上地逐层实现分解质量目标，最终才能保证施工项目总体质量目标的实现。一般可使用"质量目标分解一览表"以明确分解质量目标的负责人、统计方法、完成及统计时间、执行人等。

例如某单位工程质量总体质量目标：确保获"扬子杯"，争创"鲁班奖"；具体质量目标：确保各分部工程合格率 100%，优良率 90%；观感质量评定得分率＞90%；质量目标分解：项目质量目标分解控制见表 8-1。

三、施工项目质量计划的编制和实施

（一）施工项目质量计划编制

施工质量计划不是一个孤立的文件，它与施工企业现行的各种管理文件、技术文件有着密切的联系。在编制质量计划之前，需认真分析现有的质量文件，了解哪些文件可以直接采用或引用，哪些需要补充。

（1）施工质量计划应由施工项目经理主持，技术负责人负责，由质量、技术、计划、资源等有关人员参加编制。

（2）质量计划应使对施工项目的特殊质量要求能通过有效的措施得以满足，体现在从施工工序、分项工程、分部工程、单位工程到整个项目的施工过程控制，且应体现从资源投入到完成工程质量终检验和试验的全过程控制。

总体目标	分部工程 总 目 标	分部工程名称	质量目标	分项工程	
				合格率	优良率
确保 "扬子杯" 争创 "鲁班奖"	合格率：100% 优良率：90%	地基与基础	确保优良	100%	≥95%
		主体结构	确保优良	100%	≥95%
		装饰装修	确保优良	100%	≥90%
		屋面	确保优良	100%	≥90%
		给水、排水及采暖	确保优良	100%	≥85%
		建筑电气	确保优良	100%	≥85%
		建筑智能	确保优良	100%	≥85%
		通风与空调	确保优良	100%	≥85%
		电梯	确保优良	100%	≥85%

项目质量目标分解控制 表 8-1

（3）质量计划应成为对外质量保证和对内质量控制的依据。在合同情况下，施工单位通过质量计划可向业主证明其如何满足施工合同的特殊质量要求，并作为业主实施质量监督的依据；同时，也是企业内部实施过程质量控制的依据。

（4）在编制施工质量计划时应处理好与质量手册、质量管理体系、质量策划的关系。

（5）当企业的质量管理体系已经建立并有效运行时，质量计划仅需涉及与项目有关的那些活动。

（6）为满足顾客期望，应对项目或产出物的质量特性和功能进行识别、分类、衡量，以便明确目标值。

（7）应明确质量计划所涉及的质量活动，并对其责任和权限进行分配。

（8）保证质量计划与现行文件在要求上的一致性。

（9）质量计划应尽可能简明并便于操作。

（二）质量计划的实施❶

质量计划一旦批准生效，必须严格按计划实施。在质量计划实施过程中应进行监控，及时了解计划执行的情况、偏离的程度和纠偏措施，以确保计划的有效性。

（1）质量管理人员应按照分工控制质量计划的实施，并应按规定保存控制记录。

（2）当发生质量缺陷或事故时，必须分析原因、分清责任、进行整改。

（3）项目技术负责人应定期组织具有资格的质量检查人员和内部质量审核员验证质量计划的实施效果。当项目质量控制中存在问题或隐患时，应提出解决措施。

---

❶ 《建设工程项目管理规范》GB/T 50326—2006 规定：

10.3.1 项目经理部应依据质量计划的要求，运用动态控制原理进行质量管理。

10.3.2 质量控制主要控制过程的输入，过程中的控制点以及输出，同时也应包括各个过程之间接口的质量。

10.3.3 项目经理部应在质量控制的过程中，跟踪收集实际数据并进行整理。并应将项目的实际数据与质量标准和目标进行比较，分析偏差，并采取措施予以纠正和处置，必要时对处置效果和影响进行复查。

10.3.4 质量计划需修改时，应按原批准程序报批。

10.3.5 设计的质量控制应包括下列过程：

1. 设计策划；2. 设计输入；3. 设计活动；4. 设计输出；5. 设计评审；6. 设计验证；7. 设计确认；8. 设计变更控制。

（4）对重复出现的不合格和质量问题，责任人应按规定承担责任，并应依据验证评价的结果进行处罚。

四、施工质量控制的工作程序

1. 工程质量控制的工作程序

在施工阶段全过程中，施工质量控制的工作主要有施工单位实施的自控工作和监理单位实施的外部监控工作，其工作流程如图 8-17 所示。

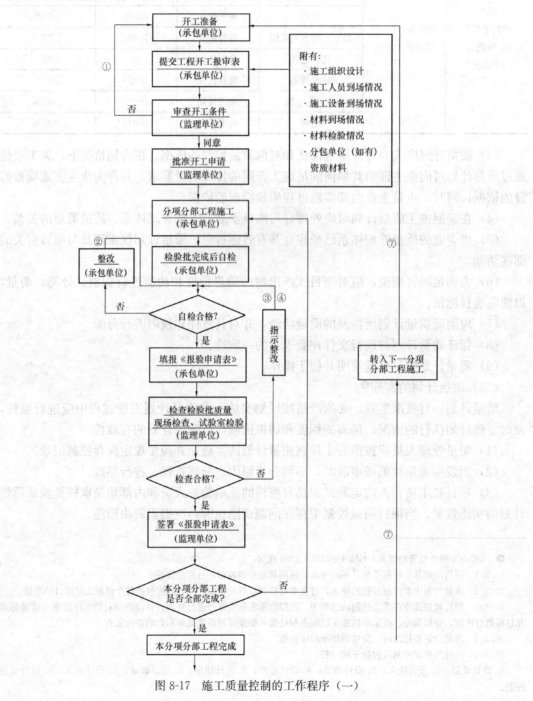

图 8-17　施工质量控制的工作程序（一）

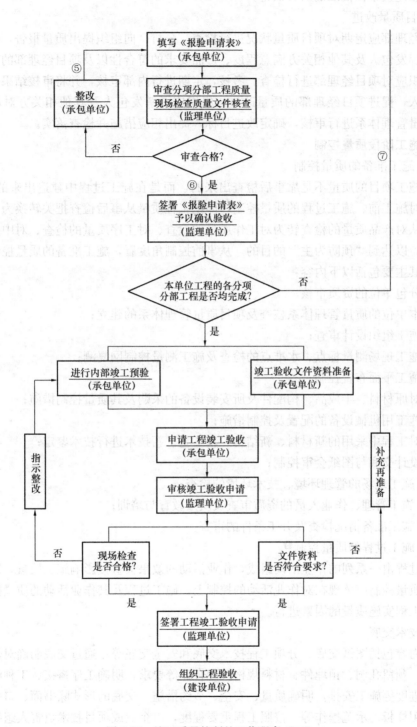

图 8-17　施工质量控制的工作程序（二）

2. 施工质量计划审批

施工质量计划编制完毕，应经企业技术领导审核批准，并按施工承包合同的约定提交工程监理或建设单位批准确认后执行。

3. 项目质量改进

项目经理部应定期对项目质量状况进行检查、分析，向组织提出质量报告，提出目前质量状况、发包人及其他相关方满意程度、产品要求的符合性以及项目经理部的质量改进措施。组织应对项目经理部进行检查、考核，定期进行内部审核，并将审核结果作为管理评审的输入，促进项目经理部的质量改进。组织应了解发包人及其他相关方对质量的意见，对质量管理体系进行审核，确定改进目标，提出相应措施并检查落实。

五、施工阶段质量控制

（一）施工准备的质量控制

对于施工项目的质量不是靠事后检查出来的，而是在施工过程中建造出来的。为此，必须加强对施工前、施工过程的质量控制，即把工程质量从事后检查把关转换为事前、事中控制，从对产品质量的检查转为对工作质量的检查、对工序质量的检查、对中间产品质量的检查，以达到"预防为主"的目的。从事前控制角度看，施工准备的质量控制工作尤为重要，其主要包括以下内容：

（1）分包单位的资质审核；

（2）本单位的质量管理体系核查及项目质量管理体系的建立；

（3）施工组织设计审查；

（4）施工现场测量标点、水准点的检查及施工测量控制网复测；

（5）施工平面布置控制；

（6）对原材料、半成品、构配件及所安装设备的采购及其质量控制措施；

（7）施工用机械设备的配置及控制措施；

（8）对工程中采用的新材料、新结构、新工艺、新技术进行技术鉴定；

（9）设计交底与图纸会审控制；

（10）施工现场的管理环境、技术环境的检查；

（11）施工管理、作业人员的资质审查及质量教育与培训；

（12）施工准备情况检查及开工条件的审查。

（二）施工过程的质量控制❶

施工过程由一系列的作业活动组成，作业活动的效果会直接影响施工质量，因而对施工过程的质量控制应体现在对作业活动的控制上。施工过程及其作业活动的质量控制主要围绕影响工程实施质量的因素进行。

（1）技术交底

交底内容包括图纸交底、分项工程技术交底和安全交底等。通过交底明确对轴线、尺寸、标高、预留孔洞、预埋件、材料规格及配合比等要求，明确工序搭接、工种配合、施工方法、进度等施工安排，明确质量、安全、节约措施。交底的形式除书面、口头外，必要时可采用样板、示范操作等。按照工程重要程度，由企业或项目技术负责人组织项目施

---

❶ 《建设工程项目管理规范》GB/T 50326—2006 规定：

10.3.7 对施工过程的质量控制应包括：

1. 施工目标实现策划；2. 施工过程管理；3. 施工改进；4. 产品（或过程）的验证和防护。

工的班组和配合工种进行技术交底。

（2）测量控制

对于给定的原始基准点、基准线和参考标高等的测量控制点应做好复核工作，审核批准后，据此准确地测定场地平面控制网和主轴线的桩位，并做好复测工作。例如民用建筑需要测量复核如下内容：

1）建筑定位测量复核：建筑定位就是把房屋外廓的轴线交点标定在地面上，然后根据这些交点测设房屋的细部。

2）基础施工测量复核：基础施工测量的复核包括基础开挖前，对所放灰线的复核，以及当基槽挖到一定深度后，在槽壁上所设的水平桩的复核。

3）皮数杆检测：当基础与墙体用砖砌筑时，为控制基础及墙体标高，要设置皮数杆。因此，对皮数杆的设置要检测。

4）楼层轴线检测：为保证建筑物轴线位置正确，轴线必须经校核合格后，方可开始该层的施工。

5）楼层间高程传递检测：各层标高都必须从±0.000处向上传递标高，消除系统误差。在各层设置50线，以便使楼板、门窗、室内装修等工程的标高符合设计要求。

6）建筑物垂直度及施工过程中沉降变形的检测必须符合相关规定。

（3）材料控制

1）对供货方质量保证能力进行评定。包括：供货方材料供应的表现状况，如材料质量、交货期等；供货方质量管理体系对于按要求如期提供产品的保证能力；供货方的顾客满意程度；供货方交付材料之后的服务和支持能力；其他如价格、履约能力等。

2）建立材料管理制度，减少材料损失。对材料的采购、加工、运输、贮存建立管理制度，可加快材料的周转，减少材料占用量，避免材料损失、变质，按质、按量、按期满足工程项目的需要。

3）对原材料、半成品、构配件进行标识。进入施工现场的原材料、半成品、构配件要按型号、品种，分区堆放，予以标识；对有防湿、防潮要求的材料，要有防雨防潮措施，并有标识。对容易损坏的材料、设备，要做好防护；对有保质期要求的材料，要定期检查，以防过期，并做好标识。标识应具有可追溯性，即应标明其规格、产地、日期、批号、加工过程、安装交付后的分布和场所。

4）材料检查验收。用于工程的主要材料，进场时应有出厂合格证和材质化验单；凡标志不清或认为质量有问题的材料，需要进行追踪检验，以确保质量；凡未经检验和已经验证为不合格的原材料、半成品、构配件和工程设备不能投入使用。材料验收应考虑相关的有效期及对环境的影响。

5）发包人提供的原材料、半成品、构配件和设备。发包人所提供的原材料、半成品、构配件和设备用于工程时，项目部应对其做出专门的标识，接受时进行验证，贮存或使用时给予保护和维护，并得到正确的使用。上述材料经验证不合格，不得用于工程。发包人有责任提供合格的原材料、半成品、构配件和设备。

6）材料质量抽样和检验方法。材料质量抽样应按规定的部位、数量要求进行。材料质量的检验项目分为一般试验项目和其他试验项目，一般项目即通常进行的试验项目，其他试验项目是根据需要而进行的试验项目。材料质量检验方法有书面检验、外观检验、理化检验和无损检验等。

（4）机械设备控制

1）机械设备使用形式决策。施工项目上所使用的机械设备应根据项目特点及工程量，按必要性、可能性和经济性的原则确定其使用形式。

2）机械设备的合理使用。合理使用机械设备，正确地进行操作，贯彻人机固定原则，实行"定机、定人、定岗位责任"的三定制度。

3）机械设备的保养与维修。为了保持机械设备的良好技术状态，提高设备运转的可靠性和安全性，减少零件的磨损，延长使用寿命，降低消耗，提高机械施工的经济效益，应做好机械设备的保养。保养分为例行保养和强制保养。例行保养的主要内容有：保持机械的清洁，检查运转情况，防止机械腐蚀，按技术要求润滑等。强制保养是按照一定周期和内容分级进行保养。

（5）计量控制

建立计量管理部门和配备计量人员；建立健全和完善计量管理的规章制度；积极开展计量意识教育；确保强检计量器具的及时检定；做好自检器具的管理工作。

（6）工序控制

贯彻预防为主的基本要求，设置工序质量检查点，对材料质量状况、工具设备状况、施工程序、关键操作、安全条件、新材料新工艺应用、常见质量通病，甚至包括操作者的行为等影响因素列为控制点作为重点检查项目进行预控；落实工序操作质量巡查、抽查及重要部位跟踪检查等方法，及时掌握施工质量总体状况；对工序产品、分项工程的检查应按标准要求进行目测、实测及抽样试验，做好原始记录，经数据分析后，及时作出合格及不合格的判断；对合格工序产品应及时提交监理进行隐蔽工程验收；完善管理过程的各项检查记录、检测资料及验收资料，作为工程质量验收的依据，并为工程质量分析提供可追溯的依据。

（7）特殊和关键过程控制

特殊过程是指建设项目施工过程或工序施工质量不能通过其后的检验和试验而得到验证，或者其验证的成本不经济的过程。如防水、焊接、桩基处理、防腐施工、混凝土浇筑等。关键过程是指严重影响施工质量的过程。如：吊装、混凝土搅拌、钢筋连接、模板安拆、砌筑等。

（8）工程变更控制

1）工程变更的范围：

①设计变更：设计变更的主要原因是投资者对投资规模的压缩或扩大，而需重新设计。设计变更的另一个原因是对已交付的设计图纸提出新的设计要求，需要对原设计进行修改。

②工程量的变动：对于工程量清单中的数量上的增加或减少。

③施工时间的变更：对已批准的承包商施工计划中安排的施工时间或完成时间的变动。

④施工合同文件变更：施工图的变更；承包方提出修改设计的合理化建议；由于不可抗力或双方事先未能预料而无法防止的事件发生的合同变更。

2）工程变更控制。工程变更可能导致项目工期、成本或质量的改变。因此，必须对工程变更进行严格的管理和控制。在工程变更控制中，主要应考虑以下几个方面：

①管理和控制那些能够引起工程变更的因素和条件；

②分析和确认各方面提出的工程变更要求的合理性和可行性；

③当工程变更发生时，应对其进行管理和控制；

④分析工程变更而引起的风险；

⑤针对变更要求及时进行变更交底的策划。

（9）成品保护

在工程项目施工中，某些部位已完成，而其他部位还正在施工，如果对已完成部位或成品，不采取妥善的措施加以保护，就会造成损伤，影响工程质量。成品保护的措施包括：

1）护。护就是提前保护，防止对成品的污染及损伤。如柱子要立板固定保护；楼梯踏步采用护角板等。

2）包。包就是进行包裹，防止对成品的污染及损伤。如在粉刷内墙涂料前对电气开关、插座、灯具等设备进行包裹。

3）盖。盖就是表面覆盖，防止堵塞、损伤。如大理石地面完成后，应用苫布覆盖；落水口、排水管安好后加覆盖，以防堵塞。

4）封。封就是局部封闭。如木地板油漆完成后，应立即锁门封闭；屋面防水完成后，应封闭上屋面的楼梯门或出入口等。

（三）质量控制点的设置

质量控制点是工程施工质量控制的重点，设置质量控制点就是根据工程项目的特点，抓住影响工序施工质量的主要因素。选择那些保证质量难度大的、对质量影响大的或者是发生质量问题时危害大的对象作为质量控制点。

质量控制点的设置，由施工单位在工程施工前根据施工过程质量控制的要求先列出明细表，表中要详细列出各质量控制点的名称、控制内容、检验标准及方法等，再由监理单位审查批准，以便实施预控。进行预控时，应先分析可能造成质量问题的原因，再针对原因制定对策和措施。

1. 质量控制点重点控制的对象

（1）人的行为。对人的身体素质或心理有相应的要求、技术难度大或精度要求高的作业，应以人为重点进行控制。

（2）物的质量与性能。施工设备和材料是直接影响工程质量和安全的主要因素，对某些工程尤为重要，常作为控制的重点。例如：基础的防渗灌浆，灌浆材料细度及可灌性、作业设备的质量、计量仪器的质量都是直接影响灌浆质量和效果的主要因素。

（3）关键工序的关键性操作。如预应力钢筋的张拉工艺操作过程及张拉力的控制，是可靠地建立预应力值和保证预应力构件质量的关键过程。

（4）要求严格的施工顺序、施工技术参数及重要控制指标。例如对填方路堤进行压实时的含水量；对于岩基水泥灌浆，灌浆压力；冬期施工混凝土受冻临界强度等。

（5）施工上无足够把握的、施工条件困难的或技术难度大的工序或环节，例如：复杂曲线模板的放样等。

(6) 技术问题。有些工序之间的技术间歇时间性很强，如不严格控制也会影响质量。如分层浇筑混凝土，必须待下层混凝土未初凝时将上层混凝土浇完。

(7) 新工艺、新技术、新材料的应用。由于缺乏经验，施工时可做为重点进行严格控制。

(8) 施工中的薄弱环节、产品质量不稳定、不合格率较高及易发生质量通病的工序。例如地下防水层施工。

(9) 易对工程质量产生重大影响的施工方法。如液压滑模施工中的支承杆失稳问题、升板法施工中提升差的控制等。

(10) 特殊地基或特种结构。如大孔性湿陷性黄土、膨胀土等特殊土地基的处理、大跨度和超高结构等。

为了保证质量控制点的目标实现，要建立三级检查制度，即操作人员每日自检一次；组员之间或班长、质量干事与组员之间进行互检；质量员进行专检；上级部门进行抽查。

在施工中，如果发现质量控制点有异常情况，应立即停止施工，召开分析会，找出产生异常的主要原因，并用对策表写出对策。如果是因为技术要求不当而出现异常，必须重新修订标准，在明确操作要求和掌握新标准的基础上，再继续进行施工，同时还应加强自检、互检的频次。

2. 常见质量控制点举例

(1) 房屋建筑工程施工中常见质量控制点

1) 基础分部：土方回填，混凝土灌注桩浇筑，地下连续墙、土钉墙、后浇带及其他结构混凝土、防水混凝土浇筑，卷材防水层细部构造处理，钢结构安装。

2) 主体结构分部：梁柱节点钢筋隐蔽过程，混凝土浇筑，预应力张拉，装配式结构安装，钢结构安装，网架结构安装，索膜安装。

(2) 路基、路面施工中常见的质量控制点

1) 路面基层：基层施工所采用设备组合；路面基层（底基层）所用结合料（如水泥、石灰）掺量；路面基层（底基层）材料的含水量、拌合均匀性、配合比；路面基层（底基层）的压实度、弯沉值、平整度及横坡等；如采用级配碎（砾）石还需要注意集料的级配和石料的压碎值。

2) 沥青混凝土路面：基层强度、平整度、高程的检查与控制；沥青材料的检查与试验；集料的级配、沥青混凝土配合比设计和试验；路面施工机械设备配置与组合；沥青混凝土的运输及摊铺温度控制；沥青混凝土摊铺厚度的控制；沥青混凝土的碾压与接缝施工。

(3) 桥梁上部结构施工中常见质量控制点

1) 简支梁桥

简支梁混凝土的强度控制；预拱度的控制；支座预埋件的位置控制；大梁安装梁与梁之间高差控制；支座安装型号、方向的控制；梁板之间现浇带混凝土质量控制；伸缩缝安装质量控制。

2) 连续梁桥

连续梁桥支架沉降量的控制；连续梁桥先简支后连续施工时，后浇段工艺控制、体系

转换工艺控制、后浇段收缩控制、临时支座安装与拆除控制；连续梁桥挂篮悬臂施工时，浇筑过程中的线形控制、边跨及跨中合拢段混凝土的裂缝控制；连续梁桥预应力梁施工时，张拉吨位及预应力钢筋伸长量控制。

（四）竣工验收的质量控制

竣工验收阶段的质量控制的主要工作有：收尾工作、竣工资料的准备、竣工验收的预验收、竣工验收、工程质量回访。

（1）收尾工作。收尾工作的特点是零星、分散、工程量小、分布面广，如不及时完成将会直接影响项目的验收及投产使用，因此，应编制项目收尾工作计划并限期完成。项目经理和技术员应对竣工收尾计划执行情况进行检查，重要部位要做好记录。

（2）竣工资料的准备。竣工资料是竣工验收的重要依据。承包人应按竣工验收条件的规定，认真整理工程竣工资料。竣工资料包括：工程项目开工报告；工程项目竣工报告；图纸会审和设计交底记录；设计变更通知单；技术变更核定单；工程质量事故发生后调查和处理资料；水准点位置、定位测量记录、沉降及位移观测记录；材料、设备、构件的质量合格证明资料；试验、检验报告；隐蔽工程验收记录及施工日志；竣工图；质量验收评定资料；工程竣工验收资料。

（3）竣工验收。竣工验收主要包括五方面内容：单位工程所含各分部工程质量验收全部合格；单位工程所含分部工程的安全、功能检验资料完整；质量控制资料完整；主要功能项目的抽查结果符合相关专业质量验收规范规定；观感质量验收符合要求。

（4）工程质量回访。回访是承包人为保证工程项目正常发挥功能而在工作计划、程序和质量体系方面制定的工作内容。通过回访了解工程竣工交付使用后，用户对工程质量的意见，促进承包人改进工程质量管理，为顾客提供优质服务。对回访中出现的质量问题应按质量保证书的承诺及时解决。

六、确保工程质量的技术组织措施

1. 组织措施

（1）建立质量保证体系，建立、健全岗位责任制。明确质量目标及各级技术人员的职责范围，做到职责明确、各负其责。

（2）加强人员培训工作，加强技术管理，认真贯彻国家规定的施工质量验收规范及公司的各项质量管理制度。

（3）推行全面质量管理活动，开展质量竞赛，制定奖优罚劣措施。

（4）认真搞好现场内业资料的管理工作，做到工程技术资料真实、完整、及时。

（5）定期进行质量检查活动，召开质量分析会议，对影响质量的风险因素有识别管理办法和防范对策。

2. 技术措施

（1）确保工程定位放线、轴线尺寸、标高测量等准确无误的措施。

（2）确保地基承载力及各种基础、地下结构、地下防水、土方回填施工质量的措施。

（3）保证主体结构中关键部位质量的措施，以及复杂特殊工程的施工技术措施；重点解决大体积及高强混凝土施工、钢筋连接等质量难题。

（4）对新工艺、新材料、新技术和新结构的施工操作提出质量要求，并制定有针对性的技术措施。

（5）屋面防水施工、各种装饰工程施工中，确保施工质量的技术措施；装饰工程推行样板间，经业主认可后再进行大面积施工。

（6）季节性施工的质量保证措施。

（7）工程施工中经常发生的质量通病的防治措施。

（8）加强原材料进场的质量检查和施工过程中的性能检测，对于不合格的材料不准使用。

七、质量事故的处理

1. 质量事故等级划分

《关于做好房屋建筑和市政基础设施工程质量事故报告和调查处理工作的通知》（建质 [2010] 111 号）规定，工程质量事故根据造成的人员伤亡或者直接经济损失分为 4 个等级：

（1）特别重大事故，是指造成 30 人以上死亡，或者 100 人以上重伤，或者 1 亿元以上直接经济损失的事故；

（2）重大事故，是指造成 10 人以上 30 人以下死亡，或者 50 人以上 100 人以下重伤，或者 5000 万元以上 1 亿元以下直接经济损失的事故；

（3）较大事故，是指造成 3 人以上 10 人以下死亡，或者 10 人以上 50 人以下重伤，或者 1000 万元以上 5000 万元以下直接经济损失的事故；

（4）一般事故，是指造成 3 人以下死亡，或者 10 人以下重伤，或者 100 万元以上 1000 万元以下直接经济损失的事故。

本等级划分所称的"以上"包括本数，所称的"以下"不包括本数。

2. 事故报告

（1）工程质量事故发生后，事故现场有关人员应当立即向工程建设单位负责人报告；工程建设单位负责人接到报告后，应于 1 小时内向事故发生地县级以上人民政府住房和城乡建设主管部门及有关部门报告。

情况紧急时，事故现场有关人员可直接向事故发生地县级以上人民政府住房和城乡建设主管部门报告。

（2）住房和城乡建设主管部门接到事故报告后，应当依照下列规定上报事故情况，并同时通知公安、监察机关等有关部门：

1）较大、重大及特别重大事故逐级上报至国务院住房和城乡建设主管部门，一般事故逐级上报至省级人民政府住房和城乡建设主管部门，必要时可以越级上报事故情况。

2）住房和城乡建设主管部门上报事故情况，应当同时报告本级人民政府；国务院住房和城乡建设主管部门接到重大和特别重大事故的报告后，应当立即报告国务院。

3）住房和城乡建设主管部门逐级上报事故情况时，每级上报时间不得超过 2 小时。

3. 事故报告的内容

（1）事故发生的时间、地点、工程项目名称、工程各参建单位名称；

（2）事故发生的简要经过、伤亡人数（包括下落不明的人数）和初步估计的直接经济损失；

（3）事故的初步原因；

（4）事故发生后采取的措施及事故控制情况；

（5）事故报告单位、联系人及联系方式；

（6）其他应当报告的情况。

4. 质量事故的处理

工程质量事故处理方案是指技术处理方案，其目的是消除质量隐患，以达到建筑物的安全可靠和正常使用各项功能及寿命要求，并保证施工的正常进行。其一般处理原则是：正确确定事故性质，是表面性还是实质性、是结构性还是一般性、是迫切性还是可缓性；正确确定处理范围，除直接发生部位，还应检查处理事故相邻影响作用范围的结构部位或构件。

质量问题处理方案应以原因分析为基础，如果某些问题一时认识不清，且一时不致产生严重恶化，可以继续进行调查、观测，以便掌握更充分的资料和数据，做进一步分析，找出起源点，方可确认处理方案，避免急于求成造成反复处理的不良后果。

质量事故处理方案类型有：

（1）修补处理。这是最常用的一类处理方案。通常当工程的某个检验批、分项或分部的质量虽未达到规范、标准或设计要求而存在一定缺陷时，但通过修补或更换器具、设备后还可达到要求的标准，又不影响使用功能和外观要求，在此情况下，可以进行修补处理。

属于修补处理这类具体方案很多，诸如封闭保护、复位纠偏、结构补强、表面处理等，某些事故造成的结构混凝土表面裂缝，可根据其受力情况，仅作表面封闭保护。某些混凝土结构表面的蜂窝、麻面，经调查分析，可进行剔凿、抹灰等表面处理，一般不会影响其使用和外观。

（2）返工处理。当工程质量未达到规定的标准和要求，存在着严重质量问题，对结构的使用和安全构成重大影响，且又无法通过修补处理的情况下，可对检验批、分项、分部甚至整个工程返工处理。例如，某公路桥梁工程预应力按规定张力系数为 1.3，实际仅为 0.8，属于严重的质量缺陷，也无法修补，只有返工处理。

（3）不做处理。某些工程质量问题虽然不符合规定的要求和标准构成质量事故，但视其严重情况，经过分析、论证、法定检测单位鉴定和设计等有关单位认可，对工程或结构使用及安全影响不大，也可不做专门处理。通常不用专门处理的情况有：不影响结构安全和正常使用（例如，混凝土表面轻微麻面，可通过后续的抹灰、喷涂或刷白等工序弥补，可不做专门处理）；法定检测单位鉴定合格（例如，某检验批混凝土试块强度值不满足规范要求，强度不足，在法定检测单位，对混凝土实体采用非破损检验等方法测定其实际强度已达规范允许和设计要求值时，可不做处理）；出现的质量问题，经检测鉴定达不到设计要求，但经原设计单位核算，仍能满足结构安全和使用功能。

审核确认处理方案的原则是：安全可靠，不留隐患，满足建筑物的功能和使用要求，技术可行，经济合理原则。针对确认不需专门处理的质量问题，应能保证它不构成对工程安全的危害，且满足安全和使用要求。

5. 工程质量事故处理的鉴定验收

（1）检查验收。工程质量事故处理完成后，应严格按施工验收标准及有关规范的规定进行，依据质量事故技术处理方案设计要求，通过实际量测，检查各种资料数据进行验收，并应办理交工验收文件，组织各有关单位会签。

（2）鉴定。凡涉及结构承载力等使用安全和其他重要性能的事故处理，需做必要的实验和检验鉴定工作。例如，检查密实性和裂缝修补效果。检测鉴定必须委托政府批准的有资质的法定检测单位进行。

（3）验收结论。对所有的质量事故无论经过技术处理，通过检查鉴定验收还是不需专门处理的，均应有明确的书面结论。若对后续工程施工有特定要求，或对建筑物使用有一定限制条件，应在结论中提出。验收结论通常有：事故已排除，可以继续施工；隐患已消除，结构安全有保证；经修补处理后，完全能够满足使用要求；基本上满足使用要求，但使用时有附加限制条件，例如限制荷载等；对耐久性的结论；对建筑物外观的结论；对短期内难以做出结论的，可提出进一步观测检验意见。

第三节 安 全 管 理 计 划 ❶

安全管理计划可参照《职业健康安全管理体系》GB/T 28001—2011，在施工单位安全管理体系的框架内编制。职业健康安全管理，就是在生产活动中，组织安全生产的全部管理活动，通过对生产因素具体的状态控制，使生产因素的不安全的行为和状态减少或消除，并不引发事件，尤其是不引发使人受到伤害的事故，以保证生产活动中人的安全和健康。

一、安全管理计划的内容

（1）确定项目重要危险源，制定项目职业健康安全管理目标；

（2）建立有管理层次的项目安全管理组织机构、并明确职责；

（3）根据项目特点，进行职业健康安全方面的资源配置；

（4）建立具有针对性的安全生产管理制度和职工安全教育培训制度；

（5）针对项目重要危险源，制定相应的安全技术措施；对达到一定规模的危险性较大的分部（分项）工程和特殊工种的作业应制定专项安全技术措施的编制计划；

（6）根据季节、气候的变化，制定相应的季节性安全施工措施；

---

❶ 《建设工程项目管理规范》GB/T 50326—2006 规定：

11.1.1 组织应遵照《建设工程安全生产管理条例》和《职业健康安全管理体系要求》GB/T 28001—2011 标准，坚持安全第一、预防为主和防治结合的方针，建立并持续改进职业健康安全管理体系。项目经理应负责项目职业健康安全的全面管理工作。项目负责人、专职安全生产管理人员应证照上岗。

11.1.2 组织应根据风险预防要求和项目的特点，制定职业健康安全生产技术措施计划，确定职业健康安全 生产事故应急救援预案，完善应急准备措施，建立相关组织。发生事故，应按照国家有关规定，向有关部门报告。要处理事故时，应防止二次伤害。

11.1.3 在项目设计阶段应注重施工安全操作和防护的需要，采用新结构、新材料、新工艺的建设工程应提出有关安全生产的措施和建议。在施工阶段进行施工平面图设计和安排施工计划时，应充分考虑安全、防火、防爆和职业健康等因素。

11.1.4 组织应按有关规定必为从事危险作业的人员在现场工作期间办理意外伤害保险。

11.1.6 现场应将生产区与生活、办公区分离，配备紧急处理医疗设施，使现场的生活设施符合卫生防疫要求，采取防暑、降温、保暖、消毒、防毒等措施。

（7）建立现场安全检查制度，并对安全事故的处理做出相应规定。

二、项目职业健康安全管理体系 （Occupational Health and Safety Management System，简称 OHSMS)

职业健康安全管理体系由 11 个要素构成，包括：管理职责、安全管理体系、采购控制、分包方控制、施工过程控制、安全检查检验和标识、事故隐患控制、纠正和预防措施、安全教育和培训、安全记录、内部审核。

（1）管理职责。施工项目对从事与安全有关的管理、操作和检查人员，特别是需要独立行使权力的工作人员，应该规定其职责权限和相互关系并形成文件。

（2）安全管理体系。建立符合建筑企业和本工程项目施工生产管理现状及特点，符合安全生产法律和法规要求的安全管理体系并形成文件，针对工程项目的规模、结构、危险源、环境、施工风险和资源配置等因素进行安全策划。根据策划结果，单独编制安全生产保证计划或在工程项目施工组织设计中独立体现。

（3）采购控制。项目经理部要对将用于工程的材料、设备和防护用品等的采购严格进行控制，以避免产生安全隐患。

（4）分包方控制。在合同关系未确定之前，应进行分包单位的评价和选择，应对分包单位的资质、能力业绩和信誉等进行严格控制，防止由于分包单位的失误导致连锁反应，直接或间接引发安全事故；合同关系确定之后，对分包单位进行控制。以合同为依据、以施工技术文件为标准，对施工单位进行施工技术、安全生产和文明施工交底，并派专人对分包单位施工全过程进行监控。

（5）施工过程控制。项目经理部要对施工过程中可能影响安全生产的因素进行控制，确保工程按照安全生产的规章制度、操作规程和科学的程序进行施工。

（6）安全检查、检验和标识。项目经理部应该定期对施工过程、行为及设施进行检查、检验或验证，以确保符合安全要求，对其状态进行记录和标识。

（7）事故隐患控制。项目经理部应该对存在隐患的安全设施、过程和行为进行控制，确保不合格的设施不使用、不合格物资不放行、不合格过程不通过、不合格行为不放过。

（8）纠正和预防措施。项目经理部对已经发生的事故或潜在的隐患进行科学、客观地分析，并针对存在问题的原因采取纠正和预防措施。做到标本兼治，使其恢复到正常使用状态。

（9）安全教育和培训。安全教育和培训应贯穿施工生产的全过程，覆盖工程项目的所有人员，确保未经过安全教育培训的员工不得上岗作业。教育和培训的重点是管理人员的安全生产知识和安全生产管理能力，增强职工遵章守纪、自我保护和提高防范安全事故的能力。

（10）安全记录。做好安全记录，可以有利于分析安全事故产生的原因、发展和产生的影响，既是对职工进行安全教育的素材，也为将来的安全管理工作提供了详实可靠的资料，有利于在工作过程中加以改进。

（11）内部审核。内部审核既是判断安全措施执行效果的方法，也是激励职工增强安全意识的手段。是总结过去、着眼未来的举措。

三、项目职业健康安全技术措施 ❶

项目职业健康安全技术措施计划应包括工程概况，控制目标，控制程序，组织结构，职责权限，规章制度，资源配置，安全措施，检查评价和奖惩制度以及对分包的安全管理等内容。策划过程应充分考虑有关措施与项目人员能力相适宜的要求。

（一）技术措施

1. 分项工程安全技术措施（方案）列举

（1）根据基坑深度和工程水文地质资料，基坑降水、边坡支护要编写专项施工方案。保证土石方边坡稳定的措施。

（2）±0.000以下结构施工方案。

（3）主体结构、装修工程职业健康安全技术方案。

（4）工程临时用电技术方案，安全用电和机电防短路、防触电的措施。

（5）结构施工临边、洞口及交叉作业、施工防护、各类洞口防止人员坠落等职业健康安全技术措施。

（6）塔吊、施工外用电梯、垂直提升架等各种施工机械设备的安拆及安全装置和防倾覆措施技术方案（含基础方案）。群塔作业职业健康安全技术措施。

（7）大模板施工职业健康安全技术方案（含支撑系统）。

（8）高大、大型脚手架，整体爬升式（或提升）脚手架及卸料平台搭拆安全技术方案。

（9）特殊脚手架，如吊篮架、悬挑架、挂架等搭拆职业健康安全技术方案。

（10）钢结构吊装职业健康安全技术方案。

（11）防水施工职业健康安全技术方案。

（12）新工艺、新技术、新材料施工职业健康安全技术措施。

（13）防火、防爆、防台风、防洪水、防地震、防雷电职业健康安全技术措施。

（14）临街防护、临近外架供电线、地下供电、供气、通风、管线、毗邻建筑物、现场周围通行道路及居民防护隔离等职业健康安全技术措施。

（15）场内运输道路及人行通道的布置。

（16）冬雨季施工职业健康安全技术措施。

（17）夜间施工应装设足够的照明设施，深坑或潮湿地点施工，应使用低压照明，现

---

❶ 《建设工程项目管理规范》GB/T 50326—2006规定：

11.2.1 项目职业健康安全技术措施计划应在项目管理实施规划中编制。

11.2.2 编制项目职业健康安全技术措施计划应遵循下列步骤：

1. 工作分类；2. 识别危险源；3. 确定风险；4. 评价风险；5. 制定风险对策；6. 评审风险对策的充分性。

11.2.4 对结构复杂、施工难度大、专业性强的项目，必须制定项目总体、单位工程或分部、分项工程的安全措施。

11.2.5 对高空作业等非常规性的作业，应制定单项职业健康安全技术措施和预防措施，并对管理人员、操作人员的安全作业资格和身体状况进行合格审查。对危险性较大的工程作业，应编制专项施工方案，并进行安全验证。

11.2.6 临街脚手架、临近高压电缆以及起重机臂杆的回转半径达到项目现场范围以外的，均应按要求设置安全隔离设施。

11.2.7 项目职业健康安全技术措施计划应由项目经理主持编制，经有关部门批准后，由专职安全管理人员进行现场监督实施。

场禁止使用明火，易燃、易爆物要妥善保管。

（18）坚持安全"三宝"，进入现场人员必须戴安全帽，高空作业必须系安全带，建筑物四周应有防护栏杆和安全网，在现场不得穿软底鞋、高跟鞋、拖鞋。

（19）各施工部位要有明显的安全警示标志。

对于结构复杂、危险性大的特殊工程，应单独编制职业健康安全技术方案。如爆破、大型吊装、沉箱、沉井、烟囱、水塔、各种特殊架设作业、高层脚手架、井架和拆除工程等，必须单独编制职业健康安全技术方案，并要有设计依据、有计算、有详图、有文字要求。

2. 季节性施工职业健康安全技术措施

（1）高温作业职业健康安全措施。夏季炎热，高温时间持续较长，制定防暑降温职业健康安全措施。

（2）雨期施工职业健康安全方案。雨期施工，制定防止触电、防雷、防坍塌、防台风职业健康安全方案。

（3）冬期施工职业健康安全方案。冬期施工，制定防风、防火、防滑、防煤气中毒、防亚硝酸钠中毒等职业健康安全方案。

（二）项目职业健康安全组织措施计划的实施

1. 组织措施

（1）明确安全目标，建立以项目经理为核心的安全保证体系；建立各级安全生产责任制，明确各级施工人员的安全职责，层层落实，责任到人。

（2）认真贯彻执行国家、行业、地区安全法规、标准、规范和各专业安全技术操作规程，并制定本工程的安全管理制度。

（3）工人进场上岗前，必须进行上岗安全教育和安全操作培训；加强安全施工宣传工作，使全体施工人员认识到"安全第一"的重要性，提高安全意识和自我保护能力，使每个职工自觉遵守安全操作规程，严格遵守各项安全生产管理制度。

（4）加强安全交底工作；施工班组要坚持每天开好班前会，针对施工中安全问题及时提示。

（5）定期进行安全检查活动和召开安全生产分析会议，对不安全因素及时进行整改；对影响安全的风险因素（如由于操作者失误、操作对象的缺陷以及环境因素等导致的人身伤亡、财产损失和第三者责任等损失）有识别管理办法和防范对策。

（6）需要持证上岗的工种必须持证上岗。

2. 制定安全生产责任制度

安全生产责任制度是指在工程实施以前，由项目经理部对各级负责人、各职能部门以及各类施工人员在管理和施工过程中，应当承担的责任做出的明确规定。也就是把安全生产责任分解到岗，落实到人。

3. 进行安全教育与安全培训

认真搞好安全教育与培训工作，是安全生产管理工作的重要前提。进行安全教育与培训，能增加人的安全生产知识，提高安全生产意识，有效地防止人的不安全行为，减少人为的失误。安全教育与培训的主要内容：

（1）新工人三级安全教育。对新工人（包括合同工、临时工、学徒工、实习和代培人员）必须进行公司、工地和班组的三级安全教育。三级安全教育是指公司（企业）、项目（工程处、施工处、工区）、班组这三级，对每个刚进企业的新工人必须接受的首次安全生产方面的基本教育。教育内容包括安全生产方针、政策、法规、标准及安全技术知识、设备性能、操作规程、安全制度、严禁事项及本工种的安全操作规程。

（2）特殊工种的专门教育。特殊工种不同于其他一般工种，它在生产过程中担负着特殊的任务，工作中危险性大，发生事故的机会多，一旦发生事故对企业的生产影响较大。所以对特殊工种作业人员（如：电工、焊工、架工、司炉工、爆破工、起重工等）除进行一般安全教育外，还要经过本工程的专业安全技术教育。

（3）经常性的安全生产教育。经常性的安全生产教育，可根据施工企业的具体情况和实际需要，采取多种形式进行。如开展安全活动日、安全活动月、质量安全年等活动，召开安全例会、班前班后安全会、事故现场会、安全技术交底会等各种类型的会议，利用广播、黑板报、工程简报、安全技术讲座等多种形式进行宣传教育工作。

4. 安全技术交底

职业健康安全技术交底是指导工人安全施工的技术措施，是项目职业健康安全技术方案的具体落实。职业健康安全技术交底一般由技术管理人员根据分部分项工程的具体要求、特点和危险因素编写，是操作者的指令性文件，因而要具体、明确、针对性强，不得用施工现场的职业健康安全纪律、职业健康安全检查制度等代替，在进行工程技术交底的同时进行职业健康安全技术交底。

5. 工程施工安全检查

施工安全检查是提高安全生产管理水平，落实各项安全生产制度和措施，及时消除安全隐患，确保安全生产的一项重要工作。

（1）安全检查制度。为了全面提高项目职业健康安全生产管理水平，及时消除职业健康安全隐患，落实各项职业健康安全生产制度和措施，在确保安全的情况下正常地进行施工、生产，建设工程项目实行逐级安全检查制度。

（2）安全检查的内容。

1）施工队和项目部安全检查内容

①查制度。主要检查安全生产管理制度是否健全，职责是否明确；安全生产计划编制、执行情况；安全生产管理机构是否组成，人员配备是否得当。

②查教育培训。针对各级安全生产管理人员和施工现场安全员的定期培训制度是否健全；新工人入厂的三级教育、特殊工种的安全教育制度坚持得如何；对工人日常安全教育、增强职工安全意识的工作是否坚持；国家有关的安全技术及操作规程的宣传培训工作是否到位。

③查安全技术和安全设施。有无完善的安全技术操作规程；主要安全设施是否完备；各种机具、机电设备是否安全可靠；防火、防毒、防爆、防中暑、防冻、防滑措施是否健全；安全帽、安全网、安全带及其他防护用品和设施是否完备。

④查安全业务工作。主要查安全检查制度是否落实，是否有检查记录；安全检查过程中发现的事故隐患是否及时处理，责任是否明确，记录是否完整；安全事故预测和分析工作是否展开；安检以后是否组织总结等工作。

2）班组安全检查内容

①班前检查。每天班前安全生产会、每周一次安全生产讲评制度是否坚持；岗位安全生产责任制是否落实；本工种安全技术操作规程掌握如何；操作环境是否符合安全要求；机具设备是否完好；安全装置是否齐备；是否按要求穿戴个人防护用品；上一班遗留的安全隐患是否排除。

②操作中检查。有无违章作业、违章指挥现象；有无违反安全纪律现象；有无无证操作等现象；有无故意违反操作规程现象。

③操作后检查。材料、物资的整理、摆放是否符合要求；机具设备是否清理；施工现场是否清扫；交接班记录是否完整等。

（3）安全检查的方法。安全检查可以采取定期（如日、月、季、年等）或突击性检查形式，或是定期检查与突击性检查相结合。对新安装的设备、新采用的工艺、新建成改建的工程项目，在投入使用之前还要进行特殊安全检查，以消除可能带来的危险。

施工现场常用的检查方法有看、听、量、查等方法。

看：主要查看管理资料、持证上岗、现场标志、交接验收资料；"三宝"（指安全帽、安全带和安全网）使用情况，"四口"（指通道口、预留洞口、楼梯口和电梯井口）、"临边"防护情况，机械设备的防护装置是否安全可靠等。

听：听基层安全管理人员或施工现场安全员汇报安全生产情况、介绍现场安全工作经验、存在问题及今后努力方向。

量：指实地勘察、测量。例如用尺子量脚手架各杆件间距，电气开关箱安装高度，在建工程临边高压线距离等是否符合安全要求。用仪器仪表测量轨道纵、横向倾斜度，用地阻仪遥测地阻值等。

查：做必要的调查研究，查看资料，核对数据，寻根问底，并做一定的测算和分析。

四、职业健康伤亡事故的处理❶

施工现场是一个露天生产场所，场内进行立体多工种交叉作业，拥有大量的临时设施，经常变化的作业面，除了"产品"固定外，人、机、物都是流动的，施工人员多，不安全因素多，若不重视安全管理，极易引发伤亡事故，对发生的伤亡事故如何正确处理，这是一个严肃的问题。

1. 建筑业常发生事故的类型

事故是指人们在实现有目的的行动过程中，突然发生的、与人的意志相反且事先未能预料到的意外事件，它能造成财产损失、生产中断、人员伤亡。根据对全国伤亡事故的调查统计分析，建筑业伤亡事故率仅次于矿山行业。其中高处坠落、物体打击、机械伤害、触电、坍塌事故为建筑业最常发生的五种事故，近几年来已占到事故总数的 80%～90%

---

❶ 《建设工程项目管理规范》GB/T 50326—2006 规定：

11.4.1 职业健康安全隐患处理应符合下列规定：

1. 区别不同的职业健康安全隐患类型，制定相应整改措施并在实施前进行风险评价；2. 对检查出的隐患及时发出职业健康安全隐患整改通知单，限期纠正违章指挥和作业行为；3. 跟踪检查纠正预防措施的实施过程和实施效果，保存验证记录。

11.4.2 项目经理部进行职业健康安全事故处理应坚持事故原因不清楚不放过，事故责任者和人员没有受到教育不放过，事故责任者没有处理不放过，没有制定纠正和预防措施不放过的原则。

11.4.3 处理职业健康安全事故应遵循下列程序：

1. 报告安全事故；2. 事故处理；3. 事故调查；4. 处理事故责任者；5. 编写调查报告。

以上，应重点加以防范。

2. 伤亡事故的等级

国务院《生产安全事故报告和调查处理条例》（493号）规定，根据生产安全事故（以下简称事故）造成的人员伤亡或者直接经济损失，把事故分为如下几个等级：

（1）特别重大事故，是指造成30人以上死亡，或者100人以上重伤（包括急性工业中毒，下同），或者1亿元以上直接经济损失的事故；

（2）重大事故，是指造成10人以上30人以下死亡，或者50人以上100人以下重伤，或者5000万元以上1亿以下直接经济损失的事故；

（3）较大事故，是指造成3人以上10人以下死亡，或者10人以上50人以下重伤，或者1000万元以上5000万元以下直接经济损失的事故；

（4）一般事故，是指造成3人以下死亡，或者10人以下重伤，或者1000万以下直接经济损失的事故；

条例中所称的"以上"包括本数，所称的"以下"不包括本数。

3. 事故的报告

（1）事故发生后，事故现场有关人员应当立即向本单位负责人报告；单位负责人接到报告后，应当于1小时内向事故发生地县级以上人民政府安全生产监督管理部门和负有安全生产监督管理职责的有关部门报告。

情况紧急时，事故现场有关人员可以直接向事故发生地县级以上人民政府安全生产监督管理部门和负有安全生产监督管理职责的有关部门报告。

（2）安全生产监督管理部门和负有安全生产监督管理职责的有关部门接到事故报告后，应当依照下列规定上报事故情况，并通知公安机关、劳动保障行政部门、工会和人民检察院。

1）特别重大事故、重大事故逐级上报至国务院安全生产监督管理部门和负有安全生产监督管理职责的有关部门；

2）较大事故逐级上报至省、自治区、直辖市人民政府安全生产监督管理部门和负有安全生产监督管理职责的有关部门；

3）一般事故上报至设区的市级人民政府安全生产监督管理部门和负有安全生产监督管理职责的有关部门。

安全生产监督管理部门和负有安全生产监督管理职责的有关部门依照前款规定上报事故情况，应当同时报告本级人民政府。国务院安全生产监督管理部门和负有安全生产监督管理职责的有关部门以及省级人民政府接到发生特别重大事故、重大事故的报告后，应当立即报告国务院。

必要时，安全生产监督管理部门和负有安全生产监督管理职责的有关部门可以越级上报事故情况。

（3）安全生产监督管理部门和负有安全生产监督管理职责的有关部门逐级上报事故情况，每级上报的时间不得超过2小时。

（4）报告事故的内容

1）事故发生单位概况；

2）事故发生的时间、地点以及事故现场情况；

3）事故的简要经过；

4）事故已经造成或者可能造成的伤亡人数（包括下落不明的人数）和初步估计的直接经济损失；

5）已经采取的措施；

6）其他应当报告的情况。

4. 伤亡事故的处理程序

（1）迅速抢救伤员，保护事故现场。伤亡事故发生后，现场人员要保持清醒的头脑，切不可惊慌失措，要立即组织起来，迅速抢救伤员和排除险情，制止事故进一步蔓延扩大。同时，为了事故调查分析需要，应该保护好事故现场。确因抢救伤员和排险而必须移动现场物品时，现场项目负责人应组织现场人员查清现场情况，做出标识和记明数据，绘出现场示意图，并且要求各种物件的位置、颜色、形状及其物理、化学性质等尽可能保持事故结束时的原来状态，必须采取一切可能的措施防止人为或自然因素的破坏。

（2）组织事故调查组。在接到伤亡事故报告后，企业主管领导应立即派人赶赴现场组织抢救，并迅速组织调查组开展事故调查。事故调查组的组员，应根据事故的程度而确定。轻伤或重伤事故，应由企业负责组织生产、技术、安全、劳资、工会等有关人员，组成事故调查组，负责处理事故；对于死亡事故，应由企业主管部门会同事故现场所在地区的劳动部门、公安部门、人民检察院、工会，组成事故联合调查组，负责对事故的调查处理。

（3）进行事故现场勘察。在事故发生后，调查组应速到现场进行勘察。现场勘察是技术性很强的工作，涉及广泛的科技知识和实践经验，对事故的现场勘察必须及时、全面、准确、客观。现场勘察的主要内容有：

1）做好事故调查笔录。包括：发生事故的时间、地点、气象等；现场勘察人员姓名、单位、职务；设备损坏或异常情况及事故前后的位置；重要物证的特征、位置及检验情况等。

2）现场拍照或摄像。方位拍照，能反映事故现场在周围环境中的位置；全面拍照，能反映事故现场各部分之间的联系；中心拍照，反映事故现场中心的情况；细目拍照，提示事故直接原因的痕迹物、致害物等；人体拍照，反映伤亡者主要受伤和造成死亡伤害部位。

3）事故现场绘图。根据事故类别和规模以及调查工作的需要应绘出以下示意图：建筑物平面图、剖面图；事故时人员位置及活动图；破坏物立体图或展开图；涉及范围图；设备或工、器具构造简图等。

4）收集事故资料。包括：事故单位的营业执照及复印件；有关经营承包经济合同；职业健康安全生产管理制度；技术标准、职业健康安全操作规程、职业健康安全技术交底；职业健康安全培训材料及职业健康安全培训教育记录；项目职业健康安全施工资质和证件；伤亡人员证件；事故现场示意图等。

（4）分析事故原因，确定事故性质。事故调查分析的目的是为了搞清事故的原因，分清事故的责任，从中吸取教训，采取相应的措施，防止类似事故的重复发生。具体的步骤和要求如下：

1）查明事故经过。通过详细调查，查明事故发生的经过。主要弄清产生事故的各种因素，如人、物、生产和技术管理、生产和社会环境、机械设备的状态等方面的问题，并经过认真、客观、全面、细致、准确地分析，为确定事故的责任和性质打下基础。

2）分析事故原因。在进行事故分析时，应先整理和仔细阅读调查资料，按照国家的有关规定和标准，对受伤部位、受伤性质、起因物、致害物、伤害方法、不安全行为和不安全状态等七项内容进行分析。

3）查清事故责任者。在分析事故原因时，应从事故直接原因入手，逐渐深入到间接原因。通过对事故原因的分析，确定事故的直接责任者和领导者责任，根据在事故发生中的作用，找出事故的主要责任者。

4）确定事故的性质。施工现场发生伤亡事故的性质，通常可以分为：责任事故、非责任事故和破坏性事故。非责任事故即由于人们不能预见的自然条件变化或不可抗力所造成的事故，或是在技术改造、发明创造、科学实验活动中，由于科学技术条件的限制而发生的无法预料的事故。责任事故就是由于人的过失造成的事故。破坏性事故是指为达到既定目的而故意制造的事故。对已确定为破坏性事故的，应由公安机关认真追查破案，依法处理。

5）制定防止类似事故措施。通过对事故的调查、分析、处理，根据事故发生的各类原因，从中找出防止类似事故发生的具体措施，并责成企业定人、定时间、定标准，完成防止类似事故发生的措施的全部内容。

（5）提交事故调查报告。事故调查组在查清事实、分析原因的基础上，应立即把事故发生的经过、各种原因、责任分析、处理意见，以及本次事故的教训、估算损失和实际损失、对发生事故大体提出的改进安全工作的意见和建议，以书面的形式写成文字报告，经调查组全体人员签字后报批。如果调查组内部意见不统一，在事故调查报告中应写明情况，以便上级在必要时进行重点复查。对事故的责任者的处理，应根据事故的情节轻重、各种损失大小、责任轻重加以区别，予以严肃处理。

五、见本节后面建设工程项目职业健康安全文明管理计划案例

第四节　成本管理计划❶

施工项目成本计划是在项目经理负责下，在成本预测的基础上进行的，它是以货币形式预先规定施工项目进行中的施工生产耗费的计划总水平，通过施工项目的成本计划对比项目中标价，拟定实现的成本降低额与降低率，并且按成本管理层次及项目进展的逐阶段对成本计划加以分解，并制定各级成本实施方案。项目部依据施工图预算合理地确定成本控制目标，包括成本总目标，分目标等，见图 8-18。

---

❶ 《建设工程项目管理规范》GB/T 50326—2006 规定：

13.1.1　组织应建立、健全项目全面成本管理责任体系，明确业务分工和职责关系，把管理目标分解到各项技术工作和管理工作中。项目全面成本管理责任体系应包括两个层次：1. 组织管理层。负责项目全面成本管理的决策，确定项目的合同价格和成本计划，确定项目管理层的成本目标；2. 项目经理部。负责项目成本的管理，实施成本控制，实现项目管理目标责任书中的成本目标。

13.1.2　项目经理部的成本管理应包括成本计划、成本控制、成本核算、成本分析和成本考核。

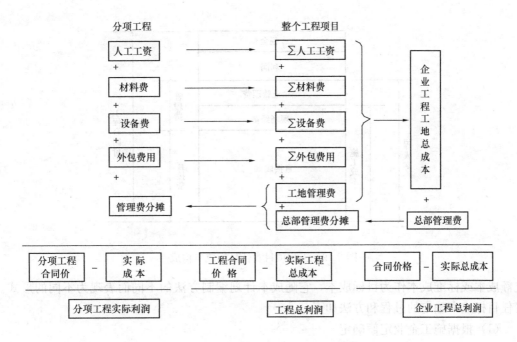

图 8-18 分项工程与整个工程成本组成

一、成本管理计划的内容

（1）根据项目施工预算，制定项目施工成本目标；

（2）根据施工进度计划，对项目施工成本目标进行阶段分解；

（3）建立施工成本管理的组织机构并明确职责，制定相应管理制度；

（4）采取合理的技术、组织和合同等措施，控制施工成本；

（5）确定科学的成本分析方法，制定必要的纠偏措施和风险控制措施。

二、成本管理计划责任目标成本

施工项目成本管理是建筑施工企业项目管理系统中的一个子系统，包括预测、决策、计划、控制、核算、分析和考核等一系列工作环节，并以生产经营过程中的成本控制为核心，依靠成本信息的传递和反馈结合为一个有效运转的有机整体。

1. 工程项目责任目标成本构成

每个施工项目，在实施项目管理之前，首先由企业与项目经理协商，将工程预算成本分为现场施工费用（制造成本）和企业管理费用两部分，如图 8-19 所示。其中，以现场施工费用核定的总额，作为项目成本核算的界定范围和确定项目经理部责任成本目标的依据。

由于按制造成本法计算出来的施工项目成本，实际上是项目的施工现场成本，是项目经理部的可控成本，反映了项目经理部的成本水平，以此作为项目经理部的责任目标成本，便于对项目经理部成本管理责任的考核，也为项目经理部节约开支、降低消耗提供可靠的基础。

2. 项目经理部的责任目标成本的确定

计划目标成本是项目对未来施工过程所规定的成本奋斗目标，它比已经达到的实际成本要低，但又是经过努力可以达到的成本目标。目标成本有很多形式，可能以计划成本、

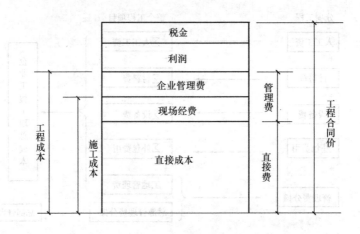

图 8-19　工程项目责任目标成本构成

定额成本或标准成本作为目标成本，它随成本计划编制方法的不同而表现为不同的形式。责任目标成本确定的过程和方法如下：

（1）根据施工企业定额确定

企业定额是企业长期积累并不断修订的一个成果资料，是用来指导企业施工、投标报价的指导性文件。

1）以投标中标价格为依据，根据在投标报价时所编制的工程估价单中，各分项企业内部单价，形成直接费中的目标成本。

2）以施工组织设计为依据，确定机械台班和周转设备材料的使用量，并按照企业内部价格确定机械使用费及周转设备材料使用费用。

3）其他直接费中的各子项目均按具体情况或内部价格确定。

4）现场施工管理费，也按各子项目视项目的具体情况确定。

5）投标中压价让利的部分，原则上由企业统一承担，不列入施工项目责任目标成本。

（2）根据施工企业与项目经理签订的《项目目标责任书》的成本目标确定

施工企业在承接一个工程项目施工任务后，可以根据企业的经验及目前市场状况，估测项目部完成这一项目施工任务所需的总的成本，并将其下达给项目部，项目部以此作为总的成本目标，通过 WBS 结构分解，逐层将总成本分解到各工作单元（分部分项工程）。

在《项目目标责任书》中确定各项成本、用量的过程中，应在仔细研究投标报价的各项目清单和估价的基础上，由企业职能部门主持，公司经理、副经理、总工程师、总会计师、项目经理等参加，会同有关部门（一般组成合议组）共同分析研究确定，将测算过程及依据、测算结论以文件形式表现。由企业法定代表人或其授权人同项目经理协商并作出交底，写入《项目管理目标责任书》。

项目经理在接受企业法定代表人委托之后，根据企业下达的责任成本目标，通过主持编制施工组织设计，不断优化施工技术方案和合理配置生产要素的基础上，通过工料消耗分析和制定节约成本措施之后，组织编制施工预算，确定项目的计划目标成本，也称现场目标成本。

三、施工成本管理计划的编制

施工项目成本管理包括两个层次的管理，一是企业管理层的成本管理，企业管理层负责项目成本管理的决策，根据与业主签订的合同价剔除其中经营性利润部分和企业应收款的费用部分，将其余部分作为成本目标并连同合同赋予他的各项责任，下达转移到施工项目部，形成施工项目经理的目标责任。二是项目管理层的成本管理，项目管理层负责项目成本的实施及可控责任成本的控制，实现项目管理目标责任书中的成本目标。

1. 施工项目成本计划的编制程序

编制成本计划的程序，因项目的规模大小、管理要求不同而不同，大、中型项目一般采用分级编制的方式，即先由各部门提出部门成本计划，再由项目经理部汇总编制全项目的成本计划；小型项目一般采用集中编制方式，即由项目经理部先编制各部门成本计划，再汇总编制全项目的成本计划。一般编制的程序：

(1) 搜集和整理资料。主要资料包括：国家和上级部门有关编制成本计划的规定；项目经理部与企业签订的承包合同及企业下达的成本降低额、降低率和其他有关技术经济指标；设计文件；市场价格信息；施工组织设计；企业定额；同类项目的成本、定额、技术经济指标资料及增产节约的经验和有效措施。

(2) 确定计划目标成本。项目经理部的成本管理部门在对资料整理分析的基础上，根据施工的有关计划，按照工程项目应投入的物资、材料、劳动力、机械、能源及各种设施等，结合计划期内各种因素的变化和准备采取的各种增产节约措施，进行反复测算、修订、平衡后，估算生产费用支出的总水平，进而提出全项目的施工成本计划控制指标，最终确定目标成本。

(3) 计划目标成本的分解和责任落实。通过计划目标成本的分解，使项目经理部的所有成员和各个部门明确自己的成本责任，并按照分工展开工作。通过计划目标成本的分解，将各分部分项工程成本控制目标和要求、各成本要素的控制目标和要求，落实到成本控制的责任者。

(4) 编制成本计划。经过计划目标的分解，项目经理部编制成本计划的草案，并下达各职能部门初步成本计划指标。为了使指标真正落实，各部门应尽可能将指标分解落实下达到各班组及个人，使成本计划既能够切合实际，又成为项目部共同奋斗的目标。

2. 施工成本管理计划编制方法

(1) 按投标中标价组成编制施工成本计划

以建筑工程工程量清单计价方式为例，投标中标价构成要素：报价＝∑分部分项工程量清单×综合单价＋∑措施项目工程量清单×综合单价＋∑其他项目＋规费＋税金。其中：综合单价＝人＋材＋机＋管理费＋利润（考虑风险因素）。显然将利润去掉以及分摊到各分部分项项目、措施项目和其他项目的管理费去掉就得到该分部分项项目、措施项目和其他项目的直接成本。而对于管理费可以单独作为一个成本对象，并以投标中标价中包含的管理费作为成本计划。规费和税金为代收代缴项目，所以按中标价组成编制施工成本计划的对象包括：分部分项项目、措施项目和其他项目。

(2) 按子项目组成编制施工成本计划

大中型的工程项目通常是由若干单项工程构成的，而每个单项工程包括了多个单位工程，每个单位工程又是由若干个分部分项工程构成，因此，首先要把项目总施工成本分解到单项工程和单位工程中，再进一步分解为分部工程和分项工程，见图 8-20。

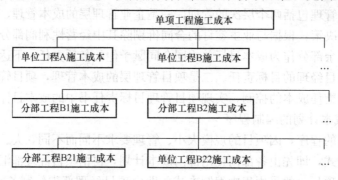

图 8-20　项目总施工成本分解

（3）按工程进度编制施工成本计划

编制按时间进度的施工成本计划，通常可利用控制项目进度的网络图进一步扩充而得。即在建立网络图时，一方面确定完成各项工作所需花费的时间；另一方面同时确定完成这一工作的合适的投资支出预算，这样可以获得"工期－累计计划成本"曲线，它被人们称为该项目的成本模型。下面我们结合一道案例说明工程项目成本计划模型的绘制。

【例 8-2】　已知某双代号网络计划，其各工作的计划成本见表 8-2。试构建成本计划控制模型。

网络计划中各工作的计划成本　　　　　　　　　　　表 8-2

工程活动	A	B	C	D	E	F	合计
持续时间（周）	1	3	7	4	4	3	12
计划成本（万元）	2	9	14	16	20	9	70
单位时间计划成本（万元/周）	2	3	2	4	5	3	

绘制方法（图 8-21）：

（1）在经过网络分析后，按各个活动的最迟时间绘出横道图（或双代号时标网络图），并确定相应项目单元的工程成本。

（2）假设工程成本在相应工程活动的持续时间内平均分配，即在各活动上计划成本－时间关系是直线，则可得各活动的计划成本强度。

（3）按项目总工期将各期（如每周、每月）的各活动的计划成本进行汇集，得各时间段成本强度。

（4）绘制成本－工期表（图）。这是一个直方图形。

（5）计算各期期末的计划成本累计值，并作曲线。

以上三种编制施工成本计划的方法并不是相互独立的。在实践中，往往是将这几种方法结合起来使用，从而达到扬长避短的效果。

3. 施工项目成本控制

在施工项目成本控制中，当成本计划确定之后，必须定期地进行施工成本计划值与实

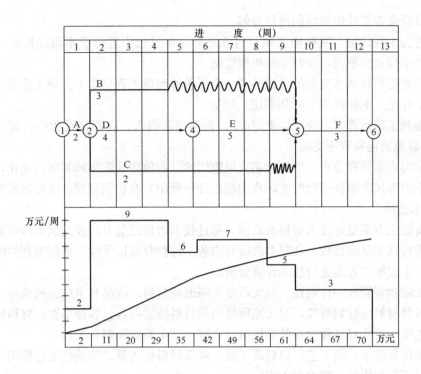

图 8-21　成本计划模型

际值的比较，当实际值偏离计划值时，分析产生偏差的原因，采取适当的纠偏措施，以确保施工成本控制目标的实现，成本控制过程见图 8-22。

四、降低施工成本的措施

降低成本措施包括提高劳动生产率、节约劳动力、节约材料、节约机械设备费用、节约临时设施费用等方面的措施。降低成本措施，应以施工预算为尺度，以施工企业的降低成本计划和技术组织措施计划为依据进行制定，这些措施必须是不影响工程质量且能保证施工安全的。它应考虑以下几方面的内容：

1. 组织措施

项目管理班子进行施工跟踪，落实成本控制；明确项目成员人员、数量、任务分工和职能分工；编制本阶段成本控制计划和详细的工作流程图；建立成本控制体系及成本目标责任制，实行全员全过程成本控制，搞好变更、索赔工作，加快工程款回收。

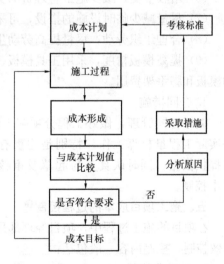

图 8-22　成本控制过程

2. 经济措施

（1）编制资金使用计划，确定分解成本控制目标，对项目成本目标、风险分析，制定防范性对策。项目编制资金使用计划，项目部据此筹措资金，为尽量减少资金占用和利息支出，项目资金需按其使用时间进行分解。

（2）进行工程计量，复核施工项目付款账单，在过程中进行成本跟踪控制，发现偏差，分析产生偏差的原因，及时采取纠偏措施。

计量控制是项目成本支出的关键环节。合同条件明确工程量表中开列工程量是该项目工程估算工程量，不能作为实际和确切工程量。

（3）编制工程预算时，应"以支定收"，保证预算收入；在施工过程中，要"以收定支"，控制资源消耗和费用支出。

（4）加强成本核算分析，对费用超支风险因素（如价格、汇率和利率的变化，或资金使用安排不当等风险事件引起的实际费用超出计划费用）有识别管理办法和防范对策。

3. 技术措施

对主要施工方案做好技术审核及论证，通过技术力量挖潜节约控制成本的可能性。对设计变更进行技术经济比较，及时办理所有隐蔽工程验收签证手续。根据编制的施工组织及计划，对主要施工方案进行技术经济分析。

（1）加强物资管理的计划性，最大限度地降低原材料、成品和半成品的成本。加强材料管理，各种材料按计划发放，对工地所使用的材料按实收数，签证单据；材料供应部门应按工程进度，安排好各种材料的进场时间，减少二次搬运和翻仓工作。

（2）采用新技术、新工艺，以提高工效、降低材料耗用量、节约施工总费用。

（3）保证工程质量，减少返工损失。

（4）保证安全生产，避免安全事故带来的损失。

（5）提高机械利用率，减少机械费用的支出。

（6）增收节支，减少施工管理费的支出。

（7）尽量减少临时设施的搭设，可采用工具式活动房子，降低临时设施的费用。

（8）合理组织劳动，尽量提高劳动生产率，以减少总的用工数。

（9）提高模板精度，采用工具模板、工具式脚手架，加速模板、脚手架的周转，以节约模板和脚手架费用。

4. 合同措施

抓好合同管理，做好工程分项施工记录，保存各种文件图纸，及时绘制竣工图，做好实际工程量核算工作。特别是注重有实际变更情况图纸，为正确处理可能发生的索赔提供依据。同时认真参与起草及审核合同修改、补充合同工作，着重考虑现实目标成本控制。

五、施工项目成本的过程控制❶

在项目的施工过程中，项目经理部采用目标管理方法对实际施工成本的发生过程进行有效控制。控制内容一般包括：

1. 材料费控制

---

❶ 《建设工程项目管理规范》GB/T 50326—2006 规定：

13.1.3 项目成本管理应遵循下列程序：

1. 掌握生产要素的市场价格和变动状态；2. 确定项目合同价；3. 编制成本计划，确定成本实施目标；4. 进行成本动态控制，实现成本实施目标；5. 进行项目成本核算和工程价款结算，及时收回工程款；6. 进行项目成本分析；7. 进行项目成本考核，编制成本报告；8. 积累项目成本资料。

（1）材料供应的控制。材料实际采购供应中，严格合同管理，明确各种材料的供应时间、数量和地点，并将各种材料的供应时间和供应数量记录在"材料计划"表上，通过实际进料与材料计划的对比，来检查材料供应与施工进度的相互衔接程度，以避免因材料供应脱节对施工进度的影响，进而产生对施工成本的失控。

（2）材料价格的控制。由于材料价格是由买价、运杂费、运输中的损耗等组成，因此材料价格主要应从这三方面加以控制。

1）买价控制。买价的变动主要是由市场因素引起的，但在内部控制方面还有许多工作可做。应事先对供应商进行考察，建立合格供应商名册。采购材料时，必须在合格供应商名册中选定供应商，实行货比三家，在保质保量的前提下，争取最低买价。

2）运费控制。就近购买材料、选用最经济的运输方式都可以降低材料成本。材料采购通常要求供应商在指定的地点按规定的包装条件交货，若供应单位变更指定地点而引起费用增加，供应商应予支付，若降低包装质量，则要按质论价付款。

3）损耗控制。为防止将损耗或短缺计入项目成本，要求项目现场材料验收人员及时严格办理验收手续，准确计量材料数量。

（3）材料用量的控制。在保证符合设计要求和质量标准的前提下，合理使用材料和节约材料，通过定额管理、计量管理等手段以及施工质量控制、避免返工等，有效控制材料物资的消耗。

1）定额与指标控制。对于有消耗定额的材料，项目以消耗定额为依据，实行限额发料制度，项目各工长只能依据规定的限额分期分批领用，如需超限额领用材料，则须先查明原因，并办理审批手续；对于没有消耗定额的材料，应根据长期实际耗用情况，结合当月具体情况和节约要求，制定领用材料指标，按指标控制发料。

2）计量控制。准确做好材料物资的收发计量检查和投料计量检查。

2. 施工机械使用费控制

施工机械使用费应从合理选择施工机械和合理使用施工机械两方面进行控制。

（1）合理选择施工机械。由于不同的施工机械各有不同的用途和特点，因此在选择机械设备时，首先应根据工程特点和施工条件确定采取何种不同的机械及其组合方式。在确定采用何种组合方式时，首先应满足施工需要，同时还要考虑到费用的高低和是否有较好的综合经济效益。

（2）合理使用机械设备。为提高机械使用效率及工作效率，从以下几个方面加以控制：

1）合理安排施工生产，加强设备租赁计划管理，减少因安排不当引起的设备闲置。

2）加强机械设备的调度工作，尽量避免窝工，提高现场设备利用率。

3）加强现场设备的维修保养，避免因不正当使用造成机械设备的停置。

4）做好机上人员与辅助生产人员的协调与配合，提高施工机械台班产量。

3. 人工费控制

控制人工费的根本途径是提高劳动生产率，改善劳动组织结构，减少窝工浪费；实行合理的奖惩制度和激励办法，提高员工的劳动积极性和工作效率；加强劳动纪律，加强技术教育和培训工作；压缩非生产用工和辅助用工，严格控制非生产人员比例。

4. 施工分包费用控制

大多数承包人都在实际工作中把自己不熟悉的、专业化程度高的、风险大的或利润低的一部分内容划出。例如一些专业性较强的工程，如地基处理、预应力筋张拉、钢结构的制作和安装、铝合金门窗和玻璃幕墙的供应和安装、中央空调工程、室内装饰工程等，往往采用分包的形式。工程分包实际上是二次招标，分包工程价格的高低，对施工成本影响较大，项目经理部应充分做好分包工程的询价工作。

对分包费用的控制，主要是抓好建立稳定的分包商关系网络、做好分包询价、订立互利平等的分包合同、施工验收和分包结算工作等。

5. 现场临时设施费用的控制

施工现场临时设施费用是工程直接成本的一个组成部分。在满足计划工期对施工速度要求的前提下，尽可能组织均衡施工，以控制各类施工设施的配置规模，降低临时设施费用。

（1）现场生产及办公、生活临时设施和临时房屋的搭建数量、形式的确定，在满足施工基本需要的前提下，尽可能做到简洁适用，充分利用已有和待拆除的房屋。

（2）材料堆场、仓库类型、面积的确定，尽可能在满足合理储备和施工需要的前提下，力求配置合理。

（3）临时供水、供电管网的铺设长度及容量确定，尽可能合理。

（4）施工临时道路的修筑，材料工器具放置场地的硬化等，在满足施工需要的前提下，尽可能数量最小，尽可能先做永久性道路路基，再修筑施工临时道路。

6. 施工管理费的控制

现场施工管理费在项目成本中占有一定比例，控制与核算上都较难把握，项目在使用和开支时弹性较大，可采取的主要控制措施有：

（1）根据现场施工管理费占施工项目计划总成本的比重，确定施工项目经理部施工管理费总额。

（2）在施工项目经理的领导下，编制项目经理部施工管理费总额预算和各管理部门、岗位的施工管理费预算，作为现场施工管理费的控制依据。

（3）制定施工项目管理开支标准和范围，落实各部门和各岗位的控制责任。

（4）制定并严格执行施工项目经理部的施工管理费使用的审批、报销程序。

7. 工程变更控制

工程变更是指在项目施工过程中，由于种种原因发生了没有预料到的情况，使得工程施工的实际条件与规划条件出现较大差异，需要采取一定措施作相应处理。施工中经常发生工程变更，而且工程变更大多都会造成施工费用的增加。因此进行项目成本控制必须能够识别各种各样的工程变更情况，对发生的工程变更要有处理对策，以明确各方的责任和经济负担，最大限度地减少由于变更带来的损失。

（1）工程变更确定

1）设计单位对原设计存在缺陷提出工程变更，应要求编制设计变更文件。当工程变更涉及安全、环保等内容，应按规定经有关部门审定。

2）项目部及时确定工程变更项目的工程量，收集与工程变更有关的资料，办理签认，按合同款项对工程变更费用做出索赔。不能出现工程变更没有工程量，只有费用或人工、机械台班，否则容易被监理工程师拒签。

3）预算中对各种项目用工一般都要考虑施工各种消耗。但施工难度较大，造成窝工，则应及时办理签证。

4）工程变更包括工程变更要求，工程变更说明，工程变更费用和进度工期必要的附件内容。这些变更通过总监理工程师签发工程变更单。

（2）工程变更价款确定方法

1）合同中已有适用于变更工程价格，按合同已有价格不变。

2）合同中只有类似于变更工程价格，可参照类似价格变更合同价款。

3）合同中没有适用或类似变更工程价格，由承包方提出适当变更价格，经专业工程师及项目总工预算确定。

4）工程量清单单价和价格，一是直接套用；二是间接套用，依据工程量清单换算采用；三是部分套用，取其价格某一部分使用。

8. 索赔管理

索赔是指在合同的履行过程中，对于并非自己的过错，而应对方承担责任的事件的发生，给自己带来的损失，要求对方给予补偿的要求。对施工企业来说，一般只要不是组织自身责任，而由于外界干扰造成工期延长和成本增加，都有可能提出索赔。这包括两种情况：一是业主违约，未履行合同责任。如未按合同规定及时交付设计图纸造成工程拖延，未及时支付工程款；二是业主未违反合同，而由于其他原因，如业主行使合同赋予的权力指令变更工程，工程环境出现事先未能预料到的情况或变化，如恶劣的气候条件，与勘探报告不同的地质情况，国家法令的修改，物价上涨，汇率变化等。在计算索赔款额时，应准确地提出所发生的新增成本，或者是额外成本，以确保索赔成功。

9. 竣工结算成本控制

（1）核对合同条款

对竣工工程内容，符合合同条件要求完成工程验收合格后，及时办理竣工结算。办理竣工结算时，计价定额、取费标准、主材价格等必须在认真研究合同条款后，明确结算诉求。

（2）及时办理设计变更签证

有设计修改变更的必须由原设计单位出具设计变更通知单和修改设计图纸，在实施前，必须办理监理工程师审查签证工作后方可实施。否则在结算诉求时，容易引起摩擦。

（3）按图核实工程数量

竣工结算工程量依据竣工图，设计变更通知单按现场签证进行核算，按国家统一规定计划规则计算工程量。

（4）执行定额单位

结算单位按合同约定或招标规定计价定额与计价原则执行。

（5）防止各种计算误差

工程竣工结算子目多，篇幅大，计算误差多，应重复认真核算或多人把关，防止因计算误差多计或少算。

对照、核实工程变动情况，重新核实各单位工程、单项工程造价，竣工资料，原设计图纸查对、核实，必要时必须实地测量，确认实际变更情况，根据审定竣工原始资料，按照规定对原预算进行增减调整，重新核定工程造价。

六、成本管理计划的动态控制❶

施工项目的成本管理计划实质就是一种目标管理。项目管理的最终目标是低成本、高质量、短工期，而低成本是这三大目标的核心和基础。目标成本有很多形式，在制定目标成本作为编制施工项目成本计划和预算的依据时，可以将计划成本、定额成本或标准成本作为目标成本，这将随成本计划编制方法的变化而变化。

（一）成本状况分析

成本分析的基本方法包括：比较法、因素分析法、差额计算法、比率法等基本方法。这些方法在本书中不详细介绍，下面结合一个案例，只简单说明比较法的应用。

【例8-3】 某工程计划直接总成本 2557000 元，工地管理费和企业管理费总额 567500元。工程总成本 3124500 元，则：管理费分摊率＝567500/255700＝22.19％。该工程总工期 150 天，现已进行了 60 天，已完成工程总价为 1157000 元，实际工时为 14670 小时，已完工程中计划工时 14350 工时，实际成本 1156664 元，已完工程计划成本 1099583 元，则至今成本总体状况分析：

工期进度＝60/150×100％＝40％；

工程完成程度＝1157000/3124500＝37％；（滞后）

劳动效率＝14350/14670＝97.82％；（降低）

成本偏差＝1099583－1156664＝－57081 元；（超成本）

成本偏差率＝57081/1099583＝5.19％；

已实现利润＝1157000－1156664＝336 元；（非降本利润）

利润率＝336/1157000＝0.029％。

本工程虽未亏本，但利润为非降本利润，成本超支，劳动效率降低。

（二）成本状况评价

施工成本控制的方法很多，目前普遍采用赢得值法。

1. 赢得值法的三个基本参数

已完工作预算费用 $BCWP$（对业主而言就是已实现的工程投资额），指项目实施过程中某阶段实际完成的工作量即计划价格计算出的费用，也就是"挣值"；计划工作预算费用 $BCWS$（对业主而言就是计划工程投资额）；已完工作实际费用 $ACWP$。

2. 赢得值法的四个评价指标

费用偏差（CV）；进度偏差（SV）；费用绩效指数（CPI）；进度绩效指数（SPI）。

3. 偏差分析的表达方法

---

❶ 《建设工程项目管理规范》GB/T 50326—2006 规定：

13.5.1 组织应建立和健全项目成本考核制度，对考核的目的、时间、范围、对象、方式、依据、指标、组织领导、评价与奖惩原则等做出规定。

13.5.2 成本分析应依据会计核算、统计核算和业务核算的资料进行。

13.5.3 成本分析应采用比较法、因素分析法、差额分析法和比率法等基本方法；也可采用分部分项成本分析、年季月（或周、旬等）度成本分析、竣工成本分析等综合成本分析方法。

13.5.4 组织应以项目成本降低额和项目成本降低率作为成本考核主要指标。项目经理部应设置成本降低额和成本降低率等考核指标。发现偏离目标时，应及时采取改进措施。

13.5.5 组织应对项目经理部的成本和效益进行全面审核、审计、评价、考核与奖惩。

偏差分析的表达方法一般有横道图法、表格法、曲线法。

(1) 横道图法，见图 8-23。

(2) 曲线法，见图 8-24。

项目编码	项目名称	费用参数数额（万元）	费用偏差（万元）	进度偏差（万元）	原因
011	土方工程	70 50 60	10	−10	
012	打桩工程	80 66 100	−20	−34	
013	基础工程	80 80 60	20	20	
合计		230 196 220	10	−24	

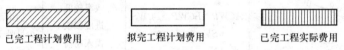

已完工程计划费用　　拟完工程计划费用　　已完工程实际费用

图 8-23　偏差分析的横道图表达方法

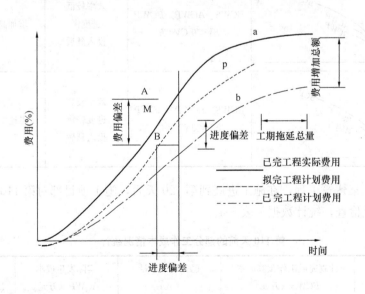

图 8-24　偏差分析的曲线图表达方法

4. 赢得值法参数分析与对应措施

赢得值法参数分析与对应措施见表 8-3。

赢得值法参数分析与对应措施　　　　　　　　　　　　　　　　　表 8-3

序号	图 形	三参数关系	分 析	措 施
1	BCWP — BCWS — ACWP	$ACWP>BCWS>BCWP$ $SV<0\ CV<0$	效率低 进度较慢 投入超前	用工作效率高的人员 更换一批工作效率低的 人员
2	ACWP — BCWS — BCWP	$BCWP>BCWS>ACWP$ $SV>0\ CV>0$	效率高 进度较快 投入延后	若偏离不大,维持 现状
3	BCWP — ACWP — BCWS	$BCWP>ACWP>BCWS$ $SV>0\ CV>0$	效率较高 进度快 投入超前	抽出部分人员,放慢 进度
4	ACWP — BCWP — BCWS	$ACWP>BCWP>BCWS$ $SV>0\ CV<0$	效率较低 进度较快 投入超前	抽出部分人员,增加 少量骨干人员
5	BCWS — ACWP — BCWP	$BCWS>ACWP>BCWP$ $SV<0\ CV<0$	效率较低 进度慢 投入延后	增加高效人员投入
6	BCWS — BCWP — ACWP	$BCWS>BCWP>ACWP$ $SV<0\ CV>0$	效率较高 进度较慢 投入延后	迅速增加人员投入

【例 8-4】　　某建筑工程,在施工进展到第 120 天后,施工项目部对第 110 天前的部分工作进行了统计检查,统计数据见表 8-4。

第 110 天前的部分工作成本情况统计　　　　　　　　　　　　　　表 8-4

工作代号	计划完成工作预算成本 BCWS（万元）	已完成工作量 （%）	实际发生成本 ACWP（万元）	挣得值 BCWP（万元）
1	540	100	580	
2	820	70	600	
3	1620	80	840	

工作代号	计划完成工作预算成本 BCWS（万元）	已完成工作量（%）	实际发生成本 ACWP（万元）	挣得值 BCWP（万元）
4	490	100	490	
5	240	0	0	
合计				

问题：

（1）计算截止到第 110 天的合计 BCWP 值。

（2）计算第 110 天的成本偏差 CV 值，并做 CV 值结论分析。

（3）计算第 110 天的进度偏差 SV 值，并做 SV 值结论分析。

【解】

（1）计算截止到第 110 天的合计 BCWP 值（表 8-5）：

第 110 天的 BCWP 值 表 8-5

工作代号	计划完成工作预算成本 BCWS（万元）	已完成工作量（%）	实际发生成本 ACWP（万元）	挣得值 BCWP（万元）
1	540	100	580	540
2	820	70	600	574
3	1620	80	840	1296
4	490	100	490	490
5	240	0	0	0
合计	3220	—	2510	2900

截止到第 110d 的合计 BCWP 值为 2900 万元。

（2）第 110d 的成本偏差 $CV = BCWP - ACWP = 2900 - 2510 = 390$ 万元。

CV 值结论分析：由于成本偏差为正，说明成本节约 390 万元。

（3）第 110d 的进度偏差 $SV = BCWP - BCWS = 2900 - 3220 = -320$ 万元。

SV 值结论分析：由于进度偏差为负，说明进度延误了 320 万元。

（三）成本计划动态控制

（1）以到本期末的实际工期和实际成本状况为基点，用表列出每一期的实际完成成本值，作出项目实际成本—工期曲线，并与计划成本模型进行对比。

（2）以目前的经济环境（最主要是价格），近期的工作效率，实施方案为依据，对后期工程进行成本预算。

（3）按后期计划的调整，以目前的工期和实际成本为基点作后期的成本计划。

（四）成本分析报告

成本报告通常包括报表、文字说明和图，不同层次的管理人员需要不同的成本信息及分析报告，在一个项目中它们可以自由设计。对工程小组组长、领班，要提供成本的结构，各分部工程的成本（消耗）值，成本的正负偏差，可能的措施和趋向分析；对项目经理要提供比较粗的信息，主要包括控制的结果、项目的总成本现状、成本超支的原因分析、降低成本的措施等。

第五节　环境管理计划●

"环境"是指企业运行活动的外部存在，包括空气、水、土地、自然资源、植物、动物、人，以及它们之间的相互关系。在工程项目管理过程中，环境管理与职业健康安全管理是密切联系的两个管理方向。如果环境管理工作做得好，会对安全管理工作有着很大的促进作用。相反，如果没有做好环境管理工作，则会对安全管理产生很大的负面影响。同时，安全管理工作做得好，也会给工程项目带来很好的施工环境和生活环境。

一、建设工程项目环境管理体系概述

环境管理是随着科学技术的发展而产生的。科学技术的发展既带来了繁荣也带来了环境保护问题。环境保护的意识随着不断发生的环境问题的严重性而开始被许多国家重视。1993 年国际标准化组织成立了环境管理技术委员会，开始了对环境管理体系的国际通用标准的制定工作。1996 年公布了《环境管理体系 规范及使用指南》ISO 14001，以后又公布了若干标准，形成了体系。我国从 1996 年开始就以等同的方式，颁布了《环境管理体系—规范及使用指南》GB/T 24001—1996 idt ISO 14001：1996，此后又陆续颁布了其他有关标准，均作为我国的推荐性标准，便于与国际接轨。

我国的环境管理体系标准的主要部分有两个：

（1）《环境管理体系　要求及使用指南》GB/T 24001—2004；

（2）《环境管理体系　原则、体系和支持技术通用指南》GB/T 24004—2004。

环境管理体系是企业的总体管理体系的一部分，依据《环境管理体系　要求及使用指南》GB/T 24001—2004，它包含五大部分，共 17 个要素。

五大部分是：环境方针；规划（策划）；实施与运行；检查与纠正措施；管理评审。这五个基本部分包含了环境管理体系的建立过程和建立后有计划地评审及持续改进的循环，以保证组织内部环境管理体系的不断完善和提高。

具体的运行模式见图 8-25。

17 个要素是：环境方针；环境因素；法律与其他要求；目标和指标；环境管理方

● 《建设工程项目管理规范》GB/T 50326—2006 规定：

12.1.1　组织应遵照《环境管理体系—要求及使用指南》GB/T 24001 的要求，建立并持续改进环境管理体系。

12.1.2　组织应根据批准的建设项目环境影响报告，通过对环境因素的识别和评估，确定管理目标及主要指标，并在各个阶段贯彻实施。

12.1.3　项目的环境管理应遵循下列程序：

1. 确定环境管理目标；2. 进行项目环境管理策划；3. 实施项目环境管理策划；4. 验证并持续改进。

12.1.4　项目经理负责现场环境管理工作的总体策划和部署，建立项目环境管理组织机构，制定相应制度和措施，组织培训，使各级人员明确环境保护的意义和责任。

12.1.5　项目经理部应按照分区划块原则，搞好现场的环境管理，进行定期检查，加强协调，及时解决发现的问题，实施纠正和预防措施，保持现场良好的作业环境、卫生条件和工作秩序，做到污染预防。

12.1.6　项目经理部应对环境因素进行控制，制定应急准备和响应措施，并保证信息通畅，预防可能出现非预期的损害。在出现环境事故时，应消除污染，并应制定相应措施，防止环境二次污染。

12.1.7　项目经理部应保存有关环境管理的工作记录。

12.1.8　项目经理部应进行现场节能管理，有条件时应规定能源使用指标。

案；组织机构和职责；培训、意识与能力；信息交流；环境管理体系文件编制；文件控制；运行控制；应急准备和响应；监测；不符合、纠正与预防措施；记录；环境管理体系审核；管理评审。

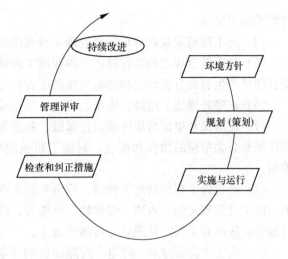

图 8-25　环境管理体系运行模式

二、建设工程项目现场环境保护

为了保护和改善生活环境和生态环境，防止由于建筑施工造成的作业污染和扰民，保障建筑工地附近居民和施工人员的身体健康，必须做好建筑施工现场的环境保护工作。施工现场的环境保护是文明施工的具体体现，也是施工现场管理达标考评的一项重要指标，所以必须采取现代化的管理措施来做好这项工作。

（一）环境保护管理措施❶

（1）项目经理部组建环保施工领导小组，建立项目环境监控体系，不断反馈监控信息，采取整改措施。

（2）确保环保施工的资金到位，保证应有的投入。

（3）每周项目经理部组织自查，每月公司组织检查，做得不够的及时整改或处罚，做

---

❶ 《建设工程项目管理规范》GB/T 50326—2006 规定：

12.3.1　项目经理部应在施工前了解经过施工现场的地下管线，标出位置，加以保护。施工时发现文物、古迹、爆炸物、电缆等，应当停止施工，保护现场，及时向有关部门报告，并按照规定处理。

12.3.2　施工中需要停水、停电、封路而影响环境时，应经有关部门批准，事先告示。在行人、车辆通过的地方施工，应当设置沟、井、坎、洞覆盖物和标志。

12.3.3　项目经理部应对施工现场的环境因素进行分析，对于可能产生的污水、废气、噪声、固体废弃物等污染源采取措施，进行控制。

12.3.4　建筑垃圾和渣土应堆放在指定地点，定期进行清理。装载建筑材料、垃圾或渣土的运输机械，应采取防止尘土飞扬、洒落或流溢的有效措施。施工现场应根据需要设置机动车辆冲洗设施，冲洗污水应进行处理。

12.3.5　除有符合规定的装置外，不得在施工现场熔化沥青和焚烧油毡、油漆，亦不得焚烧其他可产生有毒有害烟尘和恶臭气味的废弃物。项目经理部应按规定有效地处理有毒有害物质。禁止将有毒有害废弃物现场回填。

12.3.6　施工现场的场容管理应符合施工平面图设计的合理安排和物料器具定位管理标准化的要求。

12.3.7　项目经理部应依据施工条件，按照施工总平面图、施工方案和施工进度计划的要求，认真进行所负责区域的施工平面图的规划、设计、布置、使用和管理。

12.3.8　现场的主要机械设备、脚手架、密封式安全网与围挡、模具、施工临时道路、各种管线、施工材料制品堆场及仓库、土方及建筑垃圾堆放区、变配电间、消火栓、警卫室、现场的办公、生产和生活临时设施等的布置，均应符合施工平面图的要求。

12.3.9　现场入口处的醒目位置，应公示下列内容：

1. 工程概况；2. 安全纪律；3. 防火须知；4. 安全生产与文明施工；5. 施工平面图；6. 项目经理部组织机构及主要管理人员名单图。

12.3.10　施工现场周边应当地有关要求设置围挡和相关的安全预防设施。危险品仓库附近应有明显标志及围挡设施。

12.3.11　施工现场应设置畅通的排水沟渠系统，保持场地道路的干燥坚实。施工现场的泥浆和污水未经处理不得直接排放。地面宜做硬化处理。有条件时，可对施工现场进行绿化布置。

得好的给予奖励。

（4）施工现场泥浆和污水未经处理不得直接排入城市排水设施和河流、湖泊、池塘。

（5）除有符合规定的装置外，不得在施工现场熔化沥青和焚烧油毡、油漆，亦不得焚烧其他可产生有毒有害烟尘和恶臭气味的废弃物，禁止将有毒有害废弃物作土方回填。

（6）正确处理施工垃圾、废水、废气，减小施工噪声，防止环境污染。

（7）在居民和单位密集区域进行爆破、打桩等施工作业前，应按规定申请批准，并取得居民和有关单位的协作和配合；对施工机械的噪声与振动扰民，应采取相应措施予以控制。

（8）经过施工现场的地下管线，应由发包人在施工前通知承包人，标出位置，加以保护。施工时发现文物、古迹、爆炸物、电缆等，应当停止施工保护好现场，及时向有关部门报告，按照有关规定处理后方可继续施工。

（9）施工中需要停水、停电、封路而影响环境时，必须经有关部门批准，事先告知。在行人、车辆通行的地方施工，沟、井、坎、穴应设置覆盖物和标志。

（10）施工现场在温暖季节应绿化。

（二）各类污染源的防治措施

见第九章。

第六节　其他管理计划

《建筑施工组织设计规范》GB/T 50502—2009 列举的其他管理计划包括绿色施工管理计划、防火保安管理计划、合同管理计划、组织协调管理计划、创优质工程管理计划、质量保修管理计划以及对施工现场人力资源、施工机具、材料设备等生产要素的管理计划等。绿色施工管理计划在第九章中介绍，其余管理计划在本节简述。这些管理计划的内容主要包括目标、组织机构、资源配置、管理制度和技术组织措施等。

一、防火保安管理计划❶

（一）施工项目现场消防计划

消防与保安是现场管理最具风险性的工作。一旦发生情况，后果十分严重。因此，落实责任是首要的问题。凡有总分包单位的工程，总包应负责全面管理，并与分包签订消防保卫的责任协议。明确双方的职责，分包单位必须接受总包单位的统一领导和监督检查。

1. 消防组织管理

---

❶《建设工程项目管理规范》GB/T 50326—2006 规定：

11.5.1 组织应建立消防保安管理体系，制定消防保安管理制度。

11.5.2 项目现场应设有消防车出入口和行驶通道。消防保安设施应保持完好的备用状态。储存、使用易燃、易爆和保安器材时，应采取特殊的消防保安措施。

11.5.3 施工现场的通道、消防出入口、紧急疏散通道等应符合消防要求，设置明显标志。有通行高度限制的地点应设限高标志。

11.5.4 项目现场应有用火管理制度，使用明火时应配备监管人员和相应的安全设施，并制定安全防火措施。

11.5.5 需要进行爆破作业的，应向所在地有关部门办理批准手续，由具备爆破资质的专业机构进行实施。

11.5.6 项目现场应设立门卫，根据需要设置警卫，负责项目现场安全保卫工作。主要管理人员应在施工现场佩带证明其身份的标识。严格现场人员的进出管理。

（1）以贯彻"预防为主、防消结合"的方针，立足于自防自救，坚持安全第一，实行"谁主管、谁负责"的原则。在防火业务上多请当地公安消防机构作现场指导。

（2）在开工时，制定详细消防方案。消防方案由公司一级技术、质安、设备、保卫部门依次审核，由保卫部门送公司总工程师、防火责任人审批。

（3）施工现场实行分级防火责任制，落实各级防火责任人，各负其责。项目经理为施工现场防火责任人，全面负责施工现场的防火工作。班组长是各班组防火责任人，对本班组的防火负责。工地防火检查员（消防员）每天班后必须巡查，发现不安全因素要及时消除或汇报。施工现场成立防火领导小组。

（4）对职工进行经常性的防火宣传教育，增强消防观念。

（5）施工现场设置防火警示标志，施工现场张挂防火责任人、防火领导小组成员名单、防火制度等标牌。

（6）施工现场防火管理，按其施工项目、施工范围，实行"谁施工、谁负责"。

2. 消防器材管理

（1）各种消防梯经常保持完整完好。

（2）水枪经常检查，保持开关灵活，喷嘴畅通，附件齐全无锈蚀。

（3）水带充水后防骤然折弯，不被油类污染，用后清洗晾干，收藏时应单层卷起，竖放在架上。

（4）各种管接口应接装灵便、松紧适度、无泄漏，不得与酸、碱等化学品混放，使用时不得摔压。

（5）消火栓按室内、室外（地上、地下）的不同要求定期进行检查和及时加注润滑油，消火栓井应经常清理，冬季采用防冻措施。

（6）工地设有火灾探测和自动报警灭火系统时，应由专人管理，保持处于完好状态。

（二）施工项目现场保安管理计划

一般施工现场的保安工作应由项目总承包单位负责或委托施工总承包的单位负责。施工现场必须设立门卫，根据需要设置警卫，负责施工现场安全保卫工作，并采取必要的措施。主要管理人员应在施工现场佩带证明其身份的标识。严格现场人员的进出管理。

二、合同管理计划

（一）合同管理

1. 合同管理的主要任务

与业主签订了项目承包合同后，项目经理部的合同部作为一个项目合同管理职能部门，其组织结构设计可以根据项目的大小和复杂程度而采用不同的形式。在项目实施过程中，合同管理的主要任务有以下几个方面：主合同管理；分包合同的管理；主合同和分包合同的索赔管理；与合同管理有关的行政管理（其中很重要的一项工作是合同文件的管理）；与项目其他部门的协调等。

2. 合同管理程序

合同管理程序化是为了完成某项活动而规定的方法，即某项活动的目的、范围，应该做些什么，由谁来做，在何时何地做，如何做，如何控制活动的过程，如何把所有的事情记录下来等，从而使每个过程和每次活动都尽可能得到恰当而连续的控制。做到"凡事有人负责，凡事有据可循，凡事有据可查，凡事有人监督"。例如合同管理流程（图 8-26）、

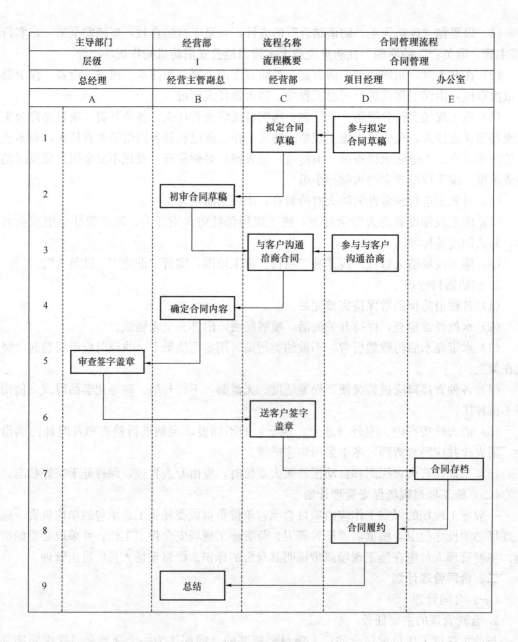

主导部门	经营部	流程名称	合同管理流程	
层级	1	流程概要	合同管理	
总经理	经营主管副总	经营部	项目经理	办公室
A	B	C	D	E

图 8-26 合同管理流程

合同流程管理标准（表 8-6），就是管理程序化的体现。

《建设项目工程总承包管理规范》GB/T 50358—2005、《建设工程项目管理规范》GB/T 50326—2006，分别对项目合同管理作了专门的说明。合同管理一般遵循下列程序：

（1）合同评审；

（2）合同订立；

（3）合同实施计划；

（4）合同实施控制；

（5）合同综合评价；

（6）有关知识产权的合法使用。

3. 项目合同评审

合同评审应在合同签订之前进行，主要是对招标文件和合同条件进行的审查、认定和评价。要研究合同文件和发包人所提供的信息，确保合同要求得以实现，发现问题应及时澄清，并以书面方式确定。合同评审应包括：招标内容和合同的合法性审查；招标文件和合同条款的合法性和完备性审查；合同双方责任、权益和项目范围认定；与产品或过程有关要求的评审；合同风险评估。

合同流程管理标准   表 8-6

主导部门：经营部   流程名称：合同管理流程

节点编号	节点名称	管理标准
C1	拟定合同草稿	1. 项目中标，经营业务人员会同合同专管员与客户沟通，争取合同第一稿； 2. 经营业务人员会同合同专管员牵头起草合同首稿，应充分结合招标文件、投标文件
D1	参与拟定合同草稿	项目经理必须参与合同草稿的起草，并充分表达自己的意见，充分理解合同主要条款
B2	初审合同草稿	1. 经营人员、项目经理、合同专管员应首先提出初审意见后报经营主管副总经理初审，经营主管副总经理初审后向客户反馈； 2. 经营主管副总经理应认真负责，严格把关合同草稿内容，对关键实质条款决不放过，必要时可召集法律顾问等对草稿进行讨论评审； 3. 草稿合同未经经营主管副总经理批准不得向客户送审
C3	与客户沟通洽商合同	1. 经营业务人员积极主动与客户洽商沟通合同草稿，并及时将沟通信息与项目经理、合同专管员、经营主管副总经理互动； 2. 与客户形成一致性的合同条款
D3	参与与客户沟通洽商合同	项目经理必须参与与客户的合同洽商，必要时主导完成合同的洽商并与经营业务人员、合同专管员、经营主管副总经理互动
B4	确定合同内容	1. 根据经营业务人员、合同专管员与客户洽商的一致性条款确定合同内容； 2. 项目经理、经营人员、合同专管员、经营主管副总经理依次填写合同评审意见； 3. 合同中存在的疑问要及时向法律顾问咨询，重要合同需要法律顾问把关
A5	审查签字盖章	1. 总经理填写合同评审意见，对关键性实质条款可提出意见，必要时修改合同内容； 2. 凭合同评审表及公章使用申请表签字、盖章。合同评审表由办公室存档
C6	送客户盖章签字	积极协调客户对合同盖章签字，并及时取回合同
E7	合同存档	1. 经营业务人员将已签署的合同递交办公室； 2. 合同原件首先由档案资料室、合同成本部留存，其余部门需要的可用复印件，由办公室提供
D8	合同履约	1. 由经营主管副总经理召集项目经理、经营业务等人员对合同进行交底；大家对合同中履约主要条款进行讨论，对履约中可能出现的情况进行分析，由合同专管员记录整理形成合同管理要点，合同管理要点发送给项目经理和经营业务人员，作为合同管理的指导； 2. 项目经理在施工中按照合同要求认真履行合同

节点编号	节点名称	管理标准
B9	总结	1. 由经营主管副总经理召集项目经理、经营业务等人员对合同履行情况进行总结； 2. 对合同履行中出现的经验和教训总结反思，提高合同洽谈、签订和履约水平

（二）项目合同实施计划

合同实施计划应包括合同实施总体安排，分包策划以及合同实施保证体系的建立等内容。合同实施保证体系应与其他管理体系协调一致，须建立合同文件沟通方式，编码系统和文档系统，对其同时承接的合同作出总体协调安排。所签订的各分包合同及自行完成工作责任的分配，应能涵盖主合同的总体责任，在价格、进度、组织等方面符合主合同的要求。

（三）项目合同实施控制

合同实施控制包括合同交底、合同跟踪与诊断、合同变更管理和索赔管理等工作。

（1）在合同实施前，合同谈判人员应进行合同交底。合同交底应包括合同的主要内容、合同实施的主要风险、合同签订过程中的特殊问题、合同实施计划和合同实施责任分配等内容。

（2）组织管理层应监督项目经理部的合同执行行为，并协调各分包人的合同实施工作。

（3）合同跟踪和诊断：

1）全面收集并分析合同实施的信息，将合同实施情况与合同实施计划进行对比分析，找出其中的偏差。

2）定期诊断合同履行情况，诊断内容应包括合同执行差异的原因分析、责任分析以及实施趋向预测。应及时通报合同实施情况及存在问题，提出有关意见和建议，并采取相应措施。

（4）合同变更管理应包括变更协商、变更处理程序、制定并落实变更措施、修改与变更相关的资料以及结果检查等工作。

在建筑工程施工合同签订过程中，由于合同内容的缺失，造成施工合同生效后给合同履行带来一定的难度，致使在执行过程中无法执行或执行困难。对于生效后没有进行约定或约定不明确的合同内容，应按以下办法进行处理：

1）协议补充

对于生效的建筑工程施工合同，由于内容的缺失，给合同执行带来极大困难，或损害权利人的利益。为保证建筑工程施工合同能够正确及时地履行，首先应基于发包方和承包方等当事人的意愿，发包方、承包方通过协商达成协议，通过该协议对原来施工合同中没有约定或者约定不明确的内容予以补充或者明确约定，根据《合同法》的规定，该补充协议应成为建筑工程施工合同的重要组成部分。

2）按照合同有关条款或者交易习惯确定

当发包方与承包方协商未能对于没有约定或约定不明确的内容达成补充协议的，可以结合合同其他方面的内容（其他条款）加以确定。也可按照在同样交易中通常或者习惯采用的交易习惯进行合同履行。

①质量要求不明确条件下的建筑施工合同的履行：对于施工合同中质量要求不明确，应按照国家标准、行业标准履行；没有国家标准、行业标准的，按照通常标准或者符合合同目的的特定标准履行。

②价款或报酬约定不明确条件下的建筑工程合同的履行：对于价款或者报酬约定不明确的，应按订立施工合同时履行地的市场价格履行，依法应当执行政府定价或者政府指导价格的，按照规定履行。

③在执行政府定价或政府指导价的情况下，在履行合同过程中，当价格发生变化时：

a. 执行政府定价或者政府指导价格的，在合同约定的交付期限内政府价格调整时，按照交付的价格计价。

b. 逾期交付标的物的，遇到价格上涨时，按照原价履行；价格下降时，按照新价格履行。

c. 逾期提取标的物或者逾期付款的，遇到价格上涨时，按照新价格履行；价格下降时，按照原价格履行。

④履行期限不明确条件下的建筑工程施工合同的履行

履行合同工期应进行明确，如果在合同中没有明确，根据《合同法》的规定合同履行中的"必要准备时间"，一般应参照工期定额、工程实际情况和相类似工程项目案例进行确定，确定合理的履行期限，保证工程建设的顺利进行。

（5）索赔管理工作应包括下列内容：

1）预测、寻找和发现索赔机会。

2）收集索赔的证据和理由，调查和分析干扰事件的影响，计算索赔值。

3）提出索赔意向和报告。

（6）反索赔管理工作：

1）对收到的索赔报告进行审查分析，收集反驳理由和证据，复核索赔值，起草并提出反索赔报告。

2）通过合同管理，防止反索赔事件的发生。

（四）项目合同终止和评价

（1）合同履行结束即合同终止。组织应及时进行合同评价，总结合同签订和执行过程中的经验教训，提出总结报告。

（2）合同总结报告应包括下列内容：

1）合同签订情况评价。

2）合同执行情况评价。

3）合同管理工作评价。

4）对本项目有重大影响的合同条款的评价。

5）其他经验和教训。

三、组织协调管理计划

一个工程产品是参与工程的业主单位、设计单位、监理单位、施工单位及其他协作单位等多方共同合作的结晶，因此，在施工过程中协调、处理好各方的工作关系，是关系工程产品质量的关键环节。

四、保修管理计划

1. 工程保修

从工程交付之日起，依照《建筑工程质量管理条例》，在工程竣工后的一段时间内，留置保修小组，为工程尽快地投入使用服务。工程正常使用后，定期或不定期地对雇主进行回访，征求雇主的意见并及时解决存在的问题。并按照要求提供每月、每季、半年、一年的维修检查。

2. 工程保修方案

(1) 保修项目内容和范围

1) 屋面渗漏水；

2) 烟道、排气孔道、风道不通、漏气；

3) 楼内地坪空鼓、开裂、起砂、面砖松动；

4) 有防水要求的地面渗漏水；

5) 内墙及顶棚抹灰、腻子、涂料等空鼓、开裂、脱皮等；

6) 门窗开关不灵或缝隙超过规范规定或渗漏水；

7) 外墙保温裂缝、破损、脱落、渗漏等；

8) 水池、有防水要求的地下室漏水；

9) 室内上下水、供热及空调系统管道漏水、漏气，暖气不热、冷气不冻，电器、电线漏电，照明灯具坠落；

10) 钢筋混凝土、砖石砌体结构及其他承重结构变形，裂缝超过国家规范和设计要求；

11) 其他质量问题。

(2) 保修期限

在正常使用条件下，建设工程的最低保修期限为：

1) 基础设施工程、房屋建筑的地基基础工程和主体结构工程，为设计文件规定的该工程的合理使用年限；

2) 屋面防水工程、有防水要求的卫生间、房间和外墙面的防渗漏，为5年；

3) 供热与供冷系统，为2个采暖期、供冷期；

4) 电气管线、给排水管道、设备安装和装修工程，为2年。

其他项目的保修期限由发包方与承包方约定。建设工程的保修期，自竣工验收合格之日起计算。

3. 保修管理计划❶

包括保修制度、保修工作程序、保修时间约定、定期回访制度、保修人员安排、保修

---

❶ 《建设工程项目管理规范》GB/T 50326—2006 规定：

18.6.1 承包人应制定项目回访和保修制度并纳入质量管理体系。

18.6.2 承包人应根据合同和有关规定编制回访保修工作计划，回访保修工作计划应包括下列内容：1. 主管回访与保修的部门；2. 执行回访保修工作的单位；3. 回访时间及主要内容和方式。

18.6.3 回访可采取电话询问、登门座谈、例行回访等方式。回访应以业主对竣工项目质量的反馈及特殊工程采用的新技术、新材料、新设备、新工艺等的应用情况为重点，并根据需要及时采取改进措施。

18.6.4 签发工程质量保修书应确定质量保修范围、期限、责任和费用的承担等内容。

记录等。

五、资源需求计划

由于工程项目建设过程中所需资源种类多，数量大，同时资源供应受外界影响很大，具有复杂性和不确定性。因此应结合进度计划编制资源管理计划，对资源的投入量、投入时间、投入步骤作出合理安排，以满足项目实施的需要。《建设工程项目管理规范》GB/T 50326—2006规定，项目资源管理计划的内容包括：

（1）资源管理计划应包括建立资源管理制度，编制资源使用计划、供应计划和处置计划，规定控制程序和责任体系；

（2）资源管理计划应依据资源供应条件、现场条件和项目管理实施规划编制；

（3）人力资源管理计划应包括人力资源需求计划、人力资源配置计划和人力资源培训计划；

（4）材料管理计划应包括材料需求计划、材料使用计划和分阶段材料计划；

（5）机械管理计划应包括机械需求计划、机械使用计划和机械保养计划；

（6）技术管理计划应包括技术开发计划、设计技术计划和工艺技术计划；

（7）资金管理计划应包括项目资金流动计划和财务用款计划，具体可编制年、季、月度资金管理计划。

六、其他管理计划

除上述管理计划外，施工项目管理实施规划中还需包括下面的一些计划：

（一）信息管理计划

制定信息管理计划是项目信息管理的一项重要工作，应包括下列内容：

（1）项目管理的信息需求分析。信息需求分析是要确定项目各层次人员需要什么样的信息，需要时间以及信息提供的方法等。

（2）项目信息管理工作流程。信息管理工作流程是项目信息流通的渠道，用来反映工程项目上各单位及人员之间的关系。在工程项目管理中，信息流程主要有管理系统的纵向信息流、管理系统的横向信息流和外部系统的信息流。

（3）信息来源和传递途径。信息来源可分为内部信息来源和外部信息来源。内部信息来自工程项目本身，如工程概况、项目目标、技术方案、进度计划、各项技术经济指标、项目经理部的组织结构及相关管理制度等。外部信息主要包括国家或地方的相关法律法规、物价指数、原材料及设备价格等。

（4）信息处理要求及方式。在工程建设过程中必须对收集来的资料、信息进行处理，以便于管理和使用。为了使信息能有效发挥作用，信息处理必须做到快捷、准确、适用、经济。对于信息的处理可采用手工处理、机械处理和计算机处理等方式。使用计算机进行项目信息管理不仅可以接受并存储大量信息，而且可以利用与项目管理相关的软件（如P3、PIP、施工现场管理软件、合同管理软件、资料管理软件等）对信息进行深度处理和加工，同时也可以对信息进行快速检索和传输。

（5）信息管理人员的职责。通过建立项目信息管理系统，在原有的项目组织的基础上，对信息管理任务和管理职能进行分工。项目经理可以根据工程实际情况在各工作部门设置专职或兼职的信息管理员，也可在项目经理部设置专职信息管理员，在组织信息管理部门的指导下进行工作。对于规模较大的项目可单独设置项目信息管理部门。

（二）项目沟通管理计划

项目沟通计划是项目管理工作中各组织和人员之间关系能否顺利协调、管理目标能否顺利实现的关键。项目沟通管理计划应由项目经理组织编制。项目沟通管理计划包括下列内容：

（1）项目的沟通方式和途径。主要说明项目信息的流向和信息的分发方法（如书面报告、会议、文件等）。

（2）信息收集归档格式。

（3）信息的发布和使用权限规定。

（4）沟通障碍与冲突管理计划。

（5）沟通技术约束条件与假设前提的编制。

在沟通计划中要确定利害关系者的信息需求和满足这些需求的恰当手段。同时，在项目的整个过程中都应该对其结果进行定期或不定期地检查、考核和评价，并结合实施结果进行修改，以保证其准确性和适用性。

（三）风险管理计划

风险管理计划是研究和确定消除、减少或转移风险的方法，接受风险的决定及利用有利机会的计划，应依据已知的技术或过去经验的数据，以避免产生新的风险。

（1）风险事件的级别评定

风险因素非常多，涉及各个方面，但人们并不是对所有的风险都予以十分重视。否则将大大提高管理费用，而且谨小慎微，反过来会干扰正常的决策过程。

通常对一个具体的风险，它如果发生的损失为 R_h，发生的可能性为 E_w，则风险的期望值 R_w 为：$R_w = R_h \times E_w$。

引用物理学中位能的概念，损失期望值高的，则风险位能高。根据风险位能将风险分为以下四类：

A 类：即风险发生的可能性很大，同时一旦发生损失也很大。这类风险常常是风险管理的重点。对它可以着眼于采取措施减小发生的可能性，或减少损失。

B 类：如果发生损失很大，但发生的可能性较小的风险。对它可以着眼于采取措施以减少损失。

C 类：发生的可能性较大，但损失很小的风险。对它可以着眼于采取措施以减小发生的可能性。

D 类：发生的可能性和损失都很小的风险。

（2）编制风险管理计划

风险管理计划作为项目计划的一部分，应与项目的其他计划，如进度计划、成本计划、组织计划、实施方案等通盘考虑。当确定风险且需要防止意外事故计划时，必须考虑风险对其他计划的不利影响。

项目风险管理计划内容包括：风险管理目标，风险管理范围，可使用的风险管理方法、工具及数据来源，风险分类和风险排序要求，风险管理道德职责与权限，风险跟踪的要求，相应的资源预算等。

风险管理计划可分为专项计划、综合计划和专项措施等。专项计划是指专门针对某一项风险，如资金或成本风险，制定的风险管理计划；综合计划是指施工项目中所有不可接受风险的整体管理计划；专项措施是指将某种风险管理措施纳入其他施工项目管理文件中，如新技术的应用中风险管理措施可编入项目施工方案，与施工措施有机地融为一体。从操作上讲，施工项目风险管理计划是否需要形成专门的单独文件，应根据风险评估的结果进行确定。

一般来讲，A类风险可以单独编制风险管理计划，B类、C类风险可以在有关施工文件中明确风险管理措施。D类风险则可以接受，不必编制任何风险管理计划。

（3）施工项目风险应对措施

1）风险回避：例如了解到某施工项目存在许多过去未曾识别的风险，成功把握性不大，遂决定放弃该施工项目以避免更大的风险损失。

2）风险分离：例如在施工过程中，承包商将易燃材料分隔存放，避免材料集中存放于一处时可能遭受的损失。因为分隔存放分离了风险单元，各个风险单元不会具有同样的风险源，而且各自的风险源也不会互相影响。

3）风险分散：例如承包商采用合作方式联合投标。风险分配通常在任务书、责任书、合同、招标文件中规定，在起草这些文件时，必须对风险作出估计、定义和分配。

4）非保险型风险转移：例如，对于建设工期较长的工程项目，承包商面临未来设备和材料涨价的风险，对此，承包方可以要求在合同中增加有关因发包方的原因导致工期延长，造成价格上涨时应相应上调费用等方面的责任条款，以转移自身的经济风险。

5）工程保险：工程项目保险有以下几种，建筑工程一切险，安装工程一切险，建筑安装工程第三者责任险，施工机械设备损失险，货物运输险，机动车辆险，人身意外险，企业财产险，保证保险（一种担保业务），投标和履约保证险，海、路、空、邮货运险等。

6）风险自留：风险自留具体包括风险准备金、自我保险和损失控制三种类型。

（四）项目收尾管理计划

在项目收尾阶段制定工作计划，使收尾工作的思想具体化、指标化和形象化，从而指导各项收尾管理工作。

项目收尾管理计划应主要包括下列内容：

（1）项目收尾计划；

（2）项目结算计划；

（3）文件归档计划；

（4）项目总结计划。

案 例 题

1. 背景：某工程建筑面积35000m²，建筑高度115m，为36层现浇框架-剪力墙结构，地下2层；抗震设防烈度为8度，由某市建筑公司总承包，工程于2004年2月18日开工。工程开工后，由项目经理部质量负责人组织编制施工项目质量计划。

问题：

（1）项目经理部质量负责人组织编制施工项目质量计划做法对吗？为什么？

（2）施工项目质量计划的编制要求有哪些？

（3）项目质量控制的方针和基本程序是什么？

2. 背景资料：某高层办公楼，总建筑面积137500m²，地下3层，地上25层。业主与施工总承包单位签订了施工总承包合同，并委托了工程监理单位。

施工总承包单位完成桩基工程后，将深基坑支护工程的设计委托给了专业设计单位，并自行决定将基坑支护和土方开挖工程分包给了一家专业分包单位施工。专业设计单位根据业主提供的勘察报告完成了基坑支护设计后，即将设计文件直接给了专业分包单位。专业分包单位在收到设计文件后编制了基坑支护工程和降水工程专项施工组织方案，方案经施工总承包单位项目经理签字后即由专业分包单位组织了施工，专业分包单位在开工前进行了三级安全教育。

专业分包单位在施工过程中，由负责质量管理工作的施工人员兼任现场安全生产监督工作，土方开挖到接近基坑设计标高（自然地坪下 8.5m）时，总监理工程师发现基坑四周地表出现裂缝即向施工总承包单位发出书面通知，要求停止施工并要求立即撤离现场施工人员，查明原因后再恢复施工。但总承包单位认为地表裂缝属正常现象没有予以理睬。不久基坑发生了严重坍塌，并造成 4 名施工人员被掩埋，经抢救 3 人死亡、1 人重伤。

事故发生后，专业分包单位立即向有关安全生产监督管理部门上报了事故情况，经事故调查组调查，造成坍塌事故的主要原因是由于地质勘察资料中未表明地下存在古河道，基坑支护设计中未能考虑这一因素而造成的。事故造成直接经济损失 80 万元，于是专业分包单位要求设计单位赔偿事故损失 80 万元。

问题：

(1) 请指出上述整个事件中有哪些做法不妥？并写出正确的做法。

(2) 三级安全教育是指哪三级？

(3) 本起事故可定为哪种等级的事故？请说明理由。

(4) 这起事故中的主要责任者是谁？请说明理由。

3. 某住宅楼工程地下 1 层，地上 18 层，建筑面积 22800m²。通过招投标程序，某施工总承包单位与某房地产开发公司按照《建设工程施工合同（示范文本）》签订了施工合同。合同总价款 5244 万元，采用固定总价一次性包死，合同工期 400 天。施工中发生了以下事件。

事件 1：房地产开发公司未与施工总承包单位协商便发出书面通知，要求本工程必须提前 60 天竣工。

事件 2：施工总承包单位于 2010 年 7 月 24 日进场，进行开工前的准备工作。原定 8 月 1 日开工，因房地产开发公司办理伐树手续而延误至 5 日才开工，施工单位要求工期顺延 4 天。

事件 3：施工总承包单位对混凝土搅拌设备的加水计量器进行改进研究，在本公司试验室内进行实验，改进成功用于本工程，施工单位要求此项试验费由房地产开发公司支付。

事件 4：施工总承包单位与没有劳务施工作业资质的包工头签订了主体结构施工的劳务合同。施工总承包单位按月足额向包工头支付了劳务费，但包工头却拖欠作业班组 2 个月的工资。作业班组因此直接向施工总承包单位讨薪，并导致全面停工 2 天。

事件 5：结构施工期间，施工总承包单位经总监理工程师同意更换了原项目经理，组织管理一度失调，导致封顶时间延误 8 天。施工总承包单位以总监理工程师同意为由，要求给予适当工期补偿。

事件 6：施工中，由房地产开发公司负责采购的设备在没有通知施工总承包单位共同清点的情况下就存放在施工现场。施工总承包单位安装时发现该设备的部分部件损坏，对此，房地产开发公司要求施工总承包单位承担损坏赔偿责任。

事件 7：房地产开发公司指令将住宅楼南面外露阳台全部封闭，并及时办理了合法变更手续，施工总承包单位施工 3 个月后工程竣工。施工总承包单位在工程竣工结算时追加阳台封闭的设计变更增加费用 43 万元，房地产开发公司以固定总价包死为由拒绝签认。

事件 8：在工程即将竣工前，当地遭遇了龙卷风袭击，本工程外窗玻璃部分破碎，现场临时装配式活动板房损坏。施工总承包单位报送了玻璃实际修复费用 51840 元，现场清理费及停窝工损失费 178000 元的索赔资料，但房地产开发公司拒绝签认。

问题：

（1）事件1中，房地产开发公司以通知书形式要求提前工期是否合法？说明理由。

（2）事件2中，施工总承包单位的要求是否成立？根据是什么？

（3）事件3中，施工总承包单位的要求是否合理？为什么？

（4）事件4中，作业班组直接向施工总承包单位讨薪是否合法？说明理由。

（5）事件5中，施工总承包单位说法的不妥之处，说明理由。

（6）事件6中，房地产开发公司要求的不妥之处，说明理由。

（7）事件7中，房地产开发公司拒绝签认设计变更增加费是否违约？说明理由。

（8）事件8中，施工总承包单位提出的各项请求是否符合约定？分别说明理由。

4. 某市建筑集团公司承担一栋20层智能化办公楼工程的施工总承包任务，层高3.3m，其中智能化安装工程分包给某科技公司施工。在工程主体结构施工至第18层，填充墙施工至第8层时，该集团公司对项目经理部组织了一次工程质量、安全生产检查。部分检查情况如下：

①现场安全标志设置部位有：现场出入口、办公室门口、安全通道口、施工电梯吊笼内。

②杂工班外运的垃圾中混有废弃的有害垃圾。

③临边作业前，安全员制定了安全技术措施。

④施工过程中，项目经理按照《施工用电检查评分表》对现场用电进行了检查。

⑤施工方案中，用水量的计算只考虑了消防用水量。

问题：

（1）指出施工现场安全标志设置部位中的不妥之处。

（2）对施工现场有毒有害的废弃物应如何处置？

（3）临边作业的安全技术措施有哪些？

（4）现场用电检查的项目有哪些？何谓三级配电方式？

（5）该工程还需考虑哪些类型的临时用水？在该工程临时用水总量中，起决定性作用的是哪种类型的临时用水？

5. 背景资料：某工程的早时标网络计划如图8-27所示。工程进展到第5、第10和第15个月底时，分别检查了工程进度，相应地绘制了三条实际进度前锋线，如图8-27中的点划线所示。

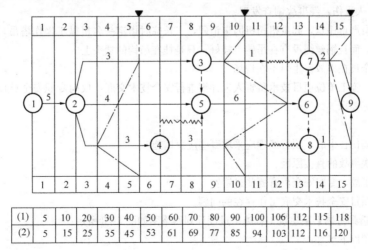

	1	2	3	4	5	6	7	8	9	10	11	12	13	14	15
(1)	5	10	20	30	40	50	60	70	80	90	100	106	112	115	118
(2)	5	15	25	35	45	53	61	69	77	85	94	103	112	116	120

图 8-27　某工程时标网络计划（单位：月）和成本数据（单位：万元）

注：图中每根箭线上方数值为该项工作每月预算成本；图下方格内（1）栏为该工程预算成本累计值，（2）栏为该工程已完工程实际成本累计值

问题：

（1）计算第5和第10个月底的已完工作预算成本（累计值）各为多少？

(2) 分析第 5 和第 10 个月底的成本偏差。

(3) 试分析进度偏差。

(4) 根据第 5 和第 10 月底实际进度前锋线分析工程进度情况。

(5) 第 15 个月底检查时，工作⑦～⑨因为特殊恶劣天气造成工期拖延 1 个月，施工单位损失 3 万元，因此，施工单位提出要求工期延长 1 个月和自有机械损坏费用索赔 3 万元；造价工程师应批准工期、费用索赔多少？为什么？

6. 【2009 建造师考题】某施工总承包单位承担一项建筑基坑工程的施工，基坑开挖深度 12m，基坑南侧距坑边 6m 处有一栋六层住宅楼。基坑土质状况从地面向下依次为：杂填土 0～2m，粉质土 2～5m，砂质土 5～10m，黏性土 10～12m，砂质土 12～18m。上层滞水水位在地表以下 5m（渗透系数为 0.5m/d），地表下 18m 以内无承压水。基坑支护设计采用灌注桩加锚杆。施工前。建设单位为节约投资，指示更改设计，除南侧外其余三面均采用土钉墙支护，垂直开挖。基坑在开挖过程中北侧支护出现较大变形，但一直未被发现，最终导致北侧支护部分坍塌。事故调查中发现：

(1) 施工总承包单位对本工程做了重大危险源分析，确认南侧毗邻建筑物、临边防护、上下通道的安全为重大危险源，并制定了相应的措施，但未审批；

(2) 施工总承包单位有健全的安全制度文件；

(3) 施工过程中无任何安全检查记录、交底记录及培训教育记录等其他记录资料。

问题：

(1) 本工程基坑最小降水深度应为多少？降水宜采用何种方式？

(2) 该基坑坍塌的直接原因是什么？从技术方面分析、造成该基坑坍塌的主要因素有哪些？

(3) 根据《建筑施工安全检查标准》基坑支护安全检查评分表的要求，本基坑支护工程还应检查哪些项目？

(4) 施工总承包单位还应采取哪些有效措施才能避免类似基坑支护坍塌？

7. 【2007 一级建造师考题】某 18 层办公楼，建筑面积 32000m²，总高度 71m，钢筋混凝土框架—剪力墙结构，脚手架采用悬挑钢管脚手架，外挂密目安全网，塔式起重机作为垂直运输工具。2006 年 11 月 9 日在 15 层结构施工时，吊运钢管时钢丝绳滑扣，起吊离地 20m 后，钢管散落，造成下面作业的 4 名人员死亡，2 人重伤。经事故调查发现：

(1) 作业人员严重违章，起重机司机因事请假，工长临时指定一名机械工操作塔吊，钢管没有捆扎就托底兜着吊起，而且钢丝绳没有在吊钩上挂好，只是挂在吊钩的端头上。

(2) 专职安全员在事故发生时不在现场。

(3) 作业前，施工单位项目技术负责人未详细进行安全技术交底，仅向专职安全员口头交代了施工方案中的安全管理要求。

问题：

(1) 针对现场伤亡事故，项目经理应采取哪些应急措施？

(2) 指出本次事故的直接原因。

(3) 对本起事故，专职安全员有哪些过错？

(4) 指出该项目安全技术交底工作存在的问题。

8. 【2009 建造师考题】某建筑工程施工进度计划网络图如图 8-28 所示。

施工中发生了以下事件：

事件 1：工作因设计变更停工 10 天；

事件 2：B 工作因施工质量问题返工，延长工期 7 天；

事件 3：E 工作因建设单位供料延期，推迟 3 天施工；

事件 4：在设备管道安装气焊作业时，火星溅落到正在施工的地下室设备用房聚氨酯防水涂膜层上，引起火灾。

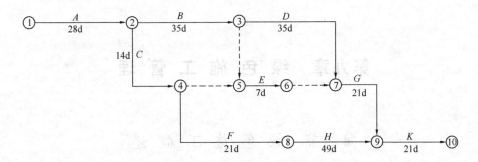

图 8-28 进度计划网络图

在施工进展到第 120 天后，施工项目部对第 110 天前的部分工作进行了统计检查。统计数据见表8-7。

统 计 数 据 表 8-7

工作代号	计划完成工作预算成本 BCWS（万元）	已完成工作量（%）	实际发生成本 ACWP（万元）	挣得值 BCWP（万元）
1	540	100	580	
2	820	70	600	
3	1620	80	840	
4	490	100	490	
5	240	0	0	
合计				

问题：

（1）本工程计划总工期和实际总工期各为多少天？

（2）施工总承包单位可否就事件 1~事件 3 获得工期索赔？分别说明理由。

（3）施工现场焊、割作业的防火要求有哪些？

（4）计算截止到第 110 天的合计 BCWP 值。

（5）计算第 110 天的成本偏差 CV 值，并做 CV 值结论分析。

（6）计算第 110 天的进度偏差 SV 值，并做 SV 值结论分析。

9. 举实例说明建设工程项目职业健康安全文明管理计划的编制内容。

第九章　绿色施工管理

第一节　绿色施工概述

20世纪60年代，美籍意大利建筑师鲍罗·索勒里把生态学（ecology）和建筑学（architecture）两词合并为"arcology"，译为"生态建筑学"，首次提出了"生态建筑"理念，后演变为绿色建筑。我国在国家标准《绿色建筑技术导则》和《绿色建筑评价标准》中，定义绿色建筑的概念是：在建筑的全寿命周期内，最大限度地节约资源、节能、节地、节水、节材、保护环境和减少污染，为人们提供健康、适用和高效的使用空间，与自然和谐共生的建筑。

《建筑工程绿色施工评价标准》GB/T 50640—2010定义绿色施工的概念是：在保证质量、安全等基本要求的前提下，通过科学管理和技术进步，最大限度地节约资源，减少对环境负面影响，实现"四节一环保"的建筑工程施工活动。显然，绿色施工不等同于绿色建筑，绿色施工成果不一定是绿色建筑，绿色施工强调的是从施工到工程竣工验收全过程的绿色施工核心理念。❶

一、绿色施工特点

1. 绿色施工与传统施工

绿色施工与传统施工相比，传统施工主要关心的是工程进度、工程质量和工程成本，对节约资源能源和环境保护没有很高的要求，而绿色施工不仅要求质量、安全、进度等达到要求，而且还要从生产的全过程出发，依据可持续发展理念来统筹规划施工全过程，优先使用绿色建材，改进传统施工工艺，在按要求完成项目的前提下，尽量减少施工过程中对环境的污染和对材料的消耗。

绿色施工涉及施工管理问题、施工选材问题、施工技术问题、施工节材问题、施工节水问题、施工节地问题、施工智能问题、施工中灾害预案问题等。总之，绿色施工外延性很广，需要不断探讨和研究。

---

❶ 《建筑工程绿色施工评价标准》GB/T 50640—2010规定：

3.0.2　绿色施工项目应符合以下规定：

1　建立绿色施工管理体系和管理制度，实施目标管理。

2　根据绿色施工要求进行图纸会审及深化设计。

3　施工组织设计及施工方案应有专门的绿色施工章节，绿色施工目标明确，内容应涵盖"四节一环保"要求。

4　工程技术交底应包含绿色施工内容。

5　采用符合绿色施工要求的新材料、新技术、新工艺、新机具进行施工。

6　建立绿色施工培训制度，并有实施记录。

7　根据检查情况，制定持续改进措施。

8　采集和保存过程管理资料、见证资料和自检评价记录等绿色施工资料。

9　在评价过程中，应采集反映绿色施工水平的典型图片或影像资料。

2. 绿色施工与文明施工

文明施工在我国施工企业的实施有一定的历史，宗旨是"文明"，也有环境保护等内涵。文明施工是保持施工现场良好的作业环境、卫生环境和工作秩序，文明施工主要包括规范施工现场的场容，保持作业环境的整洁卫生；科学组织施工，使生产有序进行；减少施工对周围居民和环境的影响；保证职工的安全和身体健康。绿色施工是为贯彻可持续发展提出的新理念，核心是"四节一环保"，除了更严格的环境保护要求外，注重节材、节水、节地、节能。

二、绿色施工总体框架

绿色施工总体框架由施工管理、环境保护、节材与材料资源利用、节水与水资源利用、节能与能源利用、节地与施工用地保护六个方面组成（图9-1）。这六个方面涵盖了绿色施工的基本指标，同时包含了施工策划、材料采购、现场施工、工程验收等各阶段的指标的子集。

在该绿色施工总体框架中有三类指标。

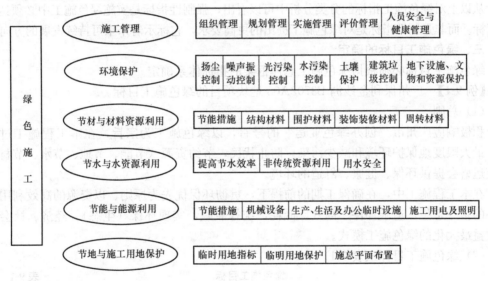

图 9-1　绿色施工总体框架

1. 定性指标和定量指标

绿色施工的总体框架是为实现"四节一环保"这个目标制定的，"四节一环保"是目的、目标，施工管理是实现"四节一环保"这一目标的管理要求、措施。在这些指标要求中，有定性指标和定量指标。如图9-1框架中节材与材料资源利用技术要点❶，《绿色施

---

❶《绿色施工导则》（建质［2007］223号）规定：

4.3.1 节材措施

1. 图纸会审时，应审核节材与材料资源利用关内容，达到材料损耗率比定额损耗率降低30%。

2. 根据施工进度、库存情况等合理安排材料采购、进场时间和批次，减少库存。

3. 现场材料堆放有序。储存环境适宜，措施及保管制度健全，责任落实。

4. 材料运输工具适宜，装卸方法得当，防止损伤和遗洒。根据现场平面布置情况就近卸载，避免和减少二次搬运。

5. 采取技术和管理措施提高模板、脚手架等周转次数。

6. 优化安装工程的预留、预埋、管线路径等方案。

7. 应就地取材，施工现场500公里以内生产建筑材料用量占建筑材料总重量的70%以上。

工导则》中第 2 条就是定性指标，定性指标仅指出要改进的方向，没有具体要求；第 1 条和第 7 条就属于定量指标，定量指标要求具体。

2. 国家法律法规规定指标

在这些指标要求中，有一些指标是国家法律法规规定的或国家强制性标准规定要求必须达到的指标。如该框架环境保护"噪声振动控制项目"，即该项目"导则"中第 1 条"现场噪声排放不得超过国家标准《建筑施工场界环境噪声排放标准》GB 12523—2011 规定"。

3. 绿色施工独有指标

有一些指标是需要增加一定的成本才能达到的，但这类指标不是国家在建设项目中强制规定的，而是绿色施工中所指出的更高的要求。如在该框架环境保护中的"土壤保护"、"建筑垃圾控制"。

有一些项目是不需要增加一定成本或是需要少量成本就能达到的指标，如节材措施中的第 7 项符合施工降低成本的要求。只要加强管理和市场调查，就能达到。

从以上对绿色施工指标的分类分析中可以看出，强制性指标是实施绿色施工中必须达到的指标。而非强制性指标是对绿色施工提出的更高要求，它标示着未来可持续发展的方向。

三、绿色施工目标的确定

绿色施工目标必须根据绿色施工总体框架的指标体系确定。

【例 9-1】 广州保利金沙洲 B3702A05 地块项目的绿色施工目标。

（1）总则

积极响应广州市"创办绿色亚运"的号召，以绿色施工为宗旨，在本工程施工过程中，最大限度地保护环境和减少污染，防止扰民，节约资源（节能、节地、节水、节材），为亚运盛会提供环保、健康、舒适的环境。

在本工程施工中，在确保工期的前提下，贯彻环保优先为原则、以资源的高效利用为核心的指导思想，追求环保、高效、低耗，统筹兼顾，实现环保（生态）、经济、社会综合效益最大化的绿色施工模式。

（2）绿色施工目标（表 9-1）

绿色施工目标 表 9-1

序号	环境目标	环境目标阐述
1	噪声	噪声排放达标，符合《建筑施工场界环境噪声排放标准》规定
2	粉尘	控制粉尘及气体排放，不超过法律、法规的限定数值
3	固体废弃物	减少固体废弃物的产生，合理回收可利用建筑垃圾
4	污水	生产及生活污水排放达标，符合《污水综合排放标准》规定
5	资源	控制水电、纸张、材料等资源消耗，施工垃圾分类处理，尽量回收利用
6	六个 100%	施工现场 100%标准化围护；工地砂土 100%覆盖；工地路面 100%硬化；拆除工程 100%洒水降尘；出工地车辆 100%冲净车轮车身；暂不开发的场地 100%绿化

<h2 align="center">第二节 绿色施工管理</h2>

绿色施工管理主要包括组织管理、规划管理、实施管理、评价管理和人员安全与健康

管理五个方面。以传统施工管理为基础，在技术进步的同时，还应包含绿色施工思想的管理体系和方法。

一、组织管理

1. 绿色施工管理体系的建立

建立绿色施工管理体系是绿色施工管理的组织策划设计，在这一管理体系中有明确的绿色施工目标的责任分工制度，项目经理是绿色施工第一责任人，负责绿色施工的组织实施及目标实现。绿色施工涉及施工的全过程，与各参建单位紧密相关，包括建设单位、监理单位、设计单位、总承包单位、各分包商、供应商、生产厂家、检测机构等，为加强对施工的组织协调，成立绿色施工领导小组，进行绿色施工的组织管理工作。

施工项目的绿色施工管理体系是建立在传统的项目组织结构基础上的，目前工程项目管理体系一般分为职能组织结构、线性组织结构、矩阵组织结构等，绿色施工思想的提出，不是要采用一种全新的组织结构形式，而是将绿色施工思想贯穿于建设项目施工管理的全过程。为了实现绿色施工这一目标，可建立如图 9-2 所示的具有绿色施工管理职能的项目组织结构。

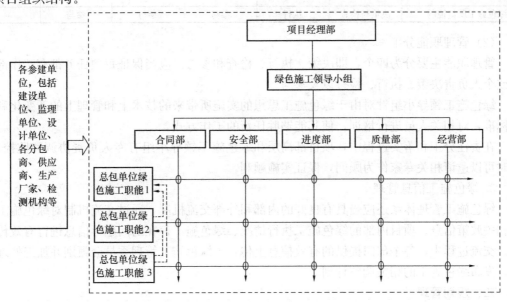

图 9-2　绿色施工管理职能的项目组织结构

图 9-2 中项目部经理部下设一个绿色施工领导小组，作为总体协调项目建设过程中有关绿色施工事宜。领导小组中可以包含建设项目其他参与方人员，以便吸纳来自项目建设各个方面的绿色施工建议，并发布绿色施工的相关计划。

施工企业各个部门均任命相关绿色施工联系人，负责该部门所涉及的与绿色施工相关的任务。在部门内部指导项目部相关职能部具体实施，对外履行和其他部门的沟通。以绿色施工领导小组及各部门中的绿色施工联系人为节点，把不同组织层次的人员都纳入到绿色施工管理中。

2. 责任分工

绿色施工管理体系中，要求有完善的责任分工制度。由项目经理将绿色施工相关责任划分到项目部各个部门负责人，再由部门负责人将本部门责任划分到个人，保证绿色施工整体目标和责任分工。具体做法如下：

（1）绿色施工管理任务分解

在项目组织设计文件中应当包含绿色施工管理任务分工表（表9-2），编制该表前应结合项目特点，对与绿色施工有关的质量控制、进度控制、信息管理、安全管理和组织协调管理任务进行分解。管理任务分工表应该能明确表示各项工作任务属于哪个工作部门（个人）负责，由哪些工作部门（个人）参与，并在项目进行过程中不断动态调整。

绿色施工管理任务分工表　　　　　　　　　　　　　　　表9-2

任务 ＼ 部门	项目经理部	质量控制部	进度控制部	信息管理部	安全管理部	…
绿色施工目标规划	决策与检查	参与	执行	参与	参与	
与绿色施工有关的信息收集与整理	决策与检查	参与	参与	执行	参与	
施工进度中的绿色施工检查	决策与检查	参与	执行	参与	参与	
绿色施工质量控制	决策与检查	执行	参与	参与	参与	

（2）管理职能分工

管理职能主要分为四个，即决策、执行、检查和参与。应当保证每项任务都有工作部门或个人负责决策、执行、检查以及参与。

绿色施工领导小组针对由于绿色施工思想的实施所带来的技术上和管理上的新变化和新标准，对相关人员进行培训，使其能够胜任新的工作方式。

在责任分工和落实过程中，项目部高层和绿色施工领导小组有专人负责协调和监控，同时可以邀请相关专家作为顾问，保证实施顺利。

3. 绿色施工信息管理

绿色施工管理体系还应当具有良好的内部和外部交流机制，通过交流机制对绿色施工的相关政策信息、项目内部的绿色施工执行情况、绿色施工存在的问题等信息进行有效传递。交流过程中，各个部门提供的有效信息上传，由绿色施工管理委员会甄别并加工处理后，发布绿色施工的相关调整计划。

二、规划管理

绿色施工规划管理体现在绿色施工方案策划中，绿色施工方案策划属于施工组织设计阶段的内容，分为总体施工方案策划以及独立成章的绿色施工方案编制，并按有关规定进行审批。

1. 总体施工方案策划

建设项目施工方案策划的优劣直接影响到工程实施的效果，要实现绿色施工的目标，就必须将绿色施工的思想体现到方案设计中去。一般在总体施工方案策划时，应该考虑到如下因素：

（1）建设项目场地上若有需拆除的旧建筑物，应考虑到对拆除材料的回收利用。对于可重复利用的材料（如屋架、支撑等大中型构件），拆除时尽量保持其完整性，在满足结构安全和质量的前提下可以运用到新建项目中去。对于不能重复使用的建筑垃圾（碎砖石、碎混凝土和钢筋等），也应当尽量在现场进行无害化、资源化处理利用，如利用碎砖石、混凝土铺设现场临时道路等。

（2）基础、主体结构、装饰装修与机电安装工程的施工方案要结合先进的技术水平和环境效应来优选。对于同一施工过程有若干备选方案时，尽量选取环境污染小、资源消耗少的方案。分项施工应当积极采用节能环保效果好的施工技术，例如钢筋的直螺纹连接技术。

（3）积极推广工业化的生产模式，把原本在现场进行的施工作业全部或者部分转移到工厂进行，现场只进行简单的拼装，这是减小对周围环境干扰的最有效方法，同时也能节约大量材料和资源。建设项目可以根据自身的工程特点，采用不同程度的工业化方式，比如叠合楼板和叠合梁、装饰保温一体化的外墙等。

随着我国"建筑工业化、住宅产业化"进程的加快，装配式混凝土结构在房屋建筑中的应用重新成为当前研究热点，全国各地不断涌现出房屋建筑装配式混凝土结构的新形式及建造新技术。新兴的装配式混凝土结构满足绿色、低碳要求，对促进我国建筑行业的结构调整及可持续发展具有重要意义。在工程建造过程中，装配式混凝土结构构件绝大部分在工厂加工，现场完成组装。因此，整个工程建造过程基本上在生产线上生产房子，这是我国在建筑工程建造方式上的一次革命性尝试，装配式混凝土结构的推广应用主要特点是"绿色施工"、"节能环保"。主要体现在：

1）节水

装配式混凝土结构采用工厂化预制混凝土构件，施工现场基本无湿作业环境，与传统施工方式相比，不仅减少了大量的混凝土搅拌、混凝土泵送等操作浪费的水资源，而且减少了废水浆等污染源，同时减少了现场混凝土养护工程中的水资源浪费。

2）减少垃圾源

装配式混凝土结构，减少了现场混凝土浇筑工作和"垃圾源"的产生，减少了混凝土原材料运输、装卸、堆放等过程中的各种扬尘污染；建筑装饰部分也通过工厂化制作，减少了建筑物外墙装饰工程施工的湿作业环境，同时施工现场减少了外脚手架的使用；不产生落地灰，扬尘得到有效抑制。

3）减少施工噪声和光污染

施工现场采用吊装装配工艺，无需泵送混凝土，避免了混凝土泵所产生的施工噪声；由于在工厂进行模板安装、拼装，在工艺上，施工现场避免了铁锤敲击产生的噪声；预制装配施工，基本不需要夜间施工，减少了夜间照明对附近生活环境的影响，降低了光污染。

（4）对施工过程和施工现场进行优化设计，倡导"无浪费，无返工"的管理理念，通过计划和控制来合理安排建设程序，实现节材和节能的目的。

2. 绿色施工方案编制

除了建设项目整体的施工方案策划之外，施工组织设计中的绿色施工方案还应独立成章，将总体施工方案中与绿色施工有关的部分内容进行细化。其主要内容如下：

（1）绿色施工方案具体应包括环境保护措施、节材措施、节水措施、节能措施、节地与施工用地五个方面的内容。

（2）明确项目所要达到的绿色施工具体目标，并在设计文件中以具体的数值表示，比如材料的节约量、资源的节约量、施工现场噪声降低的分贝数等。

（3）根据总体施工方案的设计，标示出施工各阶段的绿色施工控制要点。

（4）列出能够反映绿色施工思想的现场专项管理手段。

三、实施管理

绿色施工方案确定之后，进入到项目的实施管理阶段，其实质是对实施过程进行控制，以达到绿色施工目标。绿色施工应对整个施工过程实施动态管理，加强对施工策划、施工准备、材料采购、现场施工、工程验收等各阶段的管理和监督。应结合工程项目的特点，有针对性地进行绿色施工宣传，通过宣传营造绿色施工的氛围。

（一）施工过程的动态管理

1. 整体目标控制

在建设项目实施过程中，为了保证绿色施工目标的实现，必须对整个施工过程中的绿色实施目标进行动态控制。具体步骤如下：

（1）将绿色施工的"四节一环保"整体目标进行分解，将其贯穿到施工策划、施工准备、材料采购、现场施工、工程验收等各阶段的过程管理中。

（2）项目实施过程中的绿色施工目标控制采用动态控制的原理。绿色施工目标从粗到细可以分为不同的层次，包括绿色施工方案设计、绿色施工技术、绿色施工控制要点以及现场施工过程等。

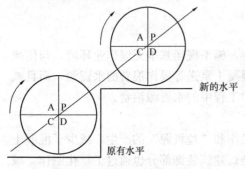

图 9-3　PDCA 上升式的循环

（3）采取 PDCA（PLAN、DO、CHECK、ACT）动态控制的方法，见图 9-3，PDCA 循环是上升式的循环，每纠偏处理一次，绿色施工目标就接近或提升一次。收集每一次循环中绿色施工控制要点的实测数据，定期将实测数据与目标值进行比较，分析偏离原因，及时进行纠偏处理，纠偏处理措施主要有组织措施、管理措施、经济措施和技术措施等。在工程建设项目实施中如此循环，直至目标实现为止。

（4）整体目标控制可以用信息化技术作为协助实施手段。目前建设项目的信息化应用越来越普遍，例如 BIM（Building Information Modeling）可以运用到建筑工程项目整个生命周期，并引起建筑业在设计、建造和管理上的变革，采用 BIM 手段对项目绿色施工实施情况进行监督、控制、评价，将成为绿色施工信息化的时代特征。

2. 施工准备

施工准备是为保证绿色施工生产正常进行必须事先做好的工作。施工准备的基本任务就是为绿色施工项目建立一切必要的施工条件，确保绿色施工生产顺利进行，确保绿色施工目标的实现。绿色施工准备通常包括：绿色施工技术准备，绿色文明施工现场准备等。绿色施工准备的内容是很广泛和丰富的，其中最重要的是绿色施工技术准备。

3. 施工现场管理

建设项目对环境的污染以及对自然资源能源的消耗主要集中在施工现场，因此施工现场管理是能否实现绿色施工目标的关键环节。

科学进行施工总平面设计是绿色文明施工现场管理的重要内容。施工总平面设计应该以文明施工、安全生产和环境保护为宗旨，以节约、方便施工为目标。在施工总平面图上的临时设施、材料堆场、物资仓库、大型机械、物件堆场、消防设施、通路及进出口、施工场地、水电管线、周转材料堆场是否科学合理，决定了施工现场管理的科学性。

（1）绿色施工现场的基本要求

1）现场门头应设置企业标志，施工现场场容规范化。项目经理部及现场的七牌一图应在现场入口的醒目位置。七牌一图包括：工程项目简介及质监举报电话牌（工程项目名称，工程概况，主要工程量，建设范围，建设、设计、施工、监理、监督单位名称，开竣工日期和质监部门举报监督电话）、工程项目负责人牌、安全生产制度牌、消防保卫制度牌、环境保护制度牌、工程创优牌、绿色文明施工牌和工地施工平面布置图。当然不一定是七牌一图，不同企业不同项目所在地要求公示内容不同，如图9-4为某施工项目的九牌三图。

2）按照已审批的施工总平面布置图，布置施工项目的主要机械设备、材料堆场及仓库、现场办公、生活临时设施等。

3）施工物料器具除应按施工平面图指定位置就位布置外，还应根据不同特点和性质，规范布置方式和要求，进行规格分类，限宽限高挂牌标识等。

4）在施工现场周边应设置临时围护设施。

5）施工现场应设置畅通的排水沟，场地不积水，不积泥浆。

（2）施工现场环境保护

1）施工现场泥浆、污水不经处理，不得直接排入城市排水设施、池塘。

2）禁止将有毒有害废弃物作土方回填。

3）生活垃圾、渣土应指定地点堆放。为防止施工现场尘土飞扬，安排专人用洒水车喷洒路面。

4）施工时若发现文物、古迹、爆炸物、电缆等，应停止施工并采取相关措施后方可施工。

（3）施工现场的防火与安保

1）应做好施工现场保卫工作，采取必要的防盗措施。

2）现场必须安排消防车出入口和消防通道，设置性能完好的消防设施。

3）发现有自然灾情，应迅速组织人员撤离，确保人身安全。

（二）营造绿色施工氛围

施工企业应重视企业内部的自身建设，使管理水平不断提高，不断趋于科学合理，并加强企业管理人员的培训，提高他们的素质和环境意识。具体应做到：

（1）加强管理人员的学习，然后由管理人员对操作层人员进行培训，增强员工的整体环保意识，增加员工对环保的承担与参与。

（2）在施工阶段，定期对操作人员进行宣传教育，要求工作人员严格按已制定的环保措施进行操作，加强操作人员节约用水、节约材料的意识，培养操作人员对机械设备定期保养的习惯，加强施工现场的清洁、文明施工管理，不制造人为噪声等。

四、评价管理❶

由于施工过程中管理和操作系统的复杂性，绿色施工往往难以界定，使得绿色施工的

---

❶ 《建筑工程绿色施工评价标准》GB/T 50640—2010规定：

4.0.1 评价阶段宜按地基与基础工程、结构工程、装饰装修与机电安装工程进行。

4.0.2 建筑工程绿色施工应依据环境保护、节材与材料资源利用、节水与水资源利用、节能与能源利用和节地与土地资源保护五个要素进行评价。

4.0.3 评价要素应由控制项、一般项、优选项三类评价指标组成。

4.0.4 评价等级应分为不合格、合格和优良。

4.0.5 绿色施工评价框架体系应由评价阶段、评价要素、评价指标、评价等级构成。

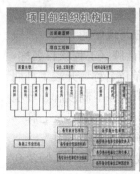
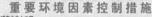
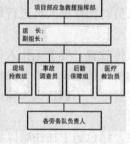
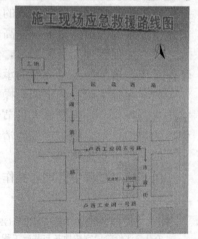

图 9-4　某项目部十牌二图示意图

推广工作进程缓慢。《建筑工程绿色施工评价标准》GB/T 50640—2010 的绿色施工评价方法的出台，推广了绿色施工工作。一方面可以为工程达到绿色施工的标准提供依据；另一方面是对整个项目实施阶段监控评价体系的完善。同时，通过开展绿色施工评价可为政府或承包商建立绿色施工的行为准则，在理论基础上明确被社会广泛接受的绿色施工的概念及原则。只有真实、准确地对绿色施工进行评价，才能了解绿色施工的状况和水平，发现其中存在的问题及薄弱环节，并在此基础上进行持续改进，使绿色施工的技术和管理手段更加完善。

（一）绿色施工评价指标体系的确定

建筑工程绿色施工应依据环境保护、节材与材料资源利用、节水与水资源利用、节能与能源利用和节地与土地资源保护五个要素进行评价。绿色施工评价的框架体系见图9-5。

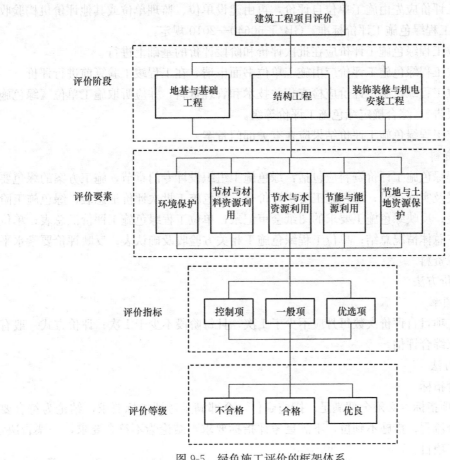

图 9-5　绿色施工评价的框架体系

（二）评价组织与程序

1. 评价组织

建设单位、监理单位、施工单位均应参与绿色施工评价，单位工程绿色施工评价应由建设单位组织，施工阶段评价应由监理单位组织，批次评价应由施工单位组织进行，评价结果应由建设、监理、施工单位三方签认。《建筑工程绿色施工评价标准》GB/T 50640—2010 规定：

（1）单位工程绿色施工评价应由建设单位组织，项目施工单位和监理单位参加，评价结果应由建设、监理、施工单位三方签认。

（2）单位工程施工阶段评价应由监理单位组织，项目建设单位和施工单位参加，评价结果应由建设、监理、施工单位三方签认。

（3）单位工程施工批次评价应由施工单位组织，项目建设单位和监理单位参加，评价结果应由建设、监理、施工单位三方签认。

（4）企业应进行绿色施工的随机检查，并对绿色施工目标的完成情况进行评估。

（5）项目部会同建设和监理单位应根据绿色施工情况，制定改进措施，由项目部实施改进。

（6）项目部应接受建设单位、政府主管部门及其委托单位的绿色施工检查。

2. 评价程序

绿色施工评价应先由施工单位自评价，再由建设单位、监理单位或其他评价机构验收评价。《建筑工程绿色施工评价标准》GB/T 50640—2010 规定：

（1）单位工程绿色施工评价应在批次评价和阶段评价的基础上进行。

（2）单位工程绿色施工评价应由施工单位书面申请，在工程竣工验算前进行评价。

（3）单位工程绿色施工评价应检查相关技术和管理资料，并应听取施工单位《绿色施工总体情况报告》，综合确定绿色施工评价等级。

（4）单位工程绿色施工评价结果应在有关部门备案。

3. 评价资料

单位工程绿色施工评价资料应包括：绿色施工组织设计专门章节，施工方案的绿色要求、技术交底及实施记录；绿色施工要素评价表；绿色施工批次评价汇总表；绿色施工阶段评价汇总表；反映绿色施工要求的图纸会审记录；单位工程绿色施工评价汇总表；单位工程绿色施工总体情况总结；单位工程绿色施工相关方验收及确认表；反映评价要素水平的图片或影像资料。

（三）评价方法

1. 评价频率

绿色施工项目自评价次数每月应不少于 1 次，且每阶段不少于 1 次；评价方式一般有自评估和专家综合评估。

2. 评价方法

（1）评价指标

1）控制项指标。必须全部满足；措施到位，全部满足考评指标要求，结论为符合要求，进入评分流程；措施不到位，不满足考评指标要求，结论为不符合要求，一票否决，为非绿色施工项目。

2）一般项指标。应根据实际发生项执行的情况计分；措施到位，满足考评指标要求，评 2 分；措施基本到位，部分满足考评指标要求，评 1 分；措施不到位，不满足考评指标要求，评 0 分。

3）优选项指标。应根据实际发生项执行情况加分；措施到位，满足考评指标要求，评 1 分；措施基本到位，部分满足考评指标要求，评 0.5 分；措施不到位，不满足考评指标要求，评 0 分。

（2）要素评价得分

1）一般项得分应按百分制折算，并按下式进行计算：

$$A = (B/C) \times 100$$

式中　A——一般项折算得分；

B——实际发生项实得分之和；

C——实际发生项应得分之和。

2）优选项加分应按优选项实际发生条目加分求和 D；

3）要素评价得分 $F＝$一般项折算得分 $A＋$优选项加分 D。

（3）批次评价得分应符合下列规定

1）批次评价应按表 9-3 的规定进行要素权重确定：

批次评价要素权重系数表　　　　　　　表 9-3

评价要素 ＼ 评价阶段	地基与基础、结构工程、装饰装修与机电安装
环境保护	0.3
节材与材料资源利用	0.2
节水与水资源利用	0.2
节能与能源利用	0.2
节地与施工用地保护	0.1

2）批次评价得分 $E＝\Sigma$（要素评价得分 $F\times$ 权重系数）。

（4）阶段评价得分 $G＝\Sigma$批次评价得分 $E/$评价批次数。

（5）单位工程绿色评价得分应符合下列规定

1）单位工程绿色评价应按表 9-4 的规定进行要素权重确定：

单位工程要素权重系数表　　　　　　　表 9-4

评价阶段	权重系数
地基与基础	0.3
结构工程	0.5
装饰装修与机电安装	0.2

2）单位工程绿色评价得分 $W＝\Sigma$阶段评价得分 $G\times$权重系数。

3. 单位工程绿色施工等级评价

（1）不合格：控制项不满足要求；单位工程总得分 $W＜60$ 分；结构工程阶段得分 $＜60$ 分。

（2）合格：控制项全部满足要求；单位工程总得分 60 分 $\leqslant W＜80$ 分，结构工程得分 $\geqslant 60$ 分；至少每个评价要素各有一项优选项得分，优选项各要素得分 $\geqslant 1$，总分 $\geqslant 5$。

（3）优良：控制项全部满足要求；单位工程总得分 $W\geqslant 80$ 分，结构工程得分 $\geqslant 80$ 分；至少每个评价要素中有两项优选项得分。优选项各要素得分 $\geqslant 2$，总分 $\geqslant 10$。

五、人员安全与健康管理

制定施工防尘、防毒、防辐射等职业危害的措施，保障施工人员的长期职业健康。合理布置施工场地，保护生活及办公区不受施工活动的有害影响。施工现场建立卫生急救、保健防疫制度，在安全事故和疾病疫情出现时提供及时救助。提供卫生、健康的工作与生活环境，加强对施工人员的住宿、膳食、饮用水等生活与环境卫生等管理，明显改善施工人员的生活条件。

【例 9-2】 ××小区 19 号楼绿色施工评价。

（1）要素评价：见表 9-5～表 9-9。

工程名称	××小区 19 号楼		编　号		
			填表日期	2012 年 10 月 12 日	
施工单位	××建设集团公司		施工阶段	基础	
评价指标	A		施工部位	素土挤密桩	

<table>
<tr><td rowspan="5">控
制
项</td><td>标准编号</td><td colspan="2">标 准 要 求</td><td colspan="2">评价结论</td></tr>
<tr><td>5.1.1</td><td colspan="2">现场施工标牌应包括环境保护内容</td><td colspan="2">符合要求</td></tr>
<tr><td>5.1.2</td><td colspan="2">施工现场应在醒目位置设环境保护标识</td><td colspan="2">符合要求</td></tr>
<tr><td>5.1.3</td><td colspan="2">施工现场应对文物古迹、古树名木采取有效保护措施</td><td colspan="2">符合要求</td></tr>
<tr><td>5.1.4</td><td colspan="2">现场食堂有卫生许可证，有熟食留样，炊事员持有效健康证明</td><td colspan="2">符合要求</td></tr>
<tr><td rowspan="28">一
般
项</td><td>标准编号</td><td>标 准 要 求</td><td>计分标准</td><td>应得分</td><td>实得分</td></tr>
<tr><td rowspan="3">5.2.1
资源保护</td><td>1. 应保护场地四周原有地下水形态，减少抽取地下水</td><td rowspan="20">1. 措施到位，满足考评指标要求，得2分。

2. 措施基本到位，部分满足考评指标，得1分。

3. 措施不到位，不满足考评指标要求，得0分</td><td>2</td><td>2</td></tr>
<tr><td>2. 危险品、化学品存放处及污水排放采取隔离措施</td><td>2</td><td>2</td></tr>
<tr><td>1. 施工作业区和生活办公区分开布置，生活设施远离有毒有害物质</td><td>2</td><td>2</td></tr>
<tr><td rowspan="8">5.2.2
人员健康</td><td>2. 生活区应有专人负责，有消暑或保暖措施</td><td>2</td><td>2</td></tr>
<tr><td>3. 现场工人劳动强度和工作时间符合现行国家标准《体力劳动强度分级》GB 3869 相关规定</td><td>2</td><td>2</td></tr>
<tr><td>4. 从事有毒、有害、有刺激性气味和强光、强噪声施工的人员佩戴护目镜、面罩等防护器具</td><td>2</td><td>2</td></tr>
<tr><td>5. 深井、密闭环境、防水和室内装修施工有自然通风或临时通风设施</td><td>2</td><td>1</td></tr>
<tr><td>6. 现场危险设备、地段、有毒物品存放地配置醒目安全标志，施工采取有效防毒、防污、防尘、防潮、通风等措施，加强人员健康管理</td><td>2</td><td>2</td></tr>
<tr><td>7. 厕所、卫生设施、排水沟及阴暗潮湿地带，定期喷洒药水消毒和除四害措施</td><td>2</td><td>2</td></tr>
<tr><td>8. 食堂各类器具清洁，个人卫生、操作行为规范</td><td>2</td><td>2</td></tr>
<tr><td rowspan="9">5.2.3
扬尘控制</td><td>1. 现场建立洒水清扫制度，配备洒水设备，并有专人负责</td><td>2</td><td>2</td></tr>
<tr><td>2. 对裸露地面、集中堆放的土方采取抑尘措施</td><td>2</td><td>2</td></tr>
<tr><td>3. 运送土方、渣土等易产生扬尘的车辆采取封闭或遮盖措施</td><td>2</td><td>2</td></tr>
<tr><td>4. 现场进出口设冲洗池和吸湿垫，进出现场车辆保持清洁</td><td>2</td><td>0</td></tr>
<tr><td>5. 易飞扬和细颗粒建筑材料封闭存放，余料及时回收</td><td>2</td><td>2</td></tr>
<tr><td>6. 易产生扬尘的施工作业采取遮挡、抑尘等措施</td><td>2</td><td>2</td></tr>
<tr><td>7. 拆除爆破作业有降尘措施</td><td>2</td><td>1</td></tr>
<tr><td>8. 高空垃圾清运采用管道或垂直运输机械完成</td><td>2</td><td>1</td></tr>
<tr><td>9. 现场使用散装水泥、预拌砂浆应有密闭防尘措施</td><td>2</td><td>2</td></tr>
</table>

工程名称		××小区 19 号楼		编　号				
				填表日期	2012 年 10 月 12 日			
标准编号		标 准 要 求		计分标准			应得分	实得分
一般项	5.2.4 废气排放控制	1. 进出场车辆及机械设备废气排放符合国家年检要求					2	2
		2. 不使用煤作为现场生活的燃料					2	2
		3. 电焊烟气的排放符合现行国家标准《煤炭工业污染物排放标准》GB 20426 的规定					2	2
		4. 不应在现场燃烧废弃物					2	2
	5.2.5 建筑垃圾处理	1. 建筑垃圾应分类堆放		1. 措施到位，满足考评指标要求，得 2 分。 2. 措施基本到位，部分满足考评指标，得 1 分。 3. 措施不到位，不满足考评指标要求，得 0 分			2	2
		2. 废电池、废墨盒等有毒有害的废弃物封闭回收，不应混放					2	2
		3. 有毒有害废物分类率达到 100%					2	2
		4. 垃圾桶可与不可回收利用两类，定位摆放，应定期清运					2	2
		5. 建筑垃圾回收利用率应达到 30%					2	2
		6. 碎石和土石方类等废弃物用作地基和路基填埋材料					2	2
	5.2.6 污水排放	1. 现场道路和材料堆放场周边设排水沟					2	2
		2. 工程污水和试验室养护用水经处理后排入市政污水管道					2	0
		3. 现场厕所应设置化粪池，化粪池应定期清理					2	2
		4. 工地厨房应设隔油池，定期清理					2	2
		5. 雨水、污水应分流排放					2	2
	5.2.7 光污染	1. 夜间焊接作业时，应采取挡光措施					2	1
		2. 工地设置大型照明灯具时，有防止强光线外泄的措施					2	1
	5.2.8 噪声控制	1. 应采用先进机械、低噪声设备进行施工，机械设备应定期保养维护					2	2
		2. 产生噪声的机械设备，应尽量远离施工现场办公区、生活区和周边住宅区					2	2
		3. 混凝土输送泵、电锯房等应有吸声降噪屏或其他降噪措施					2	1
		4. 夜间施工噪声声强值符合国家有关规定					2	2
		5. 吊装作业指挥应使用对讲机传达指令					2	2
	5.2.9	施工现场应设置连续、密闭，能有效隔绝各类污染的围挡					2	2
	5.2.10	施工中，开挖土方应合理回填利用					2	2

工程名称	××小区19号楼		编　号		
			填表日期	2012年10月12日	

	标准编号	标　准　要　求	计分标准	应得分	实得分
优选项	5.3.1	施工作业面应设置隔声设施	按计分标准，直接计实得分为加分。 1. 措施到位，满足考评指标要求，得1分。 2. 措施基本到位，部分满足考评指标，得0.5分。 3. 措施不到位，不满足考评指标要求，得0分		1
	5.3.2	现场应设置可移动环保厕所，并定期清运、消毒			1
	5.3.3	现场设噪声监测点，实施动态监测			0
	5.3.4	现场有医务室，人员健康应急预案完善			1
	5.3.5	施工应采取基坑封闭降水措施			1
	5.3.6	现场应采用喷雾设备降尘			0
	5.3.7	建筑垃圾回收利用率应达到50%			1
	5.3.8	工程污水应采取去泥砂、除油污、分解有机物、沉淀过滤、酸碱中和等处理方式，实现达标排放			0.5
评价结果	控制项：符合要求。 一般项：应得分合计 86 分； 　　　　实得分合计76 分； 一般项得分＝（应得分合计/实得分合计）×100＝113 分 优选项：加分合计5.5 分 总得分＝一般项得分＋优选项加分合计＝118.5 分 评价人：×××				
签字栏	建设单位		监理单位	施工单位	

材料与材料资源利用要素评价表　　　　　　　　　　　　表 9-6

工程名称	××小区19号楼		编　号		
			填表日期	2012年10月12日	
施工单位	××建设集团公司		施工阶段	基础	
评价指标	A		施工部位	素土挤密桩	

	标准编号	标　准　要　求	评价结论		
控制项	6.1.1	应根据就地取材的原则进行材料选择并有实施记录	符合要求		
	6.1.2	应有健全的机械保养、限额领料、建筑垃圾再生利用等制度	符合要求		

	标准编号		标　准　要　求	计分标准	应得分	实得分
一般项	6.2.1 材料的选择		1. 施工应选用绿色、环保材料	1. 措施到位，满足考评指标要求，得2分。	2	2
			2. 临建设施应采用可拆迁、可回收材料		2	2
			3. 应利用粉煤灰、矿渣、外加剂等新材料，降低混凝土及砂浆中的水泥用量；掺量应按供货方推荐掺量、使用要求、施工条件、原材料等因素通过试验确定		2	2

工程名称	××小区 19 号楼		编　　号				
			填表日期	2012 年 10 月 12 日			

	标准编号	标 准 要 求	计分标准	应得分	实得分
一般项	6.2.2 材料节约	1. 应采用管件合一的脚手架和支撑体系	2. 措施基本到位，部分满足考评指标，得 1 分。 3. 措施不到位，不满足考评指标要求，得 0 分	2	2
		2. 应采用工具式模板和新型模板材料，如铝合金、塑料、玻璃钢和其他可再生材质的大模板和钢框镶边模板		2	1
		3. 材料运输方法科学，应降低运输损耗率		2	2
		4. 应优化线材下料方案		2	1
		5. 面材、块材镶贴，应做到预先总体排版		2	2
		6. 应因地制宜，采用利于降低材料消耗的四新技术		2	2
		7. 应提高模板、脚手架体系的周转率		2	2
	6.2.3 资源再生利用	1. 建筑余料应合理使用		2	2
		2. 板材、块材等下脚料和散落混凝土及砂浆应科学利用		2	2
		3. 临建设施应充分利用既有建筑物、市政设施和周边道路		2	2
		4. 现场办公用纸应分类摆放，纸张应两面使用，废纸应回收		2	2
优选项	6.3.1	应编制材料计划，应合理使用材料	按计分标准，直接计实得分为加分。 1. 措施到位，满足考评指标要求，得 1 分。 2. 措施基本到位，部分满足考评指标，得 0.5 分。 3. 措施不到位，不满足考评指标要求，得 0 分		1
	6.3.2	应采用建筑配件整体化或建筑构件装配化安装的施工方法			1
	6.3.3	主体结构施工应选择自动提升、顶升模架或工作平台			1
	6.3.4	建筑材料包装物回收率 100%			0.5
	6.3.5	现场应使用预拌砂浆			0.5
	6.3.6	水平承重模板应采用早拆支撑体系			1
	6.3.7	现场临建设施、安全防护设施应定型化、工具化、标准化			1

评价结果	控制项： 一般项：应得分合计 28 分；实得分合计 26 分 一般项得分＝（应得分合计/实得分合计）×100＝108 分 优选项：加分合计 6 分 总得分＝一般项得分＋优选项加分合计＝114 分 评价人：×××

签字栏	建设单位	监理单位	施工单位

节水与水资源利用要素评价表

表 9-7

工程名称	××小区 19 号楼			编　号			
				填表日期	2012 年 10 月 12 日		
施工单位	××建设集团公司			施工阶段	基础		
评价指标	A			施工部位	素土挤密桩		

控制项	标准编号	标 准 要 求			评价结论		
	7.1.1	签订标段分包或劳务合同时，应将节水指标纳入合同条款			符合要求		
	7.1.2	应有计量考核记录			符合要求		

	标准编号	标 准 要 求		计分标准	应得分	实得分
一般项	7.2.1 节约用水	1. 应根据工程特点，制定用水定额		1. 措施到位，满足考评指标要求，得 2 分。2. 措施基本到位，部分满足考评指标，得 1 分。3. 措施不到位，不满足考评指标要求，得 0 分	2	2
		2. 施工现场供、排水系统应合理适用			2	2
		3. 施工现场办公区、生活区的生活用水采用节水器具，节水器具配置率应达到 100%			2	1
		4. 施工现场的生活用水与工程用水应分别计量			2	2
		5. 施工中应采用先进的节水施工工艺			2	2
		6. 混凝土养护和砂浆搅拌用水应合理，应有节水措施			2	2
		7. 管网和用水器具不应渗漏			2	2
	7.2.2 水资源的利用	1. 基础基坑降水应储存使用			2	1
		2. 冲洗现场机具、设备、车辆用水，应设立循环用水装置			2	1

优选项	7.3.1	施工现场应建立基坑降水再利用的收集处理系统		按计分标准，直接计实得分为加分。1. 措施到位，满足考评指标要求，得 1 分。2. 措施基本到位，部分满足考评指标，得 0.5 分。3. 措施不到位，不满足考评指标要求，得 0 分	1	
	7.3.2	施工现场应有雨水收集利用的设施			1	
	7.3.3	喷洒路面、绿化浇灌不应使用自来水			1	
	7.3.4	生活、生产污水应处理并使用			0.5	
	7.3.5	现场应使用经检验合格的非传统水源			1	

评价结果	控制项： 一般项：应得分合计 18 分，实得分合计 15 分 一般项得分＝（应得分合计/实得分合计）×100＝120 分 优选项：加分合计 4.5 分 总得分＝一般项得分＋优选项加分合计＝124.5 分 评价人：×××

签字栏	建设单位	监理单位	施工单位

300

工程名称	××小区 19 号楼		编 号	
			填表日期	2012 年 10 月 12 日
施工单位	××××建设集团公司		施工阶段	基础
评价指标	A		施工部位	素土挤密桩

控制项	标准编号	标准要求		评价结论	
	8.1.1	对施工现场的生产、生活、办公和主要耗能施工设备应有节能的控制措施		符合要求	
	8.1.2	对主要耗能施工设备应定期进行耗能计量核算		符合要求	
	8.1.3	国家、行业、地方政府明令淘汰的施工设备、机具和产品不应使用		符合要求	

	标准编号	标准要求	计分标准	应得分	实得分
一般项	8.2.1 临时用电设施	1. 应采取节能型设施		2	2
		2. 临时用电应设置合理，管理制度应齐全并应落实到位		2	2
		3. 现场照明设计应符合国家现行标准《施工现场临时用电安全技术规范》JGJ 46 的规定	1. 措施到位，满足考评指标要求，得 2 分。 2. 措施基本到位，部分满足考评指标，得 1 分。 3. 措施不到位，不满足考评指标要求，得 0 分	2	2
	8.2.2 机械设备	1. 应采用能源利用率高的施工机械设备		2	2
		2. 施工机具资源应共享		2	2
		3. 应定期监控重点耗能设备的能源利用情况，并有记录		2	2
		4. 应建立设备技术档案，并应定期进行设备维护、保养		2	2
	8.2.3 临时设施	1. 施工临时设施应结合日照和风向等自然条件，合理采用自然采光、通风和外窗遮阳设施		2	2
		2. 临时施工用房应使用热工性能达标的复合墙体和屋面板，顶棚宜采用吊顶		2	2
	8.2.4 材料运输与施工	1. 建筑材料的选用应缩短运输距离，减少能源消耗		2	2
		2. 应采用能耗少的施工工艺		2	2
		3. 应合理安排施工工序和施工进度		2	2
		4. 应尽量减少夜间作业和冬期施工的时间		2	2
优选项	8.3.1	根据当地气候和自然资源条件，应合理利用太阳能或其他可再生能源	按计分标准，直接计实得分为加分。 1. 措施到位，满足考评指标要求，得 1 分。 2. 措施基本到位，部分满足考评指标，得 0.5 分。 3. 措施不到位，不满足考评指标要求，得 0 分		0.5
	8.3.2	临时用电设备应采用自动控制装置			1
	8.3.3	使用的施工设备和机具应符合国家、行业有关节能、高效、环保的规定			1
	8.3.4	办公、生活和施工现场，采用节能照明灯具的数量应大于80%			1
	8.3.5	办公、生活和施工现场用电应分别计量			1

评价结果	控制项： 一般项：应得分合计26 分；实得分合计26 分 一般项得分＝（应得分合计／实得分合计）×100＝100 分 优选项：加分合计4.5 分 总得分＝一般项得分＋优选项加分合计＝104.5 分 评价人：×××

签字栏	建设单位	监理单位	施工单位

节地与土地资源保护要素评价表
表 9-9

工程名称	××小区 19 号楼	编 号			
		填表日期	2012 年 10 月 12 日		
施工单位	××建设集团公司	施工阶段	基础		
评价指标	A	施工部位	素土挤密桩		

	标准编号	标 准 要 求		评价结论	
控制项	9.1.1	施工场地布置应合理，并应实施动态管理		符合要求	
	9.1.2	施工临时用地应有审批用地手续		符合要求	
	9.1.3	施工单位应充分了解施工现场及毗邻区域内人文景观保护要求、工程地质情况及基础设施管线分布情况，制定相应保护措施，并应报请相关方核准		符合要求	

	标准编号	标 准 要 求	计分标准	应得分	实得分
一般项	9.2.1 节约用地	1. 施工总平面布置应紧凑，并应尽量减少占地	1. 措施到位，满足考评指标要求，得2分。 2. 措施基本到位，部分满足考评指标，得1分。 3. 措施不到位，不满足考评指标要求，得0分	2	2
		2. 应在经批准的临时用地范围内组织施工		2	2
		3. 应根据现场条件，合理设计场内交通道路		2	2
		4. 施工现场临时道路布置应与原有及永久道路兼顾考虑，充分利用拟建道路为施工服务		2	2
		5. 应采用预拌混凝土		2	1
	9.2.2 保护用地	1. 应采取防止水土流失的措施		2	2
		2. 应充分利用山地、荒地作为取、弃土场的用地		2	2
		3. 施工后应恢复植被		2	1
		4. 应对深基坑施工方案进行优化，减少土方开挖和回填量，保护用地		2	2
		5. 在生态脆弱的地区施工完成后，应进行地貌复原		2	2

	标准编号	标 准 要 求	计分标准	实得分	
优选项	9.3.1	临时办公和生活用房应采用结构可靠的多层轻钢活动板房、钢骨架多层水泥活动板房等可重复使用的装配式结构	按计分标准，直接计实得分为加分。 1. 措施到位，满足考评指标要求，得1分。 2. 措施基本到位，部分满足考评指标，得0.5分。 3. 措施不到位，不满足考评指标要求，得0分	1	
	9.3.2	对施工中发现的地下文物资源，应进行有效保护，处理措施恰当		1	
	9.3.3	地下水位控制对相邻地表和建筑物无有害影响		1	
	9.3.4	钢筋加工应配送化，构件制作应工厂化		1	
	9.3.5	施工总平面布置应能充分利用和保护原有建筑物、构筑物、道路和管线等，职工宿舍满足 2.0m²/人的使用面积要求		1	

评价结果	控制项： 一般项：应得分合计20分，实得分合计8分 一般项得分＝（应得分合计/实得分合计）×100＝<u>111</u>分 优选项：加分合计5分 总得分＝一般项得分＋优选项加分合计＝<u>116</u>分 评价人：×××

签字栏	建设单位	监理单位	施工单位

（2）批次评价：见表 9-10。

绿色施工批次评价汇总表   表 9-10

工程名称	×××小区 19 号楼	编　号	
		填表日期	2012 年 10 月 12 日
评价阶段	基　　　础		
评价要素	评价得分	权重系数	实得分
环境保护	118.5	0.3	35.55
节材与材料资源利用	114	0.2	22.8
节水与水资源利用	124.5	0.2	24.9
节能与能源利用	104.5	0.2	20.9
节地与施工用地保护	116	0.1	11.6
合计	577.5	1	115.75
评价结论	1. 控制项：A 2. 评价项得分：577.5 3. 优选项：115.75 结论：A		
签字栏	建设单位	监理单位	施工单位

（3）阶段评价：见表 9-11。

绿色施工阶段评价汇总表   表 9-11

工程名称	×××小区 19 号楼	编　号	
		填表日期	2012 年 10 月 12 日
评价阶段	第一阶段		
评价批次	批次得分	评价批次	批次得分
1		10	
2		11	
3		12	
4		13	
5		14	
6		15	
7		16	
8		17	
9		……	
小计			
签字栏	建设单位	监理单位	施工单位

(4) 单位工程绿色施工评价：见表 9-12。

单位工程绿色施工评价汇总表　　　　　　　　　表 9-12

工程名称	×××小区 19 号楼	编　　号	
		填表日期	2012 年 10 月 12 日
评价阶段	阶段得分	权重系数	实得分
地基与基础		0.3	
结构工程		0.5	
装饰装修与机电安装		0.2	
合计		1	
评价结论			
签字盖章栏	建设单位	监理单位	施工单位

第三节　环　境　保　护[❶]

　　从 20 世纪 90 年代开始，我国土木工程业进入了快速发展的通道，土木工程业的快速发展，不仅改善了城市面貌，而且为我国的国民经济发展做出了巨大贡献。然而，在土木工程业快速发展的同时，土木工程业的粗放式发展模式给环境带来的许多负面影响也越来越显现，近年来，全国多地雾霾肆虐，给国人带来许多思考，我们不得不承认，雾霾与建筑扬尘不无关系。所以推动土木工程施工企业实施绿色施工，实施环境保护，可以促进建筑业可持续健康发展。

　　我国尚处于经济快速发展阶段，年建筑量世界排名第一，建筑规模已经占到世界的 45%。建筑业每年消耗大量能源资源。如我国已连续 19 年蝉联世界第一水泥生产大国，因水泥生产排放的二氧化碳高达 5.5 亿 t，而美国仅为 0.5 亿 t。年混凝土搅拌与养护用自来水 10 亿 t，而国家每年缺水 60 亿 t。

　　据北京、上海两地统计，施工 1 万 m^2 的建筑垃圾达 $500 \sim 600t$，可以看出施工环节中资源浪费的严重程度。而且大气环境污染源的主要之一是大气中的悬浮颗粒，粒径小于 $10\mu m$ 的颗粒可以被人类吸入肺部，对健康十分有害。悬浮颗粒包括了道路尘、土壤尘、建筑材料尘等的贡献。《绿色施工导则》对土方作业阶段、结构安装装饰阶段作业区目测扬尘高度明确提出了量化指标；对噪声与振动控制、光污染控制、水污染控制、土壤保

---

❶ 《建筑工程绿色施工评价标准》GB/T 50640—2010 规定：

5　环境保护评价指标

5.1　控制项

5.1.1　现场施工标牌应包括环境保护内容。

5.1.2　施工现场应在醒目位置设环境保护标识。

5.1.3　施工现场的文物古迹和古树名木应采取有效保护措施。

5.1.4　现场食堂应有卫生许可证，炊事员应持有效健康证明。

护、建筑垃圾控制、地下设施、文物和资源保护等也提出了定性或定量要求。

一、土木工程施工各阶段环境污染源的具体特征

根据有关资料报道，通常土木工程施工过程中，单位面积能源消耗量近 $96.3MJ/m^2$，二氧化碳排放量为 $6.79kg/m^2$，大量的扬尘占污染城市固体颗粒物 TSP、PM10 总量的 20% 左右，施工噪声占污染城市噪声的 8% 左右。所以建设项目绿色施工工艺是建设项目生命全周期环境影响分析中的主要环节，虽然它所占用的生命周期时间不长，但是却会引起周围环境的永久破坏，严重干扰人居环境，有的建设项目由于施工污染而成为周围环境的永久污染源。

例如施工现场"荒漠化"、施工中大分贝的混凝土振捣噪声、磨损施工机械运转噪声、施工中的强短波光污染、施工污水的排放、施工废气的排放、搅拌混凝土时的物料扬尘、建筑材料物流运输扬尘、模板支设时大量木材消耗、施工过程中大量饮用水的消耗、海砂混凝土使用、建筑材料中有害重金属的滞留、施工中有机物污染、难以降解的建筑垃圾污染等，这些都是土木工程施工中存在的环境污染源问题。土木工程施工各阶段污染源的具体特征见表 9-13。

土木工程施工阶段污染源特征   表 9-13

施工阶段	施工内容	土木工程施工期污染源
基础工程	场地平整、土方开挖	扬尘、建筑垃圾
	降水	形成下沉漏斗，产生地质灾害
	地基处理与泥浆护壁	地基处理掺和料对土壤及地下水的污染、扬尘
	预制桩基础施工	噪声污染
主体工程	模板施工	噪声污染
	钢筋施工	噪声污染
	混凝土浇筑	泵送、振捣混凝土产生的噪声
	砌筑	搅拌砂浆时的砂浆水不达标排放，产生碎砖和废砂等固体废弃物
装饰工程	装饰抹灰	扬尘、产生碎砖和废砂等固体废弃物，装饰天然石材的放射性污染、有机物污染
	涂料喷刷、油漆施工	挥发的有害气体、有机物污染，如甲醛等
屋面工程	防水施工	挥发的有害气体、有机物污染
	保温层施工	扬尘、有机物污染
设备安装	设备安装	主要污染物是施工机械产生的噪声、尾气及建筑垃圾等
	管道保温	石棉尘污染

二、土木工程施工期环境污染源分析

（一）对场地环境的破坏

场地平整、土方开挖、施工降水、永久及临时设施建造、原材料及场地废弃物的随意堆弃等均会对场地现存的生态资源、地形地貌、地下水位等造成影响，还会对场地内现存的文物、地方特色资源等带来破坏，甚至导致水土流失、河道淤塞等。施工过程中的机械碾压、施工人员践踏等还会带来植被破坏等。

所以在建设过程中应尽可能维持原有场地的地形地貌，避免对原有生态环境与景观的破坏。场地内有价值的树木、水塘、水系不但具有较高的生态价值，而且是传承场地所在区域历史文脉的重要载体，也是该区域重要的景观标志。因此，当建设开发确需改造场地内的地形、地貌、水系、植被等环境状况时，在工程结束后，建设方应采取相应的场地环境恢复措施，减少对原有场地环境改变，避免因土地过度开发而造成环境破坏。为减少施工过程对土壤环境的破坏，应根据建设项目的特征和施工场地土壤环境条件，识别各种污染和破坏因素，提出避免、消除、减轻土壤侵蚀和污染的对策与措施。

(二）建筑施工扬尘污染❶

扬尘源包括拆迁、土方施工的扬尘、现场搅拌站、裸露场地、细颗粒散体材料的堆场、建筑垃圾的堆场、运输形成的扬尘、泥浆失水后形成的灰尘等。这些扬尘和灰尘在大风和干燥的大气中都会对周围大气环境造成极不利的影响。所以施工单位提交的施工组织设计文件中，必须提出行之有效的控制扬尘的技术路线和方案，减少施工活动对大气环境的污染。

在土木工程基础施工阶段，施工工地由于渣土运输、卸载时扬起的大量灰尘气旋，夹杂着各种机械排出的尾气，混合成浑浊的潜在雾霾源。在中国气象局召开的雾霾天气成因分析与预报技术研讨会上，专家对北京 PM2.5 源进行解析，结果显示，PM2.5 主要归因于扬尘，扬尘约占 PM2.5 质量的 36.5%。解析显示，扬尘是推升 PM2.5 的原因之一。严重的扬尘与土木工程施工不无关系，中国每年新建的房屋面积占到世界总量的 50%，产生的建筑垃圾占城市垃圾总量的 30~40%，其中，施工工地裸露的尘源、建筑垃圾及其运输是扬尘产生的重要原因。

不仅土木工程施工现场产生扬尘造成环境污染，其涉及的钢材、水泥、墙砖、涂料、金属等产品生产过程也同样存在大量的环境污染。据有关资料报道，中国土木工程建材在生产、建造、使用过程中，能耗占全社会能耗的 49.5%，其中，住宅建设平均每平方米用钢量 55kg，比发达国家高出 10%~15%；每立方米混凝土水泥用量比发达国家多耗 80kg。2012 年我国粗钢生产量为 7.17 亿 t，水泥生产量为 21.84 亿 t，这些材料在生产及

---

❶ 《建设工程施工现场环境与卫生标准》JGJ 146—2013 规定：

4.2　大气污染防治

4.2.1　施工现场的主要道路要进行硬化处理。裸露的场地和堆放的土方应采取覆盖、固化或绿化等措施。

4.2.2　施工现场土方作业应采取防止扬尘措施，主要道路应定期清扫、洒水。

4.2.3　拆除建筑物或者构筑物时，应采用隔离、洒水等降噪、降尘措施，并及时清理废弃物。

4.2.4　土方和建筑垃圾的运输必须采用封闭式运输车辆或采取覆盖措施。施工现场出口处应设置车辆冲洗设施，并应对驶出的车辆进行清洗。

4.2.5　建筑物内垃圾应采用容器或搭设专用封闭式垃圾道的方式清运，严禁凌空抛掷。

4.2.6　施工现场严禁焚烧各类废弃物。

4.2.7　在规定区域内的施工现场应使用预拌制混凝土及预拌砂浆。采用现场搅拌混凝土或砂浆的场所应采取封闭、降尘、降噪措施。水泥和其他易飞扬的细颗粒建筑材料应密闭存放或采取覆盖等措施。

4.2.8　当市政道路施工进行铣刨、切割等作业时，应采取有效的防扬尘措施。灰土和无机料应采用预拌进场，碾压过程中应洒水降尘。

4.2.9　城镇、旅游景点、重点文物保护区及人口密集区的施工现场应使用清洁能源。

4.2.10　施工现场的机械设备、车辆的尾气排放应符合国家环保排放标准。

4.2.11　当环境空气质量指数达到中度及以上的污染时，施工现场应增加洒水频次，加强覆盖措施，减少易造成大气污染的施工作业。

物流环节中，产生的 PM2.5 难以估量。同时，大量"毛坯房"需要的二次装修，也会产生大量建筑垃圾。

土木工程施工过程中，扬尘主要集中在地基基础、装饰施工阶段，扬尘污染量主要取决于施工作业方式、材料堆放及风力等因素，项目施工期起尘环节虽然较多，但根据同类项目类比资料及相关调查结果显示，施工期主要起尘环节为物料堆场、装卸过程及物料运输这三个环节。土木工程施工扬尘分为静态起尘和动态起尘两种。

1. 静态尘

土木工程施工静态起尘包括建筑材料、建筑垃圾经风蚀形成施工场地的风蚀尘。静态起尘主要与堆放材料粒径及其表面含水率、地面粗糙程度和地面风速等关系密切。施工现场的静态起尘污染一般来源于以下几个方面：

（1）土木工程施工前期，对施工现场及周边实施的乱砍乱伐，造成了严重的植被破坏，导致了建设项目周边的生态环境的恶化，施工过程中没有及时恢复周边植被，裸露的土壤就成为主要的扬尘源，因土壤的失水与风力的共同作用而产生的扬尘；

（2）土方裸露堆放、建筑材料（如砂子、白灰等）露天开放式堆场形成的扬尘源，因风力作用而产生的扬尘；

（3）施工垃圾在其堆放过程和处理过程中产生的扬尘。

2. 动态尘

土木工程施工动态起尘主要包括建筑材料装卸过程起尘及车辆往来运输造成的地面扬尘，动态起尘与材料粒径、路面清洁程度、环境风速、行驶速度等密切相关，其中受风力因素的影响最大，根据有关试验结果，风速 4m/s 时装卸相对起尘约为 0.4‰～0.05‰。施工现场动态起尘污染一般来源于以下几个方面：

（1）土方挖掘、清运、回填及场地平整过程产生的扬尘；

（2）建筑材料（如水泥、白灰、砂子等）在其装卸、运输、堆放等过程中，因动态作用而产生的扬尘污染。

（三）噪声污染❶

建设期噪声主要来自施工机械噪声、运输车辆噪声、施工作业噪声。

1. 施工机械噪声

施工机械噪声包括：土石方施工阶段有挖掘机、装载机、推土机、运输车辆等；打桩阶段有打桩机、振捣棒、混凝土罐车等；结构施工阶段有混凝土搅拌机、混凝土泵、混凝土罐车、振捣棒、外用电梯等；装修及机电设备安装阶段有搭拆脚手架、石材切割、外用电梯、木模板加工及修理等，他们多为点声源。

2. 施工作业噪声

主要指一些零星的敲打声、装卸建材的撞击声、施工人员的吆喝声、安拆模板撞击声、搭拆钢管脚手架撞击声、钢筋绑扎撞击声等，多为瞬间噪声。

在这些施工噪声中，对环境影响最大的是施工机械噪声，这些噪声必定会对周围环境造成干扰。所以施工现场应制定降噪措施，使噪声排放达到或优于《建筑施工场界环境噪声排放标准》GB 12523—2011 的要求。

（四）废水污染源❶

施工期废水主要有现场施工人员的生活污水、开挖基坑时降地下水位产生的水和冲洗施工机械的废水等。

1. 生活污水

施工期的生活污水主要来自施工人员日常生活用水，主要为食堂污水、粪便污水、洗浴污水。

2. 土木工程施工废水

项目在施工期的基础阶段，进行基坑降水时会产生一定量的泥浆水，据调查，泥浆水中 SS 浓度约 1000～3000mg/L，如果没有经过沉淀池进行沉淀澄清处理后回用，而是肆意排放会造成周边河道的堵塞。

例如：采用泥浆护壁的湿作业桩基及地下连续墙施工，产生大量的泥浆，这些泥浆会污染马路，堵塞城市排水管道，失水后变成扬尘形成二次污染。因此，必须严格执行国家标准《皂素工业水污染物排放标准》GB 20425—2006、《煤炭工业污染物排放标准》GB 20426—2006 的要求。

（五）有毒有害气体对空气的污染

从材料、产品、施工设备或施工过程中散发出来的挥发性有机化合物或微粒均会引起室内外空气质量问题。这些挥发性有机化合物及微粒会对现场工作人员、使用者以及公众的健康构成潜在的威胁和损害。这些威胁和损害有些是长期的，甚至是致命的。而且在建造过程中，这些大气污染物也可能在施工结束后继续留在建筑物内，甚至可能渗入到邻近的建筑物。

（六）光污染

施工场地电焊操作以及夜间作业所使用的强照明灯光等所产生的眩光，是施工过程光污染的主要来源。施工单位应选择适当的照明方式和技术，尽量减少夜间对非照明区、周边区域环境的光污染。

---

❶ 《建筑施工现场环境与卫生标准》JGJ 146—2004 规定：

3.2.1 施工现场应设置排水沟及沉淀池，施工污水经沉淀后方可排入市政污水管网或河流。

3.2.2 施工现场存放的油料和化学溶剂等易燃物品应设有专门的库房，地面应做防渗漏处理。废弃的油料和化学溶剂应集中处理，不得随意倾倒。

3.2.3 食堂应设置隔油池，并应及时清理。

3.2.4 厕所的化粪池应做抗渗处理。

3.2.5 食堂、盥洗室、淋浴间的下水管线应设置过滤网，并应与市政污水管线连接，保证排水通畅。

《建筑工程绿色施工评价标准》GB/T 50640—2010 规定：

5.2.1 资源保护

1. 应保护场地四周原有地下水形态，减少抽取地下水；2. 危险品、化学品存放处及污物排放应采取隔离措施。

（七）建筑垃圾污染

施工期的固体废弃物主要为各种建筑垃圾。在建设过程中产生的建筑垃圾主要有土方、建材损耗垃圾等，这些建筑垃圾包括砂土、石块、水泥、碎木料、木锯屑、废金属等杂物，表现特征为量大、产生时间短，影响范围为附近周围环境，尤其大量未处理的垃圾露天堆放或简易填埋，占用了大量宝贵土地并污染环境。

三、土木工程施工期环境保护及防治措施

施工过程中具体要依靠施工现场管理技术和施工新技术才能达到保护施工环境的目标。

（一）管理措施

（1）施工单位应制定场地使用计划，计划中应明确：场地内哪些区域将被保护、哪些植物将被保护；在场地平整、土方开挖、施工降水、永久及临时设施建造等过程中，怎样减少对工地及其周边的生态资源、地形地貌、地下水位，以及现存文物、地方特色资源等带来的破坏；怎样减少临时设施、施工用地，如何合理安排分包商及各工种对施工场地的使用；如何处理和消除废弃物，如有废物回填或掩埋，应分析其对场地生态和环境的影响；场地与公众隔离的措施和办法等。

（2）对施工现场路面进行硬化处理和进行必要的绿化，并定期洒水、清扫，车辆不带泥土进出现场，可在大门口处设置碎石路和洗车沟；对水泥、白灰、珍珠岩等细颗粉状材料要设封闭存放库，在运输时注意遮盖以防止遗洒；对搅拌站进行封闭处理并设置除尘隔声设施，见图9-6。

图9-6　绿色施工现场布置照片节选

（3）经沉淀的现场施工污水和经沉淀隔油池处理后的食堂污水可用于降尘、冲刷汽车轮胎，提高水资源利用率。

（4）应对建筑垃圾的产生、排放、收集、运输、利用、处置的全过程进行统筹规划，如现场垃圾及渣土要分类存放，加强回收利用。具体应做到：尽可能防止和减少建筑垃圾的产生；对生产的垃圾尽可能通过回收和资源化利用；对垃圾的流向进行有效控制，严禁垃圾无序倾倒和抛扔；尽可能采用成熟技术，防止二次污染，以实现建筑垃圾的减量化、资源化和无害化目标。

（5）现场油漆、油料氧气瓶、乙炔瓶、液化气瓶、外加剂、化学药品等危险、有毒有害物品要单独设库存放。将有毒的工作与通风措施相结合，制定有关室内外空气品质的施工管理计划。

（6）工地临厕采用水冲式临厕，化粪池应采取防渗措施。

（7）采用现代化的隔离防护设备（如对噪声大的车辆及设备可安装消声器消声；对噪声大的作业面，如模板加工棚可设置隔声屏、隔声间）；采用低噪声、低振动的建筑机械；合理安排施工时间等。对施工机械、车辆的定期保养和维修也是降低噪声的途径之一。

（8）承包商在选择施工方法、施工机械、安排施工顺序、布置施工场地时应结合气候特征，安排好全场性排水、防洪，以减少对现场环境的影响；结合气候特点做好劳动保护、安全、防火的工作；对容易产生有害气体的加工场（如沥青熬制）及易燃的场所（如木工棚）应布置在下风向；起重设施的布置应考虑风、雷电的影响；在冬雨季、风季、炎热夏季施工作业时，应针对工程特点组织施工，尤其对混凝土程、土方工程、深基础工程、水下工程和高空作业，选择适合季节特点的施工方法或措施至关重要。

（二）施工新技术的措施

施工新技术的推广应用不仅能够产生较好的经济效益，而且能够减少施工对环境的污染，创造较好的社会效益和环保效益。例如：

（1）高层深基坑逆作法，在地下一层的顶板结构浇筑完成后，其下部的施工可以在地下完成，可以减少开敞式深基坑施工带来的噪声、粉尘等环境影响，并且节省支护费用。

（2）在桩基础工程中改锤击法施工为静压法施工，推行混凝土灌注桩低噪声施工方法。

（3）采用高性能混凝土技术，可以减少混凝土浇筑量，推广自流自密实混凝土，减少振捣时产生的噪声。

（4）选用大模板、滑模等新型模板，可以避免组合钢模板安装、拆除过程中产生的噪声。最近几年许多应用大模板的工程，在拆模后其光滑的表面直接刮腻子，可以减少抹灰这一道工序，既可以缩短工期，提高经济效益，又可以节约原材料，减少对资源的消耗。

（5）采用钢筋的机械连接技术，避免焊接产生的光污染。

（6）采用新型防水卷材施工技术，采用冷施工工艺和机械固定工艺，消除旧防水卷材施工工艺熬制沥青过程中产生的有毒气体。

（7）采用新型建筑材料，如塑料金属复合管，抗腐蚀能力强，同时又防止了水质二次污染。

（8）采用新型墙体安装技术，改变传统的砖墙围护结构现场组砌的施工方法，不仅淘汰了黏土砖，而且可以减少施工用水以及搅拌机、吊车等机械的工作量。

（9）采用透水、排水路面施工技术，不仅减少行车噪声，同时提高雨天行车安全，而且能将雨水导入地下，调节土壤湿度，利于植物生长。

（三）施工现场大气污染防治

1. 施工现场大气污染防治措施

（1）施工现场垃圾要及时清理。高层建筑物和多层建筑物清理施工垃圾时，应搭设封闭式专用垃圾道，采用容器吊运或将永久性垃圾道随结构安装好以供施工使用，严禁凌空随意抛散；

（2）施工现场道路采用焦渣、级配砂石、粉煤灰级配砂石、沥青混凝土或水泥混凝土等，有条件的可以利用永久性道路并指定专人定期洒水清扫，防止道路扬尘；

（3）袋装水泥、白灰、粉煤灰等易飞扬的细颗散体材料应在库内存放。室外临时露天存放时必须下垫上盖，防止扬尘；

（4）除设有符合规定的装置外，禁止在施工现场焚烧油毡、橡胶、皮革、树叶等，以及其他会产生有毒、有害烟尘的物质；

（5）施工现场的混凝土搅拌站是防止大气污染的重点。有条件的应修建集中搅拌站，利用计算机控制进料、搅拌和输送全过程，在进料仓上方安装除尘器。采用普通搅拌站时，应将搅拌站封闭严密，尽量不使粉尘外扬，并利用水雾除尘。

2. 绿色施工导则规定

（1）运送土方、垃圾、设备及建筑材料等，不污损场外道路。运输容易散落、飞扬、流漏的物料的车辆，必须采取措施封闭严密，保证车辆清洁。施工现场出口应设置洗车槽。

（2）土方作业阶段，采取洒水、覆盖等措施，达到作业区目测扬尘高度小于 1.5m，不扩散到场区外。

（3）结构施工、安装装饰装修阶段，作业区目测扬尘高度小于 0.5m。对易产生扬尘的堆放材料应采取覆盖措施；对粉末状材料应封闭存放；场区内可能引起扬尘的材料及建筑垃圾搬运应有降尘措施，如覆盖、洒水等；浇筑混凝土前清理灰尘和垃圾时尽量使用吸尘器，避免使用吹风器等易产生扬尘的设备；机械剔凿作业时可用局部遮挡、掩盖、水淋等防护措施；高层或多层建筑清理垃圾应搭设封闭性临时专用道或采用容器吊运。

（4）施工现场非作业区达到目测无扬尘的要求。对现场易飞扬物质采取有效措施，如洒水、地面硬化、围挡、密网覆盖、封闭等，防止扬尘产生。

（5）构筑物机械拆除前，做好扬尘控制计划。可采取清理积尘、洒水压尘、设置隔挡等措施。

（6）构筑物爆破拆除前，做好扬尘控制计划。可采用清理积尘、淋湿地面、预湿墙体、屋面敷水袋、楼面蓄水、建筑外设高压喷雾系统、搭设防尘排棚和直升机投水弹等综合降尘。选择风力小的天气进行爆破作业。

（7）在场界四周隔挡高度位置测得的大气总悬浮颗粒物（TSP）月平均浓度与城市背景值的差值不大于 $0.08mg/m^3$。

3. 扬尘污染防治的工艺措施

（1）通过施工现场绿化与项目绿化规划统筹设计，治理静态起尘

在土木工程施工前，施工现场裸露地皮先行绿化，施工场地周边种植的花草树木与项目的永久绿化统一规划设计，施工期间的绿化苗木，在竣工后与项目绿化规划无缝对接，施工绿化与永久绿化综合利用；绿化的目的就是减少扬尘，美化环境；统一规划设计就是

绿化资源综合利用，减少浪费。

无条件统筹规划的施工现场要对场地进行封闭及绿化：现场内的施工作业场地采用C20 的混凝土硬化，车道范围 200mm 厚。不利用的空地做成花池，种花美化。

图 9-7　覆盖施工现场裸露地皮

对施工现场易飞扬的散装料进行覆盖和围挡，对砂、石等堆场地面进行硬化，堆场表面及时覆盖，堆场周边采取洒水压尘等措施防止产生扬尘；施工现场非作业区达到目测无扬尘的要求。见图 9-7。

（2）其他治理静态起尘具体措施

1）封闭式垃圾站防尘措施：在现场设置一个封闭式垃圾站。施工垃圾按无毒无害可回收、无毒无害不可回收、有毒有害可回收、有毒有害不可回收分类分拣、存放，并选择有垃圾消纳资质的承包商外运至规定的垃圾处理场。

2）切割、钻孔的防尘措施：齿锯切割木材时，在锯机的下方设置遮挡锯末挡板，使锯末在内部沉实后回收。钻孔用水钻进行，在下方设置疏水槽，将浆水引至容器内沉淀后处理。

3）钢筋接头：大直径钢筋采用直螺纹机械连接，减少焊接产生废气对大气的污染。大口径管道采用沟槽连接技术，避免焊接释放的废气对环境的污染。

4）洒水防尘：常温施工期间，每天派专人洒水，将沉淀池内的水抽至洒水车内，边走边撒。

5）利用吸尘器清理：结构施工期间，对模板内的木削、废渣的清理采用大型吸尘器吸尘，防止灰尘的扩散，并避免影响混凝土成型质量。

6）现场周边围墙：现场周边按着用地红线砌围墙，高度 2.2m，既挡噪声又挡粉尘。

（3）施工现场运输道路治理，预防动态起尘

通过对施工道路进行硬化，定时对工地道路和周边道路进行及时的清理和冲洗，减少扬尘；施工工地出入口配备洗轮池，在现场出入口对施工现场的物流车辆进行清洗净化，在运送土方、垃圾、设备及建筑材料等物质时，不污损场外道路。运输容易散落、飞扬、流漏的物料的车辆，必须采取措施封闭严密，保证车辆清洁。施工现场出口设置洗车槽，及时清洗车辆上的泥土，防止泥土外带。具体措施有：

1）车辆运输防尘：保证运土车、垃圾运输车、混凝土搅拌运输车、大型货物运输车辆运行状况完好，表面清洁。散装货箱带有可开启式翻盖，装料至盖底为止，限制超载。挖土期间，采取洒水、覆盖等措施，达到作业区目测扬尘高度小于 1.5m，不扩散到场区外。在车辆出门前，派专人清洗泥土车轮胎；运输坡道上设置钢筋格栅振落轮胎上的泥土。在完全硬化的混凝土道路上设置淋湿地毡，防止车辆带土和扬尘。

2）结构施工、安装装饰装修阶段，作业区目测扬尘高度小于 0.5m。对易产生扬尘的堆放材料应采取密目网覆盖措施；对粉末状材料应封闭存放；场区内可能引起扬尘的材料及建筑垃圾搬运应有降尘措施，如覆盖、洒水等；浇筑混凝土前清理灰尘和垃圾时利用吸尘器清理，机械剔凿作业时可用局部遮挡、掩盖、水淋等防护措施；多层建筑清理垃圾应

搭设封闭性临时专用道或采用容器吊运。

构筑物机械拆除前，做好扬尘控制计划。可采取清理积尘、拆除体洒水、设置隔挡等措施。

3）废气排量控制

与运输单位签署环保协议，使用满足本地区尾气排放标准的运输车辆，不达标的车辆不允许进入施工现场。项目部自用车辆均为排放达标车辆。

所有机械设备由专业公司负责提供，有专人负责保养、维修、定期检查，确保完好。

（4）改变施工工艺，截断扬尘源

禁止混凝土现场制备，采用预拌混凝土，改善了现场灰尘污染，预拌混凝土供应商的选择：所有混凝土均采用商品混凝土，由总包牵头，组织业主、监理考察选定综合实力强的全封闭花园式搅拌站；淘汰传统的石棉保温，减少可吸入石棉PM10颗粒排放；

（四）噪声与振动控制

1.《绿色施工导则》规定

（1）现场噪音排放不得超过国家标准《建筑施工场界环境噪声排放标准》GB 12523—2011的规定。

（2）在施工场界对噪声进行实时监测与控制。监测方法执行国家标准《建筑施工场界环境噪声排放标准》GB 12523—2011。

（3）使用低噪声、低振动的机具，采取隔声与隔振措施，避免或减少施工噪声和振动。

图9-8　木材加工隔声棚

图9-9　输送泵隔声棚

2. 噪声污染防治的工艺措施

施工现场施工过程中及构件加工过程中，存在着多种无规律的音调和使人听之厌烦的噪声。施工现场的噪声源较多，主要来自于：机械性噪声；空气动力性噪声；电磁性噪声；爆炸性噪声。

在施工过程中严格控制噪声，对噪声进行实时监测与控制。使用低噪声、低振动的机具，采取隔声与隔振措施，避免或减少施工噪声和振动。噪声污染的防治措施主要包括：严格控制人为噪声，施工现场不得高声喊叫，要限制高音喇叭的使用，最大限度地减少噪声扰民；在人口稠密区进行强噪声作业时，应严格控制作业时间；从声源上降低噪声，如尽量选用低噪声的设备和先进工艺代替高噪声的设备与工艺，如低噪声振捣器、风机、空压机、电锯等，在声源处安装消声器消声；采用吸声、隔声、隔震和阻尼等声学处理的方法，在传播途径上控制噪声。

（1）合理规划场地布置，减少噪声以及噪声对周围环境的影响

围挡施工现场、选用噪声小的施工机械、合理安排作业时间，限制大分贝的施工工序作业时间，尽量减少夜间施工等措施，现场噪声控制目标值为昼间≤70dB，夜间≤50dB。现场具体措施：

1）塔吊：选用保养良好，性能完善；运行平稳且噪声小的塔吊。

2）钢筋加工机械：钢筋加工场地设置钢筋加工隔声棚，尽量减少噪声污染。

3）木材切割噪声控制：在木材加工场地设置木材加工隔声棚，尽量减少噪声污染，见图 9-8。

4）混凝土输送泵噪声控制：结构施工期间，根据现场实际情况确定泵送车位置，布置在远离人行道的空旷位置，采用噪声小的设备，必要时在输送泵的外围搭设隔声棚，减少噪声扰民，见图 9-9。

5）混凝土浇筑：尽量安排在白天浇筑。选择低噪声的振捣设备。

（2）加强机械设备的维修保养，降低噪声源强度

加强对混凝土输送泵、砂浆搅拌机等机械设备的维修保养，确保设备始终处于正常状态；使用低噪声（42dB）、低振动的振捣棒，减少施工噪声和振动强度；自流自密实混凝土的应用，是减少振捣噪声的有效方法；工具式模板体系的应用，吸收振捣噪声的竹胶合板大模板的使用，降低了混凝土振捣噪声分贝。

（五）光污染控制

1.《绿色施工导则》规定

（1）尽量避免或减少施工过程中的光污染。夜间室外照明灯加设灯罩，透光方向集中在施工范围。

（2）电焊作业采取遮挡措施，避免电焊弧光外泄。

2. 防止光污染防治的工艺措施

目前，施工现场防止光污染的措施主要有：施工场地区域内采用节电型器具和灯具、施工现场照明灯加设灯罩、透光方向集中在施工范围；电焊作业尽量安排在室内，如需在室外作业时，采用铁制遮光棚，避免电焊弧光外泄，减少钢筋电弧焊、对焊，优选钢筋机械连接措施。现场具体措施：

（1）设置焊接遮光棚：钢结构焊接部位设置遮光棚，防止强光外泄影响周围区域。

（2）控制照明光线的角度：工地周边及塔吊上设置大型罩式灯，随着工地的进度及时调整灯罩的角度，保证强光线不射出工地外。施工工地上设置的碘钨灯照射方向始终朝向工地内侧，必要时在工作面设置挡光彩条布或者密目网遮挡强光。

（六）水污染控制

1.《绿色施工导则》规定

（1）施工现场污水排放应达到《皂素工业水污染物排放标准》GB 20425—2006、《煤炭工业污染物排放标准》GB 20426—2006 的要求。

（2）在施工现场应针对不同的污水，设置相应的处理设施，如沉淀池、隔油池、化粪池等。

（3）污水排放应委托有资质的单位进行废水水质检测，提供相应的污水检测报告。

（4）保护地下水环境。采用隔水性能好的边坡支护技术。在缺水地区或地下水位持续下降的地区，基坑降水尽可能少地抽取地下水；当基坑开挖抽水量大于 50 万 m^3 时，应进行地下水回灌，并避免地下水被污染。

（5）对于化学品等有毒材料、油料的储存地，应有严格的隔水层设计，做好渗漏液收集和处理。

2. 现场水污染控制措施

施工现场的废水主要来源于搅拌机和混凝土养护的废水排放，现场水磨石作业的污水排放，食堂污水排放，油漆、油料库的渗漏等。

施工现场废水污染的防治措施有：禁止将有毒、有害废弃物作为土方回填；施工现场搅拌站废水、现制电石废水、冲车废水等应经沉淀池沉淀后再排入城市污水管道或河流，当然最好能采取措施回收利用；现场存放的油料，必须对地面进行防渗处理，使用时，要采取措施，防止油料跑、冒、滴、漏、污染水源；工地临时厕所应尽量采用水冲式厕所，如条件不允许时应加盖，并有防蝇、灭蚊措施，防止污染环境。

施工现场饮用水管道和冲洗卫生器具的管道分离，可防止水的回流污染；现场具体措施：

（1）雨水：雨水经过沉淀池后排入市政管网。由于场地全硬化，这样减轻了沉积物的数量。

（2）污水排放：办公区设置水冲式厕所。在厕所附近设置化粪池，污水经过化粪池沉淀后排入市政管道或安排专业队来清理。

（3）沉淀池设置：设置二级沉淀池，基坑抽出的水和清洗混凝土搅拌车、泥土车等的污水经过沉淀后，可再利用在现场洒水和混凝土养护等。

（4）对于化学品等有毒材料、油料的储存地，应有严格的隔水层设计，做好渗漏液收集和处理。

（七）土壤保护

1.《绿色施工导则》规定

（1）保护地表环境，防止土壤侵蚀、流失。因施工造成的裸土，及时覆盖砂石或种植速生草种，以减少土壤侵蚀；因施工造成容易发生地表径流土壤流失的情况，应采取设置地表排水系统、稳定斜坡、植被覆盖等措施，减少土壤流失。

（2）沉淀池、隔油池、化粪池等不发生堵塞、渗漏、溢出等现象。及时清掏各类池内沉淀物，并委托有资质的单位清运。

（3）对于有毒有害废弃物如电池、墨盒、油漆、涂料等应回收后交有资质的单位处理，不能作为建筑垃圾外运，避免污染土壤和地下水。

（4）施工后应恢复施工活动破坏的植被（一般指临时占地内）。与当地园林、环保部门或当地植物研究机构进行合作，在先前开发地区种植当地或其他合适的植物，以恢复剩余空地地貌或科学绿化，补救施工活动中人为破坏植被和地貌造成的土壤侵蚀。

2. 施工现场土壤保护控制措施

（1）防止生态破坏和环境污染，保护和改善建设工程周边的生态环境，严禁不经沉淀和无害化处理，直接排放建筑污水，污染土壤和地下水。

（2）尽量减少施工期临时占地，合理安排施工进度，缩短临时占地使用时间。各种临时占地在工程完成后应尽快进行植被及耕地的恢复，做到边使用边平整，边绿化边复耕。

（3）土方施工时，应做到把 20～30cm 厚的耕地表土推至一边堆放储存，待取土结束后平整土地时回归耕层表土，规模较大的取、弃土场施工期间应采取一定的防护措施（如挡土墙、排水沟等）防止水土流失。

（4）工程施工期间对道路两侧的农田要采取相关措施予以保护，部分影响严重的土地要进行改良。

（八）建筑垃圾控制

施工现场的固体废弃物对环境产生的影响较大。据不完全统计，目前城市建筑垃圾已经占到垃圾总量的 30％～40％，这些垃圾不易降解，对环境产生长期影响。

1.《绿色施工导则》规定

（1）制定建筑垃圾减量化计划，如住宅建筑，每万平方米的建筑垃圾不宜超过 400t。

（2）加强建筑垃圾的回收再利用，力争建筑垃圾的再利用和回收率达到 30％，建筑物拆除产生的废弃物的再利用和回收率大于 40％。对于碎石类、土石方类建筑垃圾，可采用地基填埋、铺路等方式提高再利用率，力争再利用率大于 50％。

（3）施工现场生活区设置封闭式垃圾容器，施工场地生活垃圾实行袋装化，及时清运。对建筑垃圾进行分类，并收集到现场封闭式垃圾站，集中运出。

2. 施工现场建筑垃圾控制

建筑垃圾分类收集，综合利用，按照"减量化、资源化和无害化"的原则采取以下措施：

（1）固体废弃物减量化

1）通过合理下料技术措施，准确下料，尽量减少建筑垃圾。

2）实行"工完场清"等管理措施，每个工作在结束该段施工工序时，在递交工序交接单前，负责把自己工序的垃圾清扫干净。充分利用落地砂浆、混凝土等材料。提高施工质量标准，减少建筑垃圾的产生，如提高墙、地面的施工平整度，一次性达到找平层的要求，提高模板拼缝的质量，避免或减少漏浆。

3）尽量采用工厂化生产的建筑构件，减少现场切割。

（2）固体废弃物资源化

1）利用废弃模板做一些维护结构，如遮光棚，隔声板等；利用废弃的钢筋头制作楼板马凳，地锚拉环等。利用木方、木胶合板来搭设道路边的防护板和后浇带的防护板。

2）每次浇筑完剩余的混凝土用来浇筑构造柱、水沟预制盖板和后浇带预制盖板等小构件。

3）对于碎石类、土石方类建筑垃圾，采用地基填埋、铺路等方式提高再利用率。

4）非存档文件纸张采用双面打印或复印，废弃纸张最终与其他纸制品一同由造纸厂回收再利用。办公使用可多次灌注的墨盒，不能用的废弃墨盒由制造商回收再利用。

（3）固体废弃物分类处理

1）在施工现场设置封闭式垃圾站，进行垃圾分类（主要指废钢筋、废木材、砖、加气块等垃圾）、分拣和存放。通过分类收集，机械粉碎等措施实现二次利用，实现垃圾回收。通过合理规划，施工用临时硬化道路与永久道路路基综合规划，采用建筑垃圾处理道路路基，实现垃圾再利用。

2）施工现场生活区设置封闭式垃圾容器，施工场地生活垃圾实行袋装化，及时清运，见图9-10。

3）废旧不可利用的钢铁的回收：施工中收集的废钢材，由项目部统一处理给钢铁厂回收再利用。

（九）有害物质污染防治的工艺措施

建设项目是人类零距离接触的生活环境体系，其环境影响程度和时间长度

图9-10　固体废弃物分类处理

在人类生存的环境中都占第一位，所以在建筑施工中必须严禁使用有毒有害的建筑材料，尤其是严禁使用含有氨、甲醛、苯、氡等有害物质的装饰材料装修房屋。例如不使用造成饮用水二次污染的给水管道，严格控制人造板、内墙涂料、木器涂料、胶粘剂、地毯、壁纸、家具、地板革、混凝土外加剂等的有害物的含量。其次是严格控制检测建材中的活性氧化硅、有害重金属、大理石、花岗岩等天然建筑材料放射元素的含量等，防止出现碱骨料反应、重金属中毒、放射元素侵害等；严禁使用淘汰的难以降解的建筑材料等。这些相关措施促进了建设项目绿色施工工艺推行和研发。

（十）地下设施、文物和资源保护

1.《绿色施工导则》规定

（1）施工前应调查清楚地下各种设施，做好保护计划，保证施工场地周边的各类管道、管线、建筑物、构筑物的安全运行。

（2）施工过程中一旦发现文物，立即停止施工，保护现场通报文物部门并协助做好工作。

（3）避让、保护施工场区及周边的古树名木。

（4）逐步开展统计分析施工项目的CO_2排放量，以及各种不同植被和树种的CO_2固定量的工作。

2.施工现场地下设施、文物和资源保护控制

地下设施主要包括人防地下空间、民用建筑地下空间、地下通道和其他交通设施、地下市政管网等设施。这类设施通常处于隐蔽状态，在施工中如果不采取必要的措施极其容易受到损害造成很大的损失。保护好这类设施的安全运行对于确保国民经济的生产和居民正常生活具有十分重要的意义。文物作为我国古代文明的象征，采取积极措施千方百计地保护地下文物是每一个人的责任。施工过程中的保护措施：

（1）开工前和实施过程中，施工负责人应认真向班组长和每一位操作工人进行管线、文物及资源方面的技术交底，明确各自的责任。施工过程中一旦发现文物，立即停止施工，保护现场并通报文物部门并协助做好工作。

（2）应设置专人负责地下相关设施、文物及资源的保护工作，并需要经常检查保护措施的可靠性，当发现现场条件变化，保护措施失效时应立即采取补救措施。要督促检查操作人员（包括民工），遵守操作规程，制止违章操作，违章指挥和违章施工。

（3）开挖沟槽和基坑时，无论人工开挖还是机械挖掘均需分层施工。每层挖掘深度宜

控制在 20～50cm。一旦遇到异常情况，必须仔细而缓慢挖掘，把情况弄清楚后或采取措施后方可按照正常方式继续开挖。

（4）施工过程中如遇到露出的管线，必须采取相应的有效加固措施，并与有关单位取得联系，配合施工，以求施工安全可靠。施工过程中一旦发现文物，立即停止施工，保护现场尽快通报文物部门并协助文物部门做好相应的工作。

（5）施工过程中发现现状与交底或图纸内容、勘探资料不相符时或出现直接危及地下设施、文物或资源安全的异常情况时，应及时通知相关单位到场研究，商议制定补救措施，在未做出统一结论前，施工人员和操作人员不得擅自处理。

（6）施工过程中一旦发现地下设施、文物或资源出现损坏事故，必须在 24h 内报告主管部门和业主，不得隐瞒。

第四节　节材与材料资源利用

我国是人均资源和能源相对贫乏的国家，建筑业作为国民经济发展的支柱产业是资源和能源的消耗大户，节材与材料的有效利用是发展可持续建筑的一个重要方面，是绿色施工的要求之一，由于现阶段，我国的建筑业还是以传统的施工模式为主，因此，在施工过程中，存在着严重的材料资源的浪费，这对我国建筑业乃至经济的发展都是不利的。

一、绿色建材的使用和节材措施

1. 绿色建材的使用

在材料的选用上，积极发展并推行如各种轻质建筑板材、高效保温隔热材料、新型复合建筑材料及制品、建筑产品及预制技术、金属材料保护（防腐）技术、绿色建筑装修材料、可循环材料、可再生利用材料、利用农业废弃植物生产的植物纤维建筑材料等绿色建材和新型建材。使用绿色建材和新型建材。可以改善建筑物的功能和使用环境，增加建筑物的使用面积，便于机械化施工和提高施工效率。

绿色建材，指健康型、环保型、安全型的建筑材料，绿色建材不是指单独的建材产品，而是对建材"健康、环保、安全"的评价。它注重建材对人体健康和环境保护所造成的影响及安全防火性能。绿色建材是采用清洁生产技术，使用工业或城市固态废弃物生产的建筑材料，具体体现在：

（1）其生产所用原料尽可能少用天然资源，大量使用尾渣、垃圾、废液等废弃物。

（2）采用低能耗制造工艺和无污染环境的生产技术。

（3）在产品配制或生产过程中，不使用甲醛、卤化物溶剂或芳香族碳氢化合物，产品中不含有汞及其化合物的颜料和添加剂。

（4）产品的设计是以改善生产环境、提高生活质量为宗旨，即产品不仅不损害人体健康，而应有益于人体健康，产品具有多功能化，如抗菌、灭菌、防霉、除臭、隔热、阻燃、调温、调湿、消磁、防射线、抗静电等。

（5）产品循环和可回收利用，目前有各种各样的节能环保材料，如生态混凝土、有利于减少建筑自重的轻砂、新型环保隔热材料、用废纸原料制造新型建筑材料的技术。

总之，使用绿色建材就要求施工单位按照国家、行业或地方对绿色建材的法律、法规及评价方法来选择建筑材料，以确保建筑材料的质量。即选用能耗低、高性能、高耐久性的建材；选用可降解、对环境污染少的建材；选用可循环、可重复使用和可再生的建材；使用采用废弃物生产的建材；就地取材，充分利用本地资源（500km 以内）进行施工，以减少运输的能源消耗和对环境造成的影响。

2. 节材管理措施

通过有计划的采购、合理的现场保管，减少材料的搬运次数，通过限额领料、改善施工工法，降低材料在使用中的消耗；增加周转材料的周转次数，提高材料的使用效率。

（1）加大图纸会审力度，图纸会审时，审核节材与材料资源利用的相关内容，达到材料的损耗率比定额损耗率降低 30%，在建筑材料的能耗中，非金属材料和钢铁材料所占比例最大，约为 54% 和 39%。因此，通过在结构体系、高强高性能混凝土、轻质墙体结合、保温隔热材料的选用等设计方案的最优选择上减少混凝土使用量，在施工中应用新型节材钢筋、钢筋机械连接、免拆模、混凝土泵送等技术措施减少材料浪费，将是一种良好的节材途径。

（2）材料的采购应以材料、预算部门审核后的结果为依据，同时根据现场的施工进度、材料的库存状况，合理安排材料的采购时间和数量，避免库存过多。

（3）采购的材料应根据现场施工情况合理的堆放和使用，在使用过程中，每周应制定一份关于材料使用情况的报告，对材料的实际使用情况与预算情况进行分析，更好地进行节材控制。

（4）材料运输时，首先充分了解工地周围的运输条件，尽可能地缩短运距，利用经济有效的运输方法减少中转环节；其次要保证运输工具适宜，装卸方法得当，以避免损坏和遗撒造成的浪费；再次要根据工程进度掌握材料的供应计划，严格控制进场材料，防止到料过多造成退料的转运损失；另外，在材料进场后，应根据现场平面布置情况就近卸载，以避免和减少二次搬运造成的浪费。

（5）在周转材料的使用方面，应采取技术和管理措施提高模板、脚手架等材料的周转次数。要优化模板及支撑体系方案，采用工具式模板、钢制大模板和早拆支撑体系，采用定型钢模、钢框竹模、竹胶板代替木模板。

（6）在安装工程方面，首先要确保设计质量，避免发生因设计变更而造成的材料损失，其次是要做好材料的领发与施工过程的检查监督工作，再次要在施工过程中选择合理的施工工序来使用材料，并注重优化安装工程的预留、预埋、管线路径等方案。

（7）取材方面，应贯彻因地制宜、就地取材的原则，仔细调查研究地方材料的资源，在保证材料质量的前提下，充分利用当地资源，尽量做到施工现场 500km 以内生产的建筑材料用量占建筑材料总重量的 70% 以上。

（8）对于材料的保管，要根据材料的物理、化学性质进行科学、合理地存储，防止因材料变质而引起的损耗。另外，可以通过在施工现场建立废弃材料的回收系统，对废弃材料进行分类收集、贮存和回收利用，并在结构允许的条件下重新使用旧材料。

3. 节约资源、减少材料的损耗

（1）减少材料的损耗

合理使用建设用地范围内的原有建筑，使之用于建设施工临时用房；选用装配方便、可循环利用的材料；采用工厂定型生产的成品，减少现场加工量与废料；减少建筑垃圾，充分利用废弃物。

1）钢筋吊凳控制上层板筋保护层及板厚施工工法：

采用钢筋吊凳控制上层板筋保护层及板厚，在完成混凝土浇筑后，取出钢筋吊凳。传统的方法是采用钢筋马凳或垫块撑起，钢筋马凳属于一次性投入，土木工程中现浇楼面钢筋马凳材料用量为每建筑平米约 3kg 左右，假设一个 $10000m^2$ 的项目，采用该工法可以节约钢筋 30t，而且工人加工传统的钢筋马凳难以控制尺寸，偏差较大，成本较高。该施工工法，不仅变一次性投入为多次周转，而且从一定程度上杜绝了钢筋的低价值应用。具体钢筋吊凳见图 9-11。

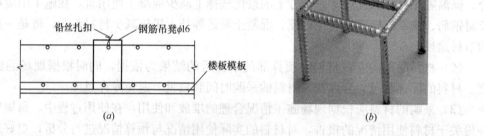
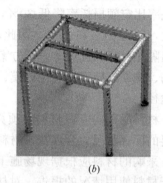

铅丝扎扣　　钢筋吊凳ϕ16

楼板模板

(a)　　　　　　　　　　　　(b)

图 9-11　钢筋吊凳

2）钢筋选用 HRB400 及以上的高强钢筋，采取钢筋直螺纹连接，节约钢筋。采用将钢筋短料作为明沟盖板、防护栏杆支架等综合再利用措施，提高材料利用率。

3）模板、方木等可周转材料，通过优化模板体系，增加模板、方木平均周转次数。

4）合理规划场地，基坑开挖与土方回填统筹，减少土方外运，降低成本。

5）生产、生活区用房全部采用活动板房，生活区围墙采用活动挡板，生产区四周围栏采用钢管和铁皮围护，提高回收利用率。

（2）钢材的节材措施

1）钢筋的节材

我国的建筑钢筋长期以来一直使用普通的 HRB335，高强钢筋用的非常少，每年 HRB400 钢筋用量不到钢筋用量的 10%。结果，不仅浪费了大量的钢材，而且增加了结构自重，增大了下部承重结构的尺寸。而一些欧美发达国家已经很少使用 HRB335 钢筋，即使使用也只是作为配筋，主要是使用 400MPa、500MPa 级，甚至 700MPa 级的高强度钢筋，这样不仅减少钢材的消耗，而且减轻了结构的自重，更加有利于结构的抗震性能。另外，在现场施工的过程中，可以采取以下措施节约钢材：①按照设计要求，严格控制钢筋的下料尺寸；②在采购钢筋时，按照配料单确定所需钢筋的数量；③在征得设计部门同意后，废旧、剩余钢筋可以制作梯子筋、短肢箍筋等；④钢筋头可以用作非承重构件的配筋；⑤钢筋接头采用机械连接，减少大耗能的对焊和电渣压力焊。

2）钢结构的节材

对于钢结构，主要是优化钢结构的制作和安装方法。大型钢结构宜采用工厂制作，现场拼装的施工方式，并宜采用分段吊装、整体提升、滑移、顶升等安装方法，以减少方案的措施用材量。

（3）混凝土节材措施

1）减少普通混凝土的用量，大力推行轻骨料混凝土。轻骨料混凝土是利用轻质骨料制成的混凝土。与普通混凝土相比，轻骨料混凝土具有自重轻、保温隔热性、抗火性、隔声性好等优点。

2）在施工过程中，注重高强度混凝土的推广与应用。高强度混凝土不仅可以提高构件的承载力，还可以减小混凝土构件的截面尺寸，减轻构件自重，延长其使用寿命并减少装修，获得较大的经济效益。另外，高强度混凝土材料密实、坚硬，其耐久性、抗渗性、抗冻性较好，且加入高效减水剂等配制的高强度混凝土还具有坍落度大和早强的性能，施工中可早期拆模，加速模板周转，缩短工期，提高施工速度。

3）推广使用预拌混凝土和商品砂浆。商品混凝土集中搅拌，比现场搅拌可节约水泥10％，使现场散堆放、倒放等造成砂石损失减少 5％～7％。

4）逐步提高新型预制混凝土构件在结构中的比重，加快建筑的工业化进程。新型预制混凝土构件主要包括新型装配式楼盖、叠合楼盖、预制轻混凝土内外墙板和复合外墙板等。

5）大力推进落实发展散装水泥，鼓励结构工程使用散装水泥。虽然我国散装水泥取得了快速的发展，但与国际先进水平相比，水泥散装率仍然很低。

6）进一步推广清水混凝土节材技术。清水混凝土又称装饰混凝土，属于一次浇筑成型材料，不需要其他外装饰，这样就省去了涂料、饰面等化工产品的使用，既减少了大量建筑垃圾又有利于保护环境。另外，清水混凝土还可以避免抹灰开裂、空鼓或脱落的隐患，同时又能减轻结构施工漏浆、楼板裂缝等缺陷。

7）采用预应力混凝土结构技术。据资料统计，工程中采用无粘结预应力混凝土结构技术，可节约钢材约25％、混凝土约1/3，从而也从某种程度上减轻了结构自重。

（4）围护结构材料的节材措施

围护结构具有保温、隔热、隔声、耐火、防水、耐久等功能，房屋建筑对其强度的要求，围护结构的用材现状，将其用材及施工方面的节材措施总结如下：

1）门窗、屋面、外墙等围护结构选用耐候性、耐久性较好的材料。一般来讲，屋面材料、外墙材料要具有良好的防水性能和保温隔热性能，而门窗多采用密封性、保温隔热性能、隔声性能良好的型材和玻璃等材料。

2）根据建筑物的实际特点，应选择高效节能、耐久性好的保温隔热材料，以减小保温隔热层的厚度及材料用量。以确保其密封性、防水性和保温隔热性。例如，采用保温板粘贴、保温板干挂、聚氨酯硬泡喷涂、保温浆料涂抹等施工方式，来达到保温隔热的效果。

3）加强保温隔热系统与围护结构的节点处理，尽量降低热桥效应。针对建筑物的不同部位保温隔热特点，选用不同的保温隔热材料及系统，以做到经济适用。

（5）建筑装饰装修材料在施工中的节材措施

1）贴面类材料在施工前应该进行总体排版，尽量减少非整块材料的数量。

2）尽量采用非木质的新材料或人造板材代替木质板材。

3）防水卷材、壁纸、油漆及各类涂料基层必须符合国家标准要求，避免起皮、脱落。各类油漆及胶粘剂应随用随开启，不用时应及时封闭。

4）幕墙及各类预留预埋应与结构施工同步。

5) 对于木制品及木装饰用料、玻璃等各类板材等宜在工厂采购或定制。

6) 尽可能采用自粘类片材，减少现场液态胶粘剂的使用量。

（6）模板节材措施

模板工程是混凝土成型的一个很重要的部分，模板工程的费用甚至超过了混凝土的费用，然而，在现场的施工过程中，用于模板的木材损坏严重，降低了模板的周转次数，造成了木材的浪费。我国建筑使用的模板一般是木胶合模板，建筑使用的木材成为我国当前木材资源消耗的主要方面之一，另外，由于我国生产的木胶合模板大都低质、易耗、廉价的素面板，因此，我国生产的木胶合模板一般使用 3～5 次就被丢弃，而国外生产的则可以周转 50～100 次，相比而言，我国用于建筑业的木材资源浪费十分严重。

优化模板及支撑体系方案。采用工具式模板、钢制大模板和早拆支撑体系，采用定型钢模、钢框竹模、竹胶板代替木模板，研究其耐久性、经济性，提高周转次数、安装与拆除方便、又可以节约原材料减少资源消耗的模板是绿色施工面临的课题。例如采用外墙保温板替代混凝土施工模板的技术就是一种值得推广的尝试。

（7）建筑垃圾的回收、再生利用

要实现绿色施工，建筑垃圾的减量化是关键因素之一。目前，建筑垃圾的堆放或填埋几乎超过了环境允许的负荷，这些建筑垃圾不仅污染土壤环境和地下水资源；其中，含有有机物建筑垃圾还会分解产生有害气体，污染空气。所以建筑垃圾减量化、建筑垃圾的重复利用是绿色施工的重要工作。建筑垃圾的重复利用主要体现在两个方面，一是使用可回收利用材料的产品；二是加大回收利用、循环利用，降低企业运输或填埋垃圾的费用。例如：短木材的接长使用，见图 9-12。对于无机固体废弃物，也可以加工成各种墙体材料、路基的回填材料等。

图 9-12　短木材的接长使用

建筑垃圾资源化利用方式可分为三类。一是"低级利用，如回填利用、分类直接回收等"；二是"中级利用"，如生产再生骨料、再生砌块、再生沥青等；三是"高级利用"，如生产再生水泥等。目前我国以中级利用为主。

1) 废弃混凝土利用技术

利用废弃混凝土可生产再生粗细骨料，主要可用于配制混凝土或砂浆，也可用来生产再生建筑砌块、再生砖等。再生骨料生产主要工艺：废弃混凝土块料→筛除渣土→破碎→分选筛分→一二至三次破碎→多层筛分→形成分级骨料（例 0～5mm、5～16mm、5～20mm、5～25mm、5～31.5mm）。

2) 废砖瓦利用技术

对于建筑垃圾中不能直接回用的废砖瓦经过破碎等工艺处理后，可以用于生产再生砌块、再生砖等制品，强度等级可达至 MU7.5～MU15，主要用于低层建筑的承重墙及建筑工程的非承重结构。主要生产工艺：

① 废砖瓦再生骨料：废砖瓦料→筛除渣土→破碎→筛分→二次破碎→双层筛分→合

格骨料。

② 制砖（砌块）：原材料进料→混合搅拌→压制成型→自然养护→成品。

二、节材与材料资源利用评价指标

1. 控制项

（1）应根据就地取材的原则进行材料选择并有实施记录。

（2）应有健全的机械保养、限额领料、建筑垃圾再生利用等制度。

2. 一般项

（1）材料的选择

1）施工应选用绿色、环保材料；

2）临建设施应采用可拆迁、可回收材料；

3）应利用粉煤灰、矿渣、外加剂等新材料降低混凝土和砂浆中的水泥用量；粉煤灰、矿渣、外加剂等新材料掺量应按供货单位推荐掺量、使用要求、施工条件、原材料等因素通过试验确定。

（2）材料节约

1）应采用管件合一的脚手架和支撑体系；

2）应采用工具式模板和新型模板材料，如铝合金、塑料、玻璃钢和其他可再生材质的大模板和钢框镶边模板；

3）材料运输方法应科学，应降低运输损耗率；

4）应优化线材下料方案；

5）面材、块材镶贴，应做到预先总体排版；

6）应因地制宜，采用利于降低材料消耗的四新技术；

7）应提高模板、脚手架体系的周转率。

（3）资源再生利用

1）建筑余料应合理使用；

2）板材、块材等下脚料和撒落混凝土及砂浆应科学利用；

3）临建设施应充分利用既有建筑物、市政设施和周边道路；

4）现场办公用纸应分类摆放，纸张应两面使用，废纸应回收；

3. 优选项

（1）应编制材料计划，合理使用材料。

（2）应采用建筑配件整体化或建筑构件装配化安装的施工方法。

（3）主体结构施工应选择自动提升、顶升模架或工作平台。

（4）建筑材料包装物回收率应达到 100%。

（5）现场应使用预拌砂浆。

（6）水平承重模板应采用早拆支撑体系。

（7）现场临建设施、安全防护设施应定型化、工具化、标准化。

第五节　节水与水资源利用

我国是一个水资源比较匮乏的国家，水资源的短缺，已经严重影响了我国经济和社会的可持续发展。与此同时，在一些施工现场，特别是基础开挖、施工降水的过程中，大量的地下水白白地流入市政雨水管道排放；工地里随处可以看见跑、冒、滴、漏现象；传统的低效能、高耗水、粗放型施工方法随处可见，所以节约用水的绿色施工思想任重而道远。

据调查，建筑施工用水的消耗约占整个建筑成本的 0.2%，因此在施工过程中对水资源进行管理有助于减少浪费，提高效益，节约开支。施工现场节水与水资源利用的具体措施有：

一、施工过程中建立节约用水制度

（1）施工用水在城市用水中是用水大户，对生产区、生活区实行分别计量，编制生活区、办公区、生产区节水方案，制定消耗指标，定期进行考核；实行分路供水，并安装水表，根据生产、生活区用水指标进行水资源分解量控制，建立用水台账进行控制。

1）场地区域内办公区、生活区的生活用水采用节水系统和节水器具，提高节水器具配置比率，并完善用水管理制度，对供水管网定期检查、维护、保养，减少乃至杜绝跑、冒、滴、漏现象。例如：现场厕所水箱均采用手动节水型产品；所有水龙头采用延迟性节水龙头；浴室间内均采用节水型淋浴。

2）生产区目前工程用水主要用于混凝土构件的养护，工程养护中约有 50% 的水流失，流失时同时夹带泥沙、杂物，处理不当会污染环境，经沉淀池处理后回用或改变混凝土养护方法是施工现场节水的主要措施。

（2）施工现场建立中水或可再利用水的收集利用系统，使水资源得到循环利用。

1）有效利用基础施工阶段的地下水。例如：混凝土浇筑前模板冲洗用水和混凝土养护用水，均可以利用深井降水的地下水进行冲洗、养护。

2）设置废水（不含有机物）沉淀回用系统，配置二级沉淀池，见图 9-13，施工污水经现场沉淀后二次循环使用；例如：合理回收用于车辆清洗用水，用于混凝土养护，冲洗厕所、喷洒路面、绿化灌溉等。

3）项目施工期主要道路将采用混凝土硬化路面，场地四周将敷设排水沟（管），并修建临时沉淀池、隔油池，含 SS、微量机油的雨水排入沉淀池、隔油池处理后回用。例如：上部施工时在适当部位增设雨水集水井，做好雨水的收集工作，收集的雨水可用于上部结构的养护和现场洒水降压扬尘。

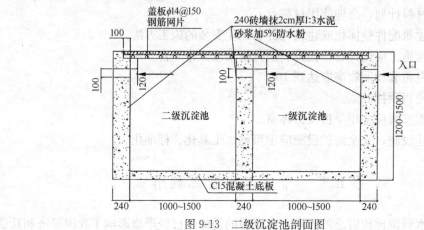

图 9-13 二级沉淀池剖面图

（3）加强用水管理，杜绝浪费。例如：厕所、浴室、水池安排专人管理，做到人走水关，严格控制用水量。浴室热水实行定时供水，做到节约用电、用水。

（4）定期检查，加强现场人员的节水意识，以提高节水效率；派专人对各个用水源、供水装置进行巡视检查，发现漏水现象及时修复，及时制止长流水等现象。

（5）在施工过程中改进施工工艺，节约用水。

1）改变混凝土养护的方式。传统的养护混凝土的方法大多是大水漫浇的方式，这样的养护方式不仅浪费水资源，而且养护效果不佳。用喷淋代替大水漫浇的方式，达到节水的目的。

2）改变砌体的洇水方式。在进行砌体的砌筑和外墙砖的铺贴时，要事先对砌体和墙砖进行洇水、浸湿处理，传统的洇水方式是把水管直接放在砌块或墙砖上，让水直接流到砌体上来处理，这样的洇水方式不仅大量浪费水资源，而且浸湿效果不佳。因此，可以采取和混凝土养护方式相同的方法，改冲淋为喷淋节约水资源。

3）改变砂浆的搅拌方式。传统的搅拌方式是分散搅拌，为了减少分散搅拌砂浆造成的不必要的浪费，我们可以将各班组所需要的砂浆集中搅拌，然后按需要分配。有条件的推广采用预拌砂浆。

（6）通过监测水资源的使用和排放，控制施工现场对水资源的二次污染。

（7）施工现场给水管网的布置应该本着管路就近、供水畅通、安全可靠的原则，在管路上设置多个供水点，并尽量使这些供水点构成环路，同时考虑不同的施工阶段，管网具有移动的可能性。另外，还应采取有效措施减少管网和用水器具的漏损。

二、节水与水资源利用评价指标

1. 控制项

（1）签订标段分包或劳务合同时，应将节水指标纳入合同条款。

（2）应有计量考核记录。

2. 一般项

（1）节约用水

1）应根据工程特点，制定用水定额（某南方工地生活用水 $3m^3$/每人每月）；

2）施工现场供、排水系统应合理适用；

3）施工现场办公区、生活区的生活用水应采用节水器具，节水器具配置率应达到100%；

4）施工现场的生活用水与工程用水应分别计量；

5）施工中应采用先进的节水施工工艺；

6）混凝土养护和砂浆搅拌用水应合理，应有节水措施；

7）管网和用水器具不应有渗漏。

（2）水资源的利用

1）基坑降水应储存使用；

2）冲洗现场机具、设备、车辆用水，应设立循环用水装置。

3. 优选项

（1）施工现场应建立基坑降水再利用的收集处理系统。

（2）施工现场应有雨水收集利用的设施。

（3）喷洒路面、绿化浇灌不应用自来水。

（4）生活、生产污水应处理并使用。

（5）现场应使用经检验合格的非传统水源。

第六节　节能与能源利用

我国人口众多，人均能源拥有量远远低于世界平均水平。据统计，我国目前煤炭、石油、天然气人均剩余可采储量分别只有世界平均水平的 58.6%、7.69%、7.05%。而且，现阶段我国正处于工业化、城镇化快速发展的重要时期，能源资源的消耗强度大，能源需求不断增长，能源供需矛盾日益突出。因此，节约能源对于我国经济、社会的可持续发展具有非常重要的意义，同时，也是绿色施工非常重要的一个方面。

一、土木工程施工节能与建筑节能的区别

所谓建筑节能，在发达国家最初定义为减少建筑中能量的散失，现在普遍定义为"在保证提高建筑舒适性的条件下，合理使用能源，不断提高建筑中的能源利用率。它所界定的范围指建筑使用能耗，包括采暖、空调、热水供应、炊事、照明、家用电器、电梯等方面的能耗，一般占该国总能耗的 30% 左右。我国近期建筑节能的重点是建筑采暖、空调节能，包括建筑围护结构节能，采暖、空调设备效率提高和可再生能源利用等。

而施工节能针对于施工阶段，在保证施工安全和工程质量的前提条件下，最大限度地节约能源以及提高能源的利用效率。在现实中我们更多关注建筑节能，往往忽视施工节能。

二、土木工程施工节能措施

分析研究表明，大约有一半的温室气体来自于建筑材料的生产和运输、建筑物的建造以及运行过程中的能源消耗。建设活动还加剧了其他问题，如酸雨增加、臭氧层破坏等。根据欧洲的有关数据，建设活动引起的环境负担占总环境负担的 15%～45%，这样的能源消耗规模是不可能持续发展的，目前，施工过程可采取的节能措施有：

1. 生活区、办公区节能措施

在节约生活用电方面，施工办公室及职工宿舍要使用低能耗、高能效的用电设备，禁止使用大功率的用电器，如电磁炉，电热毯，热得快等电器。具体措施有：

（1）尽量在省电模式下运行办公设备，耗电办公设备停用时随手关闭电源。电脑、打印机、复印机不用时，设置在待机状态，下班须关机。

（2）生活区照明采用供电管控措施，由生活区门卫负责定时关闭电源。。

（3）办公室应做到人走灯灭，严禁"长明灯"。同时，关闭空调和饮水机电源，严禁对沸水进行长时间加热。

（4）办公场所充分利用自然光源，照明采用光效优良的节能灯。

（5）为了节约电能，冬季、夏季尽量减少空调的使用时间，夏季室温超过 32℃时才可使用空调，空调制冷温度不低于 26℃，冬季空调制热温度不应高于 20℃，空调开启时，办公室门窗要关闭，人离开办公室，空调应立即关闭，减少空调的耗电量。

（6）生活区安装专用电流限流器，禁止使用大功率用电设备，电流超过允许范围的应

立即断电，并且定期由办公室对宿舍进行检查。督促职工随手关灯，严禁使用大功率的电器取暖、做饭。

（7）职工浴室安装太阳能热水器，利用太阳能，节约用电。

2. 生产区节能措施

通过改善能源使用结构，有效控制施工过程中的能耗；根据具体情况合理组织施工，积极推广节能新技术、新工艺；制定合理施工能耗指标，提高施工能源利用率；确保施工设备满负荷运转，减少无用功，禁止不合格临时设施用电。

（1）机械设备的选择与使用

机械设备在选型时，在满足施工要求的基础前提下，优先选择制造技术成熟且节能的机械设备，禁止选用不合格的机械设备作为临时设施，选用的机械设备的功率要与设备所承受的负载相匹配，避免大功率施工机械设备在低负载下长时间工作，不要因为机械设备的不正常运转造成能源的浪费。

机电安装时，可以采用高频技术节能施工设备，具有高效、节能、轻便和良好的动态特性的逆变式电焊机、节能和省电的手持电动工具等，以节约电能。

（2）合理安排工序

合理安排施工工序，根据施工总进度计划，在施工进度允许的前提下，尽可能减少夜间施工，减少照明用电。所有电焊机均配备空载短路装置，以降低功耗。夜间施工完成后，关闭现场施工区域内大部分照明，仅留四周道路照明供夜间巡视。

结合施工现场的实际情况制定出切实可行的机械设备专项施工组织设计。合理安排施工机械设备的作业区域和工作时间，在满足施工需要的条件下，尽量减少施工机械的数量，充分利用相邻作业区域的机械，合理安排施工工序，提高施工机械的效率，降低施工机械的能耗。对一些在施工过程中，能量消耗大的机械，要制定专项的节能措施，定期进行检查和考核，提出改进措施。

（3）施工用电及照明

在节约施工生产用电方面，要在施工前积极做好施工准备，根据设计图纸和施工组织设计的要求，编制安全、节约用电的方案和措施，合理安排机械设备的进场时间、使用时间、使用次数。淘汰低能效、高能耗的老式机械，选用耗能低的机械设备。施工照明时不要随意接拉电线、作业人员在哪里作业，就用哪里的照明设备，无作业时，照明设备要及时关闭。具体施工生产节电措施有：

1）工艺和设备选型时，优先采用技术成熟且能源消耗低的用电设备。对设备进行定期维护、保养，保证设备运转正常，降低能源消耗。在施工机械闲置时关掉电源。

2）选用合格的电线电缆，严禁使用破损的电线电缆，防止因为电线的破损造成接触不良产生火花，消耗电能。

3）建筑施工现场的用电设备多是流动的，乱拉乱接现象相当严重，乱拉乱接使供电接线方式极不合理，增长了线路，导线截面与负载也不配套，造成线路无功率损耗增大。

4）施工现场用电要严格按照《施工现场临时用电安全技术规范》JGJ 46—2005 规定施工，电线接线时，不得直接缠绕接线，应使用合格的接线端子压接电线头，铜线和铝线连接时，为了防止电化学腐蚀造成的接触不良，必须装接铜铝过渡接头。

5）施工现场要制定临时用电制度，设定生产、生活、办公用电指标，并定期进行对比分析，制定预防和纠正措施。用电制度有：

①建立生产区用电制度，明确责任人。

②根据不同阶段，核算出用电总数，分解到生产区，现场实行分路供电，并安装电表，建立台账，以控制用电量。

③制定大型施工机械运行管理制度和履行制度。做好施工机械设备日常维护、定期维护。

④积极采用节能照明灯具，地下室采用低压照明。

⑤电焊机安装二次降压保护。

⑥制定大型施工机械运行管理制度和保养制度。

⑦合理使用施工用电设备，严格控制老化、带病机械设备。要求机械操作人员尽量减少机械空载运行。

三、节能与能源利用评价指标

1. 控制项

（1）对施工现场的生产、生活、办公和主要耗能施工设备应设有节能的控制措施。

（2）对主要耗能施工设备应定期进行耗能计量核算。

（3）不应使用国家、行业、地方政府明令淘汰的施工设备、机具和产品。

2. 一般项

（1）临时用电设施

1）应采用节能型设施；

2）临时用电应设置合理，管理制度应齐全并应落实到位；

3）现场照明设计应符合现行行业标准《施工现场临时用电安全技术规范》JGJ 46 的规定。

（2）材料运输与施工

1）建筑材料的选用应缩短运输距离，减少能源消耗；

2）应采用能耗少的施工工艺；

3）应合理安排施工工序和施工进度；

4）应尽量减少夜间作业和冬期施工的时间。

3. 优选项

（1）应根据当地气候和自然资源条件，合理利用太阳能或其他可再生能源。临时用电设备应采用自动控制装置。

（2）应使用国家、行业推荐的节能、高效、环保的施工设备和机具。

（3）办公、生活和施工现场，采用节能照明灯具的数量应大于 80%。

（4）办公、生活和施工现场用电应分别计量。

第七节　节地与施工用地保护

近年来，根据全国土地调查资料显示，我国耕地面积正在不断减少，建设用地持续增加，"十五"期间全国耕地面积减少 616 万 hm²，人均耕地面积已经不足 1.4 亩。同期新增建设用地 219 万 hm²，其中占用耕地 109.4 万 hm²。虽然我国的国土面积居世界第三位，但是有25％的土地不能被利用，可用于耕地的土地只占10％，但要养活世界约20％的人口，由此可见，我国的土地资源是相当匮乏的。面对由于建设而不可回避地需要占用一定数量的土地，考虑到土地的不可再生性，当前必须正确处理建设用地与节约用地的关系，提高土地的利用率，实现土地资源的可持续发展。

工程建设用地包括临时用地和永久用地。临时用地包括建设单位或施工单位在工程建设中新建的临时住房和办公用房、临时加工车间和修配车间、搅拌站和材料堆场，还有预制场、采石场、挖砂场、取土场、弃土场、施工便道、运输通道和其他临时设施用地；因从事经营性活动需要搭建临时性设施或者存储货物临时使用土地；架设地上线路、铺设地下管线和其他地下工程所需临时使用的土地等。

一、临时用地目前存在的主要问题

（1）有些地方政府为了促进地方经济的发展，在建设重点基础设施工程项目中，在临时用地方面，一路绿灯，甚至默许施工单位随意占用耕地。

（2）在项目前期的可行性研究阶段，没有制定完善的取土、弃土方案，临时用地选址具有一定的随意性，对临时性用地的数量缺乏精确计算，存在宽打宽用，浪费土地的现象。

（3）在建设铁路、公路桥梁等大型项目时，工程建设项目沿线设置的大量临时预制场规模庞大，占用了相当数量的土地，由于重型机械设备的长时间碾压，土质变得十分密实而无法复耕。

（4）有些大型的工程项目施工期限比较长，使得原来用于修建简易施工用房、设施用房的临时用地提高了标准，演变成为实际上的建设用地。

二、临时用地的管理

（1）在项目可行性研究阶段，应根据项目性质、地形地貌、取土条件等，制定临时用地方案，确定取、弃土用地控制指标，并据此编制复耕方案，纳入建设项目用地预审内容。从哪儿取土，往哪儿弃土，处理好了既可以节省工程量，又可以少占用耕地，为了节地与保护用地，可采取以下方案：

1）合理调配取弃土。在建筑工程施工时，土石方工程占较大比重，所需劳动力和机具较多，合理地对区间的土石方进行综合调配。

2）挖丘取土，平地造田。如通过取土整平后，可使原有梯田变成水浇地；从附近荒丘上取土平整后，可给当地农村造地造田；另外，视当地实际情况取土坑可考虑作为鱼塘来发展渔业。

3）弃土填沟造地与弃渣填埋综合利用。尽可能把弃土覆盖在荒地上，并进行土壤改良，使原来的荒地变成可耕地。

4）在施工结束后，对于临时用地要及时恢复耕种条件，退还农民耕种。

（2）合理布设临时道路。临时工程主要包括临时道路、临时建筑物等，临时道路按使用性质，分干线和引入线两类。贯通全线或区段的为干线，由干线或既有公路通往重点工程或临时辅助设施的为引入线。为工程施工需要而修建的临时道路，应根据运量、距离、工期、地形、当地材料以及使用的车辆类型等情况来决定。为此，在施工调查中要着重研究城乡交通运输情况，充分利用既有道路和水运的运输能力，合理布置与修筑临时道路。为此，临时道路选线时应考虑下列几点：

1）充分利用现有城乡道路。

2）充分利用有利地形，在不受地形、地物限制的情况下，线路应尽可能顺直，节约占地。

3）道路应尽量避免穿过优良耕地、保护原有排灌系统，尽可能避免穿过地质不良地带和行车危险地带。

4）尽量避免与铁路线交叉，以减少施工行车的干扰。

（3）合理布置临时房屋

施工用临时房屋主要包括办公区、生活区、生产区的各种生产和生活房屋。这些临时房屋的特点是使用时间短，工程结束后即行拆除。因此，除应尽量利用附近已有房屋、临时帐篷和拆装式房屋。根据房屋的不同使用条件和防火卫生要求充分利用地形，做好合理的布置，力求节省占地。

（4）施工组织中，科学地进行施工总平面设计，对施工场地进行科学规划，以合理利用空间。在施工总平面图上，临时设施、材料堆场、物资仓库、大型机械、物料堆场、消防设施、道路及进出口、加工场地、水电管线、周转使用场地都应合理，以达到节约用地、方便施工。

三、临时用地保护

1. 合理减少临时用地

（1）深基坑施工时，应根据边坡坡度、排水沟形式与尺寸、基坑填料、取弃土设计方案进行比较，选择合理的施工方案，制定最佳土石方的调配方案，避免高填深挖，尽量减少土方开挖和回填量。

（2）施工单位要严格控制临时用地数量，施工通道、各种料场、预制场要结合工程进度和工程永久用地统筹考虑，尽可能设置在公共用地范围内。

（3）根据制定的取土场复垦方案，确定施工场地、取土场地点、数量和取土方式，尽量结合当地农田水利工程规划，避免大规模集中取土，并将取、弃土和改地、造田结合起来，有条件的地方，要尽量采用符合技术标准的工业废料、建筑废渣填筑，减少取土用地。

（4）在桥梁和道路建设过程中，充分利用地形，优化施工方案和优选线路方案，减少占用土地的数量和比例。

2. 红线外临时占地要重视环境保护

红线外临时占地要重视环境保护，维持原有自然生态平衡，并保持与周围环境、景观相协调。红线外临时占地要满足以下几个要求：

（1）在工程量增加不大的情况下，应优先选择能够最大限度节约土地、保护耕地、林地的方案，严格控制占用耕地、林地，要尽量利用荒山、荒坡地、废弃地、劣质地，少占用耕地和林地。

（2）对确实需要临时占地的耕地、林地，考虑利用低产地或荒地。

（3）工程完工后，及时对红线外占地恢复原地形、地貌，使施工活动对周边环境的影响降至最低。

3. 保护绿色植被和土地的复耕

建设工程临时用地，在工程结束以后，应该按照"谁破坏，谁复耕"的原则，由用地单位进行复耕，恢复原来的地形、地貌。

（1）清除临时用地上的废渣、废料和临时建筑、建筑垃圾等，翻土且平整土地，造林种草，恢复土地的种植植被。

（2）对占用的农用地仍复垦作为农田地，在对临时用地进行清理后，对压实的土地进行翻松、平整、适当布设土埂，恢复破坏的排水、灌溉系统。

（3）施工单位临时用房、料场、预制场等临时用地，如果非占用耕地不可，用地单位在使用硬化前，要采取隔离措施将混凝土与耕地表层隔离，便于以后土地的复耕。

（4）因建设确需占用耕地的，用地单位在生产过程中，必须开展"耕作层剥离"，及时将耕作层（表层 30mm 土层）的熟土剥离并堆放在指定地点，集中管理，以便用于土地复耕、绿化和重新造地，以缩短耕地熟化期，提高土地复耕质量，恢复土地原有的使用功能。

（5）利用和保护施工用地范围内原有绿色植被。特别在施工工地的生活区。对于施工周期较长的现场，可按建筑永久绿化的要求兴建绿化。

四、节地与施工用地保护评价指标

1. 控制项

（1）施工场地布置应合理并应实施动态管理。

（2）施工临时用地应有审批用地手续。

（3）施工单位应充分了解施工现场及毗邻区域内人文景观保护要求、工程地质情况及基础设施管线分布情况，制定相应保护措施，并应报请相关方核准。

2．一般项

（1）节约用地

1）施工总平面布置应紧凑，并应尽量减少占地；

2）应在经批准的临时用地范围内组织施工；

3）应根据现场条件，合理设计场内交通道路；

4）施工现场临时道路布置应与原有及永久道路兼顾考虑，并应充分利用拟建道路为施工服务；

5）应采用商品混凝土。

（2）保护用地

1）应采取防止水土流失的措施；

2）应充分利用山地、荒地作为取、弃土场的用地；

3）施工后应恢复植被；

4）应对深基坑施工方案进行优化，并应减少土方开挖和回填量，保护用地；

5）在生态脆弱的地区施工完成后，应进行地貌复原。

3. 优选项

（1）临时办公和生活用房应采用结构可靠的多层轻钢活动板房、钢骨架多层水泥活动板房等可重复使用的装配式结构。

（2）对施工中发现的地下文物资源，应进行有效保护，处理措施恰当。

（3）地下水位控制应对相邻地表和建筑物无有害影响。

（4）钢筋加工应配送化，构件制作应工厂化。

（5）施工总平面布置应能充分利用和保护原有建筑物、构筑物、道路和管线等，职工宿舍应满足 $2m^2$/人的使用面积要求。

思 考 题

1. 根据《建筑工程绿色施工评价标准》GB/T 50640—2010，简述绿色施工的定义。
2. 绿色施工总体框架包括哪几方面内容？
3. 简述"四节一环保"的内容。
4. 绿色施工管理体系是否是一种全新的组织结构形式？
5. 简述本书中所指的"七牌一图"、"十牌二图"的内容。
6. 简述绿色施工评价指标体系的内容。
7. 简述绿色施工的评价程序。
8. 简述绿色施工的评价方法。
9. 单位工程绿色施工等级如何判定？
10. 简述"四节一环保"的技术与管理措施。

案 例 题

1. 某工程，项目经理部为了搞好现场管理，加快施工进度，制定了一系列管理制度，并从现场实际条件出发，作了以下几项的具体安排：

（1）现场设围挡，封闭管理，围挡高度符合文明施工要求。

（2）为加快施工进度，每天要施工到晚上 12 点。附近居民反映噪声过大，多次向当地有关部门投诉。

（3）雨期施工，雨水、生产污水直接排入市政雨水管网？

（4）建筑垃圾、生活垃圾直接运到 5km 外的垃圾填埋场处理，建筑物内的垃圾顺着窗洞口抛出，再进行清运。

（5）土方开挖过程中发现了地下文物，为赶工期，项目经理命令继续土方开挖施工。

问题：

（1）市区主要路段的工地现场围栏设置高度应是多高？

（2）项目经理部对工作时间安排合理吗？夜间施工，需要办理哪些手续？

（3）《建筑施工场界环境噪声排放标准》对打桩施工是如何规定的？

（4）施工过程中，项目经理应如何处理打桩扰民事件？

（5）施工现场污水排放应向什么部门进行申请？对雨水、生产污水的排放是否符合规定？

（6）对垃圾的处理是否妥当？说明理由。

（7）项目经理的做法是否正确？应如何处理？

2. 【2013 年一级建造师考题改】背景材料：某教学楼工程，建筑面积 1.7 万 m^2，地下一层，地上六层，檐高 25.2m，主体为框架结构，砌筑及抹灰用砂浆采用现场拌制。施工单位进场后，项目经理组织编制了《某教学楼施工组织设计》，经批准后开始施工。在施工过程中，发生了以下事件：

事件一：根据现场条件，场区内设置了办公区、生活区、木工加工区等生产辅助设施。临时用水进行了设计与计算。

事件二：为了充分体现绿色施工在施工过程中的应用，项目部在临建施工及使用方案中提出了在节能和能源利用方面的技术要点。

事件三：结构施工期间，项目有 150 人参与施工，项目部组建了 10 人的义务消防队，楼层内配备了消防立管和消防箱，消防箱内消防水龙带长度达 20m；在临时搭建的 95m^2 钢筋加工棚内，配备了 2

只 10L 的灭火器。

事件四：项目总监理工程师提出项目经理部在安全与环境方面管理不到位，要求该企业对职业健康安全管理体系和环境管理体系在本项目的运行进行"诊断"，找出问题所在，帮助项目部提高现场管理水平。

问题：（1）事件一中，《某教学楼施工组织设计》在计算临时用水总用水量时，根据用途应考虑哪些方面的用水量？

（2）事件二的临建施工及使用方案中，在节能和能源利用方面可以提出哪些技术要点？

（3）指出事件三中有哪些不妥之处，写出正确做法。

3. 举实例说明绿色施工管理计划的编制内容。

第十章 施工组织课程设计

一、施工组织课程设计任务书

（一）课程设计的性质和目的

施工组织课程设计是土木工程专业学生必修的教学课程，一般课程设计时间为2周。学生应在系统地学完了《土木工程施工技术》、《土木工程施工组织》、《工程造价》等课程后进行本课程设计。施工组织课程设计必须与具体工程相结合，训练学生独立分析解决工程施工组织实际问题能力，为毕业设计和以后的工作打下基础。

（二）课程设计要求

根据提供的建筑、结构施工图编制一份该单位工程施工组织设计，主要内容包括：施工方案、施工平面布置图、施工进度计划表、各类施工管理计划。

（三）课程设计依据

（1）建筑、结构施工图纸各1套；

（2）国家及建设地区现行的有关法律、法规及规程、规范；

（3）地质、水文及气象资料；

（4）施工资料：

1）开工日期；

2）施工工期以国家工期定额为依据，结合进度计划安排确定；

3）施工现场所用水、电，均考虑由主干道引入；

4）劳动力和材料供应充足，能满足施工要求；

5）商品混凝土供应站距离施工现场20km；

6）如有弃土，弃土地点距离施工现场5km；

7）门窗及其他构件可由构件厂制作供应；

8）模板主要通过在现场制作竹胶合板和工具式钢模板。

（四）课程设计成果

1. 封面

封面应写明课程设计题目、学生姓名、专业、年级、完成日期。

2. 正文

（1）编制依据；

（2）工程概况及施工特点分析；

（3）施工方案（专项方案要独立成章）；

（4）施工进度计划；

（5）资源需用量计划；

（6）施工平面布置；

（7）施工管理计划。

（五）成绩评定

课程设计成绩由平时成绩、评阅成绩两部分组成。

平时成绩由指导教师根据课程设计期间的出勤表现和学习态度进行综合评定，该部分占30％。

评阅成绩由指导老师对设计成果给予评定，该部分占70％：设计成果内容完整、详实，具有针对性和可行性方面占30％；施工进度计划合理、详细方面占20％，施工平面布置图布置合理、图面规范占20％。

成绩评定按五级考核：优秀、良好、中、及格、不及格。

二、施工组织课程设计指导书

（一）单位工程施工组织设计的基本原则

（1）根据工程特点，科学、合理地安排施工顺序和施工计划。

（2）尽可能组织流水施工，充分利用时间和空间，实现连续、均衡、有节奏地生产，保证人力、物力充分发挥作用，加快施工速度。

（3）为改善劳动条件，减轻劳动强度，要贯彻建筑工业化方针，合理选择施工机械，提高机械化施工程度和机械利用率，还应积极推广新技术、新工艺、新材料、新方法，努力提高劳动生产率。

（4）认真贯彻现行的施工验收规范、操作规程和技术标准，实行全面质量管理，保证工程质量和安全生产。

（5）减少大型临时设施工程，尽量利用原有建筑物和设施；充分利用当地资源、减少物资运输；节约施工用地、节约能源，降低工程成本，做到文明施工。

（二）单位工程施工组织设计的步骤

1. 调查研究、收集资料

（1）熟悉、审查图纸

认真阅读、审查工程全套施工图纸，领会设计意图，熟悉主要工程做法。阅读图纸要相互对照，综合看图，如看建筑施工图，要把平面图、立面图和剖面图结合起来看，在头脑中形成整个建筑物的空间整体。

看图时要仔细看懂每一条线，每一个字，每一个尺寸所表示的意义和作用，还要注意节点大样的索引标志和图中的附注及说明等。

（2）参观在建工程，调查、收集资料

通过相关实习，到类似工程现场参观、调查，了解工地平面布置情况；施工条件、资源供应情况；了解工地劳动组织、施工管理、施工机具使用情况以及推广应用新技术、新工艺、新材料的情况，并收集有关资料。

2. 工程概况及施工特点分析

在熟悉施工图纸和相关资料的基础上，结合所给的施工条件，对工程概况及施工特点进行综合分析，这是选择施工方案，编制施工进度计划、资源计划设计施工平面图的前提，其内容主要包括：

（1）工程建设概述

主要说明拟建工程的建设单位、用途、工期要求，设计单位、施工单位名称，施工图纸情况、施工合同等有关内容。

（2）建筑、结构特点

包括平面组成、层数、建筑面积、结构类型、层高、总高，基础类型及埋置深度；说明装修工程内、外装饰的材料、做法和要求，楼地面材料种类、做法，门窗种类及天棚构造，屋面保温隔热及防水层做法等。

其中对新构造、新材料、新工艺及施工中工程量大、施工要求高、难度大的项目要作重点突出说明。

（3）建设地点特征

包括位置、地形、工程和水文地质条件，土壤结构分析，最大冻结深度，地下水位、水质、气温、冬雨季施工起止时间，主导风向、风力等。

（4）施工条件及施工特点

包括水、电、道路、特种能源、场地平整情况，建筑场地四周环境，资源供应来源和保障能力；施工企业拥有的建筑机械和运输工具对保证该工程使用的可供程度，施工技术和管理水平等。

3. 施工方案选择（要求图文并茂，专项施工方案计算书中要有计算简图）

施工方案的选择是单位工程施工组织设计的核心。可以划分为地下工程、主体结构工程、屋面工程、装饰工程四大阶段分别编制施工方案，各阶段着重考虑的内容：

（1）地下工程施工阶段

1）施工测量控制网的确定，定位放线及沉降观测方案；

2）临时用电方案（建议编专项施工方案）；

3）基坑开挖的方法，起点，流向；

4）降水方案（建议编专项施工方案）；

5）放坡开挖的坡度，直壁开挖的支护形式，支护结构设计（建议编专项施工方案）；

6）土方机械的选择，运土车辆的计算；

7）施工段、施工层的划分，坡道的留设；

8）基础施工顺序，独立基础的模板支设；

9）基础各分项工程的施工工艺过程及施工注意事项；

10）土方回填及压实方法；

11）地下防水做法及施工工艺。

（2）主体结构工程施工阶段

1）主体结构工程的施工顺序；

2）施工的起点流向，施工段的划分；

3）垂直运输机械的选择，说明型号和数量；

4）脚手架工程（建议编专项施工方案）；

5）模板工程（建议编专项施工方案）；

6）钢筋工程：主要考虑钢筋的加工制作、接长、绑扎的方法和要求及机械设备的选择（要求选择部分构件编制钢筋下料单）；

7）混凝土工程：确定商品混凝土运输、浇筑、振捣、养护的方法及其所需机具的型号和数量；是否采用泵送混凝土，其注意事项；施工缝、后浇带的留设及处理方法；

8）建筑物垂直度及标高的控制措施；

9）围护结构与主体结构穿插施工情况，砖和砌块砌体施工要点。

（3）屋面工程施工阶段

1）确定屋面工程施工顺序；

2）屋面保温、防水材料的质量控制；

3）屋面防水工程的施工方法及注意事项。

（4）装饰工程施工阶段

1）确定室内外、上下层间装修的施工顺序；

2）确定室内抹灰（地面、墙面、顶棚）的施工顺序，内墙涂料的选用和涂刷工艺；

3）涉及的各类装饰材料的施工要点；

4）卫生间防水；

5）确定装饰材料的水平、垂直运输机械；

6）装饰工程脚手架的选择，装拆方法等。

4. 编制单位工程施工进度计划（CAD 电子图和纸质图，图纸为 A2，纸质图装订到施工组织文本的附录中）

施工进度计划是在拟定的施工方案基础上，确定单位工程各个施工过程的施工顺序、施工持续时间以及相互衔接穿插配合关系，是控制工程施工进展程度，确定劳动力和资源需要量供应计划的依据。其步骤如下：

（1）确定分部分项工程项目

先将各分部分项工程项目按不同施工阶段列出、整理和适当合并，使其成为编制施工进度计划所需的项目。

（2）计算工程量

要根据施工图纸、施工方案以及定额中有关工程量的计算规则，并结合进度计划的编制需要计算工程量，其单位也要结合相应的定额手册确定。

（3）正确套用企业劳动定额

根据所列的各分部分项工程项目分别查出相应的产量定额或时间定额。

（4）确定各施工过程的劳动量

可按下式计算：

$$P = \frac{Q}{S} \tag{10-1}$$

或

$$P = Q \cdot H \tag{10-2}$$

式中　P——需要的劳动量（工日或台班）；

　　　Q——工程量（m^3、m^2、$t \cdots$）；

　　　S——采用的产量定额（m^3、m^2、$t \cdots$/工日或台班）；

　　　H——采用的时间定额（工日或台班/ m^3、m^2、$t \cdots$）。

（5）确定各分项工程的持续时间

可按下式计算：

$$t = \frac{P}{N \cdot B} \tag{10-3}$$

式中　t——某分项工程的持续时间（天）；

P——需要的劳动量（工日或台班）；

　　N——每班安排在某分项工程上的劳动人数或施工机械台数；

　　B——每天工作班数。

　　(6) 科学合理地安排各施工过程的施工顺序

　　施工顺序的确定必须符合施工技术、施工工艺的要求，在保证质量和安全的前提下，尽量做到充分利用空间，争取时间，实现缩短工期的目的。

　　(7) 编制施工进度计划。

　　(8) 检查调整施工进度计划。

　　5. 各项资源需要量计划的编制

　　(1) 劳动力需要量计划

　　主要作为调配劳动力，安排生活福利设施的依据；

　　(2) 主要材料需要量计划

　　主要为组织备料，确定仓库、堆场面积、组织运输之用；

　　(3) 施工机械需要量计划

　　根据施工方案和施工进度来确定施工机械的类型、数量、进场时间，并应考虑设备安装和调试所需的时间。

　　6. 施工平面布置图（CAD电子图和纸质图，图纸为A2，纸质图装订到施工组织文本的附录中）

　　(1) 设计内容

　　包括：临建设施、垂直运输设备、施工机械、材料堆场、仓库、消防设施、临时和永久性道路、水电线路等。

　　施工平面图可手绘或CAD绘图。无论采用哪种方法，皆需按绘图标准绘制，线形表达正确，图例齐全。

　　(2) 设计原则

　　1) 在满足施工的前提下，要紧凑布置，施工占地尽量少；

　　2) 临建设施尽量少，尽量利用已有或拟建工程；

　　3) 尽量减少二次搬运，工地运费越少越好；

　　4) 要符合劳动保护、技术安全和防火要求。

　　(3) 设计步骤

　　1) 确定垂直运输机械位置

　　建筑的施工速度，在很大程度上取决于所选起重机和其他垂直运输机具的运输能力。起重机布置的合适与否，直接影响起重机运输能力的发挥。如选用塔吊，应使建筑物平面及材料尽量布置在塔吊的服务范围之内，避免"死角"和二次搬运。

　　2) 确定搅拌站、仓库、材料、构件、模板、脚手架堆场的位置，并计算面积

　　搅拌站要布置在塔吊的服务范围之内或龙门架附近，砂、石堆场和水泥库尽量靠近搅拌站；各种材料堆场或仓库应靠近道路布置。

　　在计算堆场或仓库面积时，材料、模板可按一层半储备。

　　3) 布置运输道路

　　道路布置要保证行使畅通，双行道宽不小于6m，单行道宽不小于3.5m，并尽量设成

环形，或有回转的可能。

4）布置行政管理、文化、生产、福利用临时设施

一般包括办公室、工人休息室、加工用房、仓库、工人宿舍等。

5）布置水电管网

结合现场实际情况布置水电管网，工地内要设消防栓。

7. 施工管理计划

施工管理计划应包括进度管理计划、质量管理计划、安全管理计划、环境管理计划、成本管理计划以及其他管理计划等内容；其他管理计划包括绿色施工管理计划、防火保安管理计划、合同管理计划、组织协调管理计划、创优质工程管理计划、质量保修管理计划以及对施工现场人力资源、施工机具、材料设备等生产要素的管理计划等。这些计划可根据自己对项目特点的了解加以取舍、可简可详，但在该课程设计中安全管理计划和绿色施工管理计划必须详细。

三、课程设计参考资料

1. 技术规范

相关技术规范见表10-1。

相关技术规范 表10-1

序号	标 准 名 称
1	《建设工程项目管理规范》GB/T 50326—2006
2	《建筑施工组织设计规范》GB/T 50502—2009
3	《建筑工程绿色施工评价标准》GB/T 50640—2010
4	《建设工程施工现场环境与卫生标准》JGJ 146—2013
5	《建筑施工安全检查标准》JGJ 59—2011
6	《建设工程施工现场消防安全技术规范》GB 50720—2011
7	《施工现场临时用电安全技术规范》JGJ 46—2005
8	《建筑施工塔式起重机安装、使用、拆卸安全技术规程》JGJ 196—2010
9	《混凝土结构工程施工规范》GB 50666—2011
10	《钢筋机械连接技术规程》JGJ 107—2010
11	《混凝土泵送技术规范》JGJ/T 10—2011
12	《建筑施工模板安全技术规范》JGJ 162—2008
13	《建筑施工扣件式钢管脚手架安全技术规范》JGJ 130—2011
14	《建筑施工悬挑式钢管脚手架安全技术规程》DGJ 32/J 121—2011
15	《混凝土结构施工图平面整体表示方法制图规则和构造详图（现浇混凝土框架、剪力墙、梁、板）》11G101—1、《混凝土结构施工图平面整体表示方法制图规则和构造详图（现浇混凝土板式楼梯）》11G101—2、《混凝土结构施工图平面整体表示方法制图规则和构造详图（独立基础、条形基础、筏形基础及桩基承台）》11G101—3

2. 参考文献

（1）主要参考教材

1）同济大学经济管理学院编. 建筑施工组织学. 北京：中国建筑工业出版社，1987.

2）成虎著. 工程项目管理. 北京：中国建筑工业出版社，2009.

3）曹吉鸣，林知炎编著. 工程施工组织与管理. 上海：同济大学出版社，2002.

4）王利文主编. 土木工程施工技术. 北京：中国建筑工业出版社，2014.

5）茅洪斌编著. 钢筋翻样方法及实例. 北京：中国建筑工业出版社，2009.

（2）其他参考资料

1）中国建筑业协会筑龙网编著. 施工组织设计范例50篇. 北京：中国建筑工业出版社.

2）曲昭嘉主编. 建筑工程施工项目管理手册. 北京：机械工业出版社，2005.

3）《建筑施工手册》（第五版）编委会. 建筑施工手册（第五版）. 北京：中国建筑工业出版社，2012.

4）工程建设标准强制性条文.

5）×××省建筑安装工程劳动定额。

6）国家工期定额。

（3）某办公楼电子施工图一套（建筑、结构）。

（4）施工组织设计实例（见光盘）。

参 考 文 献

[1] 成虎. 工程项目管理[M]. 北京：高等教育出版社，2006.

[2] 吴涛，丛培经. 建设工程项目管理规范实施手册(第二版)[M]. 北京：中国建筑工业出版社，2006.

[3] 危道军主编. 建筑施工组织[M]. 北京：中国建筑工业出版社，2008.

[4] 钱昆润. 建筑施工组织设计[M]. 南京：东南大学出版社，2000.

[5] 陈乃佑. 建筑施工组织[M]. 北京：机械工业出版社，2003.

[6] 赵正印，张迪. 建筑施工组织设计与管理[M]. 郑州：黄河水利出版社，2003.

[7] 于立君，孙宝庆主编. 建筑工程施工组织[M]. 北京：高等教育出版社，2005.